中国城市科学研究系列报告

Serial Reports of China Urban Studies

中国绿色建筑(2014)

China Green Building

中国城市科学研究会　主编

China Society for Urban Studies (Ed.)

中国建筑工业出版社

China Architecture & Building Press

图书在版编目（CIP）数据

中国绿色建筑（2014）/中国城市科学研究会主编.
北京:中国建筑工业出版社，2014.3
（中国城市科学研究系列报告）
ISBN 978-7-112-14825-7

Ⅰ.①中… Ⅱ.①中… Ⅲ.①生态建筑-研究报告-中国-2014 Ⅳ.①TU18

中国版本图书馆CIP数据核字(2014)第038844号

本书是中国绿色建筑委员会组织编撰的第七本绿色建筑年度发展报告，旨在全面系统总结我国绿色建筑的研究成果与实践经验，指导我国绿色建筑的规划、设计、建设、评价、使用及维护，在更大范围内推动绿色建筑发展与实践。本书共分为6篇，包括综合篇、标准篇、科研篇、地方篇、实践篇和附录篇，力求全面系统地展现我国绿色建筑在2013年度的发展全景。

本书可供从事绿色建筑领域技术研究、规划、设计、施工、运营管理等专业技术人员、政府管理部门、大专院校师生参考。

* * *

责任编辑：王 梅 刘婷婷
责任设计：李志立
责任校对：张 颖 刘 钰

中国城市科学研究系列报告
Serial Reports of China Urban Studies
中国绿色建筑(2014)
China Green Building
中国城市科学研究会 主编
China Society for Urban Studies（Ed.）
*
中国建筑工业出版社出版、发行（北京西郊百万庄）
各地新华书店、建筑书店经销
北京红光制版公司制版
廊坊市海涛印刷有限公司印刷
*
开本：787×1092毫米 1/16 印张：31 字数：620千字
2014年3月第一版 2014年3月第一次印刷
定价：**78.00**元
ISBN 978-7-112-14825-7
(25327)

版权所有 翻印必究
如有印装质量问题，可寄本社退换
（邮政编码 100037）

《中国绿色建筑2014》编委会

编委会主任： 仇保兴

副 主 任： 赖 明　陈宜明　杨 榕　孙成永　江 亿　王有为　王 俊　李 迅　修 龙　张 桦　林海燕　毛志兵　黄 艳　吴志强　徐永模　李百战　叶 青　张燕平　项 勤

编委会成员：（以姓氏笔画为序）

丁 勇　于 瑞　卫新锋　王 立　王汉军　王向昱
王明浩　王建廷　王建清　王家瑜　王清勤　王然良
王翠坤　韦延年　甘忠泽　方东平　石铁矛　叶大华
田 炜　申有顺　朱惠英　朱颖心　仲继寿　刘 兰
刘 劲　刘 超　刘少瑜　刘立钧　刘祖玲　刘筑雄
汤 文　孙 凯　孙 澄　孙大明　孙洪明　孙振声
杜 晶　李 萍　李丛笑　李明海　李保峰　李善志
杨仕超　杨永胜　杨庆康　束晓前　吴元炜　吴永发
吴培浩　邸小坛　邹燕青　汪 维　宋 凌　张 赟
张仁瑜　张巧显　张洪洲　张津奕　张智栋　张道修
陈其针　陈继东　陈蓁蓁　范 勇　范庆国　林波荣
林树枝　罗 亮　金新阳　赵丰东　赵建平　赵霄龙
段苏明　胡建勤　胡家僖　胡德均　饶 钢　袁 镔
莫争春　徐 伟　高玉楼　唐 明　唐小虎　黄夏东
曹 勇　龚 敏　梁俊强　梁章旋　彭红圃　程大章
程志军　蒋书铭　潘正成　路 宾　路春艳　魏深义

技术顾问： 张锦秋　陈肇元　吴硕贤　叶克明　缪昌文　聂建国

编写组长： 王有为

副 组 长： 王清勤　李 萍　邹燕青

成　　员： 陈乐端　叶 凌　谢尚群　戈 亮　郭晓川　李国柱　朱荣鑫　赵乃妮　赵 海　曹 博　王 娜　康井红

代　序

全面提高绿色建筑质量[1]

仇保兴　住房和城乡建设部

Foreword

Comprehensively improve the quality of green building

我国启动绿色建筑到现在已九年，这期间我国的绿色建筑从无到有、从少到多、从弱到强，已经在祖国大地上呈星星火燎原之势。但是，在蓬勃发展的过程中一定要注重绿色建筑质量的提高，所以，今年绿色建筑大会的主题就确定为“加强管理，全面提升绿色建筑的质量”。

一、绿色建筑发展现状

美国能源部助理副部长桑德罗先生讲到绿色建筑在全球发展都非常快，其数量一般是三年翻一番。但近五年，我国绿色建筑都是以每年翻番的速度发展，有的年份达到三倍。绿色建筑已经跨越起步阶段，其发展前景不在于数量和速度，而是要注重质量的提高，因为质量才是生命、质量才是未来。

从绿色建筑发展的现状来看，我国大部分绿色建筑还停留在设计标识的阶段，而运行标识占比少于10％（图1、图2），这说明绿色建筑还是非常年轻的事业。同时，从各省绿色建筑的排名上看，江苏省遥遥领先，其次是广东、上海、山东、北京、河北、天津、浙江、湖北等。这也是为什么我们要把今年中国城市科学实践奖授予江苏省建设厅的厅长。因为江苏省在这方面走在了全国的前列（图3）。

根据今年的国务院办公厅1号文件，在“十二五”期间，我国要发展超过10亿m^2的绿色建筑。届时我国的绿色建筑将占全球绿色建筑的一半以上，绿色建筑将承担起全国减少碳排放主力军的作用，这是未来五年要达到的目标，这个目标是艰巨的，但也是充满希望的。从我国前五年发展的趋势来看，完全有能力超

[1] 根据2013年4月1日“第九届国际绿色建筑与建筑节能大会”上所做的演讲整理。

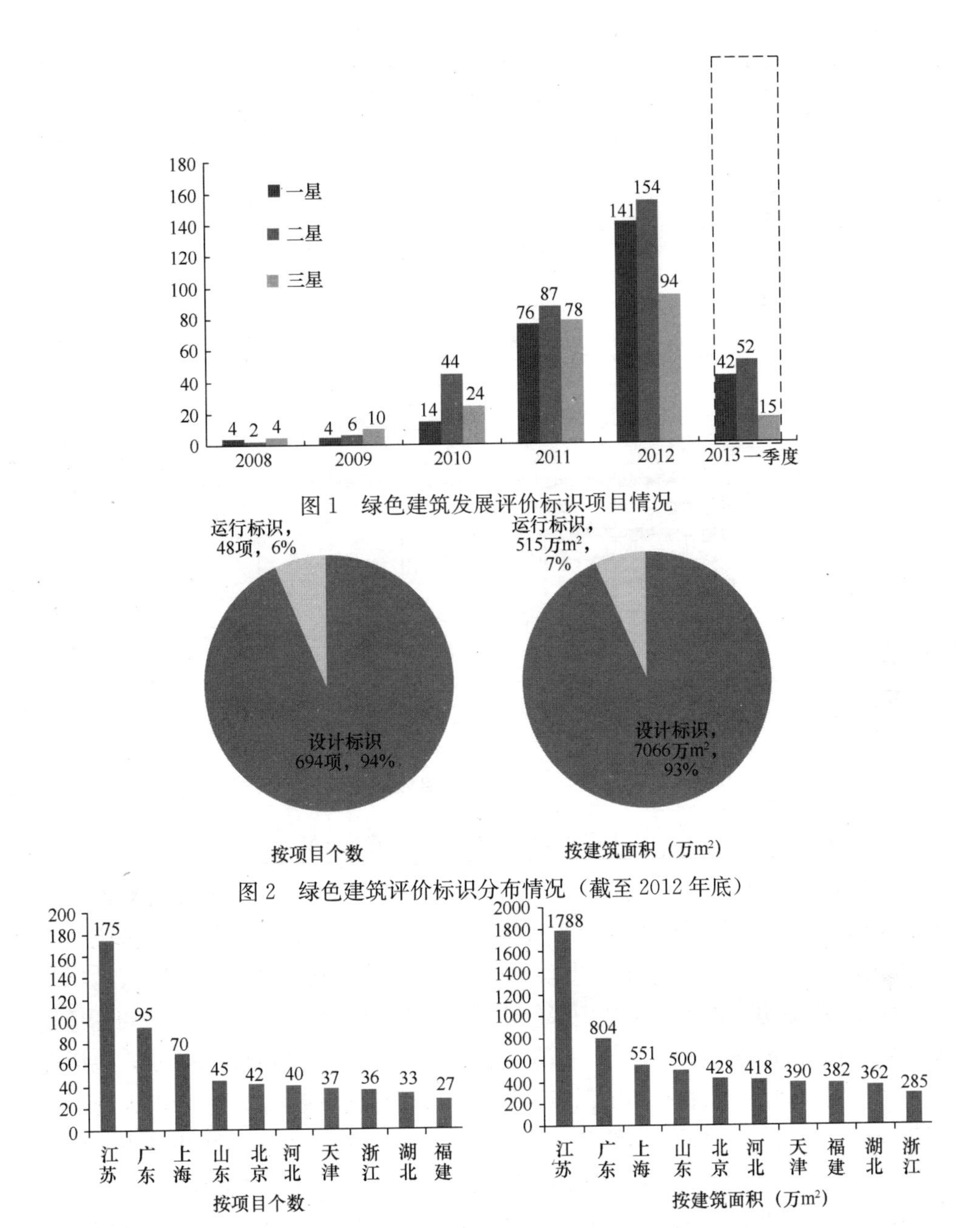

图 1 绿色建筑发展评价标识项目情况

图 2 绿色建筑评价标识分布情况（截至 2012 年底）

图 3 绿色建筑评价标识地域分布情况（截至 2012 年底）

额完成这样艰巨的任务（图 4）。

二、绿色建筑发展趋势

从各个大型开发商积极参与绿色建筑开发的情况来看，万达、万科、绿地、朗诗、招商、天津生态城、中新置地、金都等越来越多的大型企业都已经在认真地推行绿色建筑，特别是有些有远见的开发商已宣布非绿色建筑不建，这就是一个非常

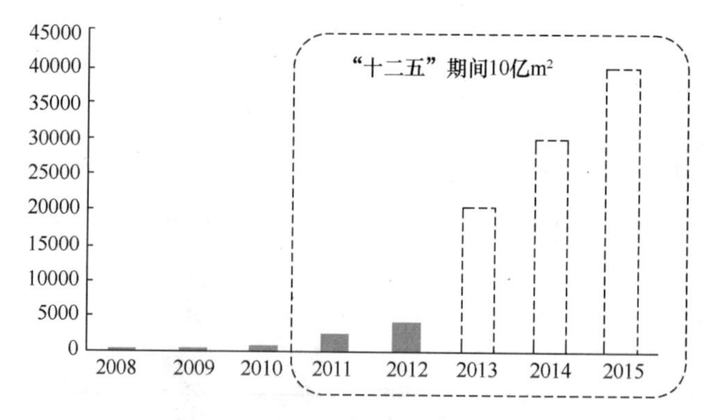

图4　获得绿色建筑评价标识面积情况

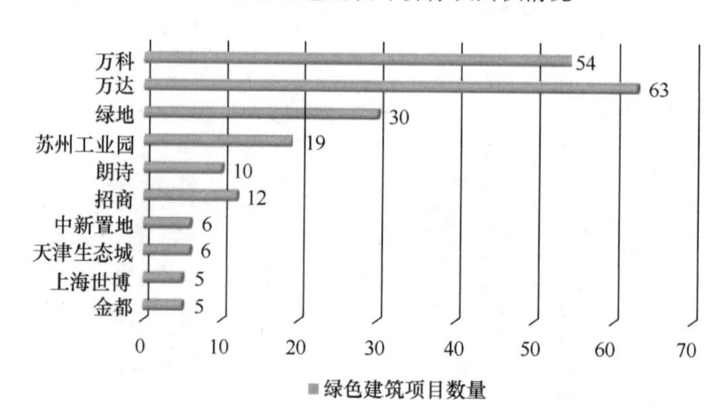

图5　大型开发商积极参与绿色建筑开发

好的发展趋势（图5）。绿色建筑的推广应该是一种商业的行为，应主要靠市场机制起作用，如没有开发商的响应，发展绿色建筑将会半路夭折。今年的国务院办公厅1号文件确定：在"十二五"期间新建绿色建筑要达到10亿m^2，到2015年末20%以上城镇新建建筑都必须达到绿色建筑的标准。更重要的是，文件强调凡是政府投资、补贴的国家机关、学校、医院、博物馆、科技馆、体育馆等建筑，包括直辖市、计划单列市和省会城市的保障房建设以及单体建筑超过2万m^2的大型公共建筑都应该从明年起全面执行绿色建筑标准。也就是说，从明年起大中城市非绿色建筑将不予批准建设。与此同时，国家也加大了绿色建筑的激励政策，财政部、住房和城乡建设部提出：凡是新建建筑全部建成绿色建筑，两年内开工建设面积不少于200万m^2的城区，国家财政一次性给予补助5000万元，并命名为绿色建筑示范城区；对高等级的绿色建筑，也就是二星级以上的给予中央财政直接补贴，其中三星级每平方米补贴80元，二星级每平方米补贴45元。同时，有许多省份已经提出，中央财政补多少、地方财政也补助多少。

三、绿色建筑存在的问题

绿色建筑已经驶上了中国特色的快车道，速度越快我们越要冷静分析绿色建筑还有哪些质量缺陷要解决。针对这个问题，中国绿色建筑委员会会同有关部门对当前存在的绿色建筑质量进行了抽样调查，调查面涉及大江南北，并将商品房、保障房、办公房、商业房等不同类型的绿色建筑全部纳入到调查的范围（图6、图7）。

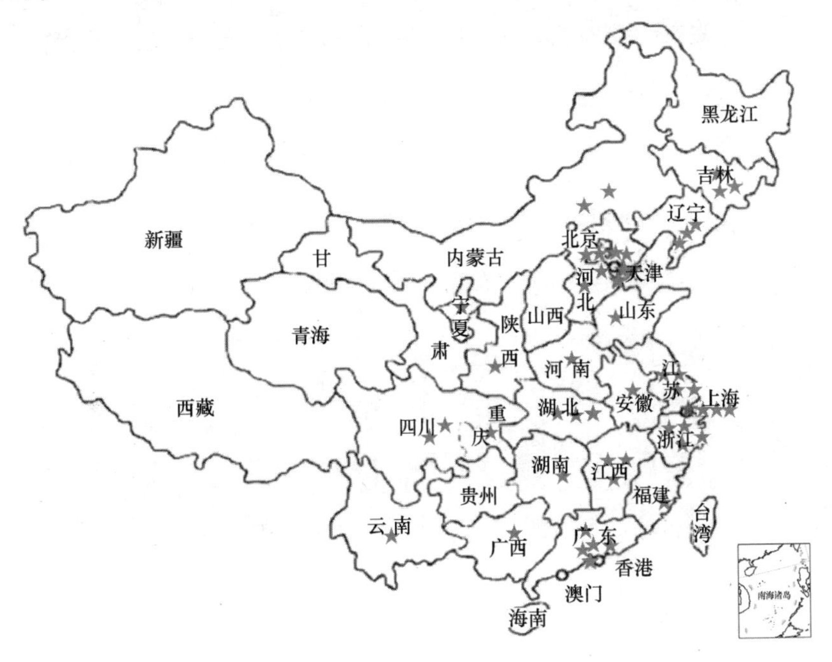

图6　调研样本地域分布

从居住建筑来看，调查结果显示，我国绿色住宅在很多节能技术应用方面都是设计多少、施工多少、运行多少，不打折扣，但在雨水回用、节水灌溉、太阳能热水系统等方面还存在着梯度差，这说明少数绿色建筑存在质量隐患（图8）。

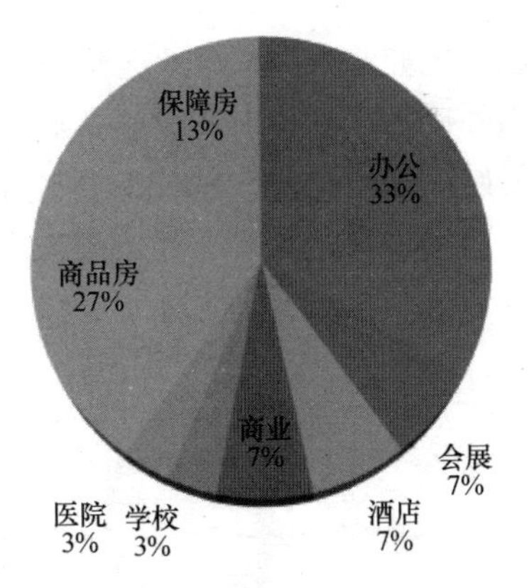

图7　调研样本类型分布

从公共建筑来看，情况比居住建筑稍好一些，但是同样的问题在同样的环节上出现，也是在节水灌溉、雨水回收利用、太阳能热水系统等方面还存在着瑕疵，这些问题要引起我们的高度重视（图9）。

问题之一，高成本的绿色技术实施并不理想。在绿色建筑关键技术方面有十几项是通用项，这些通用项中利用率最高的是绿色照明系统和智能化系统，但是其他一些系统（比如可调节的外遮阳、太阳能热水系统、建筑节能设计等）使用范围还不是太广。当然，这其中有气候区的问

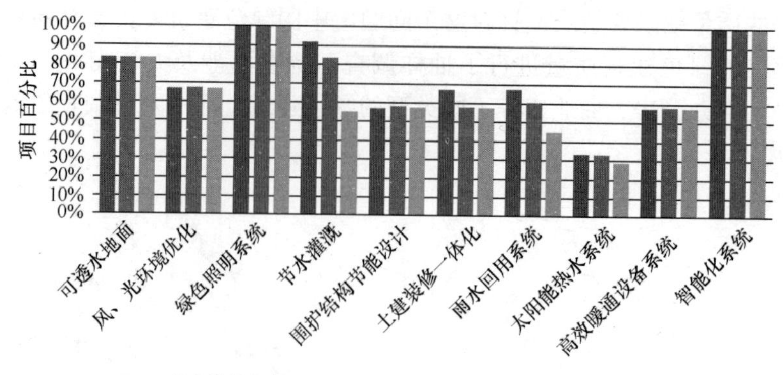

图8　绿色居住建筑常用技术

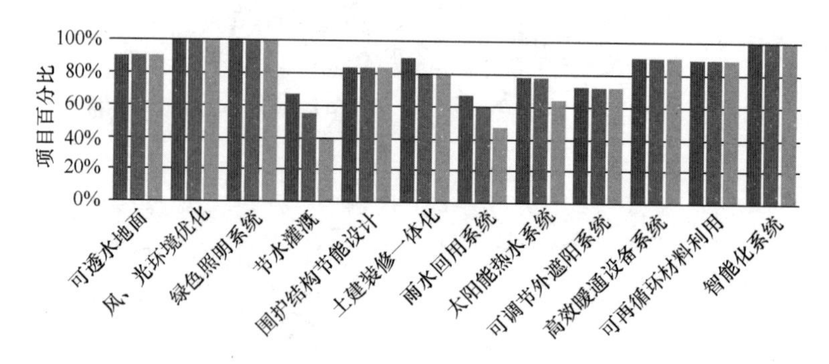

图9　绿色公共建筑常用技术

题，比如北方极寒冷地区建筑不一定用外遮阳，但是在华中、华东南建筑就必须用外遮阳，总的来讲能够达到50%就已经非常可观了。公建的情况比居住建筑要好，这是因为公建的业主实力强，而且大部分业主是政府，受到的节能减排制约也比较大，所以绿色公共建筑在节能节水的技术使用方面比居住建筑的情况要乐观得多（图10、图11）。

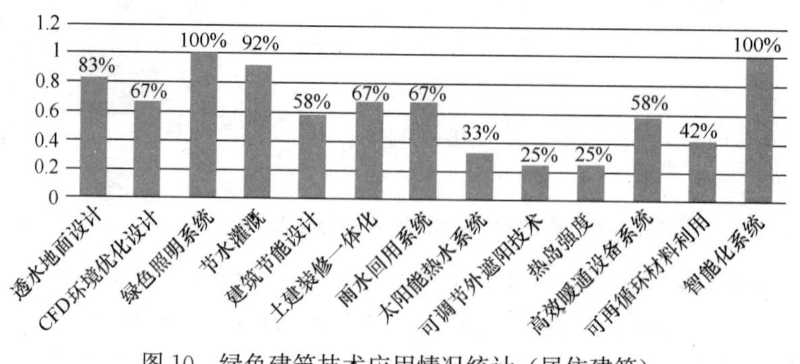

图10　绿色建筑技术应用情况统计（居住建筑）

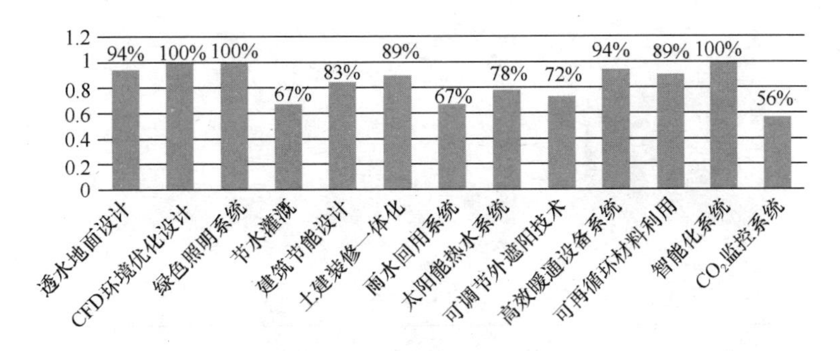

图 11　绿色建筑技术应用情况统计（公共建筑）

问题之二，绿色物业脱节。绿色建筑有了好的设计、好的部件、好的施工还不够，建筑运行的“四节一环保”，核心问题还要靠绿色物业。物业管理如果还停留在保安、清洁等传统功能上，那么绿色建筑的节能、节水等潜力就不能充分发挥。如有的绿色建筑安装有滴灌系统，但是人工浇水还在使用。个别建筑雨水回收系统还没有启动过（图 12）。

图 12　绿色物业脱节现象

问题之三，约 20%绿色建筑常用的设备因为有缺陷而没有运行。比如太阳能光电板前面有高大的灌木遮挡，这样绿化与太阳能发电之间就产生矛盾。再如外遮阳，不能启动或者没有使用的习惯，这样太阳光在夏天就直射入室，需要大量的空调来抵消。传统的保安、物业管理都是临时农民工，即所谓的“开关师傅”，缺乏“四节一环保”的知识与技能（图 13）。

以上三个方面的缺陷如果能够克服，绿色建筑质量将会更上一层楼。

这次调查也给了我们更大的信心，通过详细调查和论证，绿色建筑的积极面超过了预期。除了极个别绿色建筑项目以外，一般绿色建筑在 5～10 年（平均 7.5 年）时间就能收回绿色建筑带来的成本增量，经济效益非常明显。如果加上中央政府的补贴和地方政府的优惠政策，一般 3 年就可回收增量成本。随着资源能源价格的理顺，绿色建筑的经济效益将更加突出，从这个意义上说，绿色建筑是增值保值的建筑。

图 13　典型绿色建筑

四、国外绿色建筑发展经验

先行国家发展绿色建筑主要有以下几个方面的经验。首先是注重健全法律法规。欧盟 2002 年出台了建筑能效指令，作为强制性文件实施；英国 2006 年出台了《可持续住宅规范》，要求从 2016 年起新建住宅达到 6 星级；这些国家的绿色建筑法律、法规、部门规章及地方性法规相互依赖、相互补充。完善的法律法规体系为绿色建筑的规范发展提供了重要保证。

其次，政府带头推广。从 2000 年起，美国西雅图市所有市政建筑需达到绿色建筑标准。从 2003 年起，联邦总务署所有州立建筑的设计、建造和运行要达到绿色建筑标准；2005 年亚利桑那州所有州政府补贴建筑都要达到绿色建筑标准。英国在 2019 年以后所有非住宅建筑必须是零碳建筑。

第三，各国都提供了有效的经济激励。欧洲投资银行提供 1200 亿欧元贷款，保证欧盟绿色建筑行业的增长和就业；英国对积极使用绿色技术的建设项目给予审批上的优先权和一定的经济资助，包括减免土地增值税和发放低息贷款等（图 14）；法国对新建节能住宅的业主实行零利率贷款；美国 2005 年起对建筑面积超过 $465m^2$ 且达到绿色建筑标准的居住建筑，在水电及垃圾处理费用上给予折扣，2006 年起对使用节能窗户和热水器等节能措施并达到联邦规定标准的建筑，提

图 14　英国的绿色办公楼

供每户 1000 美元的减税补贴，新泽西州对居民购买绿色经济适用房给予补贴，每户最高可达 7500 美元。虽然这些政策看起来是零星的，但是对所在国家的绿色建筑发展都起到了推波助澜的作用。

第四，加强第三方认证。欧盟能效指令中建筑能效证书的发放、建议及系统检测均由获得相应资质的专家承担，并建立了审查制度，保证了检测、认证、评价节能建筑和各系统节能状况的客观性和真实性。美国绿色建筑委员会为保证项目的公平、公正，所有的认证审核业务由独立第三方机构完成（图 15）。

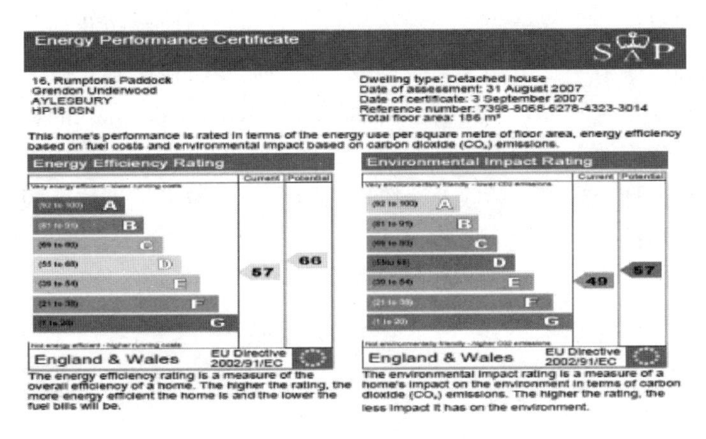
Energy Performance Certificate

SAP

16, Rumptons Paddock
Grendon Underwood
AYLESBURY
HP18 0SN

Dwelling type: Detached house
Date of assessment: 31 August 2007
Date of certificate: 3 September 2007
Reference number: 7398-8068-6278-4323-3014
Total floor area: 186 m²

This home's performance is rated in terms of the energy use per square metre of floor area, energy efficiency based on fuel costs and environmental impact based on carbon dioxide (CO_2) emissions.

Energy Efficiency Rating

	Current	Potential
A		
B		
C		
D		66
E	57	
F		
G		

England & Wales — EU Directive 2002/91/EC

The energy efficiency rating is a measure of the overall efficiency of a home. The higher the rating, the more energy efficient the home is and the lower the fuel bills will be.

Environmental Impact Rating

	Current	Potential
A		
B		
C		
D		57
E	49	
F		
G		

England & Wales — EU Directive 2002/91/EC

The environmental impact rating is a measure of a home's impact on the environment in terms of carbon dioxide (CO_2) emissions. The higher the rating, the less impact it has on the environment.

图 15　美国联邦政府建筑能源绩效证书

第五，加强社会监督。欧盟能效指令规定建筑在出售或出租时，须向业主或租户提供能效证书（图 16），并规定政府办公建筑能效证书应对公众公示；美国各部委节能完成情况都进行内部公示。

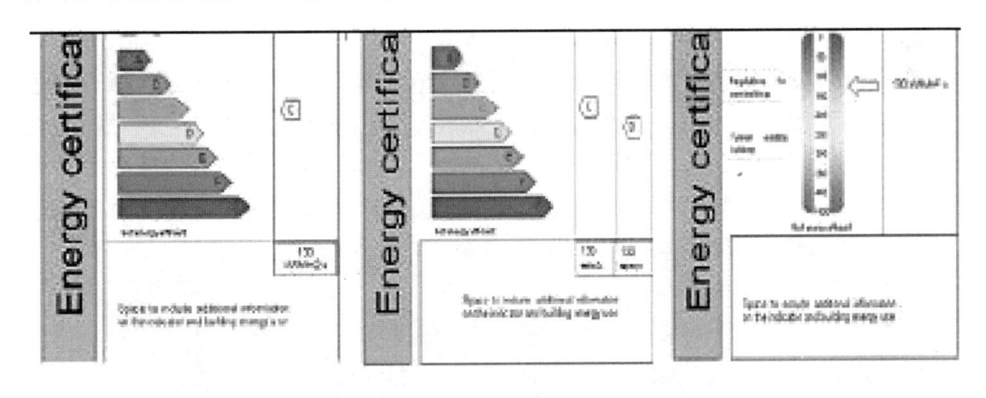

图 16　欧盟建筑能效证书

第六，能力建设。欧盟每年举办“绿色建筑”和“绿色照明”大奖赛，促进和鼓励全社会机构广泛参与绿色建筑技术研发和应用；英国的主流建筑院校，绿色建筑和可持续发展理念已经成为建筑学教育的核心价值。美国绿色建筑委员会认证的绿色建筑专业人士数量已经超过13万人。

五、通过“五个到位”把住绿色建筑的质量关

首先，加强评价标识机构、专家、测评机构监管。评价机构和专家的监管一定要责任到位，要完善绿色建筑的评价标识专家库，并推行专家签字终身负责制。过去质量上的问题账是记在法人头上，现在要记在自然人头上。要建立专家资质考核淘汰和测评机构考核退出机制。

第二，要对绿色建筑的设计、建造、运行进行全过程的监测。通过绿色建筑设计、绿色建材认证、绿色施工、绿色运行以及建筑报废绿色化回收等，从建筑全生命周期的“四节”上下功夫。我国绿色建筑起步阶段必须是政府监督，带有强制性，要建立审查制度，开始阶段可由政府来承担，政府介入的目的是为了培育市场、形成各方面公平竞争，创造更多企业参与的条件，建立规则以后政府将逐步退出。在设计、施工、验收各个阶段，要利用《城乡规划法》规定的“一书两证”进行强制检查、验收和考核（图17）。

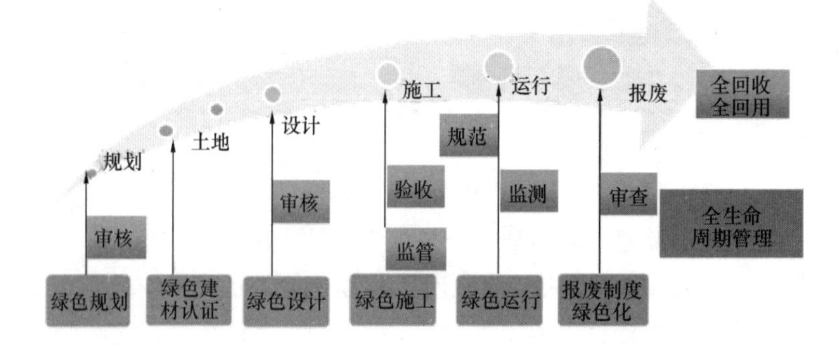

图17　加强绿色建筑规划、建设、运行等全过程监管

在运行阶段，要构建大型的绿色公共建筑节能运行监测考核体制。执行绿色建筑标准的大型公共建筑应全部纳入省级能耗动态监测平台（图18），对耗能耗水情况进行实时监管，数据定期公示。绿色住宅要实行分期验收后发放财政补贴和享受优惠政策。执行高星级绿色建筑标准的公共建筑应在建安工程验收后给予

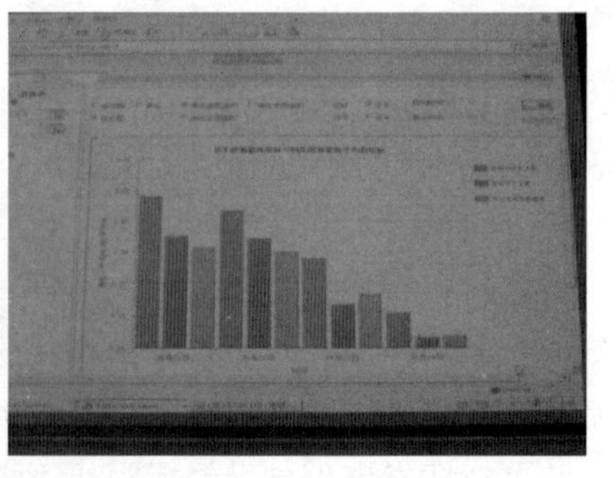

图18　公共建筑实时能效监测

50%的财政补贴，运行一年经测评合格后才享受财政全额补贴。

第三，加强舆论、同行和社会监督。绿色公共建筑都要通过能效监测、能效审计、考核再加上公开舆论监督。对符合备案要求的项目经测评合格后，定期进行社会公示，公示无异议后再拨付奖励资金。

第四，完善绿色建筑的补贴和处罚机制。在补贴机制方面，绿色建筑财政补贴要使业主和消费者能够分享，具体可以通过减免契税、维修基金、物业费减免、直接兑付等方式。政府投资的绿色公共建筑要补贴给建设单位（业主），鼓励业主主动采用绿色建筑的设计和施工。在处罚机制方面，强制建设的政府绿色建筑或公共建筑项目，在土地出让条件中应明确绿色建筑等级的要求，并在土地出让合同中增添相应约束处罚条款；设立绿色建筑专项基金，按照绿色建筑星级予以差别性返退；对违反绿色建筑标准要求的建设单位、设计单位、施工图审查机构、施工单位、监理单位进行处罚；没有获得绿色建筑设计标识的商品房，但以绿色建筑名义进行虚假宣传的，除以一定数额罚款外，还要吊销开发建设企业资质；对绿色建筑咨询团队进行行业年度评审，实行“末位淘汰制”。

第五，要培养绿色建筑的物业管理队伍。把绿色建筑的物业管理贯穿到建筑施工、销售、使用全过程，这样才能保证绿色建筑的使用者能够享受“四节一环保”的好处。在保证物业服务质量的前提下，通过科学管理、技术改造和行为引导，最大限度节约资源和保护环境，构建绿色生态社区。要使绿色建筑充分发挥节能减排的效益，重点在垃圾分类收集（图19）、非传统水源应用（图20）、噪声污染控制、建筑节能运行监测以及节能型社会行为倡导等方面。推进物业服务企业从低技术含量、劳动密集型向技术密集型、服务创新型转变，构建绿色物业服务体系和标准规范；引导物业管理公司积极参与建

图19　垃圾分类收集

图20　屋顶绿化和雨水收集利用

筑节能运行及改造；建立绿色物业评价定级制度。

总之，我们这一代人作为绿色建筑的发起者，在绿色建筑高速发展的今天，要转向全面巩固提高绿色建筑的质量。只有这样，我国绿色建筑的未来才会更加辉煌，下一代才能真正享受美丽中国、美丽地球。

前　言

党的十八大报告以及十八届三中全会通过的《中共中央关于全面深化改革若干重大问题的决定》中均明确提出：走中国特色新型城镇化道路。“十二五”期间，新型城镇化是我国经济社会发展的重要战略决策之一，也是我国经济发展的重要推动力之一。在此过程中，城乡建设必将给建筑业发展带来新的市场机会，也将为绿色建筑的规模化发展提供重大机遇。

我国正处于工业化、城镇化、信息化和农业现代化快速发展的历史时期，人口、资源、环境的压力日益凸显。建设绿色生态城区、加快发展绿色建筑，不仅是转变我国建筑业发展方式和城乡建设模式所面临的重大问题，也直接关系着群众的切身利益和国家的长远利益。住房和城乡建设部于2013年4月3日印发的《“十二五”绿色建筑和绿色生态城区发展规划》旨在深入贯彻落实科学发展观，推动绿色生态城区和绿色建筑发展，建设资源节约型和环境友好型城镇，实现美丽中国、永续发展的目标。

本书是中国绿色建筑委员会组织编撰的第七本绿色建筑年度发展报告，旨在全面系统总结我国绿色建筑的研究成果与实践经验，指导我国绿色建筑的规划、设计、建设、评价、使用及维护，在更大范围内推动绿色建筑发展与实践。本书在编排结构上延续了以往年度报告的风格，共分为6篇，包括综合篇、标准篇、科研篇、地方篇、实践篇和附录篇，力求全面系统地展现我国绿色建筑在2013年度的发展全景。

本书以住房和城乡建设部副部长、中国城市科学研究会理事长仇保兴博士的文章“全面提高绿色建筑质量”作为代序。仇部长在文章中首先强调我国在绿色建筑蓬勃发展的过程中一定要注重绿色建筑质量的提高。其次，概括了我国绿色建筑的发展现状和发展趋势。再次，基于中国绿色建筑委员会会同有关部门进行的绿色建筑质量调查的结果，指出了绿色建筑存在的三方面问题。最后，总结国外绿色建筑的发展经验，提出通过“五个到位”把住绿色建筑的质量关。仇部长指出，我们这一代人作为绿色建筑的发起者，在绿色建筑高速发展的今天，要转向全面巩固提高绿色建筑的质量，只有这样，我国绿色建筑的未来才会更加辉煌，下一代才能真正享受美丽中国、美丽地球。

第一篇是综合篇，主要介绍我国绿色建筑发展的总体情况。收录了住房和城乡建设部制订的《“十二五”绿色建筑和绿色生态城区发展规划》，综述了2013年我国绿色建筑的发展情况，论述了以建筑产业化促进绿色建筑的健康发展，总结了既有建筑绿色改造的科研和标准情况，阐述了加强绿色建筑科技研发对绿色建筑规模化发展的推动作用，回顾探讨了建筑工业化体系的内涵并介绍了建筑工业化的探索和实践，讨论了推进我国绿色建造发展的若干问题，概述了“绿色校园与未来”系列教材的编写情况，分析了我国绿色建筑效果后评估的结果，介绍了北京市发展绿色建筑和生态城市建设的进展。

第二篇是标准篇，主要介绍部分绿色建筑评价相关的标准规范。包括国家标准《既有建筑改造绿色评价标准》、《绿色饭店建筑评价标准》和《绿色博览建筑评价标准》，协会标准《绿色建筑设计评价P—BIM软件技术与信息交换标准》，“北京市绿色生态示范区规划技术导则与评价标准”以及《绿色工业建筑评价导则》，还对国外绿色建筑评估标准中的指标体系进行了专项研讨。

第三篇是科研篇，主要介绍绿色建筑相关科研课题的研究概况。本篇选择了10项“十二五”国家科技支撑计划课题，从课题的研究背景、课题概括、预期成果、阶段性成果和研究展望等方面进行简要介绍；选择了2项能源基金会课题，从课题的研究背景、研究目标和主要任务、研究成果和研究展望等方面进行简要介绍。

第四篇是地方篇，主要介绍地方政府和地方绿色建筑委员会推动绿色建筑发展的总体情况，包括建筑业总体情况、绿色建筑总体情况、发展绿色建筑的政策法规情况、绿色建筑标准规范和科研情况以及绿色建筑大事记等。

第五篇是实践篇，主要介绍我国绿色建筑工程案例。本篇收录8项绿色建筑案例并进行了较为详细的介绍，重点突出运营效果的总结和分析；另外，作为绿色建筑从单体向城区发展的体现，还选择了3项“绿色生态城区”相关的项目案例进行介绍。

附录篇介绍了中国绿色建筑委员会、中国城市科学研究会绿色建筑研究中心和绿色建筑联盟，收录了“2013年度标识项目统计表”、“2013年度全国绿色建筑创新奖获奖项目”、《北京市发展绿色建筑推动生态城市建设实施方案》、《深圳市绿色建筑促进办法》，并对2013年度内中国绿色建筑的研究、实践和重要活动进行总结，以大事记的方式进行了展示，读者可简捷阅读大事记而了解2013年度我国绿色建筑概况。

本书可供从事绿色建筑领域技术研究、规划、设计、施工、运营管理等专业技术人员、政府管理部门、大专院校师生参考。

本书是中国绿色建筑委员会专家团队和绿色建筑地方机构、专业学组的专家共同辛勤劳动的成果。虽在编写过程中多次修改，但由于编写周期短、任务重，文稿中不足之处恳请广大读者朋友批评指正。

本书编委会

2014年2月18日

Preface

In the Report to the 18th National Congress of the Communist Party of China and *the Decision on Major Issues Concerning Comprehensively Deepening Reforms* approved at the Third Plenary Session of the 18th CPC Central Committee, it is pointed out that China Should carry out the new pattern urbanization with Chinese characteristics. During the Twelfth five-year plan period, new pattern urbanization is one of the most important strategic decisions of economic and social development in China, and also one of the most important impetus for economic development in China. In this process, urban and rural construction will bring new market opportunity for the development of construction industry, and also provide a great opportunity for the scale development of green building.

Our country is in the rapid development historical period of industrialization, urbanization, informatization and agricultural modernization, and the pressure of population, resources and environment has become increasingly prominent. Developing green ecological urban areas and accelerating the development of green building is not only crucial for transforming the mode of construction industry development and urban-rural construction in China, but also directly related to the vital interests of the people and long-term benefits of the country. Ministry of Housing and Urban-Rural Development published *The Development Plan for Green Building and Green Ecological Urban Areas during the Twelfth Five-Year Plan Period* on Apr. 3rd, 2013, which is to thoroughly apply the scientific outlook on development, promote the development of green ecological urban areas and green building, build a resources-conserving and environment friendly urban cities, and achieve the goals of building a beautiful China with sustainable development.

This book is the seventh annual report of green building compiled by China Green Building Council, aiming to summarize research achievements and practical experiences of green building in China in an overall and systematic way, serve as an instruction for planning, design, construction, evaluation, application and maintenance of green building, and promote the development and practice of green building in a wider range. The book continues to use the structure of former annual reports, and covers six chapters including general overview, standards, scientific research, regional update, engineering practice, and appendix. It aims to demonstrate a full view of the development of green building in China in 2013.

The book uses the article of Dr. Qiu Baoxing, Vice Minister of Ministry of Housing and Urban-Rural Development and Chairman of Chinese Society for Urban Studies, as its preface, which is titled 'Comprehensively improve the quality of green building'. In the article, Minister Qiu emphasizes on improving the quality of green building in the rapid development process of green building. What's more, he summarizes the current status and development trend of green building in China. Also, based on the investigation results of the quality of green building, undertaken by China Green Building Council with other departments concerned, he puts forward three problems of green building in China. Finally, Minister Qiu summarizes the successful experiences from other countries on green building development, and points out that five major tasks should be carried out to ensure green building quality. Minister Qiu further explains that as the initiator generation and faced up with the rapid development of green building, we should improve the overall quality of green building, and only by doing this the future of green building in our country will be more brilliant, and the next generation can really enjoy the beautiful China and beautiful earth.

The first part is an overview of green building development in China. which introduces *Development Plan for Green Building and Green Ecological Urban Areas during the Twelfth Five-Year Plan Period* published by Ministry of Housing and Urban-Rural Development, reviews the development status of green building in China in 2013, discusses the healthy development of green building through building industrialization, summarizes the scientific research and standards of green retrofitting of existing buildings, demonstrates that scientific R&D can advance the large scale development of green building, analyzes the connotation, exploration and practice of building industrialization, discusses problems met in the development of green building, outlines the compilation of textbooks of 'green campus and the future', analyzes the results of post-evaluation of green building, and introduces the progress of green building and eco-city development in Beijing.

The second part is about standards, introducing several green building evaluation standards under drafting or revision, which are the national standards of *Green Evaluation Standard for Existing Building Retrofitting*, *Evaluation Standard for Green Hotel Building*, *Evaluation Standard for Green Exhibition Building*, *the Standard for P-BIM Software Technology and Data Exchange of Green Building Design and Evaluation of China Association for Engineering Construction Standardization* (*CECS*), '*Technical Guide and Evaluation Standard for Beijing Green Ecological Demonstration Region*' and *Evaluation Guides for Green Industrial Building*. This part also makes analysis on the index system of green building evaluation standards in other countries.

The third part is about scientific research, introducing the research results of green building projects. This part gives a brief introduction to ten projects of the National Key Technologies R&D Program of the Twelfth Five-Year Plan from aspects of research background, general situation, expected results, periodic progress and research prospect, and also introduces two projects funded by Energy Foundation, in terms of research background, objectives, main tasks, achievements, and research prospect.

The fourth part is about green building in provincial regions, mainly discussing about the promotion of green building by local governments and green building committees, with the general situation of the building industry, green building development, policies and regulations, standards and codes, research projects and milestones of green building development in China.

The fifth part is about practice in engineering, 8 project cases are presented with detailed description, highlights the summarization and analysis of operation effectiveness, Meanwhile, to demonstrate the development trend from single green building to green ecological urban areas, 3 projects of green ecological urban areas are introduced very briefly.

The appendix introduces China Green Building Council, CSUS Green Building Research Center and green building alliance, also lists "green building labeling projects in 2013", "national green building innovation award projects in 2013", "*Implementation plan for developing green building to promote eco-city construction in Beijing*", *Green building promotion measures of Shenzhen*', summarizes research, practice and important activities of green building in China in a chronicle way, which provides readers with a glimpse of the green building development in 2013.

This book should be of interest to professional technicians engaged in technical research, planning, design, construction and operation management of green building, government administrative departments, and college teachers and students.

This book is jointly completed by experts from China Green Building Council and local organizations of green building. Any constructive suggestions and comments from readers are greatly appreciated.

Editorial Committee

Feb. 18, 2014

目　录

Contents

第一篇　综合篇

在“十二五”前期，我国绿色建筑得到快速发展。绿色建筑的发展理念正在被社会认可，推动绿色建筑和绿色生态城区发展的经济激励机制基本形成，技术标准体系逐步完善，创新研发能力不断提高，产业规模初步形成，示范带动作用开始显现，努力实现城乡建设模式的科学转型。并提出到“十二五”末期，新建绿色建筑达到10亿m^2，建设一批绿色生态城区、绿色农房，引导农村建筑按绿色建筑的原则进行设计和建造的目标。

国务院于2013年8月1日发布了《国务院关于加快发展节能环保产业的意见》，再次重申了开展“绿色建筑行动”，将此作为发挥政府带动作用、引领社会资金投入节能环保工程建设的一个重要方面。住房和城乡建设部于2013年4月3日印发了《“十二五”绿色建筑和绿色生态城区发展规划》，明确了绿色建筑和绿色生态城区在“十二五”期间的发展目标、指导思想、发展战略、实施路径以及重点任务，并提出了一系列保障措施。随后，16个地方省市也印发了类似的行动方案。绿色建筑发展的星星之火已经燎原，遍及全国各地。

本篇基于我国现阶段绿色建筑发展情况，在《十二五”绿色建筑和绿色生态城区发展规划》的指导下，论述了以建筑产业化促进绿色建筑健康发展，介绍了既有建筑绿色改造的科研和标准，阐述了加强绿色建筑科技研发对绿色建筑规模化发展的推动作用，展开了对建筑工业化的思考和总结了相关实践的积极性影响，讨论了关于我国绿色建造发展的若干问题，通过调研等多种手段时刻关注我国绿色建筑效果后评估并对相关结果进行分析，开展“绿色校园与未来”系列教材编写，使绿色建筑得到可持续性发展。

希望读者通过本篇内容，能够对中国绿色建筑总体发展状况有一个概括性的了解。

Part Ⅰ General Overview

During the early stage of the Twelfth Five-Year Plan period, green building in China has undergone fast development. The development idea of green building has been recognized by society, and the economic incentive mechanism for the promotion of green building and green eco-city has been established. With the improvement of innovation and R&D capabilities and the preliminary formation of industry scale, the demonstration effect has started to show up and the urban-rural construction mode has started its scientific transformation. By the end of the Twelfth Five-Year Plan period, the newly-built green buildings will have reached one billion square meters, a group of eco-cities and green rural buildings will have been constructed, and rural buildings will be designed and built according to standards for green building.

In order to realize these goals, the State Council released *Suggestions on Speeding up the Development of Energy Efficiency and Environmental Friendly Industries* on Aug. 1st, 2013, which reaffirmed that the "Green Building Action" would be an important aspect for the government to channel social funding into energy efficiency and environmental protection projects. On Apr. 3rd, 2013, MOHURD issued *Development Plan for Green Building and Green Ecological Urban Areas during the Twelfth Five-Year Plan Period*, which put forward the goals, guidelines, strategies, implementation steps, priority tasks and supporting measures for the development of green building and eco-city during this period. Soon afterwards, 16 provinces and cities released their local action plans accordingly. The trend of green building development has now spread all over China.

Based on the present development of green building in China and under the guidance of *Development Plan for Green Building and Green Ecological Urban Areas during the Twelfth Five-Year Plan Period*, this part elaborates that building industrialization can accelerate the healthy development of green building, introduces the process of scientific research and standard development for green retrofitting of existing buildings, demonstrates that scientific R&D can advance the large scale development of green building, reflects on building industrialization, summarizes positive effects of relevant practices, discusses issues concerning green building development in China, pays close attention to and make analysis on post-evaluation of green building effect through such methods as investigations, and edits textbooks of "Green Campus and the Future" to maintain the sustainable development of green building.

Through this part, readers will have a general overview of the overall development of green building in China.

1 “十二五”绿色建筑和绿色生态城区发展规划

1 Development plan for green building and green Ecological Urban Areas during the Twelfth Five-year Plan period

我国正处于工业化、城镇化、信息化和农业现代化快速发展的历史时期，人口、资源、环境的压力日益凸显。为探索可持续发展的城镇化道路，在党中央、国务院的直接指导下，我国先后在天津、上海、深圳、青岛、无锡等地开展了生态城区规划建设，并启动了一批绿色建筑示范工程。建设绿色生态城区、加快发展绿色建筑，不仅是转变我国建筑业发展方式和城乡建设模式的重大问题，也直接关系群众的切身利益和国家的长远利益。为深入贯彻落实科学发展观，推动绿色生态城区和绿色建筑发展，建设资源节约型和环境友好型城镇，实现美丽中国、永续发展的目标，根据《国民经济和社会发展第十二个五年规划纲要》、《节能减排“十二五”规划》、《“十二五”节能减排综合性工作方案》、《绿色建筑行动方案》等，制定本规划。

一、规划目标、指导思想、发展战略和实施路径

（一）规划目标

到“十二五”期末，绿色发展的理念为社会普遍接受，推动绿色建筑和绿色生态城区发展的经济激励机制基本形成，技术标准体系逐步完善，创新研发能力不断提高，产业规模初步形成，示范带动作用明显，基本实现城乡建设模式的科学转型。新建绿色建筑 10 亿 m^2，建设一批绿色生态城区、绿色农房，引导农村建筑按绿色建筑的原则进行设计和建造。“十二五”时期具体目标如下：

（1）实施 100 个绿色生态城区示范建设。选择 100 个城市新建区域（规划新区、经济技术开发区、高新技术产业开发区、生态工业示范园区等）按照绿色生态城区标准规划、建设和运行。

（2）政府投资的党政机关、学校、医院、博物馆、科技馆、体育馆等建筑，直辖市、计划单列市及省会城市建设的保障性住房，以及单体建筑面积超过 2 万 m^2 的机场、车站、宾馆、饭店、商场、写字楼等大型公共建筑，2014 年起率先

执行绿色建筑标准。

(3) 引导商业房地产开发项目执行绿色建筑标准，鼓励房地产开发企业建设绿色住宅小区，2015 年起，直辖市及东部沿海省市城镇的新建房地产项目力争50%以上达到绿色建筑标准。

(4) 开展既有建筑节能改造。“十二五”期间，完成北方采暖地区既有居住建筑供热计量和节能改造 4 亿 m^2 以上，夏热冬冷和夏热冬暖地区既有居住建筑节能改造 5000 万 m^2，公共建筑节能改造 6000 万 m^2；结合农村危房改造实施农村节能示范住宅 40 万套。

(二) 指导思想

以邓小平理论、“三个代表”重要思想和科学发展观为指导，落实加强生态文明建设的要求，紧紧抓住城镇化、工业化、信息化和农业现代化的战略机遇期，牢固树立尊重自然、顺应自然、保护自然的生态文明理念，以绿色建筑发展与绿色生态城区建设为抓手，引导我国城乡建设模式和建筑业发展方式的转变，促进城镇化进程的低碳、生态、绿色转型；以绿色建筑发展与公益性和大型公共建筑、保障性住房建设、城镇旧城更新等惠及民生的实事工程相结合，促进城镇人居环境品质的全面提升；以绿色建筑产业发展引领传统建筑业的改造提升，占领材料、新能源等新兴产业的制高点，促进低碳经济的形成与发展。

(三) 发展战略

在理念导向上，倡导人与自然生态的和谐共生理念，以人为本，以维护城乡生态安全、降低碳排放为立足点，倡导因地制宜的理念，优先利用当地的可再生能源和资源，充分利用通风、采光等自然条件，因地制宜发展绿色建筑，倡导全生命周期理念，全面考虑建筑材料生产、运输、施工、运行及报废等全生命周期内的综合性能。在目标选取上，发展绿色建筑与发展绿色生态城区同步，促进技术进步与推动产业发展同步，政策标准形成与推进过程同步。在推进策略上，坚持先管住增量后改善存量，先政府带头后市场推进，先保障低收入人群后考虑其他群体，先规划城区后设计建筑的思路。

(四) 发展路径

一是规模化推进。根据各地区气候、资源、经济和社会发展的不同特点，因地制宜地进行绿色生态城区规划和建设，逐步推动先行地区和新建园区（学校、医院、文化等园区）的新建建筑全面执行绿色建筑标准，推进绿色建筑规模化发展。

二是新旧结合推进。将新建区域和旧城更新作为规模化推进绿色建筑的重要手段。新建区域的建设注重将绿色建筑的单项技术发展延伸至能源、交通、环境、建筑、景观等多项技术的集成化创新，实现区域资源效率的整体提升。旧城更新应在合理规划的基础上，保护历史文化遗产。统筹规划进行老旧小区环境整治；老旧基础设施更新改造；老旧建筑的抗震及节能改造。

三是梯度化推进。充分发挥东部沿海地区资金充足、产业成熟的有利条件，优先试点强制推广绿色建筑，发挥先锋模范带头作用。中部地区结合自身条件，划分重点区域发展绿色建筑。西部地区扩大单体建筑示范规模，逐步向规模化推进绿色建筑过渡。

四是市场化、产业化推进。培育创新能力，突破关键技术，加快科技成果推广应用，开发应用节能环保型建筑材料、装备、技术与产品，限制和淘汰高能耗、高污染产品，大力推广可再生能源技术的综合应用，培育绿色服务产业，形成高效合理的绿色建筑产业链，推进绿色建筑产业化发展。在推动力方面，由政府引导逐步过渡到市场推动，充分发挥市场配置资源的基础性作用，提升企业的发展活力，加大市场主体的融资力度，推进绿色建筑市场化发展。

五是系统化推进。统筹规划城乡布局，结合城市和农村实际情况，在城乡规划、建设和更新改造中，因地制宜纳入低碳、绿色和生态指标体系，严格保护耕地、水资源、生态与环境，改善城乡用地、用能、用水、用材结构，促进城乡建设模式转型。

二、重 点 任 务

（一）推进绿色生态城区建设

在自愿申请的基础上，确定100个左右不小于1.5km^{2}的城市新区按照绿色生态城区的标准因地制宜进行规划建设。并及时评估和总结，加快推广。推进绿色生态城区的建设要切实从规划、标准、政策、技术、能力等方面，加大力度，创新机制，全面推进。一是结合城镇体系规划和城市总体规划，制定绿色生态城区和绿色建筑发展规划，因地制宜确定发展目标、路径及相关措施。二是建立并完善适应绿色生态城区规划、建设、运行、监管的体制机制和政策制度以及参考评价体系。三是建立并完善绿色生态城区标准体系。四是加大激励力度，形成财政补贴、税收优惠和贷款贴息等多样化的激励模式。进行绿色生态城区建设专项监督检查，纳入建筑节能和绿色建筑专项检查制度，对各地绿色生态城区的实施效果进行督促检查。五是加大对绿色环保产业扶持力度，制定促进相关产业发展的优惠政策。

建设绿色生态城区的城市应制定生态战略，开发指标体系，实行绿色规划，推动绿色建造，加强监管评价。一是制定涵盖城乡统筹、产业发展、资源节约、生态宜居等内容的绿色生态城区发展战略。二是建立法规和政策激励体系，形成有利于绿色生态城区发展的环境。三是建立包括空间利用率、绿化率、可再生能源利用率、绿色交通比例、材料和废弃物回用比例、非传统水资源利用率等指标的绿色生态城区控制指标体系，进而制定新建区域控制性详细规划，指导绿色生态城区全面建设。四是在绿色生态城区的立项、规划、土地出让阶段，将绿色技术相关要求作为项目批复的前置条件。五是完善绿色生态城区监管机制，严格按照标准对规划、设计、施工、验收等阶段进行全过程监管。六是建立绿色生态城区评估机制，完善评估指标体系，对各项措施和指标的完成情况及效果进行评价，确保建设效果，指导后续建设。

（二）推动绿色建筑规模化发展

一是建立绿色建筑全寿命周期的管理模式，注重完善规划、土地、设计、施工、运行和拆除等阶段的政策措施，提高标准执行率，确保工程质量和综合效益。二是建立建筑用能、用水、用地、用材的计量和统计体系，加强监管，同时完善绿色建筑相关标准和绿色建筑评价标识等制度。三是抓好绿色建筑规划建设环节，确保将绿色建筑指标和标准纳入总体规划、控制性规划、土地出让等环节中。四是注重运行管理，确保绿色建筑综合效益。五是明确部门责任。住房和城乡建设部门统筹负责绿色建筑的发展，并会同发改、教育、卫生、商务和旅游等部门制定绿色社区、绿色校园、绿色医院、绿色宾馆的发展目标、政策、标准、考核评价体系等，推进重点领域绿色建筑发展。

（三）大力发展绿色农房

一是住房和城乡建设部要制定村镇绿色生态发展指导意见和政策措施，完善村镇规划制度体系，出台绿色生态村镇规划编制技术标准，制定并逐步实施村镇建设规划许可证制度，对小城镇、农村地区发展绿色建筑提出要求。继续实施绿色重点小城镇示范项目。编制村镇绿色建筑技术指南，指导地方完善绿色建筑标准体系。二是省级住房城乡建设主管部门会同有关部门在各地开展农村地区土地利用、建设布局、污水垃圾处理、能源结构等基本情况的调查，在此基础上确定地方村镇绿色生态发展重点区域。出台地方鼓励村镇绿色发展的法规和政策。组织编制地方农房绿色建设和改造推广图集。研究具有地方特色、符合绿色建筑标准的建筑材料、结构体系和实施方案。三是市（县）级住房城乡建设主管部门会同有关部门编制符合本地绿色生态发展要求的新农村规划。鼓励农民在新建和改建农房过程中按照地方绿色建筑标准进行农房建设和改造。结合建材下乡，组织农民在新建、改建农房过程中使用适用材料和技术。

（四）加快发展绿色建筑产业

提高自主创新和研发能力，推动绿色技术产业化，加快产业基地建设，培育相关设备和产品产业，建立配套服务体系，促进住宅产业化发展。一是加强绿色建筑技术的研发、试验、集成、应用，提高自主创新能力和技术集成能力，建设一批重点实验室、工程技术创新中心，重点支持绿色建筑新材料、新技术的发展。二是推动绿色建筑产业化，以产业基地为载体，推广技术含量高、规模效益好的绿色建材，并培育绿色建筑相关的工程机械、电子装备等产业。三是加强咨询、规划、设计、施工、评估、测评等企业和机构人员教育和培训。四是大力推进住宅产业化，积极推广适合工业化生产的新型建筑体系，加快形成预制装配式混凝土、钢结构等工业化建筑体系，尽快完成住宅建筑与部品模数协调标准的编制，促进工业化和标准化体系的形成，实现住宅部品通用化，加快建设集设计、生产、施工于一体的工业化基地建设。大力推广住宅全装修，推行新建住宅一次装修到位或菜单式装修，促进个性化装修和产业化装修相统一，对绿色建筑的住宅项目，进行住宅性能评定。五是促进可再生能源建筑的一体化应用，鼓励有条件的地区对适合本地区资源条件及建筑利用条件的可再生能源技术进行强制推广，提高可再生能源建筑应用示范城市的绿色建筑的建设比例，积极发展太阳能采暖等综合利用方式，大力推进工业余热应用于居民采暖，推动可再生能源在建筑领域的高水平应用。六是促进建筑垃圾综合利用，积极推进地级以上城市全面开展建筑垃圾资源化利用，各级住房和城乡建设部门要系统推行建筑垃圾收集、运输、处理、再利用等各项工作，加快建筑垃圾资源化利用技术、装备研发推广，实行建筑垃圾集中处理和分级利用，建立专门的建筑垃圾集中处理基地。

（五）着力进行既有建筑节能改造，推动老旧城区的生态化更新改造

一是住房和城乡建设部会同有关部门制定推进既有建筑节能改造的实施意见，加强指导和监督，建立既有建筑节能改造长效工作机制。二是制定既有居住、公共建筑节能改造标准及相关规范。三是设立专项补贴资金，各地方财政应安排必要的引导资金予以支持，并充分利用市场机制，鼓励采用合同能源管理等建筑节能服务模式，创新资金投入方式，落实改造费用。四是各地住房城乡建设主管部门负责组织实施既有建筑节能改造，编制地方既有建筑节能改造的工作方案。五是推动城市旧城更新实现“三改三提升”，改造老旧小区环境和安全措施，提升环境质量和安全性，改造供热、供气、供水、供电管网管线，提升运行效率和服务水平，改造老旧建筑的节能和抗震性能，提升建筑的健康性、安全性和舒适性。六是各地住房城乡建设主管部门将节能改造实施过程纳入基本建设程序管理，对施工过程进行全过程全方面监管，确保节能改造工程的质量。七是各地住房城乡建设主管部门在节能改造中应大力推广应用适合本地区的新型节能技术、材料和产品。

三、保 障 措 施

（一）强化目标责任

落实《绿色建筑行动方案》的要求，住房和城乡建设部要将规划目标任务科学分解到地方，将目标完成情况和措施落实情况纳入地方住房城乡建设系统节能目标责任评价考核体系。考核结果作为节能减排综合考核评价的重要内容，对做出突出贡献的单位和个人予以表彰奖励，对未完成目标任务的进行责任追究。

（二）完善法规和部门规章

一是健全、完善绿色建筑推广法律法规体系。二是引导和鼓励各地编制促进绿色建筑地方性法规，建立并完善地方绿色建筑法规体系。三是开展《中华人民共和国城乡规划法》和《中华人民共和国建筑法》的修订工作，明确从规划阶段抓绿色建筑，从设计、施工、运行和报废等阶段对绿色建筑进行全寿命期监管。四是加强对绿色建筑相关产业发展的规范管理，依法推进绿色建筑。

（三）完善技术标准体系

一是加快制定《城市总体规划编制和审查办法》，研究编制全国绿色生态城区指标体系、技术导则和标准体系。二是引导省级住房城乡建设主管部门制定适合本地区的绿色建筑标准体系，适合不同气候区的绿色建筑应用技术指南、设备产品适用性评价指南、绿色建材推荐目录。三是加快制定适合不同气候区、不同建筑类型的绿色建筑评价标准。培育和提高地方开展评价标识的能力建设，大力推进地方绿色建筑评价标识。四是制定配套的产品（设备）标准，编制绿色建筑工程需要的定额项目。五是鼓励地方出台农房绿色建筑标准（图集）。

（四）加强制度监管

实行以下十项制度：一是绿色建筑审查制度，在城市规划审查中增加对绿色生态指标的审查内容，对不符合要求的规划不予以批准，在新建区域、建筑的立项审查中增加绿色生态指标的审查内容。二是建立绿色土地转让制度，将可再生能源利用强度、再生水利用率、建筑材料回用率等涉及绿色建筑发展指标列为土地转让的重要条件。三是绿色建筑设计专项审查制度，地方各级住房城乡建设主管部门在施工图设计审查中增加绿色建筑专项审查，达不到要求的不予通过。四是施工的绿色许可制度，对于不满足绿色建造要求的建筑不予颁发开工许可证。五是实行民用建筑绿色信息公示制度，建设单位在房屋施工、销售现场，根据审核通过的施工图设计文件，把民用建筑的绿色性能以张贴、载明等方式予以明示。六是建立节水器具和太阳能建筑一体化强制推广制度，不使用符合要求产品的项目，建设单位不得组织竣工验收，住房城乡建设主管部门不得进行竣工验收备案；对太阳能资源适宜地区及具备条件的建筑强制推行太阳能光热建筑一体化系统。七是建立建筑的精装修制度，对国家强制推行绿色建筑的项目实行精装修制度，对未按要求实行精装修的绿色建筑不予颁发销售许可证。八是完善绿色建筑评价标识制度，建立自愿性标识与强制性标识相结合的推进机制，对按绿色建筑标准设计建造的一般住宅和公共建筑，实行自愿性评价标识，对按绿色建筑标准设计建造的政府投资的保障性住房、学校、医院等公益性建筑及大型公共建筑，率先实行评价标识，并逐步过渡到对所有新建绿色建筑均进行评价标识。九是建立建筑报废审批制度，不符合条件的建筑不予拆除报废；需拆除报废的建筑，所有权人、产权单位应提交拆除后的建筑垃圾回用方案，促进建筑垃圾再生回用。十是建立绿色建筑职业资格认证制度，全面培训绿色生态城区规划和绿色建筑设计、施工、安装、评估、物业管理、能源服务等方面的人才，实行考证并持证上岗制度。

（五）创新体制机制

规划期内要着重建立和完善如下体制与机制：一是建立和完善能效交易机制。研究制定推进能效交易的实施意见，研究制定能效交易的管理办法和技术规程，指导和规范建筑领域能效交易。建立覆盖主要地区的建筑能效交易平台。积极与国外机构交流合作，推进我国建筑能效交易机制的建立和完善。二是积极推进住房城乡建设领域的合同能源管理。规范住房城乡建设领域能源服务行为，利用国家资金重点支持专业化节能服务公司为用户提供节能诊断、设计、融资、改造、运行管理一条龙服务，为国家机关办公楼、大型公共建筑、公共设施和学校实施节能改造。三是推进供热体制改革，全面落实供热计量收费。建立健全供热计量工程监管机制，实行闭合管理，严格落实责任制。严把计量和温控装置质量，要由供热企业在当地财政或者供热等部门监督下按照规定统一公开采购。全面落实两部制热价制度，取消按面积收费。四是积极推动以设计为龙头的总承包制。要研究制定促进设计单位进行工程总承包的推进意见，会同有关部门研究相关激励政策，逐步建立鼓励设计单位进行工程总承包的长效机制。进行工程总承包的设计单位要严格按照设计单位进行工程总承包资格管理的有关规定实施工程总承包。五是加快培育和形成绿色建筑的测评标识体系。修订《民用建筑能效测评标识管理暂行办法》、《民用建筑能效测评机构管理暂行办法》。严格贯彻《民用建筑节能条例》规定，对新建国家机关办公建筑和大型公共建筑进行能效测评标识。指导和督促地方将能效测评作为验证建筑节能效果的基本手段以及获得示范资格、资金奖励的必要条件。加大民用建筑能效测评机构能力建设力度，完成国家及省两级能效测评机构体系建设。

（六）强化技术产业支撑

一是国家设立绿色建筑领域的重大研究专项，组织实施绿色建筑国家科技重点项目和国家科技支撑计划项目。二是加大绿色建筑领域科技平台建设，同时建立华南、华东、华北和西南地区的国家级绿色建筑重点实验室和国家工程技术研究中心，鼓励开展绿色建筑重点和难点技术的重大科技攻关。三是加快绿色建筑技术支撑服务平台建设，积极鼓励相关行业协会和中介服务机构开展绿色建筑技术研发、设计、咨询、检测、评估与展示等方面的专业服务，开发绿色建筑设计、检测软件，协助政府主管部门制定技术标准、从事技术研究和推广、实施国际合作、组织培训等技术研究和推广工作。四是建立以企业为主，产、学、研结合的创新体制，国家采取财政补贴、贷款贴息等政策支持以绿色建筑相关企业为主体，研究单位和高校积极参与的技术创新体系，推动技术进步，占领技术与产业的制高点。五是加快绿色建筑核心技术体系研究，推动规模化技术集成与示范，包括突破建筑节能核心技术，推动可再生能源建筑规模化应用；开展住区环境质量控制和关键技术，改善提升室内外环境品质；发展节水关键技术，提升绿色建筑节水与水资源综合利用品质；建立节能改造性能与施工协同技术，推动建筑可持续改造；加强适用绿色技术集成研究，推动低成本绿色建筑技术示范；加快绿色施工、预制装配技术研发，推动绿色建造发展。六是加大高强钢筋、高性能混凝土、防火与保温性能优良的建筑保温材料等绿色建材的推广力度。建设绿色建筑材料、产品、设备等产业化基地，带动绿色建材、节能环保和可再生能源等行业的发展。七是定期发布技术、产品推广、限制和禁止使用目录，促进绿色建筑技术和产品的优化和升级。八是金融机构要加大对绿色环保产业的资金支持，对于生产绿色环保产品的企业实施贷款贴息等政策。

（七）完善经济激励政策

一是支持绿色生态城区建设，资金补助基准为5000万元，具体根据绿色生态城区规划建设水平、绿色建筑建设规模、评价等级、能力建设情况等因素综合核定。对规划建设水平高、建设规模大、能力建设突出的绿色生态城区，将相应调增补助额度。支持地方因地制宜开展绿色建筑法规、标准编制和支撑技术、能力、产业体系形成及示范工程。鼓励地方因地制宜创新资金运用方式，放大资金使用效益。二是对二星级及以上的绿色建筑给予奖励。二星级绿色建筑45元/m^2（建筑面积，下同），三星级绿色建筑80元/m^2。奖励标准将根据技术进步、成本变化等情况进行调整。三是住房城乡建设主管部门制定绿色建筑定额，据此作为政府投资的绿色建筑项目的增量投资预算额度，对满足绿色建筑要求的项目给予快速立项的优惠。四是绿色建筑奖励及补助资金、可再生能源建筑应用资金向保障性住房及公益性行业倾斜，达到高星级奖励标准的优先奖励，保障性住房发展一星级绿色建筑达到一定规模的也将优先给予定额补助。五是改进和完善对绿色建筑的金融服务，金融机构可对购买绿色住宅的消费者在购房贷款利率上给予适当优惠。六是研究制定对经标识后的绿色建筑给予开发商容积率返还的优惠政策。

（八）加强能力建设

一是大力扶持绿色建筑咨询、规划、设计、施工、评价、运行维护企业发展，提供绿色建筑全过程咨询服务。二是完善绿色建筑创新奖评奖机制，奖励绿色建筑领域的新建筑、新创意、新技术的因地制宜应用，大力发展乡土绿色建筑。三是加强绿色建筑全过程包括规划、设计、建造、运营、拆除从业主体的资质准入，保证绿色建筑的质量和市场有序竞争。四是建立绿色建筑从业人员（咨询、规划、设计、施工、评价、运行管理等从业人员）定期培训机制，对绿色建筑现行政策、标准、新技术进行宣贯。五是加强高等学校绿色建筑相关学科建设，培养绿色建筑专业人才。

（九）开展宣传培训

一是利用电视、报纸、网络等渠道普及绿色建筑知识，提高群众对绿色建筑的认识，树立绿色节能意识，形成良好的社会氛围。二是加大绿色建筑的相关政策措施和实施效果的宣传力度，使绿色建筑深入人心。三是加强国际交流与合作，促进绿色建筑理念的发展与提升。

编者注：《“十二五”绿色建筑和绿色生态城区发展规划》由住房和城乡建设部于2013年4月3日印发（建科［2013］53号），是住房和城乡建设领域深入贯彻党的十八大精神，把生态文明建设融入城乡建设的全过程，加快推进建设资源节约型和环境友好型城镇，实现美丽中国、永续发展目标的具体措施。《规划》明确了绿色建筑和绿色生态城区在“十二五”期间的发展目标、指导思想、发展战略、实施路径以及重点任务，并提出了一系列保障措施。随后，河北省等地方也印发了类似规划。

2　2013年我国绿色建筑发展情况

2　China green building development in 2013

2013年，由国务院《绿色建筑行动方案》（国办发〔2013〕1号）指导性文件开局，各级政府不断出台促进绿色建筑发展的激励政策，全国范围内获得绿色建筑标识的建筑数量继续呈现快速增长的态势，同时还涌现出一批绿色生态示范城区，我国绿色建筑进入了新的发展阶段。

2.1　总体发展态势

几年来，我国的绿色建筑数量始终保持着强劲的增长态势，截止到2013年12月31日，全国共评出1446项绿色建筑评价标识项目，总建筑面积达到16270.7万m^2（图1-2-1，图1-2-2，图1-2-3），其中，设计标识项目1342项，占总数的92.8%，建筑面积为14995.1万m^2；运行标识项目104项，占总数的7.2%，建筑面积为1275.6万m^2。平均每个绿色建筑的建筑面积为11.3万m^2（图1-2-4）。

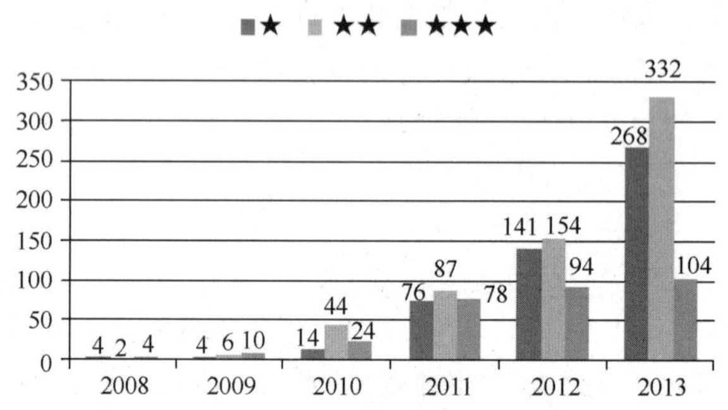

图1-2-1　2008～2013年绿色建筑评价标识项目数量逐年发展状况

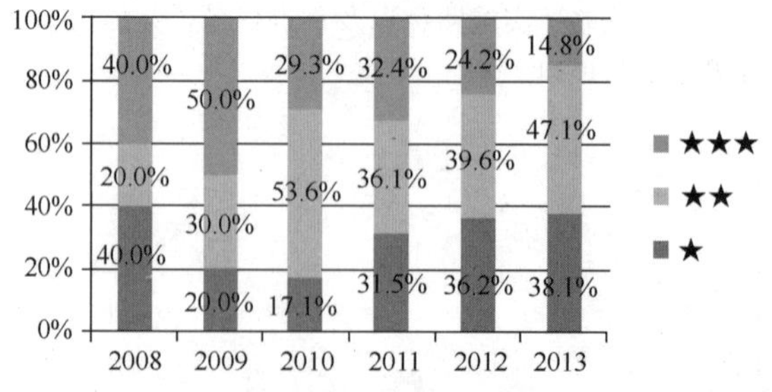

图1-2-2　2008～2013年绿色建筑评价标识项目各星级比例图

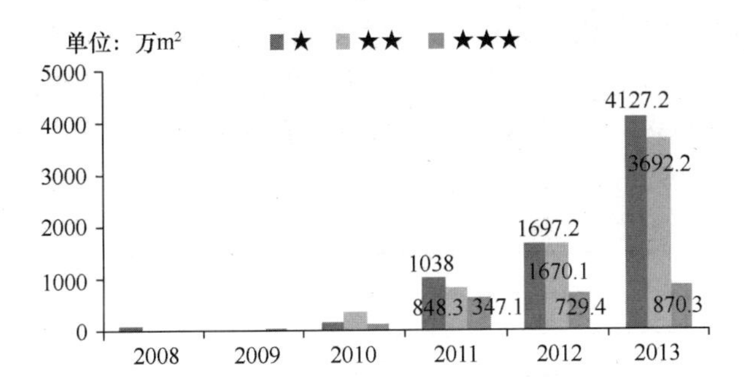

图 1-2-3　绿色建筑评价标识项目面积逐年发展状况

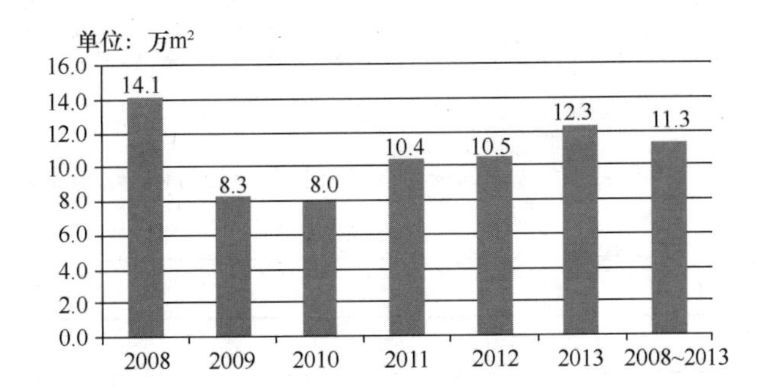

图 1-2-4　2008～2013年各绿色建筑申报项目的平均面积

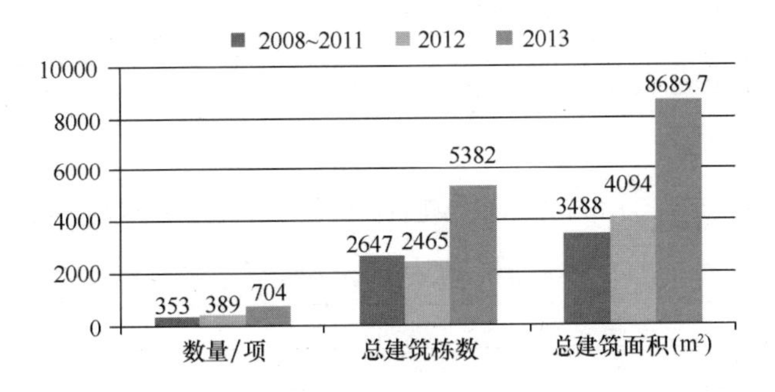

图 1-2-5　绿色建筑评价标识项目发展状况

2013年，我国绿色建筑数量及建筑面积继续快速增长（图 1-2-5），全国共评出704项绿色建筑标识项目，总建筑面积达到8689.7万 m^2，其中，设计标识项目648项，建筑面积为7929.1万 m^2；运行标识项目56项，建筑面积为760.6万 m^2。数量同比2012年增长了81.0%，面积同比2012年增长了112.3%，其中：一星级项目数量同比增长90.1%，面积同比增长143.2%；二星级项目数量同比增长115.6%，面积同比增长121.4%；三星级项目数量同比增长10.6%，面积同比增长19.4%。在各个评审机构中，住房和城乡建设部科技促进中心评审的项目数量为61项，中国城市科学研究会评审的项目数量为180项，地方行政主管部门组织评审的项目数量进一步增加，共有463项，其中以江苏、山东、深圳、河北等地方评审机构评审数量较多（图 1-2-6、图 1-2-7）。相比 2011、2012 年，江苏、深圳、河北、山东、上海、浙江、陕西、安徽、天津等地方评审机构评审数量增幅较大，而绿色建筑也开始在青海、湖南、内蒙古、河南、云南等地实现了零的突破（图 1-2-8）。

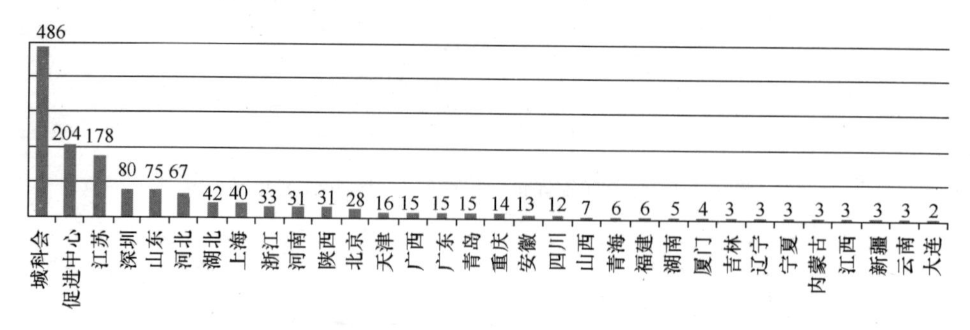

图 1-2-6 2008～2013 年全国绿色建筑标识各评价机构评审数量情况

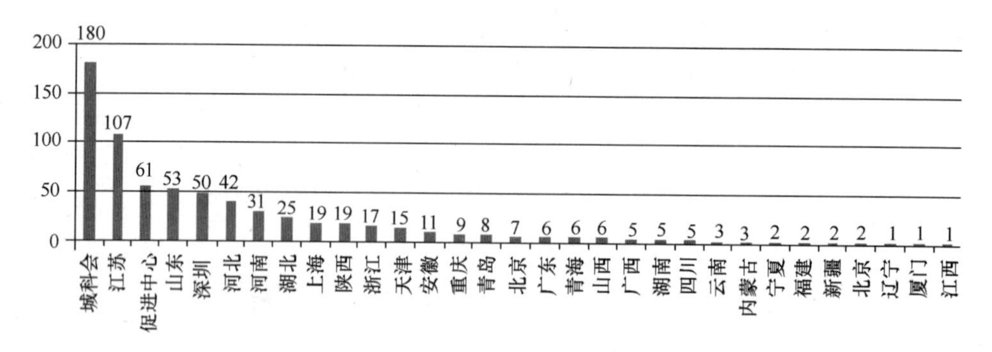

图 1-2-7 2013 年全国绿色建筑标识各评价机构评审数量情况

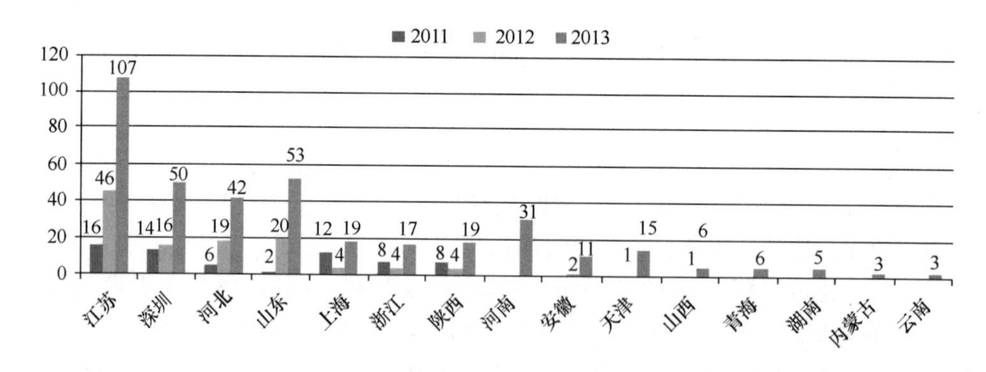

图 1-2-8 2011～2013 绿色建筑评价标识地方评价机构评审数量变化情况

2013 年各星级的组成比例为：一星级 268 项，占 38.1%，面积 4127.3 万 m^2；二星级 332 项，占 47.2%，面积 3692.2 万 m^2；三星级 104 项，占 14.8%，面积 870.3 万 m^2（图 1-2-9）。从图中可以看出，一星级、二星级绿色建筑标识项目占比较大，三星级绿色建筑标识项目占比相对较小。结合图 1-2-1，2013 年一星级、二星级绿色建筑标识项目数量保持了较高增长，三星级绿色建筑标识项目数量略有增长。

相比去年住宅建筑与公共建筑数量持平的情况，2013 年绿色建筑标识项目中住宅建筑比公共建筑数量略高（图 1-2-10）。

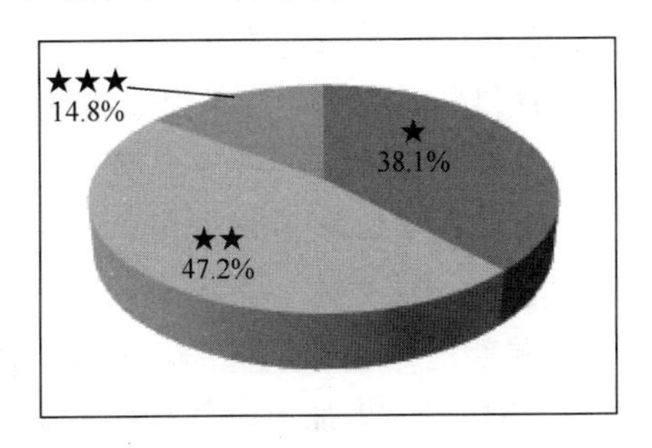

图 1-2-9 2013 年绿色建筑评价标识项目建筑星级分布

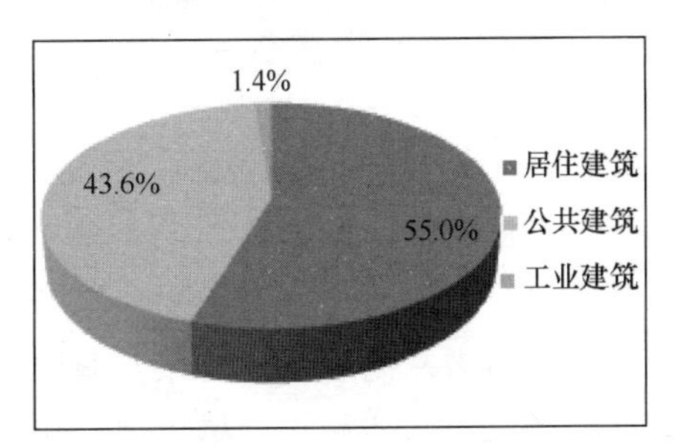

图 1-2-10 2013 年绿色建筑评价标识项目建筑类型分布

2.2 各类型绿色建筑标识情况

2013 年获得绿色建筑评价标识的公共类绿色建筑项目为 307 项，建筑面积为 2437.5 万 m²。从星级上看，一星级、二星级、三星级项目各占 39.7%、39.1%、21.2%（图 1-2-11），前两者占比相差不多，而三星级的占比相比去年 32%的占比数值下降较多；从建筑类型上看，办公类建筑占近一半，办公、商店、酒店、场馆、学校、医院等建筑以及改建项目各占 46.3%、16.3%、10.4%、8.1%、4.9%、4.2%、3.9%（图 1-2-12）。这些类型的绿色建筑都有相应的国标评价标准在编。

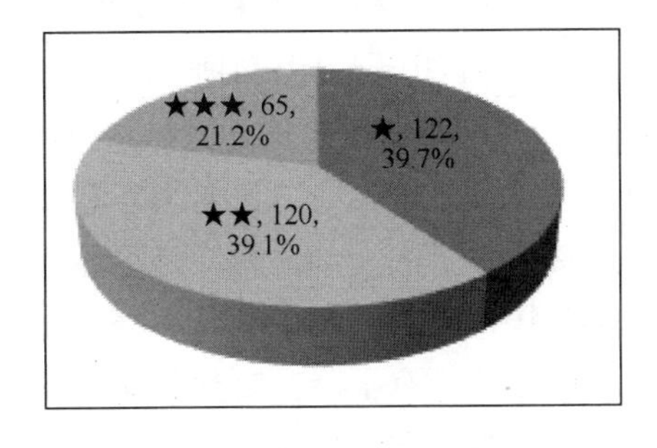

图 1-2-11 2013 年公共类绿建评价标识项目星级分布

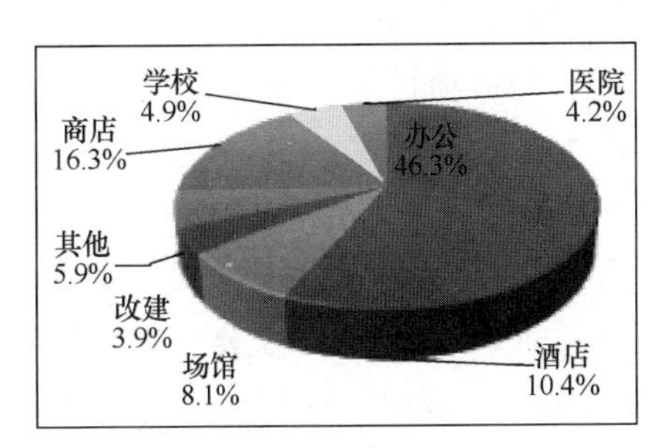

图 1-2-12 2013 年公共类绿建评价标识项目详类

2013 年获得绿色建筑评价标识的住宅类绿色建筑项目为 387 项，建筑面积

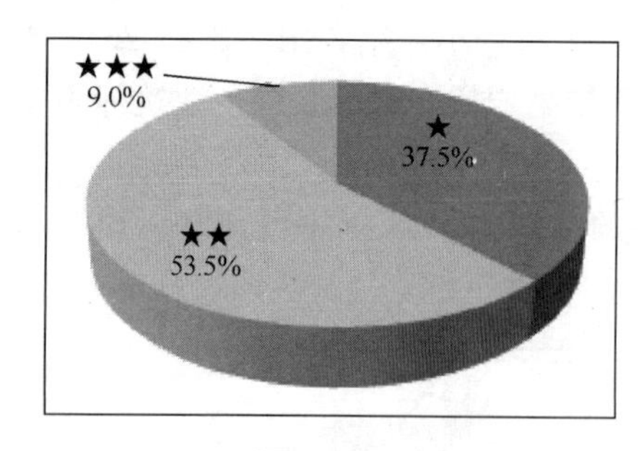

图 1-2-13 2013 年住宅类绿建评价标识项目星级分布

为 6103.8 万 m²。其中，一星级 145 项，占 37.5%，面积 2872.2 万 m²；二星级 207 项，占 53.5%，面积 2852.8 万 m²；三星级 35 项，占 9.0%，面积 378.8 万 m²（图 1-2-13）。从比例上看，二星级占比最大，超过总数的一半，比去年 47%的占比更多，其次为一星级，而三星级相对较少，比去年 16%的占比更少。从评审中了解的情况看，一星级项目增量成本不高而容易达到，一些地区已经开始要求保障房普遍达到一星级要求，还有一些地区如北京、深圳等要求所有新建房屋普遍执行至少一星级的绿色建筑标准，普及一星级绿色建筑乃大势所趋；二星级项目在国家财政补贴下，再加上一些地区还提供了地方补贴、城市建设配套费减免等激励政策，增量成本压力相对不大，已激发起开发商越来越大的实施动力；三星级增量成本较高，开发商经过一定的研发努力方可达到，而总体来看，三星级的建筑品质普遍较高。

2013 年获得绿色工业建筑评价标识的绿色工业建筑项目为 10 项，建筑面积为 148.5 万 m²，其中：一星级 1 项，面积 20.0 万 m²；二星级 5 项，面积 22.1 万 m²；三星级 4 项，面积 106.4 万 m²。值得关注的是两个项目获得了我国绿色工业建筑的首批三星级运行标识。

2.3 各地区绿色建筑发展的特点

从各气候区来看，2013 年夏热冬冷地区获得绿色建筑评价标识项目为 284 项，占 40.3%，面积为 3190.6 万 m²；夏热冬暖地区项目为 100 项，占 14.2%，面积为 1235.6 万 m²；寒冷地区项目为 269 项，占 38.2%，面积为 3429.8 万 m²；严寒地区项目为 41 项，占 5.8%，面积为 641.1 万 m²；温和地区项目为 10 项，占 1.4%，面积为 192.6 万 m²。从统计中看出，在居住建筑方面，寒冷地区与夏热冬冷地区绿建数量占比较大，均超过总量的 1/3，各项占比与去年相差不大。而公共建筑方面，夏热冬冷地区绿建数量接近总量的一半，寒冷地区绿建数量占总量的 1/3，而严寒及夏热冬暖地区各占约 10%左右，相比去年，寒冷地区占比增加较多（2012 年 18.6%），夏热冬冷地区占比稍有下降，夏热冬暖地区占比下降较多（2012 年 21%），温和地区项目仍然较少（图 1-2-14）。

按照项目地区分布来看，较往年，青海、贵州、甘肃也开始有了获得标识的绿色建筑，现除西藏以外各省、自治区、直辖市都有获得标识的绿色建筑。标识项目数量在 30 个以上地区占比 38.7%，数量在 10～30 个的地区占比 32.3%，

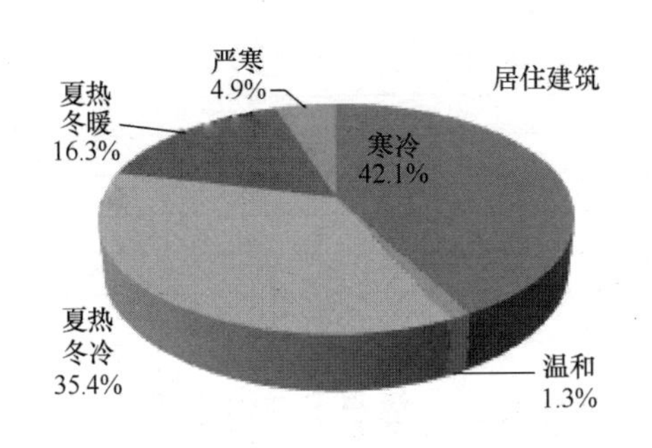

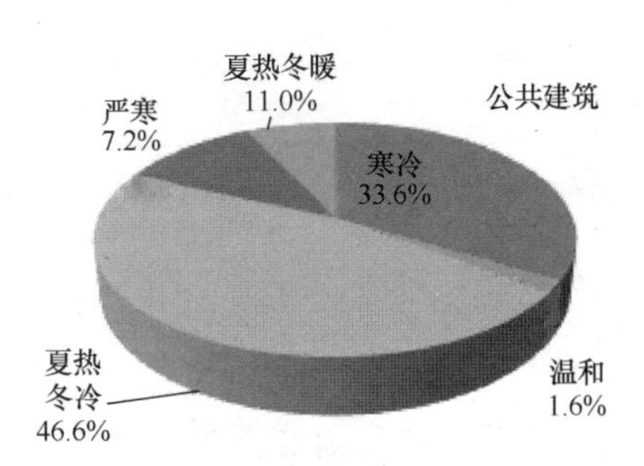

图 1-2-14 2013 年绿建评价标识项目气候区分布（分居住和公建）

数量不足 10 个的地区占比 29.0%，其中江苏、广东、山东、上海等四个沿海地区的数量继续遥遥领先（图 1-2-15、图 1-2-16），而 2013 年各地标识项目数量增速普遍加快，江苏、广东、天津、河北、浙江、山西、安徽等地增速明显（图 1-2-17）。从各星级的比例上看，江苏、广东、上海、浙江、湖北的绿色建筑各星级比例较为均匀，山东、河北二星级绿色建筑比例较高，天津三星级绿色建筑比例较高，广东、福建则一星级绿色建筑比例最高（图 1-2-18）。

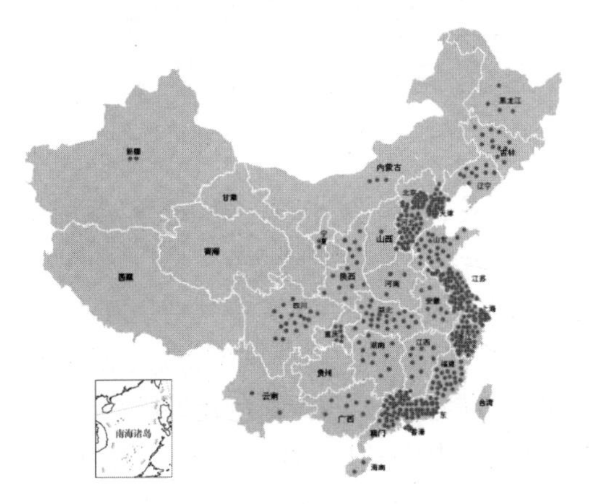

图 1-2-15 2008～2013 年各省市绿色建筑评价标识项目数量分布

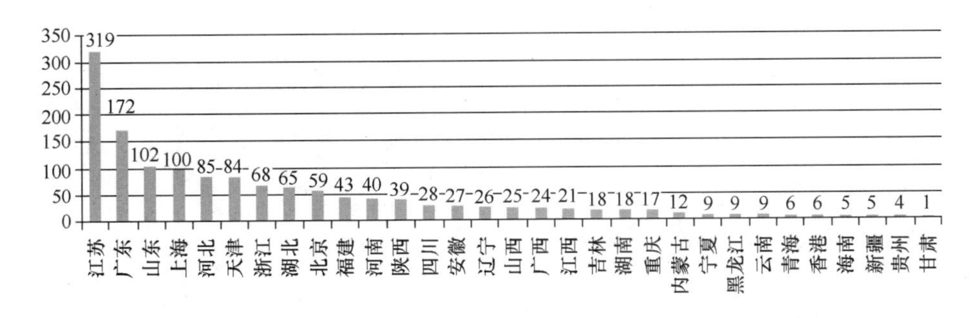

图 1-2-16 2008～2013 年各省市绿建评价标识项目数量统计

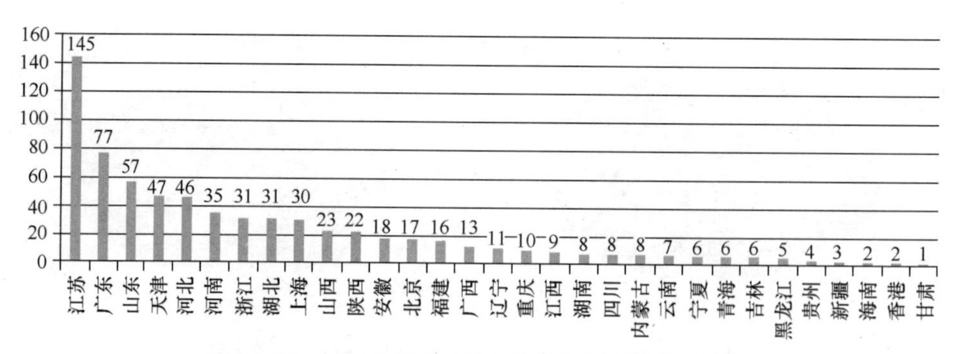

图 1-2-17 2013 年各省市绿建评价标识项目数量统计

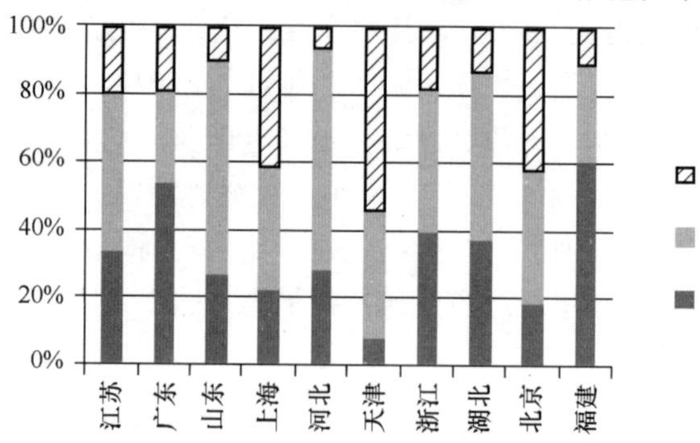

图 1-2-18 2008～2013 年主要地区绿建评价标识项目的星级构成

2.4 绿色建筑标识申报单位情况

拥有绿色建筑标识最多的前几名申报单位分别是万达、万科、绿地等开发商（图 1-2-19），前三名占了总数的 1/5。其中住宅类绿色建筑由万科、万达、绿地、保利、朗诗等集团申报项目最多，公建类绿色建筑则由万达、绿地、招商、苏州建屋等集团申报项目最多（图 1-2-21，图 1-2-22）。而前十名中各星级的构成比重却不尽相同，万达、深圳光明等项目主要为一星级，万科、建屋、朗诗项目主打三星级，绿地、保利、花桥商务城、华润等在一、二星级有所建树的同时少量项目尝试三星级，招商项目二星级占主要（图 1-2-20）。

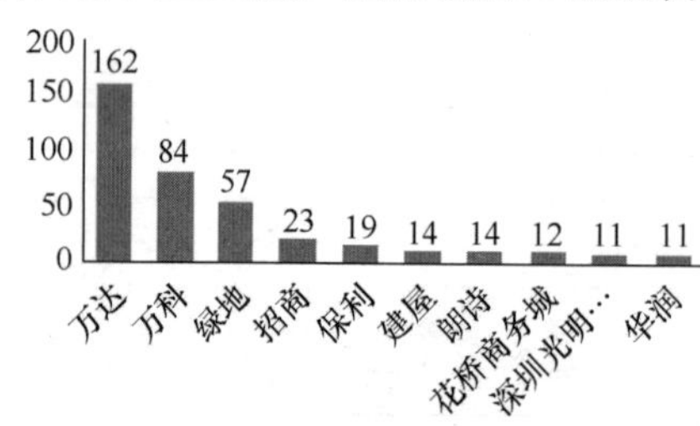

图 1-2-19 2008～2013 年绿建评价标识项目数量前十位申报单位

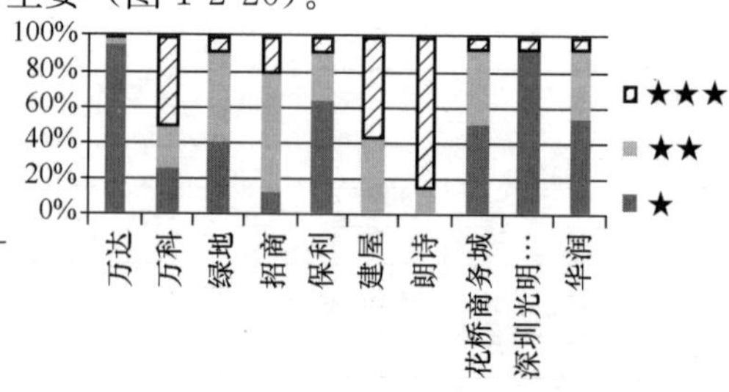

图 1-2-20 2008～2013 年绿建评价标识项目数量前十位申报单位项目星级构成

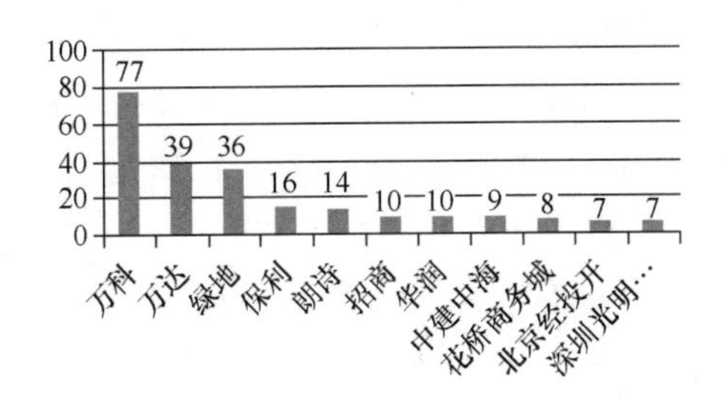

图 1-2-21　2008～2013年住宅类绿建评价标识项目数量前十位申报单位

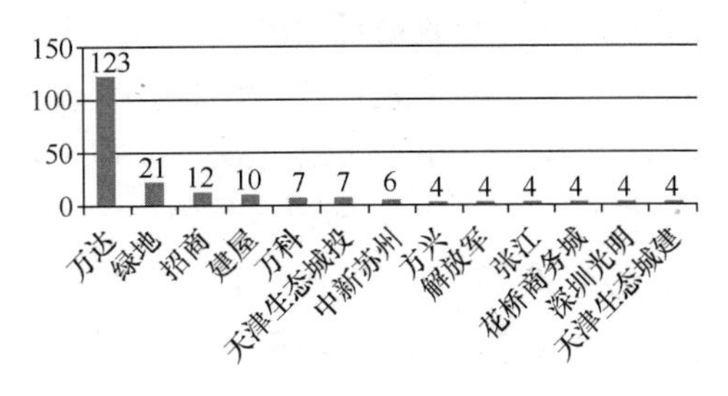

图 1-2-22　2008～2013年公建类绿建评价标识项目数量前十位申报单位

2.5　绿色建筑增量成本

在中国城市科学研究会牵头的住房和城乡建设部“绿色建筑后评估调研”课题中，课题组对全国100个竣工后的绿色建筑进行调研，在去除个别增量成本不合理过高的项目之后，增量成本结果显示：公建项目一星级、二星级、三星级绿色建筑的增量成本分别为40元/m^2、152元/m^2、282元/m^2，住宅项目一星级、二星级、三星级绿色建筑的增量成本分别为33元/m^2、73元/m^2、222元/m^2。其变化范围如表1-2-1所示。

各星级公共及住宅建筑的单位面积增量成本（元/m^2）　　**表 1-2-1**

建筑类型	一星级		二星级		三星级	
	均值	区间	均值	区间	均值	区间
公共建筑	40	5～141	152	37～458	282	64～569
住宅建筑	33	10～70	73	23～138	222	36～492

注：通过调研发现，太阳能光伏发电对于增量成本增加的影响较大。

2.6　绿色建筑创新奖

为引导绿色建筑健康发展，促进实现住房城乡建设领域节约资源、保护环境的目标，根据《全国绿色建筑创新奖管理办法》、《全国绿色建筑创新奖实施细则》和《全国绿色建筑创新奖评审标准》，住房和城乡建设部组织完成了2013年度全国绿色建筑创新奖申报项目的评审和公示工作。

本届绿色建筑创新奖继续按照技术集成度、创新特色、实施效果、预期效益、推广应用价值五方面对申报项目进行评审。同时根据奖项设立的原则，创新奖更注重项目的实际运行效果，在评审过程中掌握获得运行标识项目优先，有设计标识且竣工验收项目其次，有设计标识建设中的项目再次，最后考虑仅有设计标识的项目。经审定，“上海崇明陈家镇生态办公示范建筑”等 42 个项目获得 2013 年度全国绿色建筑创新奖。从申报项目来看，总申报数为 77 个，包括 66 个设计标识，11 个运行标识；其中住宅 40 个，公建 37 个；从星级构成分析，三星 37 个，二星 31 个，一星 9 个。从得奖情况来看，最终获得创新奖的项目有 42 个，包括住宅 13 个，公建 29 个；其中三星级 32 个，二星级 10 个，没有一星级。而一等奖 7 个项目全是三星级公建，二等奖 20 个项目包括住宅 4 个、公建 16 个，其中二星 6 个、三星 14 个，没有一星；三等奖 15 个项目包括住宅 9 个、公建 6 个，其中二星 4 个、三星 11 个，没有一星。

实际运行效果也是创新奖评定的依据。绿色建筑评价标识侧重于项目的实际运行效果，尽管为了鼓励绿色建筑发展，设置了设计标识，但真正体现绿色建筑理念的主要看运行。申报的 11 个运行标识项目，全部获得了创新奖项，且 11 个运行标识项目全部获得了二等以上奖项，4 个一等奖，7 个二等奖。而且在获得一等奖的 7 个项目中，有 4 个运行标识，其他 3 个项目尽管获得的是设计标识，但都是已经建成并已投入使用的项目，有的项目已经使用了几年，有相应的运行数据。

通过这次绿色建筑创新奖的评审，也反映出在绿色建筑发展中持续存在的一些问题，如：技术创新性不够、集成程度低、优化措施较少、有技术堆砌倾向、实施（运行）后的效果难以确定、突出地方特色不够等。

2.7 政府的激励政策

2013 年元月国务院发布了《绿色建筑行动方案》（国办 1 号）文件之后，各地纷纷响应文件要求，陆续出台了加快推动绿色建筑发展的地方性文件，明确了绿色建筑的发展目标，提出了针对性的激励性政策以及强制性政策。

在发展目标方面，北京市、上海市、江苏省等 15 个省市制定了各自的绿色建筑行动实施方案，提出了绿色建筑的总体发展目标，明确了新建绿色建筑面积要求和绿色建筑占新建建筑比例的具体要求。如，北京市、深圳市分别要求从 2013 年 6 月、5 月起，所有新建建筑必须执行绿色建筑标准，推进绿色建筑规模化发展；重庆市要求从 2013 年起主城区公共建筑率先执行绿色建筑标准；更多的省市则对政府投资建筑、大型公建、公益性建筑、保障性住房和大型住宅小区提出了不同的强制性要求。

在财政奖励方面，北京市、上海市、江苏省、山东省、陕西省、西安市、青岛市等制定了地方财政奖励政策，例如，北京市对二、三星级绿建运行项目分别给予 22.5、40 元/m^2 的财政资金奖励；上海市对二星级及以上绿色建筑项目给予60元/m^2的财政资金奖励；江苏省对一星级绿色建筑设计标识的项目，按15元/m^2的标准给予奖励，对获得绿色建筑运行标识的项目，在设计标识奖励标准基础上增加10元/m^2奖励；山东省对一、二、三星级绿建标识奖励标准分别为15、30、50元/m^2，其中规定，获设计标识后，可获相应星级30%奖金，竣工后，可再获30%奖金，获评价标识后，获剩余40%奖金。

在减免城市基础设施配套费的优惠方面，内蒙古自治区对取得一、二、三星级绿色建筑评价标识的项目城市配套费分别减免50%、70%、100%；青海省、海南省对取得二、三星级绿色建筑评价标识的项目城市配套费分别减免20%、40%。

在容积率返还激励方面，贵州省对获得星级绿色建筑设计标识的项目，按建筑面积的3%以内给予奖励；南京市对于超过1万m^2的二星级以上绿色建筑，规划审批时可以给予一定容积率奖励。

在贷款利率优惠方面，安徽省金融机构对绿色建筑的消费贷款利率可下浮0.5%、开发贷款利率可下浮1%。

专项基金优惠方面，河南省、武汉市、南京市针对绿色建筑还提出了新型墙体材料专项基金返还的优惠。

精神鼓励方面，湖南省、安徽省、河南省将绿色建筑作为各种奖项评选活动的必备条件，对实施绿色建筑的企业年检、企业资质升级方面予以优先或加分。

在技术推广方面，北京市编制了绿色建筑设计标准，将其作为推行绿色建筑的技术保障；深圳市发布的《深圳市绿色建筑促进办法》中，规定新建民用建筑设计方案执行绿色建筑标准相关审查；天津市、重庆市将绿色建筑要求纳入建筑节能条例进行强制实施；江苏省拟在现行施工图审查程序中增设绿色建筑审查内容，以保障绿色建筑强制要求得到落实。

在标准制定方面，全国共有22个省市制定了地方的绿色建筑评价标准。根据中国城市科学研究会绿色建筑研究中心的比对研究来看，与绿建评价标准国标相比，一些省市的地标一定程度上体现了当地的特色，一些条文从严掌握，也有一些地标编制的科学性、系统性还有待于提高，一些条文要求有所放宽。

2.8 绿色生态城区建设

绿色建筑的发展已经不仅仅局限于单体建筑，而是向规模化发展，如绿色生态城区、城市等。为了鼓励低碳生态城市的建设，住房和城乡建设部先后与天津、无锡、深圳和唐山等城市共建中新天津生态城、无锡太湖新城，深圳光明新区、深圳坪山新区和唐山湾（曹妃甸）生态新城等开展示范区的研究，上海南桥新城、河北省4+1示范城市（区）、昆明呈贡新城和厦门、德州、淮南等城市也开展了规划建设实践。低碳生态城市发展需要更开阔的全球视野，更深入的国际交流，从标准与机制层面上达到更多共识，进而切实有效地指导我国生态城市的发展。为此，住房和城乡建设部积极与国外政府开展合作，与规划建设单位一道，努力推动我国绿色生态城区的发展，如中新合作中新天津生态城项目，中瑞合作无锡中瑞低碳生态城项目，中德合作青岛中德生态园项目，中日合作唐山湾生态城中日合作示范区项目。在 2013 年，又增加了中美合作低碳生态城市合作试点项目（潍坊、日照、合肥、廊坊、济源和鹤壁）和首批确立的 12 个“中欧城镇化伙伴关系合作城市”（天津、深圳、沈阳、西安、广州、成都、常州、潍坊、威海、洛阳、长沙、海盐）等。

2012 年，住房和城乡建设部从 26 个申报城区中通过了 8 个首批国家级绿色生态示范城区（包括天津市中新生态城、河北省唐山市唐山湾新城、江苏省无锡市太湖新城、湖南省长沙市梅溪湖新城、重庆市悦来生态城、贵州省贵阳市中天未来方舟生态城、云南省昆明市呈贡新区和深圳市光明新区）。

2013 年 4 月，住房和城乡建设部发布《“十二五”绿色建筑和绿色生态城区发展规划》（建科〔2013〕53 号），指出“十二五”时期，将选择 100 个城市新建区域按照绿色生态城区标准规划、建设和运行。为此，住房和城乡建设部加大我国示范城区申报工作力度，已批准设立 22 个绿色生态示范城区，审查批准了南京河西新城区、肇庆新区中央绿轴生态城、苏州云龙新城、西安产坝生态区，并审查了北京长辛店生态园和上海虹桥商务区等 11 个城区的申报材料。

我国生态城市建设实践正处在探索阶段，实践广度与深度的不断延伸，这些生态示范城区的建设无疑会对我国构建强调生态环境综合平衡的全新城市发展模式起到积极的促进作用，而我国绿色生态城区的建设将会引领我国城镇化的绿色进程。

2.9 小结及展望

2013 年随着政府相关政策的出台，一些城市全面执行绿色建筑标准以及一些绿色城区的出现，绿色建筑的发展又上了一个新的台阶，呈现出规模化发展的态势。在新形势下如何做好绿色建筑标识评定工作，值得我们进行更深入的思考与探索。

作者：王建清[1]　高雪峰[1]　李丛笑[2]　郭振伟[2]　骆方[2]（1. 住房和城乡建设部建筑节能和科技司；2. 中国城市科学研究会绿色建筑研究中心）

3 以建筑产业化促进绿色建筑健康发展

3 Healthy development of green building based on building industrialization

应对气候变化和节能减排是我国必须长期重视的艰巨任务，关系到中华民族的永续发展。为此，十八大报告特别指出，节约资源是保护生态环境的根本之策，要节约集约利用资源，控制能源消费总量。我国正处于新型工业化、信息化、城镇化和新农村建设快速发展的历史时期，新增基础设施、公共服务设施以及工业与民用建筑投资对建筑业需求巨大。随着建筑面积的扩张和居民生活水平的不断提高，建筑领域将成为未来20年我国用能的主要增长点，建筑的“用能锁定”特性，决定我国建筑的能耗问题是走中国特色低碳发展道路必须解决的重要问题。

加快绿色建筑发展应成为节能减排和应对气候变化的重要方面。绿色建筑在全寿命周期内，能够最大限度地节能、节地、节水、节材，减少室内外污染，保护环境，改善居住舒适性、健康性和安全性。我国建筑95%以上是高耗能建筑，如果达到同样的室内舒适度，单位建筑面积能耗是同等气候条件发达国家的2～3倍，发展绿色建筑前景广阔。“十一五”期间，建筑节能承担了我国全部节能任务的20%，如果切实执行50%的节能标准，局部地方执行65%的节能标准，到2020年，能节约3.54亿吨标准煤，占同期国家节能目标任务的30.7%。此外，自“十五”以来，我国已组织实施了“绿色建筑关键技术研究”、“城镇人居环境改善与保障关键技术研究”等国家科技支撑计划项目，在节能、节水、节地、节材和建筑环境改善等方面取得了一大批研究成果，为绿色建筑在中国因地制宜地发展和推广奠定了坚实的基础。目前，我国正处于加快推进新型工业化、城镇化和新农村建设的关键时期，发展绿色建筑面临极好的机遇。加快绿色建筑发展，不仅是节能减排和应对气候变化的重要举措，也将有效改善民生，有力助推社会主义生态文明建设，并对转变城镇建设模式、促进新兴产业发展以及转变经济发展方式具有深远影响。

面对高耗能建筑量大面广的现状和加大节能减排力度的紧迫任务，如何推动绿色建筑“提质扩量”？产业化应成为重要突破口。建筑产业化（包括住宅产业化）利用标准化设计、工业化生产、装配式施工和信息化管理等方法来建造、使用和管理建筑，是建筑工业化发展的必然趋势，更是建筑业的深刻变革。建筑产业化的比较优势，一是在于节地、节能、节水、节材和环境友好。据测算，与传统方式比较，建筑产业化可分别减少建造用水量60%以上、木材近80%、材料浪费20%以上、建造垃圾约80%、建造综合能耗70%以上；据香港房屋署在15年内对473栋产业化住宅的统计数据，可降低建筑后续维护费用95%左右；此外，可减少施工场地占用，提高土地利用效率，减少施工扰民以及对周边环境影响。同时，建筑产业化采用新型建筑材料，使用先进建筑技术，可使建筑在使用过程中降低能耗水耗、减少污染，生态效益显著。二是通过提升建筑品质，延长建筑寿命，减少重复建设的资源浪费。新技术、新材料、新设备和新工艺在建筑产业化中大量运用，使建筑隔声、隔热、保温、抗震、耐火、防水等性能大大改善，提升了建筑使用的安全性、健康性和耐久性，使得建筑质量大幅提高。据香港房屋署对15年内建设的250栋产业化住宅抽取8栋的统计数据，平均延长建筑使用寿命43%～100%。三是促进包括节能减排为主要内容的行业技术进步和创新，加快建筑业由劳动密集向技术密集转变。建筑产业化改变传统建造方法，推动建筑业技术整体进步，带动设计、施工、建材、冶金、化工、机械、电子电器、装修装饰等50多个关联产业，近2000种产品技术创新，促进建设的标准规范化、流程系统化、技术集成化、部品工业化以及建造集约化，使用工减少50%左右、建设工期缩短30%～70%，实现减员增效。通过以技术创新替代资源粗放使用，可有力驱动建筑业转变发展方式实现可持续发展。四是有利于高质量大规模施工，加快绿色建筑推广进度。以建筑产业化支撑大规模保障性住房等项目建设，可改善高品质需求与落后生产方式之间矛盾，提高效率、保证质量、控制成本，加速绿色建筑的推广普及。

促进建筑产业化，能使建筑达到面积不大功能全、占地不多环境美、成本不高品质优的良好效果。在北京、上海、深圳等一些城市，正在积极探索建筑产业化的发展路径，取得了一些突破，积累了一些经验，但也遇到一些亟待解决的问题。一是法制与机制不完善。在法制上，21世纪初，日本实施《住宅品质确保促进法》，加快产业化技术集成，提高住宅品质，取得了成功经验。相比之下，我国的建筑产业化发展缺少相关法律支撑。在机制上，还未建立起全过程监管、考核和奖惩机制。监督机制和考核评定标准不完善，检查手段不健全，惩罚措施不到位。二是标准和技术体系不健全。在标准制定上，与建筑产业化相关的标准还存在体系不完善、内容不配套、要求不明确等问题。在技术体系上，建筑产业化技术仍以单项技术应用为主，缺乏有效的集成和整合，没有形成完整的产业化建筑技术体系；对新型建筑结构体系、构部件体系的研发投入不足，相应的国家科技攻关项目较少。三是经济政策不到位。现行的财政、税收、信贷和收费等经济政策，未对建筑产业化发展形成有效支持。财政和信贷政策缺乏激励机制，预制构件存在重复征税，城市配套费、电力增容费、排污费、垃圾处理费等收费政策没有考虑建筑产业化的资源节约和污染减排效益；新技术研发应用的额外投入也没有相应税收减免。四是产业链发展不成熟。建筑产业化没有形成上下贯穿的产业链，构部件产品生产与建筑建造脱节、使用与工程技术脱节，导致质量难以保障、责任难以追究。

当前，我们应抓住新型工业化和城镇化协调发展以及转变发展方式的重要机遇，通过大力促进建筑产业化健康发展，推动绿色建筑向更高层次提升，向更大范围推广。为此，一些工作亟待加强。

（1）加强法制和机制建设

1999年，建设部等八部委出台的《关于推进住宅产业现代化提高住宅质量若干意见的通知》，已不适应新形势的新要求，建议研究制定《建筑品质促进法》，用法律手段推进建筑产业化；建立建筑品质保证制度，强制要求对建筑质量提供合理的保质期。逐步建立构部件产品准用证制度、淘汰制度和质量认证制度，实施企业自控、行业管理、政府监督、社会监理、用户评价相结合的产业化建筑质量管理机制。对产业化建筑实施市场准入机制，引导建筑业生产方式加快转变。

（2）健全标准和监管体系

完善的标准和监管体系是建筑产业化健康发展的根基。为此建议，一是完善规划、勘察、设计、生产、施工、验收和运营等环节的标准和规范，建立健全建筑产业化的标准体系。二是健全以技术标准为主体，包括工作标准和管理标准在内的标准体系，鼓励企业结合自身优势制定高水平的建筑产业化技术标准。三是在规划审批、设计审查、施工许可、竣工验收、销售许可等行政审批环节，建立建筑产业化全过程监督、考核、奖惩制度，明确量化指标，加大监督和执法力度。

（3）加快技术体系建设

一是健全建筑产业化技术保障、构部件产品以及产业化建筑质量控制等技术体系。二是设立建筑产业化科技专项，加强技术集成与创新，加快对关键技术的科技攻关，将建筑产业化作为建筑业健康发展的重要领域。三是参照对战略性新兴产业的扶持政策，重点支持一批建筑企业、设计院所、科研机构对建筑产业化的技术集成、推广及应用。

（4）建立经济激励政策

一是通过财政支持激励企业的建筑产业化技术研究和创新，设置适当条件将实施建筑产业化的企业认定为高新技术企业。二是对企业开发建设和消费者购买产业化建筑，给予适当税收减免或优惠，放宽贷款比例和期限，降低贷款利率。三是改革城市建设基础设施收费制度，改变按建筑面积为依据的收费制度，实施与建筑产业化程度挂钩的征收政策。调整水、电、气等公共产品价格政策，引导消费者从仅关注购买成本向关注综合使用成本转变。四是在土地出让时，将建筑产业化的相关要求纳入评价条件；对产业化建筑给予适当的容积率奖励；优先安排建筑产业化达到一定规模的企业在资本市场融资。

（5）培育产业健康发展

良好而成熟的产业链有助于建筑产业化的推广。一是扶持建筑产业化研究与设计队伍发展。将建筑产业化有关要求纳入建筑工程技术人员的教育培训、资格认证、职称评定、资质申请等方面。扶持和培养一批具备创新和研发能力的建筑产业化设计研究团队。加强建筑产业化的职业教育、职业资格认证，扶持农民工转型为有技术专长和职业化素养的产业工人。二是支持建筑构部件生产企业产业化发展布局，促进产业链完善，使构部件产品生产与建筑建造相配套、使用与工程技术相配套，以保障建筑质量。重点培育龙头企业，以市场力量推进建筑产业化发展。三是加强示范引领作用。近几年，住房和城乡建设部在全国建立了一些建筑产业化基地，对培育建筑产业化健康发展起到了一定的示范和带动作用。建议在此基础上，加大建筑产业化基地的建设规模和推广力度，扩大示范试点覆盖面，通过产业化基地和示范工程建设，积累基础技术，共享先进经验，破除技术壁垒，推动建筑产业化健康发展。四是在绿色建筑推广中加强对建筑产业化的要求。

作者：赖明（全国政协常委、九三学社中央副主席）

4 既有建筑绿色改造的科研、标准与案例

4 Scientific research, standards and practices of green retrofitting of the existing building

4.1 引　　言

我国既有建筑面积已达500多亿平方米，由于建造标准和年代不同，这些既有建筑的环境性和节能性普遍偏低。截止到2013年12月底，既有建筑改造后获得绿色建筑标识的总建筑面积仅占总绿色建筑面积大约1%左右。绝大部分的非绿色既有建筑都存在资源消耗水平偏高、环境负面影响偏大、工作生活环境亟待改善、使用功能有待提升等方面的问题。拆除使用年限较短的非绿色“存量”建筑，不仅是对资源和能源的极大浪费，而且还会造成生态环境的二次污染和破坏。因此，在综合检测和评定的基础上对既有建筑进行绿色化改造，同时制定有效的标准规范和推广机制是解决我国非绿色“存量”建筑的最好途径之一。

科技部于2012年5月出台了《“十二五”绿色建筑科技发展专项规划》，明确了“将绿色建筑共性关键技术体系、绿色建筑产业推进技术体系、绿色建筑技术标准规范和综合评价服务技术体系建设作为绿色建筑科技发展的三个技术支撑重点”，并首次提出开展“既有建筑绿色化改造技术研究”，体现了既有建筑绿色化改造和“十一五”期间综合改造研究的衔接和递次关系，扩充和提升了既有建筑改造研究的内涵。

推动既有建筑的绿色改造工作，要有相应的标准规范来保障。目前，由中国建筑科学研究院、住房和城乡建设部科技发展促进中心会同有关单位共同制订的国家标准《既有建筑改造绿色评价标准》已列入住房和城乡建设部《2013年工程建设标准规范制订修订计划》（建标［2013］6号），此举标志着既有建筑改造已进入工程建筑行业规范化管理体系。目前，该标准的征求意见稿已经发布，正在广泛征求社会各界的意见和建议。

4.2 既有建筑绿色改造的科研项目

4.2.1 国家科技支撑计划项目

国家科技支撑计划是以国民经济社会发展需求为导向，重点支持对国家和区

域经济社会发展以及国家安全具有重大战略意义的关键技术、共性技术、公益技术的研究开发与应用示范。自“十一五”以来，在城镇化与城市发展领域，围绕既有建筑改造和绿色化改造方面，启动实施了一批国家科技支撑计划项目，为既有建筑改造领域的技术进步提供了重要的科技支撑。“十一五”和“十二五”期间启动实施的主要国家科技支撑计划项目有：

（1）建筑节能关键技术研究与示范项目，包括既有建筑节能改造关键技术研究，新型建筑节能围护结构关键技术研究，降低大型公共建筑空调系统能耗的关键技术研究与示范，大型公共建筑能量管理与节能诊断技术研究等13个课题。

（2）既有建筑综合改造关键技术研究与示范项目，包括既有建筑安全性改造关键技术研究，既有建筑检测与评定技术研究，既有建筑评定标准与改造规范研究，既有建筑改造专用材料和施工机械研究与开发，既有建筑综合改造技术集成示范工程等10个课题。

（3）城市地下空间建设技术研究与工程示范项目，包括城市地下空间建设政策与标准研究，城市地下空间建造技术研究，城市地下空间建设示范工程等5个课题。

（4）城市老工业搬迁区功能重构与宜居环境建设关键技术研究与示范项目，包括老工业搬迁区生态风险评估与土地再利用规划方法研究、老工业搬迁区生态环境重建关键技术集成与示范、原有工业建筑功能提升与生态改造关键技术研究与示范、老工业搬迁区宜居环境建设规划设计技术研究与示范等4个课题。

（5）城镇供热系统能效提升关键技术与示范项目，包括城镇区域供热能源高效利用规划关键技术研究与示范、城市供热系统能效提升装备关键技术研究与示范、城镇供热系统智能决策平台开发与示范等4个课题。

（6）徽派古建筑聚落保护利用和传承关键技术研究与示范项目，包括徽州传统建筑和聚落适应性改造和品质提升关键技术研究及示范、徽州传统聚落营建与技术挖掘和传承关键技术研究及示范、保持徽派建筑典型特点的可再生能源建筑技术应用研究与示范等4个课题。

（7）传统古建聚落适应性保护及利用关键技术研究与示范项目，包括传统古建聚落人居环境改善关键技术研究与示范，传统古建聚落结构安全性能提升关键技术研究与示范，传统古建聚落规划改造及功能综合提升技术集成与示范等5个课题。

（8）城市综合防灾与安全保障关键技术与装备项目，包括城市多重灾害综合防御能力提升关键技术与示范、城市既有老旧建筑抗灾改造关键技术、城市生命线安全保障关键技术研究与应用等4个课题。

（9）公共机构绿色节能关键技术研究与示范项目，包括公共机构既有建筑绿色改造成套技术研究与示范等6个课题。

4.2.2 住房和城乡建设部以及地方政府主管部门立项的部分有关课题

在推动既有建筑绿色化改造科研方面，住房和城乡建设部以及地方政府都做了大量的工作，住房和城乡建设部将既有建筑绿色化改造作为一项重要内容列入《“十二五”绿色建筑和绿色生态城区发展规划》中。近年来立项的部分课题如表1-4-1所示。

部分省部级科研课题信息表　　表 1-4-1

序号	科研课题名称	内容方向		
		专项技术	整体综合	政策机制
1	建筑节能合同能源管理机制研究			√
2	国内废弃矿区绿色景观再造设计	√		
3	既有建筑节能改造市场培育机制及其发展政策研究			√
4	既有大型公共建筑规模节能机制及实施策略研究			√
5	商业建筑节能改造激励政策研究			√
6	既有建筑低碳运行和节能改造评价指标及方法研究		√	
7	能源城市旧工业建筑节能改造研究		√	
8	建筑节能改造技术的研究与研发		√	
9	我国既有建筑加层加固技术与政策体系研究	√		√
10	既有建筑物增层改造地基承载力研究	√		
11	安徽省既有建筑节能更新与“节能服务”互动性研究		√	√
12	安徽省既有住宅节能改造研究		√	
13	既有建筑节能改造和可再生能源应用的激励政策研究			√
14	既有混凝土结构基于性态抗震加固评价技术及应用	√		
15	北京市既有建筑绿色化改造关键技术研究及示范		√	
16	既有住区改造效果评估和绿色化改造方案研究		√	
17	北京市既有建筑绿色化改造实施途径		√	
18	北京市农民住宅增温改造技术导则研究	√		
19	湖北省既有居住建筑节能改造规划及技术指南		√	
20	徐州地区既有居住建筑能耗调查及节能改造技术研究		√	
21	香港高层高密度城市形态下旧区重建项目的适用性绿色技术研究		√	
22	中心城区中小型公共建筑节能改善与示范		√	
23	重庆市公共建筑节能改造节能量核定	√		
24	既有建筑节能改造运作模式研究			√

4.2.3 既有建筑绿色化改造关键技术研究与示范项目

科技部于2012年启动实施了“十二五”国家科技支撑计划项目“既有建筑绿色化改造关键技术研究与示范”。项目针对我国既有建筑绿色化改造的具体情况，旨在建立完善我国既有建筑绿色化改造技术、标准和产品体系，提升既有建筑绿色化改造产业核心竞争力，推动既有建筑绿色化改造规模化进程，推进既有建筑绿色化改造新兴产业发展，为实现国家节能减排目标、积极应对气候变化、改善民生提供科技引领和技术支撑。

项目分别从“既有建筑绿色化改造综合检测评定技术与推广机制研究”、“典型气候地区既有居住建筑绿色化改造技术研究与工程示范”、“典型气候地区既有居住建筑绿色化改造技术研究与工程示范”、“大型商业建筑绿色化改造技术研究与工程示范”、“办公建筑绿色化改造技术研究与工程示范”、“医院建筑绿色化改造技术研究与工程示范”和“工业建筑绿色化改造技术研究与工程示范”等7个方面对既有建筑的绿色化改造开展研究并进行工程示范。预期主要形成以下五个方面的成果：

（1）制定既有建筑绿色化改造相关的推广机制，为促进我国全面开展既有建筑绿色化改造工作的进程提供必要的政策支持和保障。

（2）制定一系列既有建筑绿色化改造相关的标准、导则及指南，为我国既有建筑绿色化改造的前期检测评估、改造方案设计、相关产品选用、施工工艺做法、后期评价推广等提供技术依据，促使我国既有建筑绿色化改造工作做到技术先进、安全适用、经济合理。

（3）形成既有建筑绿色化改造关键技术体系，为加速转变建筑行业发展方式、推动相关传统产业升级、改善民生、推进节能减排进程、增强我国在既有建筑改造和绿色建筑领域的核心竞争力等方面提供重要的技术保障。

（4）形成既有建筑绿色化改造相关产品产业化，提高我国建筑产品的技术含量和国际竞争力，从而扩大我国建筑产品的海外市场，增加出口创汇，进而带来巨大的经济效益。

（5）建设多项各具典型特点的既有建筑绿色化改造示范工程，促使我国建设一个全国性、权威性、综合性的既有建筑绿色化改造技术服务平台，培养一支熟悉既有建筑绿色化改造建设的人才队伍。目前该项目正按计划顺利进行中。

4.3 既有建筑绿色改造相关的标准规范

4.3.1 国内外相关标准情况

相对于发展中国家，西方发达国家的新建建筑的增长率逐年下降，既有建筑所占比重较大，消耗了大量的能源资源，碳排放量逐年增加，因此既有建筑的环境问题相对较早地引起他们的重视，制定了比较完善的既有建筑绿色运行和改造评价工具。例如美国的LEED-EB和LEED-ID&C，澳大利亚的Green Star和NABERS，英国的BREEAM Domestic Refurbishment，日本的CASSBE-EB和CASSBE-RN，新加坡的GREEN MARK，德国的DGNB等。

国内与既有建筑相关的国家和行业标准主要有：《既有采暖居住建筑节能改造技术规范》、《公共建筑节能改造技术规范》、《既有建筑地基基础加固技术规范》、《建筑抗震鉴定标准》、《民用建筑可靠性鉴定标准》、《建筑抗震加固技术规程》、《民用建筑修缮工程查勘与设计规程》、《砌体工程现场检测技术标准》、《混凝土结构现场检测技术标准》等，但是目前并没有正式出台与既有建筑绿色改造相关的标准规范。

4.3.2 既有建筑改造绿色评价标准

目前正在编制的国家标准《既有建筑改造绿色评价标准》（以下简称《标准》）将统筹考虑既有建筑绿色改造的技术先进性和地域适用性，构建区别于新建建筑的、体现既有建筑绿色改造特点的评价指标体系，以提高既有建筑绿色改造效果。该标准的编制将完善我国目前的绿色建筑评价标准体系，结束我国既有建筑改造领域长期缺乏绿色评价标准的局面，必将产生良好的社会和经济效益。截至目前，该《标准》已经开展的工作主要有：

(1) 在前期调研分析的基础上，成立了标准编制组，并先后召开了四次工作会议。编制组成立及第一次工作会议于2013年6月6日在北京召开，讨论并确定了《标准》的定位、适用范围、编制重点和难点、编制框架、任务分工、进度计划等。

(2) 根据前期调研和标准编制情况，编制组总结了需要重点考虑和解决的技术问题，并提出了相应的解决方法。这些问题包括构建区别于新建绿色建筑评价的既有建筑改造绿色评价指标体系、确定绿色性能分级的评价方法、确定标准适用的建筑类型、建立各专业改造前后效果的评价方法、参评建筑部分改造时的处理方法、如何鼓励建筑性能提高与创新的问题等。

(3)《标准》主要分为11章，第1章是总则，第2章是术语，第3章是基本规定；第4章到第10章是标准的主体内容，即7大类评价指标，分别是规划与建筑、结构与材料、暖通空调、给水排水、电气与自控、施工管理、运营管理；第11章是提高与创新，鼓励建筑性能的提高和技术与管理创新。

(4)《标准》的征求意见稿已经于2014年1月24日发布，正在全国范围内广泛征求意见。欢迎社会各界人士对征求意见稿提出修改意见和建议，标准编制组将根据征求意见的结果对《标准》进行修改完善。根据《标准》编制工作进度安排，下一步将依据修改完善后的《标准》送审稿初稿对代表性的既有建筑绿色改造项目进行再次试评，并根据试评结果修改完善标准条文，形成《标准》送审稿。争取在2014年底之前完成《标准》报批稿及相关文件，报主管部门批准发布。

（5）在《标准》编制完成后，还要进一步开展《既有建筑改造绿色评价标准实施指南》等相关技术文件的研究和编写工作，研发与《标准》配套的评价工具软件，开展《标准》的培训和推广应用等工作。

4.4 既有建筑绿色改造标识项目

4.4.1 标识项目发展概况

截止到2013年12月，全国共有1446个项目获得绿色建筑评价标识，总建筑面积达到1.627亿m^2。在获得标识项目的构成当中，新建建筑仍然是绝对的多数，仅有31个项目通过既有建筑改造而获得绿色建筑评价标识，总建筑面积为165.8万m^2，约占所有标识项目总建筑面积的1%。

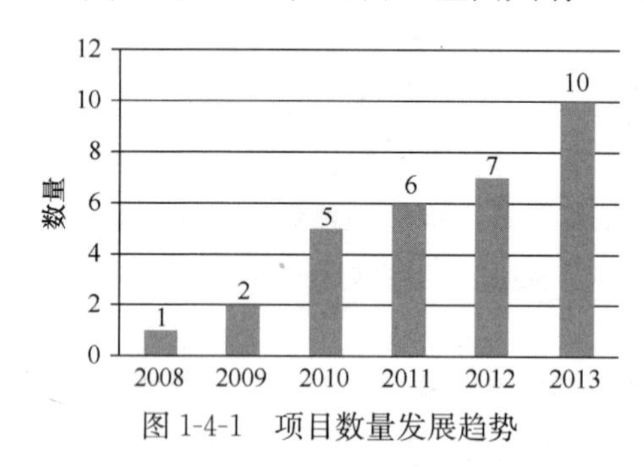

图1-4-1 项目数量发展趋势

从既有建筑绿色改造标识项目数量的逐年发展来看，整体保持持续发展的态势（图1-4-1）。特别是2013年以来，伴随着绿色建筑理念的推广和普及，同时受中央和地方多重政策的影响和带动，既有建筑绿色改造标识项目的数量有了较大的增长。

4.4.2 标识项目按星级分布情况

从既有建筑绿色改造标识项目的星级分布来看，高星级的改造项目占到绝对多数（图1-4-2）。这主要是由于既有建筑绿色改造项目目前以各地示范带动项目为主，由于绿色改造技术难度较大，往往以先期基础较好的既有建筑作为改造对象，加之较大的技术及经济投入，促成了大部分改造项目可以得到较高的绿色建筑星级。从另一个方面来看，目前既有建筑改造依照现行绿色建筑评价标准的技术体系来制定改造方案，往往出

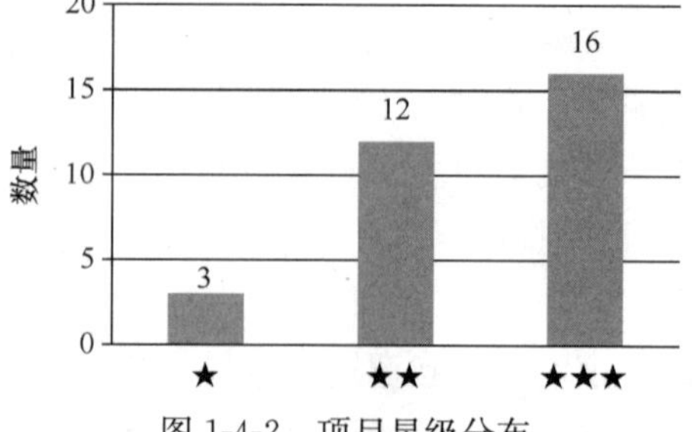

图1-4-2 项目星级分布

现两极效应：或者达不到绿色建筑基础标准，或者可以达到较高的技术水平，难以形成广泛的普适效应。

4.4.3 标识项目按建筑类型分布情况

从既有建筑绿色改造标识项目的建筑类型分布来看，公共建筑的改造项目占到绝对多数（图 1-4-3）。一方面公共建筑的技术承载能力较强，可以给绿色改造方案留有较大的发挥空间；另一方面住宅建筑的开发商大多前期开发与后期运营分离，缺乏后期改造的自发动力。

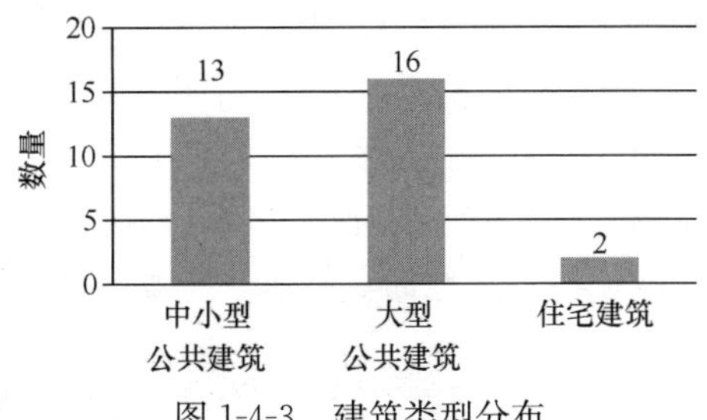

图 1-4-3 建筑类型分布

4.4.4 标识项目效益分析

根据对 31 个绿色改造项目所获得的综合效果进行统计分析，得出了公共建筑和住宅建筑在建筑节能率、单位面积能耗、非传统水源利用率、可再循环材料利用率以及增量成本方面的量化数据（表 1-4-2）。

既有建筑绿色改造综合效益 表 1-4-2

建筑类型	节能率（%）	单位面积能耗［kWh/(m²·a)］	非传统水源利用率(%)	可再循环材料利用率(%)	单位面积增量成本(元/m²)
公共建筑	62.2	69.8	24.0	7.8	294.0
住宅建筑	61.1	31.4	17.8	5.2	36.1

从表 1-4-2 可以看出，公共建筑由于改造成本的增加，单位面积增量成本达到 294 元/m^2，但是相应获得了较好的效益，相对于新建建筑 50%的现行节能率的要求，改造项目的建筑节能率平均达到了 62.2%，非传统水源利用率平均达到了 24%。虽然住宅建筑目前项目较少，仅包含夏热冬暖地区，但是从项目综合效益来看，还是收到了不错的效果。

4.5 几个典型案例简介

4.5.1 中国国家博物馆改扩建工程

中国国家博物馆位于天安门广场东侧，是在原中国历史博物馆与中国革命博物馆基础上合并组建而成的，是以历史与艺术并重，集收藏、展览、研究、考古、公共教育、文化交流于一体的综合性国家博物馆，基本职能为文物和艺术品收藏、陈列展览、公共教育、历史和艺术研究、对外文化交流。该建筑获得中国绿色建筑评价设计标识三星级证书。

改扩建后的国家博物馆保留了老馆的部分建筑，并向东新增建设用地，扩建新馆结合而成，如图 1-4-4 所示，总建筑面积 19.19 万 m^2，地下两层，地上五层。国家博物馆改造采用了结构抗震加固、地基基础改造、冰蓄冷空调系统、排风热回收、设备自控系统、自然采光与照明控制系统、中水系统、雨水系统、节水器具、被动式自然通风技术、温湿度自动控制、室内隔声措施、二氧化碳监控、绿化与透水地面等技术，提高了建筑的安全性、节能性和环境性。

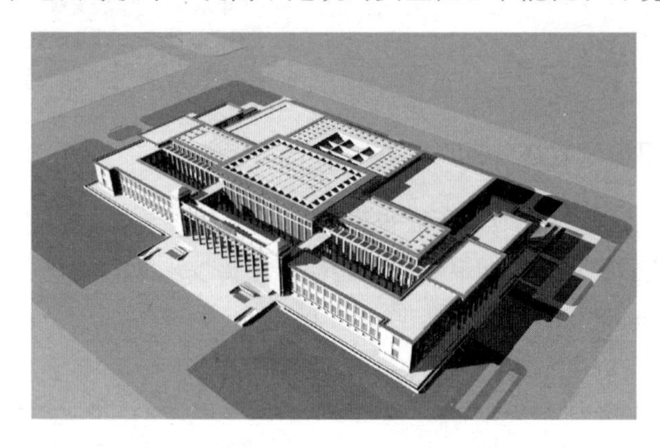

图 1-4-4 改扩建后的中国国家博物馆

该项目作为国家级标志性文化建筑，重视绿色生态技术的实践与推广，研究实用并具推广意义的绿色生态技术，不仅提高了经济效益和环境效益，而且向全世界展示我国注重节能减排、树立负责任大国的形象。该项目的建设，对绿色建筑技术的展示和绿色理念的推广宣传与教育起到重要的促进作用，为中国科技创新成就的展示起到了很好的宣传效应。

4.5.2 上海张江集电港办公中心

张江集电港创新之家绿色生态改扩建工程总建筑面积约为 2.371 万 m^2（图 1-4-5 和图 1-4-6），包括四幢办公楼、两幢餐饮会议楼、生态中庭、连接廊道等。该建筑群类型为低层办公建筑，获得中国绿色建筑评价设计标识三星级证书。

张江集电港办公中心采用了太阳能光伏、太阳能热水、地源（土壤）热泵空调技术。结合先进高效的围护结构节能技术，大面积采用了建筑活动外遮阳、呼吸幕墙＋外遮阳、种植屋面、外墙保温体系等技术，使示范建筑的节能目标达到 65％以上。该项目中最大的亮点是设置了生态中庭，通过地源热泵空调系统以及太阳能光电技术的结合利用，使浅层地热能和太阳能提供的能量足以能够提供A—B楼中庭的所有供热供冷、机械、照明能耗（安全和应急能源除外），实现零能耗状态。同时利用太阳能光电板，设置在中庭顶棚和玻璃挑檐，既起到遮阳作用，又产生了电能。此外还采用太阳能热水、中水回用、自然通风、节能灯具和节能设备以及绿色屋面等技术。

图 1-4-5 张江集电港办公中心总平面

图 1-4-6 张江集电港办公中心效果图

4.5.3 北京凯晨世贸中心

凯晨世贸中心（图 1-4-7 和图 1-4-8）地处西长安街复兴门内大街，占地面积约为 4.4 万 m^2，总建筑面积约 19.4 万 m^2，由三幢平行且互相连通的 14 层写字楼组成。凯晨世贸中心获得中国绿色建筑三星级标识，也获得了美国 LEED-EB 铂金标识。

图 1-4-7 凯晨世贸中心外景图

图 1-4-8 凯晨世贸中心屋顶绿化设施

改造的内容主要包括中央空调机组变频改造、冷冻水出水温度调整、空调水系统优化、空调风系统优化、热回收系统改造、自然冷源合理利用、采暖季供暖水温度自动控制、车库照明系统更新、分项计量系统改造与加装能耗监测平台设施等。改造时新安装了 182 块计量表，可对全年的能耗进行分析，用于验证节能改造的效果。

4.5.4 上海电气总部办公大楼

上海电气总部办公大楼位于四川中路和元芳弄交叉口，其前身为上海普益大楼，初建于1921～1922年，为钢筋混凝土框架结构。建筑占地约820m²，总建筑面积6884.16m²。该建筑1999年列为上海市第三批优秀历史建筑，保护类别为三类。该建筑获得美国绿色建筑认证LEED金级和中国绿色建筑评价标识设计标识二星级（图1-4-9、图1-4-10）。

图1-4-9 建筑效果图

图1-4-10 种植屋面效果图

上海电气集团总部办公大楼绿色改造工程主要集合了高效设备、屋顶绿化、低挥发性材料、地下空间利用、雨水收集利用、智能化系统和能源管理系统的应用等技术，尤其是引进了施耐德电气先进的能效管理的解决方案，使得建筑在用能行为和管理方面更舒适、更人性化。改造后建筑能耗低于国家批准或备案的节能标准规定值的80%；节水器具的节水率达到30%～40%，屋顶总汇水面积697m²，年可用雨水总量为752.76t；该项目的节水率可以达到50%以上，非传统水源的利用率达到了29.5%。

作者：王俊（中国建筑科学研究院院长，研究员）

5 加强绿色建筑科技研发，推动绿色建筑规模化发展

5 Strengthen scientific R&D to promote the large scale development of green building

发展绿色建筑已经成为实现节能减排、提供安全舒适人居环境、促进可持续发展的重要领域和抓手，是转变建筑业发展方式和改变城乡建设发展模式的战略选择，关乎人民群众的直接利益和国家的长远利益。绿色建筑是科技引领和支撑的技术密集型科技发展方向，我国政府主管部门高度重视绿色建筑领域科技工作，大力开展科研工作，强化技术集成与示范，加快成果转化与应用，取得了重大进展，有力支撑我国绿色建筑健康快速发展。

当前形势下，有必要对绿色建筑科技工作的情况及时进行总结，以便更好地推进绿色建筑规模化建设，提升我国绿色建筑技术自主创新能力，加速产业核心竞争力。

5.1 落实国家中长期科技发展规划纲要，不断加大对绿色建筑科技研发的支持力度

《国家中长期科学和技术发展规划纲要（2006—2020年）》明确设置了“城镇化与城市发展”领域的“建筑节能与绿色建筑”优先主题，要求从“绿色建筑设计技术、建筑节能技术与设备、可再生能源装置与建筑一体化应用技术、精致建造和绿色建筑施工技术与装备、节能建材与绿色建材和建筑节能技术标准”等方面开展科技攻关工作。

为落实国家中长期科学和技术发展规划纲要，科技部于2012年5月发布了《“十二五”绿色建筑科技发展专项规划》（国科发计〔2012〕692号），并于同年年底完成“十二五”绿色建筑重点专项的战略研究，明确了将“绿色建筑共性关键技术体系、绿色建筑产业推进技术体系、绿色建筑技术标准规范和综合评价服务技术体系建设”作为绿色建筑科技发展的三个技术支撑重点。重点支持绿色建筑共性关键技术研究，包括绿色建筑规划与设计技术研究，绿色建筑节能整装配套技术研究，绿色建筑室内外环境健康保障技术，村镇绿色建筑适宜技术研究与示范；重点支持绿色建筑产业化推进技术研究与示范，包括绿色建造与施工关键技术研发，既有建筑绿色化改造技术研究，绿色建筑材料成套应用技术研究；重

点支持绿色建筑技术标准规范和综合评价服务体系研究，包括绿色建筑基础信息数据库开发，绿色建筑评价技术与标准研究，绿色建筑技术信息服务系统研究。同时，重点围绕标准与规划设计技术、关键技术产品、集成与示范三个方面部署重点科技工作，以增强我国绿色建筑领域的标准、技术、服务、产品、产业的国际竞争力为目标，大力推进绿色建筑规划设计、适宜技术的集成与示范应用。

“十五”期间，通过国家科技攻关计划，实施“绿色建筑关键技术研究”项目，初步开展了绿色建筑重大科技问题和关键技术的攻关，建成一批生态型、低能耗的绿色建筑示范样板。

“十一五”期间，通过国家科技支撑计划，对建筑节能、可再生能源利用、环保建材、既有建筑改造、建筑装备、设计与施工等方向，给予重点支持，其科研立项数量、研究经费、研究人员投入、研究成果产出都有了大幅度提升，项目研究成果为国家重大建设工程，如北京奥运会、上海世博会和广州亚运会等场馆的绿色化和高效节能提供了重要的科技支撑。

“十二五”以来，国家科技支撑计划已经安排部署了建筑节能项目 5 项，课题 31 个；新型建材相关项目 3 项，课题 15 个；绿色建筑标准与规划设计关键技术项目 2 项，课题 9 个；既有建筑绿色改造项目 1 项，课题 7 个；绿色建造相关项目 2 项，课题 14 个；建筑工业化相关项目 2 项，课题 10 个。上述共计项目 15 个，国拨经费超过 5 亿元。已在全国 20 个省市建设覆盖不同气候区、不同类型的绿色建筑与建筑节能示范工程，推动技术成果转化应用和规模化发展。

通过科技支撑，对绿色建筑标准及技术体系开展了深入的研发，有力推进了绿色建筑的技术发展，使绿色建筑成为国家行动方案。

5.2 通过国家科技项目支持，大大提升绿色建筑领域的科技实力，推动绿色建筑技术进步

国家中长期科技发展规划纲要的“建筑节能与绿色建筑”优先主题共包括 6 个重点研发方向，通过国家科技项目的支持，在绿色建筑与建筑节能的标准体系和关键技术上取得了重大突破，适用于住宅和公共建筑等多种类型建筑，绿色建筑规模迅速扩大。

5.2.1 推动绿色建筑标准规范研究与编制工作，不断完善绿色建筑标准规范体系

我国于 2006 年首次发布实施了国家标准《绿色建筑评价标准》GB/T 50378—2006，并逐步将绿色建筑的评价推广到其他建筑类型。

目前，《绿色建筑评价标准》已经完成修编并正在报批之中，有望 2014 年正

式发布实施；《绿色工业建筑评价标准》和《绿色办公建筑评价标准》也已获批发布；《绿色医院建筑评价标准》、《绿色商店建筑评价标准》、《绿色饭店建筑评价标准》、《绿色博览建筑评价标准》等都在编制过程中；《绿色建筑运行管理规范》、《绿色校园评价标准》和《绿色生态城区评价标准》已经批准立项。我国已经初步形成了具有自己特色的绿色建筑评价标准体系。

5.2.2　研究适合我国国情的成套绿色建筑技术体系，不断提升绿色建筑技术水平

建筑节能技术、设备和标准已实现三个“全覆盖”——严寒及寒冷、夏热冬冷、夏热冬暖等各气候区全覆盖；住宅、公共建筑等各类型建筑全覆盖；设计、建造、验收、使用、改造的过程全覆盖。绿色建造技术开始规模化应用，可再生能源装置与建筑一体化应用技术得到了财政部的项目示范和城市示范支持，规模不断扩大，水平不断提高。

建筑节能的推进力度和成效显著。我国建筑行业不仅扭转了“十五”后期单位国内生产总值能耗和主要污染物排放总量大幅上升的趋势，全面完成了“十一五”节能减排目标，也为实现“十二五”节能减排目标奠定了坚实的基础。在新建建筑执行节能强制性标准、既有居住建筑节能改造、可再生能源建筑应用、绿色建筑与绿色生态城区建设、墙体材料革新工程、公共建筑节能监管体系建设等多个方面，均有明显提升。

5.2.3　开发绿色建筑产品、设备和材料，推动绿色产业发展

通过各类科技计划的支持，在新产品、新装置、新材料等方面取得了较大进展。在围护结构和节能产品方面，开发完成轻型绿化屋顶节能技术、通水除热屋面技术、太阳能热压通风屋面技术、相变材料屋面技术、江湖淤泥烧结砖自保温技术、无机集料保温灰浆保温技术等；开发出系列化的节能型透明围护结构产品；开发了节能窗、复合节能板材等产品；开发了节能型复合墙体与结构材料、功能型环保建筑涂料、环保型装饰装修板材等，新型墙体材料产量占墙体材料总量的55%以上。

在建筑供暖空调设备方面，研制了溶液热回收模块、热泵式溶液调湿新风机组、水冷式溶液调湿新风机组、溶液再生器等多种新产品，开发了新型节能型空调机组、高温冷水机组、干式末端装置等系列新产品与装置，并已在一批建筑中得到应用，获得很好的节能和改善室内环境的效果。

在可再生能源利用方面，研究了地源热泵、水源热泵关键技术，研发了可将海水直接引进机组的海水源热泵机组，提高了系统的效率，并大幅度降低了系统的造价，使海水源热泵系统具有了较高的性价比。开发了寒冷地区处理后污水-

原生污水热泵系统。“十一五”期间我国地源热泵系统建筑应用面积已经由2006年的0.26亿m^2增长到2010年的2.27亿m^2。完成了太阳能与其他能源综合利用技术在建筑中的集成及工程示范，开发了太阳能中高温集热器、集热管，多能源加热装置等太阳能供热采暖、空调适用新产品，提出了太阳能阳台壁挂等针对性强的成套技术，编制了工程设计软件和工程技术标准，提高了太阳能在建筑中规模化应用的水平和太阳能光热、光电综合利用的技术水平，建设了一批太阳能综合利用示范工程。我国太阳能光热建筑累计应用面积，由2006年的2.3亿m^2增长到2012年的24.6亿m^2。

在新型建材方面，开发了安全耐久、节能环保、施工便利的绿色建材，开发了高强度等级水泥、特种水泥、高性能混凝土、高性能玻璃（中空玻璃、真空玻璃、低辐射镀膜玻璃等）、防火隔热性能好的建筑保温体系和材料、烧结空心制品、加气混凝土制品、多功能复合一体化墙体材料、一体化屋面、断桥隔热门窗、真空保温板、遮阳系统等建材；引导了高性能混凝土、高强钢的应用；发展了预拌混凝土、预拌砂浆；推进了墙体材料革新。围绕绿色建材的生产制备，掌握了大型新型干法水泥、大型浮法玻璃、大型玻璃纤维池窑拉丝、脱硫石膏纸面石膏板等先进关键技术。推进了建材节能减排技术发展，新型粉磨节能技术、水泥窑协同处置垃圾及废弃物关键技术、建材窑炉烟气余热发电技术、玻璃纤维池窑拉丝全氧燃烧技术、建筑卫生陶瓷薄型化和轻量化技术、工业废渣和建筑垃圾在墙体材料和砖瓦产业中的无害化资源再利用技术等引领了建材行业的可持续发展。

在精致建造和绿色建筑施工技术与装备领域，我国住宅工业化、产业化初具规模，不仅保证了住宅的各项品质，还避免了现场施工所产生的安全、能耗与排放、环境等问题。我国在材料替代、资源循环利用、新工艺、新工具、新施工技术等重点技术领域取得一些成果，特别是一些重大工程开始引入建筑信息模型（BIM），实现了施工过程中自动检查分析、精确施工、精确计划、限额领料，并实现了施工过程信息的共享和协同。

在环境控制方面，“十一五”以来紧紧围绕加快转变经济发展方式主线，综合治污与废弃物循环利用技术，生态与环境保护技术，环境变化监测技术，水资源优化配置与综合开发利用技术，综合节水应用技术，城市生态居住环境质量保障技术，节能减排、农业面源污染防治、水资源保护、地理信息等技术取得了显著的成效。环境监管力度、重金属、危险化学品监管取得进展，农村环境整治和生态保护得到加强，环保标准体系进一步完善。“城市生态居住环境质量保障”优先主题包括7个重点研发方向，共形成PES—中央空调智能清洗节能系统等产品、城市群大气复合污染综合防治技术等15项重大技术成果，大部分成果实现了推广应用。

5.2.4 推广绿色建筑技术和产品应用，促进绿色建筑工程规模化发展

过去的十年，城镇化与城市发展领域的绿色建筑科技创新已初步显现出了令

人满意的社会、环境和经济效益，绿色建筑发展速度和规模已达到发达国家水平。

截止到2013年12月31日，全国共评出1446项绿色建筑评价标识项目，总建筑面积达到16270.7万m^2，其中，设计标识项目1342项，占总数的92.8%，建筑面积为14995.1万m^2；运行标识项目104项，占总数的7.2%，建筑面积为1275.6万m^2。平均每个获得绿色建筑标识项目的建筑面积为11.3万m^2。

仅2013年一年，我国绿色建筑评价标识数量及建筑面积继续快速增长，全国共评出704项绿色建筑标识项目，总建筑面积达到8689.7万m^2，其中，设计标识项目648项，建筑面积为7929.1万m^2；运行标识项目56项，建筑面积为760.6万m^2。数量同比2012年增长了81.0%，面积同比2012年增长了112.3%

5.2.5 加强绿色建筑平台和基地建设，促进了研发能力提升和人才队伍培养

建设完成国家级条件平台6个，包括国家建筑工程技术研究中心（中国建筑科学研究院），国家住宅和居住环境工程技术研究中心（中国建筑设计研究院），建筑安全与环境国家重点实验室（中国建筑科学研究院），国家绿色建筑材料重点实验室（中国建筑材料科学研究总院），亚热带建筑科学国家重点实验室（华南理工大学）等。

省部级重点平台12个，包括绿色建筑北京市国际科技合作基地（中国建筑科学研究院），生态规划与绿色建筑教育部重点实验室（清华大学）、住房和城乡建设部绿色建筑工程技术研究中心（上海市建筑科学研究院有限公司），绿色建筑材料及制造教育部工程研究中心（武汉理工大学），教育部建筑节能工程研究中心（清华大学），低碳型建筑环境设备与系统节能教育部工程研究中心（东南大学）等。

绿色建筑发展带来的产业升级，使得行业对绿色人才的需求几乎是全方位的。政府管理方面需要有相关背景的管理人才；开发建设机构需要绿色建筑营销和相应绿色产品研发的协调人才；研究与设计机构需要绿色建筑政策、技术、设计等方面的人才；部品与技术研发机构需要了解本行业技术最新发展的技术专才。在我国绿色建筑快速发展的背景下，绿色建筑人才队伍也快速成长，初步形成了绿色建筑咨询、设计、研究、开发的人才队伍。但和绿色建筑的快速发展相比，绿色建筑专业人才供应明显不足，绿色建筑人才队伍需要进一步培养和建设。

5.3 通过科技推动绿色建筑工作，助力我国节能减排目标的实现

根据2013年的国务院办公厅1号文件《绿色建筑行动方案》，在“十二五”

期间，我国要发展超过10亿m^2的绿色建筑，到2015年末20%以上城镇新建建筑都必须达到绿色建筑的标准。届时我国的绿色建筑将占全球绿色建筑的一半以上。更重要的是，1号文件强调凡是政府投资、补贴的国家机关、学校、医院、博物馆、科技馆、体育馆等建筑，包括直辖市、计划单列市和省会城市的保障房建设以及单体建筑超过2万m^2的大型公共建筑都应该从2014年起全面执行绿色建筑标准。绿色建筑将承担起全国减少碳排放主力军的作用

通过对获得绿色建筑评价标识的79个不同星级绿色建筑项目初步研究分析，社区的绿化率达到38%，平均节能率达到58%，节水率达到15.2%以上，可循环材料达到7.7%。大面积推动绿色建筑发展，有助于我国节能减排目标的实现。

5.4 绿色建筑的发展趋势与重点

5.4.1 开展绿色建筑后评估研究，总结绿色建筑发展中的问题，不断提升绿色建筑性能和质量

解决绿色建筑的质量和性能问题。一是绿色建筑评价标识的质量控制。当前获得绿色建筑标识的项目已经超过上千项，规模超过1亿m^2，面对到2015年城镇20%新建建筑都需达到绿色建筑的要求，如何保证绿色建筑标识项目的质量?二是建筑建成后的性能与质量的控制。实际的节能、节水、节费及环境品质改善情况如何？急需开展后评估研究，反馈给设计与施工单位，不断提高绿色建筑的质量和性能。

5.4.2 进一步开展绿色建筑技术和产品研究与开发，科技支撑绿色建筑的健康发展

中国地域广阔，气候、经济及资源条件差别巨大，建筑类型多样化，必须因地制宜地发展绿色建筑技术；同时，绿色建筑的发展带动了一系列新型技术、设备和产品的开发，因此急需解决技术成熟度与建筑寿命同步的问题。例如在绿色建造与施工集成技术方面，虽然住宅工业化、产业化保证了住宅的品质，避免了现场施工所产生的安全、能耗与排放、环境等问题，但我国在该领域仅处于起步阶段，与发达国家和地区相比存在较大的差距。

在绿色施工领域，我国在材料替代、资源循环利用、新工艺、新工具、新施工技术等重点技术领域取得了一些成果，特别是建筑信息模型（BIM）的引入，实现了施工过程中自动检查分析、精确施工、精确计划、限额领料，实现了施工过程信息的共享和协同；但从整体上看，施工阶段信息化水平仍然不高，需要进一步开展研究和工程示范应用。

5.4.3 推动单体绿色建筑与绿色生态城区的联动，推动绿色建筑的规模化发展

绿色建筑的发展，逐步从单体走向区域，需要上位规划与市政基础设施的支持，才能事半功倍。目前我国一些科研单位和高校在探索绿色生态示范区建设模式上做了大量研究，提出了政府主导的驱动模式、产业带动的建设模式、自然环境的发展模式等几种适宜建设模式，推动了绿色生态示范区的发展。目前已经完成了 8 项绿色生态城区的规划和认定工作，为实现单体绿色建筑与绿色生态城区联动、推动我国绿色生态城区的发展与建设做了有益的探索。

5.4.4 关注绿色建筑产业的培育与升级，带动绿色产业的快速发展

绿色建筑的快速发展，会极大激发我国城镇新建建筑和既有建筑改造必需的新型绿色建材与产品、新型设备和部品、绿色施工平台与技术、建筑节能与环境等相配套的材料、产品、设备、工艺、工法等科技诉求。我们应加速建筑业和房地产业提升科技原创能力，推动绿色建筑新技术、新材料、新产品的应用，使产业链不断拓展和延伸，带动一批相关新兴产业的形成和发展，增强绿色建筑相关企业核心竞争力，推动绿色建筑产业的快速发展。

5.5 结 束 语

随着《“十二五”绿色建筑科技发展规划方案》、《“十二五”绿色建筑和绿色生态城区发展规划》和《绿色建筑行动方案》的发布，我国绿色建筑科技工作进入了新的快速发展阶段。下一步，绿色建筑科技工作应围绕绿色建筑科技项目的过程管理，注重对成果的梳理、总结、凝练和宣传，推进绿色建筑技术成果的产业化推广应用。

绿色建筑科技的发展需要绿色建筑领域的企业、科研院所、高校实现协同创新，加速提升绿色建筑规划设计能力、技术整装能力、工程实施能力和运营管理能力，形成具有我国自主知识产权、符合国情的评价体系和成套绿色建筑技术体系；通过构建示范平台、培养创新团队、培育新兴产业，改变我国建筑业发展模式，提升建筑综合性能，改善人居环境，促进绿色建筑的可持续发展。

作者：林海燕　王清勤（中国建筑科学研究院）

6　建筑工业化的思考与实践

6　Reflection on and practice of building industrialization

建筑工业化是当前建设行业关注的热点之一，各地方政府不断出台各类政策，鼓励并推动建筑工业化发展，一些企业也积极参与实践，形成了建筑工业化发展新浪潮。其相关技术及产品迅猛发展，已成为我国“生态文明建设”的一个有力抓手，建筑工业化的热度再次被提升到一个新的高度，甚至在名称上也出现了不断出新，但大同小异的各类表述，诸如产业化等等。随着人们推广热度的不断增加，也出现了一些亟待解决的问题，这需要我们更加理性认识如何科学推动建筑工业化这项事业，使之得以健康持续地发展，而不是一时的热情和盲目跟风。

建筑工业化对于中国的可持续发展具有重要意义。本文旨在回顾探讨建筑工业化体系的内涵，分析其发展历史和现状，并结合中国建筑设计研究院搭建的CBI理论体系，介绍我们的探索和实践。

6.1　我国建筑工业化的发展历史和现状

建筑工业化指通过现代制造、运输、安装和科学管理的大工业生产方式，部分或全部代替传统建筑业中分散、低效率的手工作业方式，实现住宅、公共建筑、工业建筑、城市基础设施等建筑物的建造。建筑工业化是建筑业生产方式的变革，在合理规划、设计、管理的条件下，可以起到提高建设速度、降低劳动强度、增强施工质量、减少资源浪费等积极作用。

我国早在20世纪50年代就引入了建筑工业化。1956年国务院颁布了《关于加强和发展建筑工业的决定》，提出“实行工厂化、机械化施工，逐步完成对建筑工业的技术改造，逐步完成向建筑工业化的过渡”，要求在工业厂房、住宅及一些基建工程中积极采用工厂预制的装配式结构和配件，建筑安装队伍专业化，提高机械化施工程度。这一时期建筑工业化的驱动力是建国伊始的大规模建设需求，主要目标是提高劳动效率，主要侧重点是工业建筑。随着“文化大革命”十年动乱的开始，建筑工业化的发展进入停滞阶段。

实施改革开放政策后，我国建筑工业化出现了第二次发展。1978年国家建委先后召开了香河建筑工业化座谈会和新乡建筑工业化规划会议，明确提出了建筑工业化的概念，即“用大工业生产方式来建造工业和民用建筑”，并提出“建筑工业化以建筑设计标准化、构件生产工业化、施工机械化及墙体材料改革为重点”。20世纪70～80年代，我国制订了建筑工业化的基本标准，产生了一批新型工厂，各种新型建筑体系发展迅速，尤其大板建筑取得令人瞩目的发展，实现了生产工艺的机械化、半自动化，北京、辽宁、江苏、天津等地建起了墙板生产线，全国二十几个大中城市积极开展构件研究，开发和生产新型墙板。北京前三门大街的大量住宅，即是这一时期建筑工业化的代表作品。

1995年国家出台《建筑工业化发展纲要》，将建筑工业化定义为“传统的以手工操作为主的小生产方式逐步向社会化大生产方式过渡，即以技术为先导，采用先进、适用的技术和装备，在建筑标准化的基础上，发展建筑构配件、制品和设备的生产，培育技术服务体系和市场的中介机构，使建筑业生产、经营活动逐步走上专业化、社会化道路”，其出台目的是“为确保各类建筑最终产品特别是住宅建筑的质量和功能，优化产业结构，加快建设速度，改善劳动条件，大幅度提高劳动生产率，使建筑业尽快走上质量效益型道路，成为国民经济的支柱产业”。

然而，90年代开始，国家逐步取消福利分房，商品房带动房地产业高速发展，人们对住宅设计要求多样化和个性化，而此时我国建筑工业化的水平不是很高，缺乏整合的平台，缺乏满足个性化需求的实力，并且建筑的整体质量和设计水平不足也逐渐凸显，曾经在全国推行的“大板建筑”出现了漏水等问题，工业化建筑的结构抗震性也受到一些质疑。因此，建筑工业化的研究和发展再次进入停滞甚至倒退的阶段，建筑企业增多、亏损额扩大。历史的经验和教训，对今天的行业发展仍有很深的警示意义。产业发展是必要的，但是缺乏科学规划、理性管理的盲目发展，则可能带来负面的结果。

此外，我国目前工程建设量虽然仍在以每年上百亿平方米的规模进行，然而，截至2013年城镇人均住宅面积已经超过30m²，未来几年内市场将出现饱和。因此，建筑工业化的驱动力已经发生改变——产业的发展不再单单是大规模建设需求的驱动，而是结合了经济目标、环境考虑、质量标准、个性化需求、劳动力市场变化等多方面的因素。转型阶段发展建筑工业化，所要解决的问题和关注的重点也与之前两次有较大的差异。具体如表1-6-1所示。

表1-6-1

三个阶段	标志性政策文件及活动	驱动因素	解决问题	关注重点	停滞原因
建国初期	《关于加强和发展建筑工业的决定》	大规模建设需求	建设速度与效率	工业建筑	政治原因
改革开放初期	《建筑工业化发展纲要》	大规模建设需求	劳动生产率不高，质量问题较多、整体技术进步缓慢	住宅	不能满足个性化需求，质量不高
转型期	《绿色建筑行动方案》	多种因素	劳动力成本增加、公众对建筑品质要求提高、可持续发展成为共识	全方位整合	（须科学规划，理性发展）

近两年，建筑工业化发展势头较快。2013 年 1 月 1 日国务院办公厅颁布了《绿色建筑行动方案》，明确提出“推动建筑工业化”，地方政府、开发商、工程建设企业、生产企业也积极增加投入。北京、上海等城市相继推出大胆的目标，沈阳、安徽、深圳等多地政府也出台了鼓励政策。万科等企业已把建筑工业化作为未来发展的重要导向，远大住工麓谷生产基地 2012 年 5 月投产运营开放，引来国内外政府官员先后百余次参访。目前全国已有 30 多家建筑工业化产业基地落成。这种蓬勃发展的势头意味着很多机会，然而，我们不能盲目乐观，还应该清醒地认识到行业发展存在很多风险和瓶颈。

6.2 建筑工业化体系发展的瓶颈

从我国目前建筑工业化发展阶段来看，单从技术上讲，有些技术水平已经很先进了，但总体推广、规范制定、政策扶持等方面，我国发展还比较缓慢。

建筑工业化是一项需要产业链各环节同步推进的系统工程，任何环节的落后都将造成速度的延缓和停滞。我国目前缺乏完整的建筑工业化价值体系。中国是最大的代加工国家，但我们却不是最大的工业化国家，众多高端品牌都在我国代加工，但我国并未形成自主生产产业，这主要是因为我们在政策、设计、营销，以及精细化工业生产和制造等方面还有欠缺，没有形成完整的价值体系。

国内产业支持力度也还不够。目前我国的住宅还处于产业化初级阶段，即产业生产加资源整合阶段，而非工业化阶段。精装修正在大面积推广，政府和行业各层面也都意识到一体化整合的重要性，但真正要想达到精细化、标准化设计和建造阶段的统一，还需要更多的产业支持，以及更强有力的整合平台。

行业整合平台的作用非常关键。现在的产业链在建筑工业化发展中亟待整合。我们之前的传统建筑产业链是直线型的，从策划、规划、设计、到施工、再到构配件生产采购。而建筑工业化对产业链提出了环绕型的改变需求，很多之前置于后端的环节，在工业化的模式下恰恰需要提到前端。另外一个明显的需求是强化产业链各环节间的衔接，工厂化制作的产品对现场建造提出了更高的精细化要求，对原来现场安装的部品提出了工厂流水线安装的精细化接口需求，对质量监管的方式和流程也都提出了精细化要求。满足这两个需求，在产业链现状下有很多问题亟待解决。

整合平台的运作需要复合型人才。在构建整合平台和培养复合型人才方面，设计单位将发挥重要的作用。实际上，建筑工业化是需要设计引领的事业，建筑工业化要实现“设计标准化、构件部品化、施工机械化、管理信息化”，构件部品化是手段，施工机械化是途径，管理信息化是保障，而设计标准化是这“四化”的重要前提。建筑工业化背景下的设计工作，不再是针对某栋建筑“具体情况具体分析”的单一设计，而是针对各种建筑可能性进行“各种情况全面分析”的复合型设计，要通过模块研究，按照魔方组合似的思路，寻找部品最优化方案。只有这样，才能在实现工业化高效率的同时，尽最大可能满足不同用户多样化、个性化的需求，以避免重蹈20世纪90年代建筑工业化滑坡的覆辙。

6.3 “中国建筑设计研究院建筑工业化体系（CBI）”的构建

建筑工业化的范畴非常广泛。讲建筑工业化，一般想到的只是钢结构、预制混凝土。其实建筑工业化的涵义远比这些丰富。在充分把握建筑工业化实质的基础上，建立了相对全面的体系。将建筑工业化归纳为三个模块——围护体工业化、结构体工业化、内装体工业化，并依据国内现有的实践和行业发展，中国建筑设计研究院探索构建了如图1-6-1所示的“中国建筑设计研究院建筑工业化体系（CBI）”。

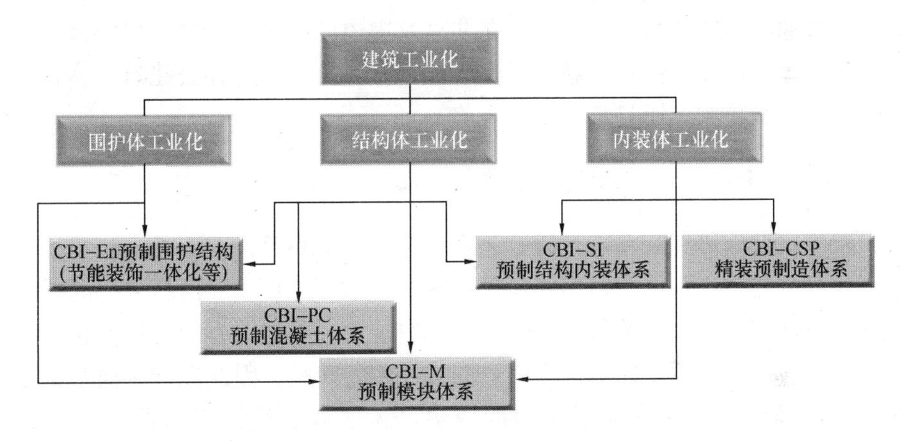

图1-6-1　中国建筑设计研究院建筑工业化体系（CBI）

CBI（CAG Building Industry）体系下面有5个主要的子体系，分别是CBI-En（预制围护结构体系，包括节能装饰一体化等）、CBI-PC（预制混凝土体系）、CBI-M（预制模块体系）、CBI-SI（预制结构内装体系）、CBI-CSP（精装预制造体系）。

这个体系中，设计标准化是重要前提和引领（图1-6-2）：

中国建筑设计研究院整体研发的建筑工业化体系CBI及各个子体系还在不断

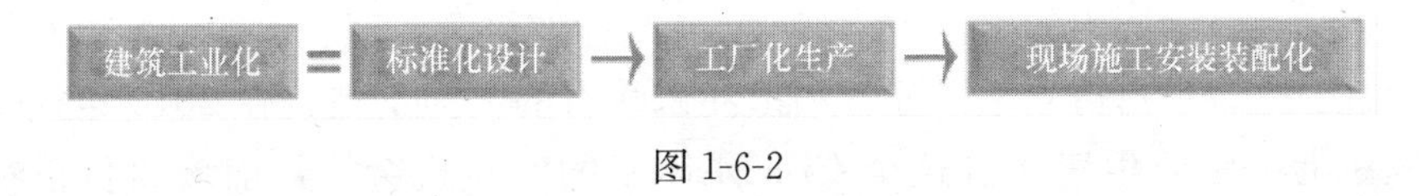

图1-6-2

地发展延伸，使之逐渐变得更加全面和完善，这个体系的各子体系之间可以像魔方一样根据不同需求进行组合，达到共性与个性的统一，以满足市场和客户的不同需求。

6.4 “中国建筑设计研究院建筑工业化体系（CBI）”的实践

中国建筑设计研究院在CBI五个子体系中都有探索和实践。

6.4.1 CBI-En节能装饰一体化实践

“十五”期间，在北京推进第三步节能工作之初，意识到这次建筑围护结构的技术提升将对绿色与工业化技术产生较大的影响。因此致力于节能与装饰一体化技术的研究，形成了“承重保温装饰一体化节能复合砌块建筑体系”，该项技术以建筑设计模数化和施工技术标准化为原则，通过在雅世办公楼、北京体育大学田径综合训练馆等项目中的实践，在北京及周边城市的数十项工程中得到技术应用与推广，涉及住宅建筑、新农村建设项目及建筑改造、办公建筑、体育建筑等多种类型，获得北京市科学技术二等奖。

6.4.2 CBI-PC预制装配混凝土体系实践

中国建筑设计研究院在与万科及北京市保障房中心合作的上海金色里程、金色城市、北京郭公庄一期公租房等项目中探索实践了CBI-PC预制装配混凝土体系住宅。在这些项目中，关注的不仅仅是建造技术，更加关心的是标准化与多样性的问题，这也是工业化建筑推广中最应被关注的问题。因此在该方向开始尝试标准化设计的研发，并形成了一定的成果，为之后的设计平台的研发打下了基础。

6.4.3 CBI-M预制模块建筑体系实践

中国建筑设计研究院与镇江威信广厦模块建筑有限公司共同引进爱尔兰工业化模块建筑。这个项目是一次工业化建筑的全新尝试，它突破了之前尝试的二维预制构件的概念，实现了像生产汽车一样生产房子的理想，把房子分成空间体的模块放在制造工厂的流水线上进行流水线加工和生产。这一技术在国内无论对于设计、制造还是现场施工，甚至包括质量监管流程都是一次全新的理念突破与创新。这个项目将为国内的工业化建筑市场带来新的思考、理念上的借鉴以及技术上的突破。这个项目得到了江苏省和镇江市政府的大力支持，在2012年提供了镇江新区港南路公租房小区这个CBI-M体系的实践机会，目前该项目正在建设中。

6.4.4 CBI-SI 支撑—内装体系

2008年，中国建筑设计研究院开始进行建筑物 CBI-SI 支撑—内装体系的实践，其中的典型案例是北京雅世合金公寓及兰州鸿运润园。这两个项目的实施为中国建筑设计研究院在建筑产业化方面的实践再次提供了很好的研究案例，包括在部品配套问题、规模化与成本问题、产品精度与建设水平问题等方面，积累了很多经验。中国建筑设计研究院将这两个项目定义为百年住宅的首次商业化实践。在此之后，中国建筑设计研究院又分别与绿地集团和众美集团合作开展了更多同种体系的项目实践，希望积累、完善工业化内装体系方面的适宜技术，形成具有地域特色的内装技术体系。目前，中国建筑设计研究院在 CBI-SI 的基础上又进一步研究，更符合中国实际的 CBI-CSP 精装预制造体系正在实践中。

6.4.5 CBI-CSP 精装预制造体系

中国建筑设计研究院研发的包括内结构支撑体系、内填充体系、工业化精装体系，涉及设计、材料、制造、施工、管理、标准等方面，适用于任何类型既有或新建建筑的精装修工业化体系。可有效将开发商与设备生产商通过标准设计平台进行整合，减少物流和商通等各环节成本，提高效率，获取设计企业新价值。

6.5 建筑工业化体系的适用阶段和范围

建筑工业化可以实现资源效率的大幅度提高、减少对人工的依赖、加速建设的进度，这些都已形成了共识。然而一切事物都是有前提的，我国要更科学、更理性地发展建筑工业化，还需要注意防范一些风险。

首先要对未来市场有较为清晰的认识，防止产能过剩。最近十年我国建筑建设量大规模发展，一方面市场将趋于饱和，另一方面这种过度依赖房地产拉动的经济也是不可持续的。我国目前已经建成了三十余个建筑工业化生产基地，未来是否会有足够的市场需求？这需要政府和企业理性评估、科学规划，避免大跃进和一刀切，避免像风电设备、光伏设备行业一样出现在政策刺激下过度膨胀形成产能过剩。

其次，未来的建筑市场将不再是卖方市场，房屋的性能、部品的质量、用户的需求，都会成为影响销售的重要因素。建筑工业化应在设计标准化的引领下，充分考虑用户的需求，保证产品的质量，保证个性化选择的可能性，才能真正赢得市场。

同时，也必须看到当市场上全面推动工业化建筑达到相当规模时，也将随之带来诸多现实问题，例如预制工厂的产能规模问题，生产厂商的数量增加，预制产品堆放将占用大量土地，而城市周边土地资源已经非常紧缺，甚至无法提供构件堆放空间，以及运输能力对城市路网交通等带来的综合问题等，这些都需要我们给予关注与思考。

6.6 结　　语

建筑工业化的发展，需要以“头”引领，而不是以“脚”引领。既不能走放任自流、粗放发展的极端，浪费时间和机会成本，也不能走“大跃进运动”似的极端，浪费资源，一阵风过去后只留下残局。建筑工业化的发展，需要以理性的思考和科学的规划，来引导踏踏实实的长期实践，来积累所需要的设计人才、技术能力、工程经验，从而带动和促进行业的健康有序发展。

中不偏，庸不易。本着中正、平和的心态，遵照行业的发展规律，在正确的方向上积极作为，唯有如此，才是造福子孙后代的千秋事业。

作者：修龙（中国建筑设计研究院院长，研究员）

7 关于推进我国绿色建造发展若干问题的思考

7 Thinking on issues about the promotion of green construction in China

绿色建造是对应于实现绿色建筑的动态过程。在汉字中，建筑一般作为名词使用，建造一般作为动词使用。因此，绿色建筑是针对建筑产品而言，而绿色建造是针对建筑产品的制造过程而言。其核心理念是“环境友好、资源节约、品质保证”。建筑的设计与施工是绿色建造涉及的主要过程。本文从建筑承包商的角度出发，简述几个有利于推进绿色建造发展的方向，提出存在的问题，供各方思考。

7.1 发展工程总承包是推进绿色建造的重要保障

工程总承包模式有利于工程承包商站在工程项目总体的角度统筹资源，减少环境负影响，实现资源和能源的高效利用。

传统的工程承包模式中，建筑设计与建筑施工往往分属不同的单位，在设计图完成之前，还不知道项目的施工单位，更不要说相互沟通。施工单位只能是照图施工。其结果是施工中不断发生设计变更，造成管理成本增加、工期拖延、投资超额、资源浪费，这与绿色建造的理念背离。工程总承包模式，能够促使工程承包商立足于工程总体角度，从建筑设计、材料选择、楼宇设备选型、施工方法、工程造价等方面进行全面统筹，从而提高工程建造过程的能源利用效率，减少资源消耗，有利于工程项目综合效益的提高。

但我国工程总承包的发展缓慢。究其原因，很大程度上受传统的建筑管理体制的影响。具体表现为：

(1) 项目业主作为建筑市场的主体，在工程项目建设过程中处于主导地位。在项目建设过程中由于业主方管理水平参差不齐，专业水平不高，对建设程序和法规不熟悉，以及部分业主照顾部门利益、个人利益等诸多的因素，导致了业主方擅自将工程肢解发包、违规分包等这些不规范的行为发生。

(2) 有关工程总承包的法律法规还不够完善。应该通过行业的法律法规，规范建设方的建设行为，同时为实现工程总承包创造条件。以法律形式保障垫资带资建设的承包商，明确建设项目还款最低利息和资金偿还期限，形成一种有利于承包商开展融资的市场环境，降低承包商的资金风险，鼓励工程总承包模式的推广。

(3) 建筑市场的产业结构失调，缺少具有总承包能力和强大经济技术实力的大型企业，取而代之的是众多经营范围、经营方式和经营能力都基本相同的中小型企业。企业之间没有区分各自的目标市场，更没有体现出各自技术和管理上的优势，导致了建筑市场的混乱及无序，加剧了工程发包领域的不规范行为。

7.2 发展建筑信息模型（BIM）是推进绿色建造的重要手段

最近一段时期，建筑信息模型（BIM）在我国获得了普遍的重视，其核心的理念是建造各阶段的技术信息共享，贯通设计、施工以及运维等阶段。

建筑设计与施工中的浪费和损害环境的现象相当普遍。据美国1999年有关部门统计，由于超预算、错误设计与施工造成返工、工期拖延、管理不当等带来的损失与浪费，约占投资总额的30%。应用BIM技术可以减少异议和错误发生的可能，减少“错、缺、漏、碰”现象的发生。美国斯坦福大学整合设施工程中心（CIFE）根据32个项目总结了使用BIM技术的以下优势：消除40%预算外更改；造价估算控制在3%精确度范围内；造价估算耗费的时间缩短80%；通过发现和解决冲突，将合同价格降低10%；项目工期缩短7%，及早实现投资回报。BIM在建筑业的应用与发展，不但节约资源，提高生产率，而且有利于产业升级，是实现绿色建造的重要手段。

目前在设计、施工阶段，分别得到了部分应用，也取得了较好的效果，但仍然存在着亟待解决的一些问题，这些问题制约着BIM的推广应用。主要表现为：

(1) BIM推广应用的行业标准有待制定

BIM在建筑业的推广应用，需要有统一的标准加以规范，包括信息的存储、传递、交付、应用等。这样才能实现相互之间的交流、运用，充分发挥BIM技术的优势。目前我国的BIM国家标准正在制定中，分别是：《建筑工程信息模型应用统一标准》、《建筑工程信息模型存储标准》、《建筑工程信息模型编码标准》、《建筑工程设计信息模型交付标准》、《制造工业工程设计信息模型应用标准》和《建筑工程施工信息模型应用标准》。标准的实施，对BIM的发展将起到重要的作用。

(2) BIM应用的有关软件有待完善开发

目前很多企业针对建造中BIM应用的实际需要，开发了针对性强的软件。如中建三局一公司针对机电工程现场施工的进度、安全及质量管理要求，开发了“基于BIM的建筑工厂化管理系统”。中建五局针对机电安装工程，开发了“中建五局安装物资编码算量统计软件”、“中建五局安装 Revit 辅助深化设计工具”和“中建五局安装 Revit 族库管理系统”。这些软件均有效提高了机电工程工厂化施工的效率和质量，保障施工安全，产生较好经济效益。但是软件之间存在重复开发，相互之间也缺少衔接和匹配。特别是各类软件还不能在一个统一的平台上运行，国产软件还不能占主体地位，这些因素制约了 BIM 的推广应用。

（3）建造各阶段的模型直接转化应用有待解决

BIM 的优势之一是可以实现建造各阶段之间的信息沟通和交互，信息模型始终处于各阶段的共同监管和关注下，最后得到完善的最终模型。我国建造各阶段之间虽然有对接，但行使不同的标准、控制体系和监管部门，这种条块分割式的产业结构不利于信息的贯通和传递。建筑设计阶段和施工阶段对 BIM 模型的精度要求差异很大，设计阶段难以提供施工阶段所要求的信息。另外，设计单位在初始建模时首先做了大量超出以往信息量的工作，但不能获得超出正常设计的经济效益回报。这些都制约了建造的不同阶段之间模型的直接转化。

7.3 发展建筑工业化是推进绿色建造的有效方式

建筑工业化的主要标志是实现“四化”即建筑设计体系标准化、构配件生产工厂化、现场施工装配机械化和工程项目管理科学化。有资料显示，采用工厂化生产的建筑，具有质量可控、成本可控、进度可控等优势，施工周期仅为传统方式的 1/3，可节约钢筋水泥 20%～30%，节约木材 80%，水消耗可以降低 60%，人工费降低 50%，大大减少了施工现场粉尘、噪声、污水等污染，仅建筑垃圾就可减少 80%，总体造价降低 10% 以上。另外，建筑工业化大量应用新技术、新材料、新设备和新工艺，使建筑隔声、隔热、保温、耐火等性能大大改善，提升了建筑使用的舒适性、健康性。建筑工业化还有利于建筑业由劳动密集向技术密集转变。

近几年，国家为建筑工业化提供了越来越有力的政策支持，取得了一定的成绩和进步，但是这种进步主要还停留在单向技术和部分物品的层面上，就整体的生产方式来看，没有根本性变化。其原因包括：

（1）法制与机制不完善。在法制上，21 世纪初，日本实施《住宅品质确保促进法》，加快产业化技术集成，提高住宅品质，取得了成功经验。我国的建筑工业化发展缺少相关法律支撑，产业化发展无法可依。在机制上，还未建立起全过程监管、考核和奖惩机制。监督机制和项目考核评定标准不完善，考核检查手段不齐备，能耗测评和标识制度不健全，奖惩措施不到位。

（2）在技术体系上，建筑工业化技术仍以单项技术推广应用为主，技术间缺乏有效的集成和整合，没有形成完整的建筑技术体系。目前在住宅工业化方面主要是企业主体从国外引进的一些结构体系，在本地适应性、知识产权等方面或多或少存在一些问题。主体结构与建筑其他部件的工业化匹配方面存在不足，构部件产品没有形成上下贯穿的产业链，产品生产企业不提供相应技术和安装服务，造成工业化率低，成本投入大。从整体上看，建筑工业化的产业链体系还不成熟。

（3）国家行业有关标准不健全。建筑工业化的设计、施工标准规范欠缺。相关施工工艺、工法和安全规程还未建立，甚至在某些方面和国内现行的建筑技术标准、规范在很多地方还不兼容，使得设计、审批、验收无标准可依，这对工业化住宅的大规模推广有一定影响。

（4）政策配套不到位。现行的财政、税收、信贷和收费等经济政策，不能对建筑工业化发展提供有力支持。财政和信贷政策缺乏相应激励机制，税收政策在构部件产品生产和消费者购买环节没有相应减免、优惠等鼓励措施。如 PC 构件作为工业产品进入施工单位，增加了税收环节，使建筑的成本明显增加，造成了建筑工业化推广在经济上的困境。

7.4 绿色建材是实现绿色建造的物质基础

绿色建材采用清洁生产技术，少用天然资源和能源，大量使用工业或城市固态废物生产，其产品无毒害、无污染、无放射性、有利于环境保护和人体健康。这与绿色建造的核心理念是一致的。绿色建材是实现绿色建造的物质基础。目前，绿色建材市场还不规范，造成推广应用难的困境。其原因主要有：

（1）国家行业的绿色建材评价标准和产品认证体系有待建立

建筑材料种类多，在全寿命期内涉及的绿色因子复杂，虽然在“十五”期间国家已经立项开展了绿色建材的评价标准研究，“十一五”、“十二五”期间均有延续研究，但至今还没有发布绿色建材的评价标准。各地推广的绿色建材产品目录，大多是地方的工程物资协会等机构组织上报然后经专家评定，没有指标体系，偏主观性。这也导致市场有大量由协会或各类机构推出的环保建材、节能建材的认定或评价。从某些程度上说，此类评价极有可能造成产品的鱼目混珠，误导市场，使消费者无所适从。

（2）国家鼓励性财政政策不足

绿色建材生产成本将高于普通建材。绿色建材面市了，还得下游消费方认可。绿色建材价格较高且公众对绿色建材认识不足，直接导致消费者认为其性价比低，在购买时会考虑价格因素而放弃购买，同时也不愿意付出较高的价钱去购买绿色建材建造的商品房，开发商缺乏使用绿色建材的动力。因此国家应该有相应的政策，一方面制定鼓励政策，给生产者或是消费方补贴，包括绿色建筑评价中能加分，招投标加分等，鼓励下游选用绿色建材；另一方面，通过法律法规，宣传、引导生产和消费绿色建材。

（3）绿色建材市场整体发展不成熟

绿色建材市场还未形成生产、销售、服务的“一条龙”配套市场体系，绿色建材产品在整个建材市场中所占的比重很小。我国计划到2020年绿色建筑占新建建筑不超过30%，而欧美发达国家的建材产品达到“绿色”标准的已超过90%，仍然相差甚远。目前从事绿色建材产品生产的企业不多，企业实力不强，融资能力差，难以在资本市场上筹集到企业开发生产绿色建材产品所需的必要资金，制约了绿色建材生产企业的发展壮大。

7.5 结　语

绿色建造是随着绿色建筑的要求而提出的一种建造理念，其核心是“环境友好、资源节约、品质保证”。实现这一理念，推进绿色建造，需要各方面的努力和在政策、技术、管理等方面的支撑。上述问题的解决，将会有效推进绿色建造的发展。实现绿色建造，任重道远，让我们共同努力。

作者：毛志兵（中国建筑工程总公司总工程师，教授级高工）

8 “绿色校园与未来”系列教材编写

8 Textbooks of “Green Campus and the Future”

校园是社会的重要组成部分，是为国家提供发展支撑力量的重要摇篮和基地。“绿色校园教育”是不断对学校的建设者、管理者、使用者提出倡导“绿色”行为和建立“绿色”观念引导性的建议，并希望以绿色教育向学生宣传绿色生态知识与绿色生活习惯，通过学生带动整个社会的可持续良性发展，建立全民的可持续价值观。

8.1 绿色学校的定义

1996年由国家环保总局宣教中心编写的《中国绿色学校指南》中为绿色学校作出了定义：“绿色学校是指学校在实现其基本教育功能的基础上，以可持续发展思想为指导，在学校全面的日常工作中纳入有益于环境的管理措施，并不断改进，充分利用校内外的一切资源和机会，全面提升师生环境素养的学校”。

绿色学校应在校园设施的全寿命周期内，统筹考虑各个环节中的节能、节水、节地、节材和环境保护的不同要求，满足校园设施功能之间的辩证关系。在保障学生和教职员工健康以及加强学校节能运行管理要求的同时，培养学生的环境保护意识，并由此向全社会辐射，提高全民的环境保护素养。绿色学校是我国“科教兴国”和“可持续发展”基本战略的具体体现，是21世纪学校环境教育的新方法。

8.2 绿色学校的特点

绿色学校应该是在其全寿命周期内最大限度地节约资源（节能、节水、节材、节地）、保护环境和减少污染，为学生和教师提供健康、适用和高效的学习空间，并对学生具有教育意义的和谐学校。

节约环保型的绿色学校具有以下特点：

（1）绿色学校的能源运行成本比传统的学校平均降低30%～40%，节能措施采用更高效的照明设备、大量使用自然采光技术、采用更好的围护结构、采用效率更高的采暖和空调设备等，大大降低了学校的能源开支；

（2）绿色学校可以大大降低对环境的污染，绿色校园节省了能源，相当于减少了二氧化碳、二氧化硫和氮氧化物对大气的污染；

(3) 绿色学校比传统学校平均节约30%左右的用水；

(4) 绿色学校改善了教室的室内空气质量，为学生提供了更健康的学习环境；

(5) 绿色学校对学生的成长具有教育意义，有利于培养节约资源和环保意识。

绿色校园，所关注的不仅仅是校园的节能减排，更重要的是要将“绿色”理念全面融入教学体制中，发挥学校的教育推广作用，开展绿色教育。

8.3 绿色教育

所谓“绿色教育”，就是全方位的环境保护和可持续发展意识教育，即将这种教育渗入到自然科学、技术科学、人文和社会科学等综合性教学和实践环节中，使其成为全校学生的基础知识结构以及综合素质培养要求的重要组成部分。绿色教育内涵大体包括两个方面，一是在教学和科研中，充分体现“绿色”思想，用绿色观念教育人；二是建设绿色校园，形成绿色校园文化，用绿色环境培养人。

1997年，中国教育部、世界自然基金（WWF）和BP公司联合发起了“中国中小学绿色教育行动”(EEI)，致力于将环境教育和可持续发展教育融入中国正规教育体系，使环境教育和可持续发展教育成为两亿中国中小学生学校课程的有机组成部分。中小学校在人的成长以及价值观念的形成过程中起着举足轻重的作用。在中小学校进行可持续课程的开设、相关绿色人文活动的开展，增加中小学生的可持续观念和相关知识，影响和促进形成绿色生活方式。有利于培养出集经济效益观、社会效益观和环境效益观为一体的适应社会发展的人才，从而真正有效地推动可持续发展。在高校除开展绿色教学相关活动外，绿色科研的推广也十分必要，其将给社会的可持续发展提供强有力的技术和知识支撑，同时也带动相关绿色产业的发展。高等院校承担培养社会主义事业合格建设者和可靠接班人的根本任务，肩负着培养人才、科学研究和社会服务、文化引领等多重功能。在应对气候变化，建设资源节约型、环境友好型社会进程中，着力培养学生的绿色环保意识，并且贯穿到行动当中，使学生逐步形成符合可持续发展思想的绿色的道德观、价值观和行为方式是大学教育义不容辞的责任。高校学生未来将成为我国环境保护和实施可持续发展战略的骨干和核心力量。

然而，现阶段我国的绿色教育体系还有待完善。近年来，独生子女政策使得当前学生的生活条件优越、节能低碳意识淡薄。此外，中小学的应试教育氛围太过浓厚，多数大学对于绿色校园的建设不够深入，没有将绿色理念融入教学中。因此，无论中小学还是高校，对于绿色教育的关注都远远不足，同时缺乏资金投入和长远规划。绿色教育是进一步深化教育改革的需要，是实施可持续发展战略的必然要求，是贯彻落实科学发展观的重要体现。随着“可持续发展”理论的提出和深化，教育应该成为促进人与自然和谐发展的基础力量。因此，绿色教育体制的完善极具重要性和紧迫性。

8.4 绿色教材编写概述

8.4.1 世界绿色校园与绿色建筑教材概述

绿色校园学组收集了全球北美、北欧、东欧、中欧、西欧、南欧、东亚、东南亚 15 个国家的绿色校园教材及绿色城市、建筑普及知识的读本的相关目录，并对教材的“优缺点”、“切入点”等进行评述，通过了解每个国家绿色教材中，如何通过学生衣、食、住、行、想方方面面的教育，针对各环境要素（水、大气、生态等）进行可持续教育，倡导通过自身行为为保护环境做出贡献，引导学生了解、思考环境问题（环境污染、生态破坏、气候变暖等）的产生及解决方法的经验，对我国编制绿色教材提供不同的启示：例如针对小孩子的教材一定要具备趣味性、简单易读，特别注重可操作性，注重孩子行为习惯的培养以及不能忽略对家长的教育，在不增加家长负担的情况下，引导其参与环境保护中来的相关启示经验（图 1-8-1）。

图 1-8-1　世界绿色校园教材概述

8.4.2 中国绿色校园与绿色建筑知识普及教材编写研讨工作会议

2012 年 8 月 19 日，“中国绿色校园与绿色建筑知识普及教材编写研讨工作会议”在同济大学召开（图 1-8-2）。会议由绿建委副主任委员、绿色校园学组组长、同济大学副校长吴志强教授主持，绿建委王有为主任委员、邹燕青秘书长、

图 1-8-2　中国绿色校园与绿色建筑知识普及教材编写研讨工作会议

李萍秘书长亲临现场指导。同济大学、方兴地产（中国）有限公司、中国建筑科学研究院上海分院、世界自然基金会、上海现代建筑设计集团、华东师范大学、清华附中朝阳学校、华中师大二附中、上海世界外国语小学、上海市长宁区少年科技指导站、上海维固工程顾问有限公司等 20 多位校长和专家学者参加会议。就中国绿色校园与绿色知识普及教材的编写大纲、工作进度安排和分工展开了热烈的讨论。

会议确定了绿色校园系列教材的名称为“绿色校园与未来”，并拟出版小学（上、下册）、初中、高中、大学等五本绿色校园系列教材，及建立网络“教师资源教材包”，便于教师能够通过网络进行绿色校园与绿色建筑知识的及时更新。编写小组定于 9 月 15 日在同济大学召开第二次教材编写研讨会。

8.4.3 “绿色校园与未来”出版模式

“中国绿色校园与绿色建筑知识普及教材”编写研讨会确定了系列教材的 5＋2（5 本教材＋ 1 个教师资源包＋1 个网站）的出版模式（表 1-8-1），即小学部分分为“1～3 年级”部分、“4～5 年级”部分，中学部分分为“初中部分”、“高中部分”以及“大学部分”。教师资源包包含理论知识与课程开展指引等相关内容。“教材”将从学生的意识、节能、出行、行为、饮食、节材、绿色校园、游戏等多方面辐射学生的衣、食、住、行、用等方面的内容。本套系列教材读本将通过“绿色小故事”、“绿色小贴士”、“绿色实践”、“知识宝库”、“热点争议”、“绿色实验”等栏目的设计，以生动活泼、富于启发的形式，培养学生的绿色生活习惯，从身边做起，带动身边的人一起参与社会的可持续发展建设工作，建立绿色、节能的生活理念。让绿色生活理念从个人影响到家庭，从家庭影响到社区，为共同创建绿色、和谐的理想生活而努力。

“绿色校园与未来”系列教材编写模式　　表 1-8-1

<table>
<tr><th>成果形式</th><th>成果内容</th><th>编写总体思路</th></tr>
<tr><td rowspan="2">小学部分</td><td>初小（面向 1～3 年级）</td><td rowspan="8">1. 教材关键词：从大爱到行动，从责任到发现，从背景到研究，从聚焦到思辨、创新
2. 教材可采用模块化，在每个年龄层里螺旋上升
3. 以大爱贯穿全系列教材，越来越思辨，越来越科技</td></tr>
<tr><td>高小（面向 4～5 年级）</td></tr>
<tr><td rowspan="2">中学部分</td><td>初中部分</td></tr>
<tr><td>高中部分</td></tr>
<tr><td>大学部分</td><td>大学本科相关专业</td></tr>
<tr><td rowspan="3">教师资源包</td><td>理论知识篇</td></tr>
<tr><td>课程开展指引</td></tr>
<tr><td>视频、音频及活动交流（结合网站）</td></tr>
<tr><td>网站/微博</td><td>结合绿色校园学组网站、微博进行宣传</td><td></td></tr>
</table>

续表

成果形式	成果内容	编写总体思路
校园活动组织策划	绿色未来夏令营、国际绿色教育合作交流、绿色科技竞赛及其他活动	
	大学颁发具有全球认可的绿色专业学位证书；颁发绿色教育市长奖等	

8.4.4 “绿色校园与未来”教材的内容侧重点

小学版侧重于帮助小学生亲近、感悟、体验人类的生存需要美好的环境，掌握简单的环境保护行为规范要求，认识环境和环境保护的重要性，区分环境的优劣，养成对环境友善关注的行为习惯。初中版侧重于学生环境素养的培养，使学生能够初步分析环境问题的产生和解决问题的思路；理解人类社会必须走可持续发展的道路，自觉采取对环境友善的行动。高中版侧重向高中学生的生活场景、绿色未来出发，设计一系列低碳减排的调查活动，通过学生的参与体验，引导学生树立低碳生活理念。

大学版计划以生动活泼、富于启发的形式，培养学生掌握简单的绿色知识与环境保护行为规范要求，引导学生树立低碳生活理念，从身边做起，并带动身边的人一起参与社会的可持续发展建设工作，建立绿色、节能的生活理念。让绿色生活理念从个人影响到家庭，从家庭影响到社区，为共同创建绿色、和谐的理想生活而努力。

8.5 总 结

学校作为接受教育的场所，是人类文化传承的纽带。因此，绿色校园不单单要为学生创造舒适健康高效的室内环境，降低能源和资源的消耗，也要作为可持续发展理念传播的基地，通过学校本身向学生、教师和全社会传播绿色生态观。在我国发展绿色学校评估体系，是我国现阶段国情和社会进步的需要，其根本目的就是为了更好地推广和规范绿色学校的建设和发展，让全社会对绿色学校有一个更深刻的了解，并在两者之间产生良性互动，从而推动我国的可持续发展事业迈向一个更高的台阶。

作者：吴志强[1] 汪滋淞[2]（1. 同济大学；2. 同济大学设计创意学院）

9 我国绿色建筑效果后评估与调研分析

9 Post-evaluation and investigation of green building effect in China

9.1 绿色建筑效果后评估的概念及意义

近年来，我国绿色建筑评价标识项目数量一直保持着强劲的增长态势，截止到2013年12月31日，全国共评出1446项绿色建筑评价标识项目，总建筑面积达到16270.7万m^2，其中，设计标识项目1342项，占总数的92.8%，建筑面积为14995.1万m^2；运行标识项目104项，占总数的7.2%，建筑面积为1275.6万m^2。整体而言，运行项目较少就使得我们产生“绿色建筑在实际运行中是否按照设计情况运行、具体实施效果究竟如何”等问题。在住房和城乡建设部领导的指导下，本文在全国选取100个绿色建筑样本，全面调查“绿色建筑效果”。

关于绿色建筑的“效果”，目前在我国尚无明确的定义，从目前发表的一些文献来看，关注绿色建筑“效果”主要是关注标准达标情况、技术与产品的实际应用等等。参考国内外绿色建筑研究文献，本文所研究的绿色建筑“效果”主要包括绿色建筑运行过程的技术经济性、建筑室内外环境质量、资源能源节约效益及人员满意度四个方面的内容，认为良好的“绿色建筑效果”应体现在：绿色建筑技术方案经济合理，运行结果达到设计目标；设备、系统运行稳定，切实降低资源能源消耗；室内外环境良好，不产生环境污染或控制污染物产出量；建筑细节设计完备，为使用者提供满意的使用空间。

开展绿色建筑效果后评估及调研分析，对于我国绿色建筑持续良好的发展有重要的意义。一是全面了解我国绿色建筑施工、竣工和运营的实际情况，发现目前绿色建筑发展中存在的问题；二是研究结论对绿色建筑技术选择起到一定的指导作用；三是研究结果在一定程度上可推动我国绿色建筑运行标识的发展；四是有利于指导管理者完善绿色建筑的管理制度。

9.2 后评估方法及调研样本分析

9.2.1 绿色建筑效果后评估方法

国内外对于建筑的后评估主要是指建筑使用后评估（Post Occupancy Evaluation，缩写为 POE），是指依据建筑性能标准，通过一定的程序对建成建筑的性能进行测量和评价，检验建筑的实际使用是否达到预期的设想，需要考察的参数包括建筑的功能、物理性能、生理性能、环境效益、社会效益及使用者的心理感受等。根据对建筑评估层次（涉及评价的目标、范围及深度）划分，POE 分为三种，即：陈述式 POE（又称指示性 POE）、调查式 POE（研究性 POE）和诊断式 POE。这三种评估方式的区别在于耗时、开支和具体操作内容上。

从本文的研究目的及意义来看，本文选取难度及复杂程度适中的调查式 POE，通过对项目的走访、调研，发现问题、总结经验，为绿色建筑科学的运行管理提供基础资料。

9.2.2 绿色建筑效果后评估指标

经过对目前国内外绿色建筑评价指标进行分析，英国 BREEAM、美国 LEED™、加拿大 GBTool 和韩国 GBCC 等评价体系均将“四节”及室内环境质量作为绿色建筑的重要内容，本文研究充分考虑国内外指标的特点并以《绿色建筑评价标准》GB/T 50378—2006 为基础，确定后评估指标和调研表的内容。

评估评价指标共由 3 个部分组成，分别为：

一级指标：四节一环保＋运行；

二级指标：归纳每一条文，一个指标对应一条条文；

三级指标：根据条文要点，提炼出若干三级指标。三级指标属于操作层面的指标，明确了评估小组和调研人员具体的工作内容。

表 1-9-1 是“节地”部分二级指标的内容：

本文选取的后评估评价指标（节地部分） **表 1-9-1**

节地与室外环境	场地建设及选址
	无超标污染源
	施工控制
	环境噪声
	日照采光及通风

续表

节地与室外环境	风环境
	旧建筑充分利用
	绿化植物
	公共交通合理
	地下空间合理利用
	废弃场地建设
	透水地面面积比例
	人均居住用地
	绿化方式/绿地面积
	公共服务设施

9.2.3 调研样本选取分析

调研样本优选已经取得运行标识的项目，其次选择已竣工验收、投入使用的取得设计标识的绿色建筑项目。本文根据我国绿色建筑项目发展情况，按照不同地域绿色建筑数量、气候分区、建筑类型、绿色建筑星级等精选了100个后评估调研样本，其中包含20个运行标识项目，80个设计标识项目（已竣工项目或已投入运行的项目）。100个绿色建筑调研项目已经占到了全国绿色建筑总量的6.9%，而20个运行标识项目更占到了全国运行标识项目的19.2%。同时调研样本还具有以下特点：涵盖不同功能类型建筑；涉及我国全部建筑热工设计分区；兼顾绿色建筑不同星级（图1-9-1～图1-9-3）。

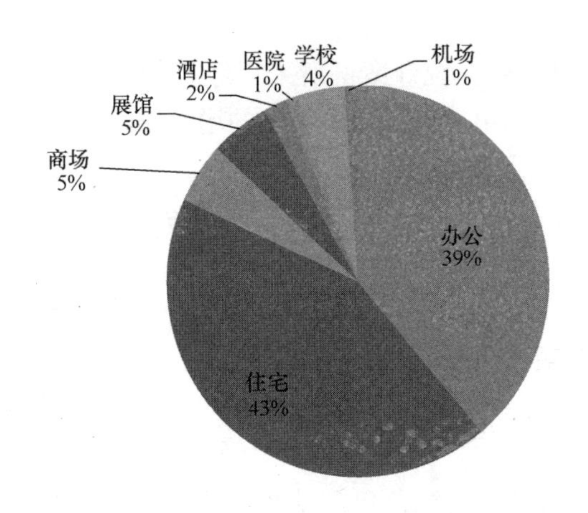

图1-9-1 各建筑类型在调研样本中的比例

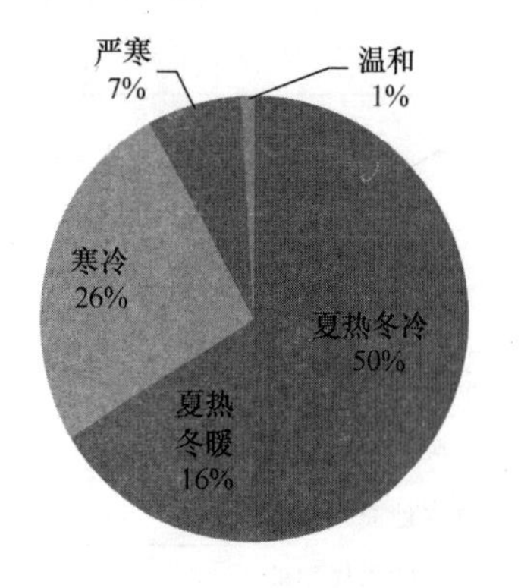

图 1-9-2 调研样本按照气候区分布情况

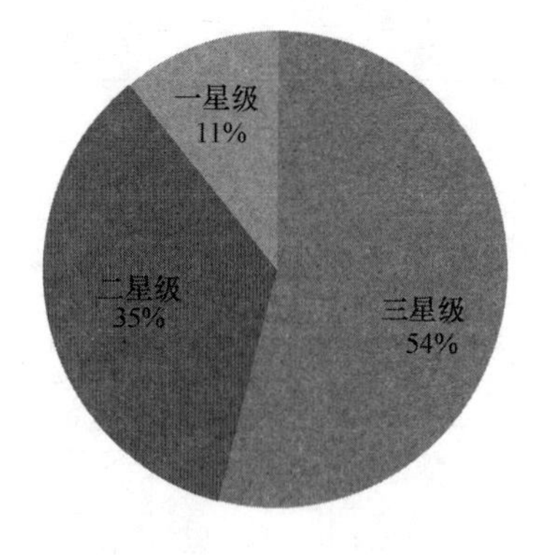

图 1-9-3 调研样本的星级分布图

9.2.4 本文所用调研表介绍

根据建筑类型的不同，分为公共建筑和住宅建筑两类；每类建筑均含有三个调研表格，分别是《绿色建筑项目调研用表》、《用户满意度调研表》和《绿色建筑增量成本计算表》。三个调研表的内容涵盖了绿色建筑技术统计、资源能源消耗情况、使用者主观评价、经济性评价等内容，与本文对绿色建筑效果的定义相一致。

《绿色建筑项目调研用表》包括三个部分：项目概况、绿色建筑实施情况调研表和绿色建筑运行情况调研表。

《用户满意度调研表》重点关注室内环境、室外环境、经济性等内容，用于统计绿色建筑业主对于主要绿色技术的使用感受，从使用者的角度，得出绿色建筑满意度。

《绿色建筑增量成本计算表》统计案例所采用绿色建筑技术所带来的总增量成本、单位面积总增量成本和单项绿色建筑技术的增量成本。

9.3 绿色建筑所用技术统计

根据评估指标的调研反馈结果，分析绿色建筑技术选择、落实情况，并发现技术落实过程中存在的问题。

9.3.1 设计阶段所选择的绿色技术体系

本节的绿色建筑技术统计是指绿色建筑设计阶段所选择的技术体系，不涉及实际落实情况。各项技术在实际施工和运营时是否落实、运行时存在的问题等将在下文中进行分析。统计设计阶段的技术体系，是本文“后评估”调研过程中产生的“附属成果”，总结绿色建筑常用的和少用的技术，有助于设计师合理优化绿色建筑方案。

(1) 绿色公共建筑技术体系分析

本文从绿色公共建筑“常用技术”和“应用较少的技术”两个方面对绿色公共建筑技术体系进行了全面分析，详见图 1-9-4、图 1-9-5。

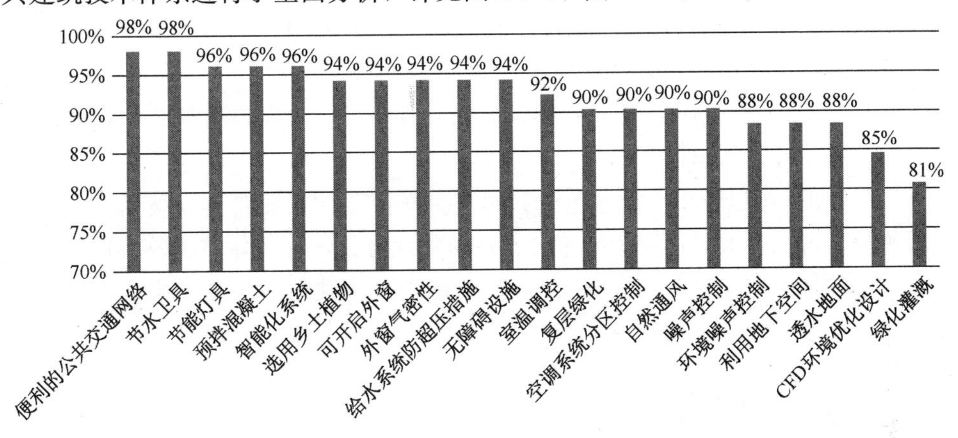

图 1-9-4 绿色公共建筑常用技术 Top20

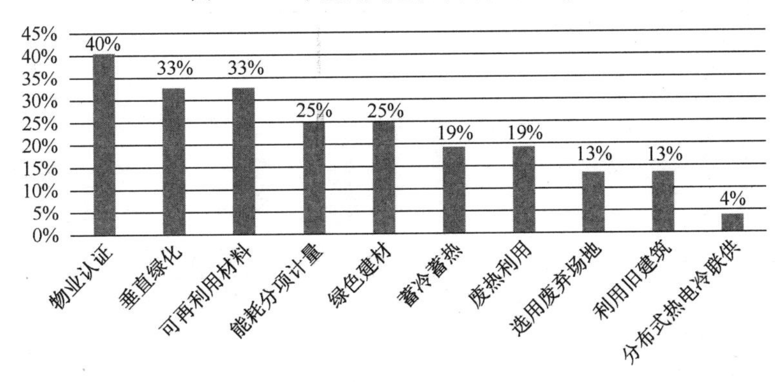

图 1-9-5 绿色公共建筑不常用技术 Top10

从图 1-9-4 中可以看出，在本次调研的 57 个绿色公共建筑中，常用的绿色建筑技术较多的集中在与节地相关的技术上，在前 20 项技术中占比 35%；节能相关技术占比 20%，居于第二位，而在节材和运营管理部分的技术措施较少。

绿色建筑最常用的技术中，有一类是通过被动设计及合理的场地规划即可实现的技术，例如便利的交通条件、场地噪声控制、自然通风、绿化相关的技术等，还有一类是随着国家和地方节能标准及其他标准的不断提高，在标准中强制或者推荐采用的技术，如节能灯具、良好的外窗气密性、无障碍设计、预拌混凝土、智能化系统等。采用这两类技术一般不需要增加额外的建筑措施，增量成本较低，经过长期的实践经验实施效果较好，在绿色建筑中实施也具有良好的绿色效果。

从图 1-9-5 可以看出，应用比例最小的是分布式热电冷联供技术，仅占比 4%，分析该项技术不常用的主要原因，可能是由于应用该技术带来的增量成本较高，且需要与城区能源整体规划相结合，进而导致投资回收期过长。此外，选用废弃场地和利用旧建筑两项技术的应用较少，这也反映出我国建筑业发展过程中存在的“大拆大建”所造成的资源和材料浪费问题仍然严重。

（2）绿色住宅建筑技术体系分析

本文对 43 个绿色住宅建筑进行了调研，通过对这些项目绿色建筑技术应用情况的调研统计，得出以下结果。

从图 1-9-6 可以看出，同绿色公共建筑一样，在常用绿色建筑技术中，节地方面的技术占比最大，不同于绿色公共建筑的地方是，绿色住宅建筑常用技术中节能方面的技术占比最少，仅为 5%，这与绿色住宅建筑较少使用中央空调有关系。绿色住宅建筑最常用的技术多是为了实现住区良好的室内外环境，如绿化方面的技术、防结露、防眩光等等，而涉及能源、资源节约的技术相对较少，这与住宅建筑功能特点相一致。

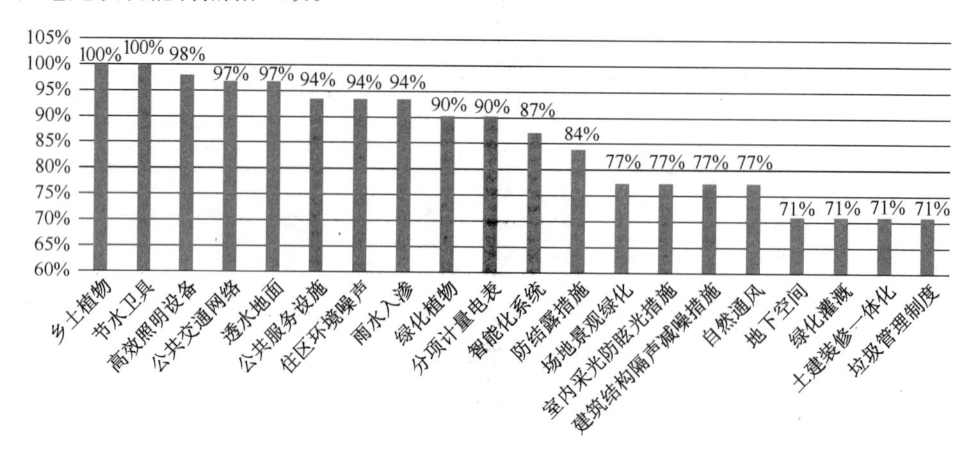

图 1-9-6 绿色住宅建筑常用技术 Top20

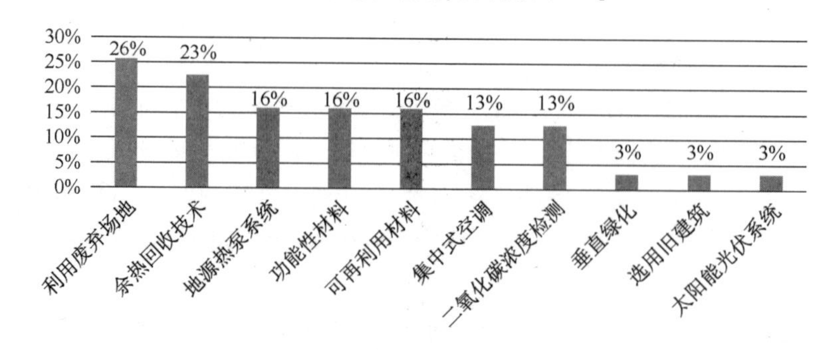

图 1-9-7 绿色住宅建筑不常用技术 Top10

从图 1-9-7 可以看出，绿色住宅建筑中应用最少的技术分别为垂直绿化、选用旧建筑和太阳能光伏系统。其中垂直绿化造价较高，养护较难，会影响低层住户外墙、外窗的形象，可能造成住户的不满，因此鲜有采用；住宅建筑中应用可再生能源的形式主要是太阳能热水，而光伏因成本较高、光电效率较低而少有采用。其他技术受到分体空调、增量成本的限制等，也较少应用。

9.3.2 绿色建筑技术落实过程中存在的问题

在评估和调研过程中发现一些项目出现个别技术落实不到位甚至不落实的现象，对“四节一环保”各部分存在的主要问题进行统计，有以下结果：

（1）节地与室外环境

节地部分落实情况较差的技术包括：透水地面比例、垂直绿化及公共交通配置等。在本次调研的项目中，采用透水地面的项目占 88%，说明该技术十分普及。但是在调研中，发现透水地面的实际应用存在着不少问题。例如，在某住宅楼项目的植草砖使用中发现，镂空处的草生长情况不好，多被积土填死，对小区室外环境的美观造成不利影响，并且会影响该部分面积的透水性能，甚至可能造成积水，影响行走（图 1-9-8）。在调研的项目中还存在部分项目透水地面面积未达到设计值的情况。

图 1-9-8 某项目植草砖实际情况

垂直绿化多是由于成本及养护环节造成实际项目实施效果较差；而场地公共交通的问题则是由于绿色建筑位于新城区，规划的公交线路尚未开通而造成住区人员出行不便。

（2）节能与能源应用

节能部分出现问题最多的是用电的分项计量，在本次调研中，共有 8 个项目的分项计量系统未落实。其中出现的问题主要分为三类：一类是设置了分类计量系统，但是未正式启用的问题；第二类是未设置分项计量系统，计量工作由人工代替，存在统计不及时、数据不完整等问题；第三类是在使用过程中系统或设备出现问题后未及时修复，造成系统停用的问题。此外可再生能源应用中存在光伏板积灰造成发电效率降低、太阳能热水系统无法满足用户热水量需求等问题。

高层建筑太阳能热水一体化使用效果好，受用户欢迎。但有些低层用户冬季存在遮挡问题，有些部位建筑与太阳能集热器未能完美结合。

（3）节水与水资源利用

节水部分出现的问题最多，主要问题集中在雨水回用系统、节水灌溉、中水处理系统和用水计量。

在本次调研的项目中，采用雨水回收利用系统的项目共有16个出现问题，一类问题是雨水回收系统未施工，另一类是雨水回收系统未完成施工导致雨水收集系统尚未全面投入使用。由此可见，目前还是存在部分项目为了“凑条数”而增加技术，实际运行不落实的情况，这与绿色建筑基本要求不符合，后期需要重点审查和整顿。

共有14个项目出现绿化灌溉的落实问题，如某住宅项目由于灌溉设备未能采购齐全，导致一部分公共绿地得不到有效的灌溉，只能采取人工喷洒的方式来解决；某公建项目中，设置的自动滴水系统由于管网堵塞和冻管问题导致停用，目前改为人工浇洒。

自建中水处理站节水效果好，用户可接受。共有9个项目的中水处理系统出现了问题。出现的问题主要分为四类：第一类是由于考虑了当地居民的生活习惯和建设成本等问题在实际项目中并未施工建设中水回用系统，但从长期规划的角度考虑，预留了利用市政再生水的管道接口。第二类是建设了中水回用系统，但是由于建筑自身中水来源不足导致中水系统无法正常使用。第三类原因是系统自身出现故障，例如某公建项目中，采用自建MBR中水站，建筑污废水经过膜处理后送至一至五层冲厕，每天的处理量为100t，因此过滤膜需要经常清洗，但过滤膜的清理工作物业人员并不熟悉，所以造成膜堵塞清理滞后的现象，并最终导致中水系统无法正常使用。冬季水源温度降低会造成生物菌死亡，影响中水处理效果；在中水站管理自动控制方面考虑的不够周全，不能真正做到自动化管理。第四类是存在住户长期无人居住坐便器内中水水质变质问题，在用户手册中需强调对中水使用的注意事项。

用水计量系统包括两方面的计量，一方面是分用途计量系统，如厨房餐厅用水单独计量、卫生间用水单独计量等；另一方面是分水质计量系统，如雨水、中水、自来水分别计量等。在本次调研的项目中，共有5个项目的用水计量系统出现了问题。在分水质计量系统中，通常会出现部分水质的用水量未分开计量，如雨水用量。在分用途计量系统中，会出现生活热水未单独计量的现象。

（4）节材与室内环境方面存在的问题

节材和室内环境部分的问题较少，主要是土建与装修一体化未落实、自然采光效果较差等等，相对来说运营管理部分的问题较多，主要有两个，一是垃圾分类收集未落实；二是智能化及设备监控系统管理不到位。

（5）运营管理方面存在的问题

绿色建筑运营水平不高的原因源于长期以来的“重建轻管”的传统观念。运营阶段，由于物业管理水平有限，缺乏有效的运营能力，物业对各种设备及系统的掌握程度不高，维护较差，往往达不到预期的目标。

本次调研共有10个项目在垃圾管理方面出现问题，包括垃圾桶数量不够、住户垃圾分类意识差等。

在本次调研的项目中，共有6个项目的自控系统出现了问题。例如某办公建筑设计阶段公共照明区域的灯光在控制中心可实现照明开关状态的监测和集中控制，即可按照预先设定的时间表定时自动控制照明，但由于物业对此项技术的不熟练，物业人员都采用手动控制开关，既不节能又不省力。此外，有两个项目在设计阶段采用了设备自控系统，但是在实际使用中并未进行施工；某办公建筑地下停车库的照明全天都开启，停车率较低时，物业没有对照明按照设计时分区进行控制，造成照明能耗浪费；空调负荷较低时，物业只对水源热泵机组进行台数控制，而循环水泵仍是全部开启，循环水泵能耗偏大，造成浪费；部分运营数据是由物业人员定期手写进行记录，没有集中上传到监控室进行存档，容易造成误写。建议在对智能化招投标时明确各系统记录数据的监控、上传和存档功能，确保运营阶段能全部电子存档，提供可靠的数据来源。

个别项目用水方面部分项目存在以下问题：自建中水站运行维护较困难，中水机房的MBR膜经过一段时间运行后集聚的污泥较多，但膜的清理工作物业人员并不熟悉，维护不及时，造成膜堵塞清理滞后的现象。同时中水处理过程产生大量异味，需特别注意通风换气。甲方没有与厂家签订定期清理合同，对物业管理人员未进行专业培训来保证中水站长期正常的运行。

绿色建筑运行成本尚缺少数据积累，比如中水站日常的运行维护成本、光伏发电维护成本等。尚未分析在节能减排、节省运行费等实现目标的过程，到底哪种绿色技术的贡献率最大，获得的收益难以按每一项措施进行微观分列或宏观效果评价。

9.4 绿色建筑人员满意度调研

调研内容分为室内热舒适度满意度、室内空气品质满意度、光环境舒适度满意度、声环境舒适度满意度、生活用水满意度等。

9.4.1 公共建筑人员满意度调研结果

实际对公共建筑满意度调研表发放100个项目，回收合格的调研表共计26个公共建筑项目，分别位于寒冷地区、夏热冬冷地区、夏热冬暖地区三个气候区。

通过图1-9-9的总体满意度，结合调研表中的细节问题，可以得到如下结果：

（1）由于绿色建筑多为新建建筑，所建设的区域多为新开发的地块，目前投

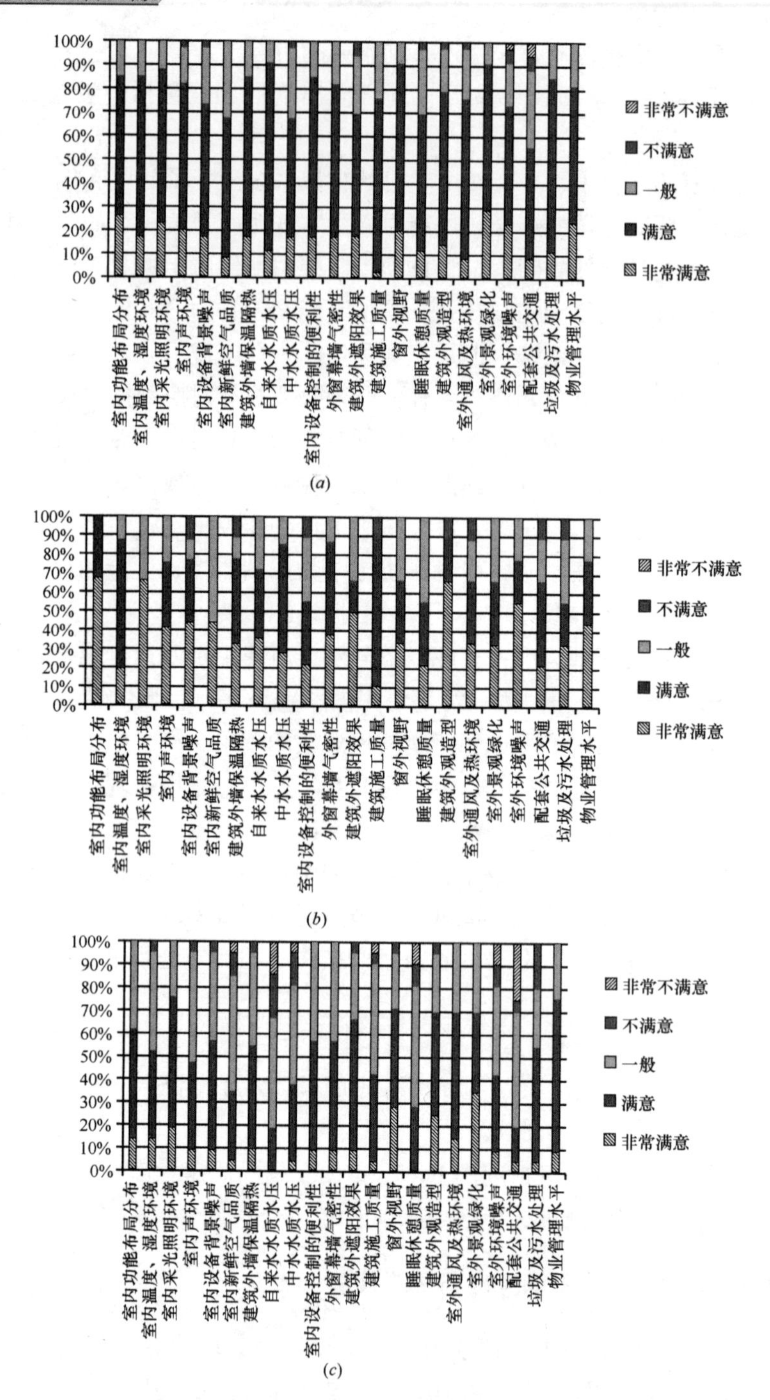

图 1-9-9 公共建筑人员满意度调研结果

(a) 寒冷地区公共建筑满意度调研分析图；(b) 夏热冬冷地区公共建筑满意度调研分析图；(c) 夏热冬暖地区公共建筑满意度调研分析图

入使用的绿色建筑，在配套公共交通方面都存在一定的问题。随着城市的不断发展和公共交通的完善，该问题会有所缓解。

（2）绿色公共建筑室内空气品质及新鲜空气需求方面存在一定的问题，这与建筑运行时新风系统总是不运行使用、建筑室内人员的开窗习惯等有一定的关系，但是也反映出绿色建筑应在室内自然通风、室内新风系统设计等方面进行深入研究，使自然通风的实现更便捷，尽量降低新风系统的能耗，避免为节约运行费用而不开新风机组的问题。

（3）夏热冬冷地区建筑使用者对室内设备控制的便利性有更高要求，此方面存在需要改进和调整的空间。夏热冬冷地区夏季需要空调制冷、冬季需要空调制热，因此空调末端控制装置操作的便捷性显得尤为重要，在该气候区空调设计时应格外注意空调系统控制措施及控制面板的形式。

（4）按照气候分区夏热冬冷地区夏季温度较高，所以在垃圾及污水处理方面应该做到更加快捷、便利。

9.4.2 住宅建筑人员满意度调研结果

本次调研经过梳理，共计得到 13 个项目的合格问卷反馈，项目分布在寒冷地区和夏热冬冷地区两个气候分区。满意度调研内容与公共建筑一致。

通过图 1-9-10 的总体满意度，结合调研表中的细节问题，可以得到如下结果：

（1）被调研的绿色居住建筑外墙保温隔热上存在满意度不高的情况，保温隔热直接影响着室内舒适性。根据对绿色建筑技术的核实，多数绿色建筑都是按照当地执行的节能标准完成围护结构热工设计，除高星级绿色建筑外，其他绿色建筑很少对围护结构的性能进行改善和提升，造成该项满意度不高。

（2）与公共建筑一样，居住建筑也存在配套设施不完善的情况，在居住建筑中由于绿色建筑多为新建建筑，处于新开发区域，配套公共交通设备还未能达到便捷、完备的程度。

（3）绿色居住建筑很多为精装交房，在装修施工质量等方面会出现一些小问题，造成用户的不满意，这就要求绿色居住建筑开发商加强建筑施工质量的管理，相应的验收机构也应对此加强重视。

（4）居住建筑中小区垃圾处理以及物业管理水平仍有待提高。相对于公共建筑来说，居住建筑的物业管理与居住者息息相关。物业管理的质量与绿色建筑设计技术水平不一致是在本文调研的案例中出现最多的问题，提醒我们绿色建筑后续的发展应从“重设计”逐渐转变到“重运行”，保证绿色建筑效果落到实处。

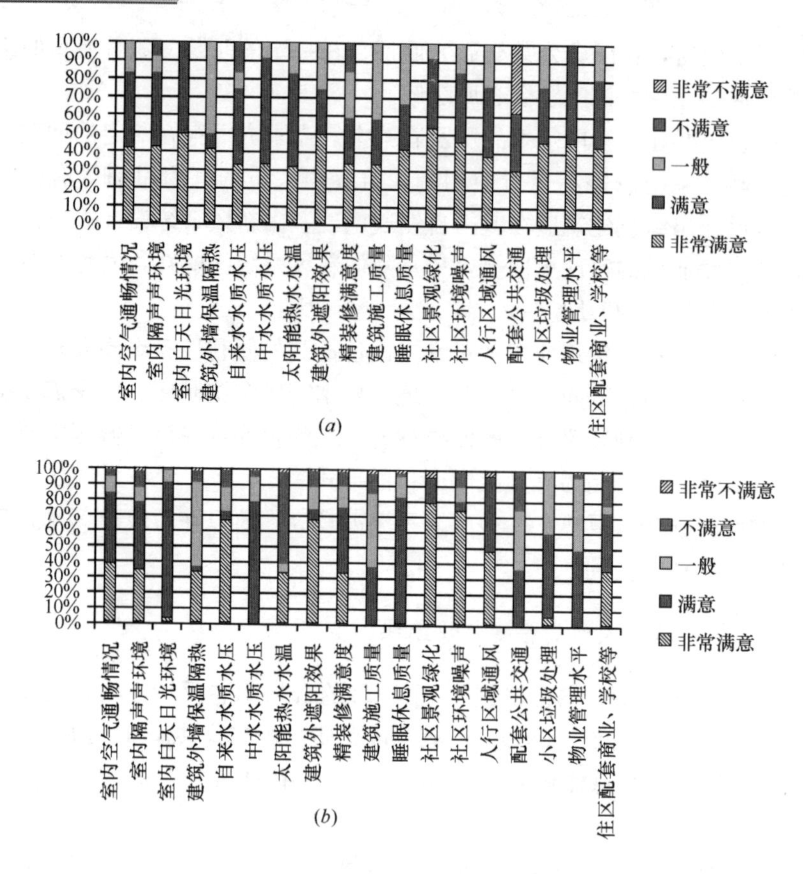

图 1-9-10 住宅建筑人员满意度调研结果

(*a*) 寒冷地区住宅建筑满意度调研分析图；(*b*) 夏热冬冷地区住宅建筑满意度调研分析图

9.5 绿色建筑增量成本与节约效益

9.5.1 绿色建筑增量成本调研结果

通过对目前我国正在运行的绿色建筑项目增量成本的调研和分析，可以得到以下结论：

(1) 绿色公共建筑的增量成本较绿色居住建筑更高，主要体现在空调等建筑设备、系统增加的成本上。主要原因是，公共建筑功能一般比较复杂，采用的暖通空调技术更多。而居住建筑一般不采用集中空调系统，使这部分的增量成本明显下降。

(2) 绿色建筑“节地”部分产生增量成本的内容主要包括：土壤氡含量检测、绿化及透水地面增加、屋顶绿化等方面；相对来说，南方的绿色建筑项目更注重绿化质量，在此方面投入的成本也比较高。

（3）绿色建筑“节能”部分产生增量成本的内容主要包括：围护结构保温隔热性能改善、可再生能源利用、余热废热利用等，其中严寒地区由于节能标准要求较高，围护结构方面投入的增量成本不多，夏热冬冷地区对于保温和隔热均有要求，此方面需要增加一定成本；居住建筑可再生能源利用的主要技术是太阳能热水，该技术较为成熟，增量成本比较稳定，而公共建筑可再生能源利用应用最多的是太阳能热水和地源热泵技术，两项技术均有增量成本。

（4）绿色建筑“节水”部分产生增量成本的内容主要是非传统水源利用和绿化节水灌溉。非传统水源利用中采用雨水时增量成本较小，平均约在30万元，而自建中水处理系统会带来较高的增量成本，一般需要投入50～100万元。

（5）绿色居住建筑和低星级绿色公共建筑在“室内环境质量”部分几乎不需要增加成本投入，而高星级绿色公共建筑在此部分需要增加的投入主要有三项：活动外遮阳、室内空气质量检测和改善自然采光效果技术措施，这三项均产生较大的增量成本，鼓励通过建筑专业的合理设计，实现建筑自遮阳，鼓励通过设置中庭、天窗等改善自然采光效果。

（6）一般绿色建筑在“节材”及“运营管理”部分不需要增加额外的投入。

（7）太阳能光伏发电措施产生较为高昂的增量成本，在增量成本构成中往往占据最大份额，造成有些项目增量成本过大。

100个调研项目中，对合格反馈增量成本调研表的68个项目的单位面积增量成本进行综合统计，结果显示：公建项目一星级、二星级、三星级绿色建筑的增量成本分别为40元/m^2、152元/m^2、282元/m^2，住宅项目一星级、二星级、三星级绿色建筑的增量成本分别为33元/m^2、73元/m^2、222元/m^2。

在绿色建筑增量成本计算中，由于目前尚无明确的绿色建筑增量成本计算方法，造成项目申报单位所提交的数据不够专业，尤其是在计算“增量成本”时没有减去“基准值”，即标准建筑中采用相应技术的成本，而导致计算成本过高；且增量成本受到项目所在地区经济发展水平、技术产品供应条件等影响，故也出现较大的差异。本次调研所统计的数据，一定程度上代表了绿色建筑单项技术及各个星级增量成本的平均水平，可供建筑设计单位参考，但是该项工作还有待继续深入的研究。随着绿色建筑技术逐渐趋于成熟，被动式技术得到广泛应用，绿色建筑零增量成本、低增量成本技术运用的增多，使得绿色建筑的增量成本能够呈现不断下降趋势。

9.5.2 绿色建筑节能及节水效益分析

（1）节能率分析

由于调研项目气候区分布、建筑功能、使用时间、人员行为特点各不相同，因此难以总结绝对能耗值的特点，本文采用“节能率”作为评估指标。

本次调研共有55个项目提交了合理的节能率数据，对所提交的节能率分析结果进行汇总，可得到图1-9-11。

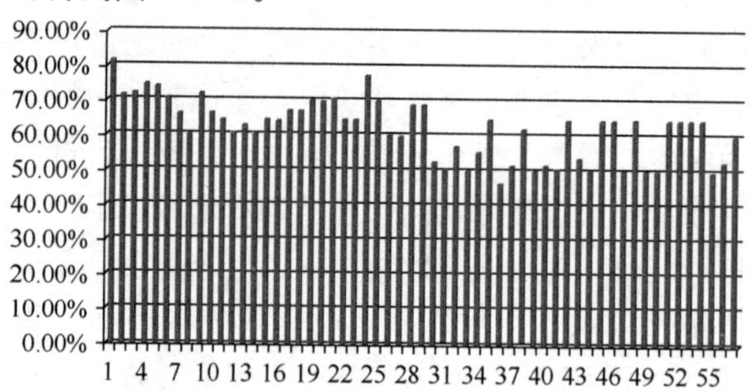

图1-9-11 调研项目节能率统计图

根据统计，本次调研的绿色建筑样本的节能率全部高于50%，基本范围在50%～80%之间，平均节能率达到62.4%，节能效果优于国内常规建筑。

为测算绿色建筑带来的节能效益，做如下假设：

1）按照我国每年新增20亿m^2新建建筑进行测算；

2）建筑平均能耗按照50kWh/（m^2·a）（考虑公共建筑与住宅建筑的能耗平均值）；

3）常规建筑的节能率按照56%进行测算（考虑住宅与公共建筑节能率的平均值）。

按照以上假设，绿色建筑将带来每平方米节约3kWh的节能量。目前我国已经建成的绿色建筑面积达到1.426亿m^2，节能量达到4.28亿kWh；如果新增建筑全部设计为绿色建筑，则每年20亿m^2新建建筑将产生60亿kWh的节能量，对我国建设节约型社会起到积极的推进作用。

（2）非传统水源利用率分析

同样由于建筑用水量特点各异，本文采用非传统水源利用率作为衡量绿色建筑节水量的指标。对于采用非传统水源（雨水或者中水等）的项目进行统计，得到图1-9-12所示结果。

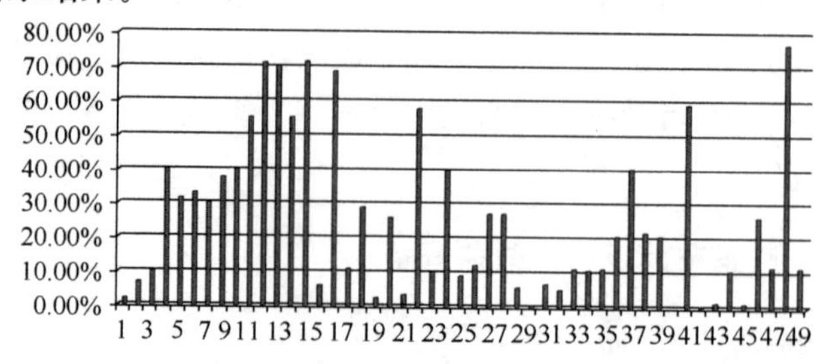

图1-9-12 调研项目非传统水源利用率统计图

经过统计计算，本次调研项目共有49个项目（多为二星、三星级）反馈了非传统水源利用信息，非传统水源利用率范围从2%～77%，其中使用中水技术的建筑非传统水源利用率一般都在20%以上，平均利用率为25.9%，这意味着在采用非传统水源的高星级绿色建筑中约有四分之一的自来水被非传统水代替。在本次调研的100个项目中有38个项目设计并落实了中水利用技术，按照这个比例推广，如果新建建筑全部实现绿色建筑，将产生巨大的节约效益及生态效益，由于水资源无可替代，因此绿色建筑的节水特性也体现了其较大的社会影响和社会效益。

9.6 展 望

目前绿色建筑在我国正处于快速发展和连片推广的阶段，做好绿色建筑效果后评估工作，可以保证绿色建筑的实施质量，确保绿色建筑充分发挥其先进性和优越性。本文从技术、经济、人员感受、节约效益等多个方面分析了调研样本的“绿色”效果，调研结果显示我国绿色建筑虽然总体发展不错，但是细节部分依然存在一些问题，这些问题提醒我们在优化设计、规范修编、审批制度、管理流程、物业运行等方面应多加注意，充分总结优秀案例的经验、避免失败案例的不足，全方位地推动绿色建筑高质量发展。

作者：李丛笑　魏慧娇　郭振伟（中国城市科学研究会绿色建筑研究中心）

10 北京市发展绿色建筑和生态城市建设的进展

10 The progress of green building and eco-city development in Beijing

为深入落实“十八大”大力推进生态文明建设的精神，推进城乡建设领域的绿色发展，北京市政府办公厅于 2013 年 5 月发布实施了《北京市发展绿色建筑推动生态城市建设实施方案》；随后，在全国率先发布了《北京市绿色建筑一星级施工图审查要点》，对 6 月 1 日后取得建设规划许可证的项目进行审查，至 12 月底已新增 1200 万 m^2 的绿色建筑，为历年总绿色建筑面积的两倍，我市绿色建筑发展已形成迅猛发展态势。

10.1 坚持四个“率先”，着力绿色建筑

《实施方案》按照“首善意识、首都标准”提出在全国四个“率先”的发展目标。

（1）率先新建项目执行绿色建筑标准

《实施方案》提出自 2013 年 6 月 1 日起，新建项目执行绿色建筑标准，要求基本达到一星级。北京市规划委积极贯彻落实市政府要求，对 6 月 1 日后取得规划许可证的项目在绿色建筑标准方面进行了严格的施工图审查，主要针对项目控制地面停车、选用透水地面、采用照明节能控制措施和节水器具、增加雨水和中水利用设施、提高隔声等级、加大通风开口面积、选择本地树种等措施，提出优化设计建议，使项目基本不增加投入的情况下，达到绿色建筑一星级标准。

（2）率先实现居住建筑 75%节能目标

市规划委修订了《北京市居住建筑节能设计标准》。在全国率先使单位建筑面积采暖耗热量与采暖能耗指标达到节能 75%的水平，并要求采用太阳能热水系统和建筑外遮阳设施等节能措施，单位面积的采暖能耗达到发达国家水平。该标准已于 2013 年 1 月 1 日开始全面严格执行。

（3）率先将绿色生态指标纳入土地招拍挂

《实施方案》提出将绿色生态指标纳入土地招拍挂。市规划委与市国土局已共同推进将生态指标纳入土地招拍挂的工作，目前已有三个地块成功完成了试

点，将绿色建筑比例、生活垃圾分类收集率、下凹式绿地率、透水铺装率等生态指标纳入规划意见书，作为土地招拍挂前置条件。

（4）率先要求编制和实施绿色生态规划

《实施方案》要求自2013年6月1日起，凡新审批的功能区都要组织编制并实施绿色生态规划，并纳入控制性详细规划中以保证落实。绿色生态规划中应包含绿色建筑、市政、能源、水资源、雨洪综合管理等专项内容。建立包括绿色建筑星级比例、生态环保、绿色交通、可再生能源利用、土地集约利用、再生水利用、垃圾回收利用、建筑垃圾再生产等规划指标体系。

10.2 抓好六个"绿色"，着眼生态城市

使北京天空更蓝，空气更清新，既是老百姓的期盼，也是我们共同的责任。

（1）抓好绿色建筑，实现全面发展

自2013年6月1日起，新建项目执行绿色建筑标准，鼓励以政府投资为主的公益性建筑和公众关注度高、示范效益强的适宜建筑及非政府投资且建筑面积在2万m^2以上的大型公共建筑，建设成为二星级及以上绿色建筑。北京市发布了《北京市绿色建筑一星级施工图审查要点》，截至2013年12月底，共有240个项目，约1200万m^2的新建项目通过了绿色建筑施工图审查。

（2）抓好绿色区域，落实生态规划

市规划委积极推进绿色生态示范区的规划建设工作，在全市选取了14个功能区作为绿色生态示范试点区域；制定了《北京市绿色生态示范区评价标准》，拟定了包括规划、水资源、交通、生态环境、能源、碳排放、信息化、绿色建筑、人文九大方面的评价指标体系。同时，积极推进怀柔雁栖湖生态发展示范区、丰台长辛店生态城、新首钢高端产业综合服务区、昌平北京科技商务区的规划建设工作；并组织长辛店生态城申报了全国绿色生态示范城区，获得专家一致好评。

（3）抓好绿色住区，强调精细管理

绿色居住区要求按照绿色生态理念进行规划设计，提倡行为节能和绿色物业管理。绿色居住区应达到二星级及以上的绿色建筑占40%以上，开发后径流排放量不大于开发前，硬质地面遮荫率不小于50%，垃圾分类收集达标率100%等指标。市规划委结合绿色居住区相关工作，修订《北京市居住区公共服务设施配置指标》，研究制定了《北京市绿色居住区规划设计导则》和《北京市绿色居住区评估体系》，并在海淀、丰台、大兴、房山、怀柔选取了5个绿色居住区作为试点示范。同时，在节能舒适的基础上，提高精细化管理，编制《北京市住宅外部设计导则》，对居住区单体设计的高度、体量、色彩提出要求。

(4) 抓好绿色设施，试点资源循环

绿色基础设施要求以系统集成、资源循环为特色，建设垃圾、水和能源的区域资源管理中心，实现区域内的污水和垃圾资源化处理与可再生能源开发利用有机结合。同时，开展《北京市生活垃圾能源化利用潜力与途径研究》，通过分析示范区垃圾分类、收运、资源化处理等过程，以及垃圾资源化利用途径及潜力，提出了绿色生态示范区垃圾资源化利用的基本指标体系。并在昌平北京科技商务区（TBD)、未来科技城、丽泽金融商务区等区域进行综合资源管理中心建设试点。

(5) 抓好绿色村镇，遵循协调发展

绿色生态村镇要求遵循生产、生活、生态相协调的原则，制定绿色生态试点镇规划纲要和建设实施方案，明确功能定位和主导产业，提出具有小城镇特色的交通、市政基础设施、绿色农房、生态环境等因地制宜的发展目标、发展策略和控制指标。目前已经在大兴梨花村开展试点，通过将优秀的设计理念引入村庄规划中，以不大拆大建为原则，充分利用原有水系建立雨水收集系统，实现了村庄的绿色产业升级和生态节能改造。

(6) 抓好绿色改造，关注既有建筑

市规划委在既有建筑节能方面开展了大型公共建筑节能改造研究，针对目前我市能耗较高的建筑分类型提出改造方案，并编制了《北京市大型公共建筑节能改造手册》。同时，在雁栖湖生态发展示范区开展既有建筑改造项目试点，让高水平的设计单位为既有宾馆改造项目提供技术支持，并总结出一套可推广的绿色化改造方案。

10.3 创新协同整合，实现三个转型

在“六个绿色”全面快速发展的同时，也面临着大量的挑战。绿色生态村镇的发展由于土地权属和资金投入的问题成为发展的主要制约因素；绿色基础设施的建设也由于各管理部门的分工合作不畅而无法进行综合协调建设。我市深入学习借鉴北欧马尔默和哈马碧城、德国弗赖堡等协同整合的理念，积极推进我市绿色发展实现三个转型。

(1) 由单体示范向协同整合转型

借鉴“共生城市”的理念，我们确定了在城市规划、土地利用、公共空间、交通组织、建筑设计等层面，实施能源、水和垃圾三大系统之间的生态循环和协同整合的理念。市规划委在昌平 TBD 等区域对该理念进行探索实践，编制了绿色生态指标指导规划建设，并开始进行综合性资源管理中心的试点建设。

(2) 由单一标准向分类管控转型

市规划委在北京各类功能区的实践基础上，将单一的绿色生态指标进行拓展。研究在不同的区域层面，按照居住生活、商务办公、科技研发、工业制造四类功能区，分别从空间规划、资源利用、建筑控制、生态环境提出专项指标，能够指导不同类型功能区的规划建设。

（3）由单项技术向系统集成转型

在前期大量的探索实践中，我们逐步意识到要实现资源效益和生态效益的最大化，不能简单地为每一个子系统进行优化设计，而应该通过适用技术的多系统集成，最有效地挖掘和利用这些子系统之间的协同作用，才能真正解决节能减排的问题，才能实现环境的长期可持续性，例如水的收集和循环利用、垃圾资源化利用、屋顶的集成设计等等。

10.4 强化工作方针，推进绿色发展

坚持四个“率先”，抓好六个“绿色”，实现创新协同，北京市下一步将按照24字工作方针，全方位、多角度推进绿色建筑的发展，即“标准引领、项目示范、市场推动、政策激励、社会参与、国际合作”。

（1）标准引领

将前期深入的课题研究进行成果转化，按照《北京市绿色生态示范区详细规划指标应用技术导则》指导我市绿色生态示范区的规划建设；结合《北京市绿色生态示范区评价标准》开展绿色生态示范区的规划评估，2014年计划评出1～3个市级绿色生态示范区并进行表彰和宣传，并将评选出的项目推荐申报住房和城乡建设部组织的全国绿色城区评审。

同时，针对六个“绿色”板块的推进工作中亟待解决的问题继续开展课题研究，包括绿色生态示范区绩效评估、绿色村镇规划建设策略等将进一步完善绿色生态理论体系，并与国际接轨开展碳排放等创新领域的研究。

（2）项目示范

继续推进14个绿色生态示范区的试点建设。并联合各规划分局继续推进绿色居住区的规划建设，通过优化规划布局、提升外部环境设计、强调资源综合利用和社区塑造管理等措施，打造生态宜居的绿色居住区样板；并结合《北京市绿色居住区评估体系》在全市开展评选。

（3）市场推动

继续完善工作机制，全面推广将生态指标纳入土地招拍挂环节，加强市场引导。重点在未来科技城等绿色生态示范区进行推广，全程跟进并及时调整生态指标对土地招拍挂结果的影响。并依据地块条件的不同，深入研究公共建筑能耗监测、被动式设计等探索性生态指标。

（4）政策激励

市规划委会同市财政局、市住建委共同起草了《北京市发展绿色建筑推动绿色生态示范区建设财政奖励资金管理办法》，拟于近期发布。管理办法对我市绿色建筑单体和绿色生态示范区给予奖励。“绿色建筑奖励标准为二星级运行标识项目 22.5 元/m^2，三星级运行标识项目 40 元/m^2”；“对北京市绿色生态示范区给予 500 万元奖励资金”。

（5）社会参与

北京市已经开展了一系列的宣传培训工作，包括举办绿色建筑推进大会；组织行业单位开展培训；遴选绿色建筑技术依托单位、绿色建筑专业评价人员和标识评审专家。下一步，计划在行业协会的平台定期组织经验交流、能力培训、技术推广，并通过网站、广播、报纸等方式加强媒体合作和市民参与。

（6）国际合作

2013 年 11 月，北京市受邀参加了在瑞典斯德哥尔摩举行的 C40 城市气候领袖群可持续社区组关于“正气候开发计划”的学习交流。通过充分发挥此平台的国际影响力，我市将积极开展对外交流活动，将国际高水平专家、先进生态技术，国际城市的建设经验请进来，使我市的实践成果和探索经验走出去，实现与国际发展的充分融合。

10.5 结 语

城市的发展有其阶段性和规律性，北京今天的发展方式和发展问题，可能其他发达城市已经发生过，但我们有共同的未来。在通往未来的路径中，更健康、更可持续的发展方式是我们共同的目标。城市的绿色发展需要发挥我们共同的智慧和力量，美丽北京的建设需要大家一道来共同推进。

作者：黄艳 胡倩（北京市规划委员会）

第二篇 标准篇

随着多部针对特定建筑类型的绿色评价标准在今年发布，以及我国《2014年工程建设标准规范制订修订计划》的确定，绿色建筑相关标准的数量也进一步增加，初步形成了标准体系。我国目前绿色建筑评价类的国家标准概况详见下表。在本篇中，介绍了绿色建筑评价相关的国家标准3部、协会标准1部，地方标准1部，评价导则1部，还对国外绿色建筑评估标准中的指标体系进行了专项研讨。

标准名称	状态	主编单位
绿色建筑评价标准 GB/T 50378—2006	修订报批	中国建筑科学研究院 上海市建筑科学研究院（集团）有限公司
建筑工程绿色施工评价标准 GB/T 50640—2010	现行	中国建筑股份有限公司 中国建筑第八工程局有限公司
绿色工业建筑评价标准 GB/T 50878—2013	即将实施	中国建筑科学研究院 机械工业第六设计研究院有限公司
绿色办公建筑评价标准 GB/T 50908—2013	即将实施	住房和城乡建设部科技发展促进中心
绿色商店建筑评价标准	报批	中国建筑科学研究院
绿色医院建筑评价标准	送审	中国建筑科学研究院 住房和城乡建设部科技发展促进中心
绿色饭店建筑评价标准	在编	住房和城乡建设部科技发展促进中心 中国饭店协会

续表

标准名称	状态	主编单位
绿色博览建筑评价标准	在编	中国建筑科学研究院
既有建筑改造绿色评价标准	在编	中国建筑科学研究院 住房和城乡建设部科技发展促进中心
绿色校园评价标准	计划	中国城市科学研究会
绿色生态城区评价标准	计划	中国城市科学研究会
绿色照明检测及评价标准	计划	中国建筑科学研究院

Part Ⅱ Standards

Several green building standards for specific building types have been released this year, *2014 Development and Amendment Plan of Standards and Codes for Engineering Construction* has been approved, and more standards relevant to green building have been developed. The standard system for green building has thus been initially established. In the table below, there is a list of national standards for green building evaluation. This part introduces three national, one institutional and one local standards as well as one evaluation guide for green building that are under development or newly developed. Besides, this part also makes analysis on the index system of green building evaluation standards at home and abroad.

Standard	State	Editor-in-Chief
Evaluation Standard for Green Building (GB/T 50378—2006)	Revising and to be approved	China Academy of Building Research Shanghai Research Institute of Building Sciences
Evaluation Standard for Green Construction of Buildings GB/T 50640—2010	In force	China State Construction Engineering Corp., Ltd China Construction Eighth Engineering Division Corp., Ltd
Evaluation Standard for Green Industrial Building GB/T 50878—2013	To be implemented	China Academy of Building Research SIPPR Engineering Group Co., Ltd.
Evaluation Standard for Green Office Building GB/T 50908—2013	To be implemented	Center of Science and Technology of Construction of MOHURD

Standard	State	Editor-in-Chief
Evaluation Standard for Green Store Building	To be approved	China Academy of Building Research
Evaluation Standard for Green Hospital Building	To be approved	China Academy of Building Research Center of Science and Technology of Construction of MOHURD
Evaluation Standard for Green Hotel Building	Under development	Center of Science and Technology of Construction of MOHURD China Hotel Association
Evaluation Standard for Green Exhibition Building	Under development	China Academy of Building Research
Standard for Green Performance Assessment of Green Evaluation Standard for Existing Building Retrofitting	Under development	China Academy of Building Research Center of Science and Technology of Construction of MOHURD
Evaluation Standard for Green Campus	Planning	Chinese Society for Urban Studies
Evaluation Standard for Green Ecological Urban Areas	Planning	Chinese Society for Urban Studies
Testing and Evaluation Standard for Green Lighting	Planning	China Academy of Building Research

1 国家标准《既有建筑改造绿色评价标准》编制简介

1 Introduction to the national standard of *Green Evaluation Standard for Existing Building Retrofitting*

1.1 背　　景

我国既有建筑面积已经超过500亿m^2，其中绿色建筑面积仅有1.627亿m^2（包括绿色建筑设计标识和绿色建筑运行标识项目，数据截止到2013年12月底），而绝大部分的非绿色“存量”建筑，都存在资源消耗水平偏高、环境影响偏大、工作生活环境亟须改善、使用功能有待提升等方面的问题。庞大的既有建筑总量加之存在的诸多缺陷，成为建筑领域节能减排工作的重大难题。

推进既有建筑绿色化改造，可以节约能源资源，提高建筑的安全性、舒适性和环境友好性，对转变城乡建设发展模式，破解能源资源瓶颈约束，具有重要的意义和作用。近些年来，住房城乡建设主管部门针对既有建筑节能改造，发布了系列工作规划和规范性文件，有力地推动了我国既有建筑节能改造工作。

既有建筑绿色化改造对既有建筑改造提出了更高的要求，并不局限于节能改造，而是将改造内容覆盖到“四节一环保”的全部范围，将成为推进既有建筑实现节能减排的重要手段。

现阶段既有建筑绿色化改造项目还不多，而且缺乏绿色化改造的技术和标准指导。另一方面，“十一五”期间，一批既有建筑方面的科技项目顺利实施，积累了研究开发和工程实践经验，为既有建筑绿色化改造标准奠定了良好的基础。在此背景下，住房和城乡建设部发布标准制订计划，由中国建筑科学研究院、住房和城乡建设部科技发展促进中心会同有关单位研究编制国家标准《既有建筑改造绿色评价标准》（以下简称《标准》）。

1.2 编制工作情况

1.2.1 前期文献调研

（1）国外相关标准情况

西方发达国家既有建筑所占比重较大，既有建筑的环境问题相对较早地引起人们的重视，制定了比较完善的既有建筑绿色运行和改造评价工具。《标准》主要参考的国外评价标准如下：

- 美国 LEED-EB 和 LEED-ID&C
- 澳大利亚 Green Star 相关条款和 NABERS
- 英国 BREEAM Domestic Refurbishment
- 日本 CASSBE-EB 和 CASSBE-RN
- 新加坡 GREEN MARK 相关条款
- 德国 DGNB 相关条款

（2）国内相关标准调研

《标准》编制组查阅分析了大量国内相关标准规范，如现行国家标准《绿色建筑评价标准》、《公共建筑节能设计标准》、《建筑抗震鉴定标准》、《民用建筑可靠性鉴定标准》、《建筑照明设计标准》、《民用建筑热工设计规范》、《民用建筑节水设计标准》、《民用建筑室内热湿环境评价标准》、《民用建筑供暖通风与空气调节设计规范》等，现行行业标准《既有采暖居住建筑节能改造技术规范》、《民用建筑绿色设计规范》、《公共建筑节能改造技术规范》、《城市夜景照明设计规范》等。

除了调研现行标准规范外，还调研了正在编制修订的标准规范情况，如《绿色建筑评价标准》、《建筑照明设计标准》、《绿色商店建筑评价标准》、《绿色医院建筑评价标准》、《公共建筑节能设计标准》等。

1.2.2 已经开展的编制工作

在前期调研分析的基础上，成立了《标准》编制组，并已经召开了四次工作会议，形成了《标准》征求意见稿。

（1）《标准》编制组成立暨第一次工作会议于 2013 年 6 月 6 日在北京召开。会议讨论并确定了《标准》的定位、适用范围、编制重点和难点、编制框架、任务分工、进度计划等。

（2）《标准》编制组第二次工作会议于 2013 年 8 月 1 日在上海召开。会议讨论了各章节的总体情况和重点考虑的技术内容，进一步讨论了《标准》的适用范围、技术重点、共性问题、改造效果评价以及《标准》的具体条文等方面内容。会议还特别邀请了英国建筑科学研究院（BRE）的 BREEAM 主管 Martin Townsend 先生与编制组交流了英国既有建筑改造绿色评价标准的编制工作及相关情况。

(3)《标准》编制组第三次工作会议于 2013 年 9 月 17 日在北京召开。会议对《标准》初稿条文进行逐条交流与讨论，确定合理的条文数量与分值，重点讨论能体现既有建筑绿色改造特点的条文和权重，形成了《标准》征求意见稿初稿；确定了征求意见稿初稿试评任务分工，选出有代表性的绿色改造项目进行试评。

(4)《标准》编制组第四次工作会议于 2013 年 12 月 16 日在北京召开。会议交流了征求意见稿初稿的试评结果，总结了试评过程中发现的主要问题。编制组专家讨论了征求意见稿初稿的共性问题及修改意见；根据项目试评发现的问题，对《标准》征求意见稿初稿进行了修改，形成了《标准》征求意见稿，并于 2014 年 1 月 24 日起正式征求意见。

1.2.3　征求意见初稿试评

2013 年 9 月底至 10 月中旬，对《标准》征求意见稿初稿进行了内部试评价。共有 12 个既有建筑改造项目参加了试评，其中包括 10 个公共建筑，2 个住宅建筑。这些项目在中国气候区的分布是：寒冷地区 3 个，夏热冬冷地区 8 个，夏热冬暖地区 1 个。

1.3　《标准》内容框架和重点技术问题

1.3.1　《标准》内容框架

《标准》征求意见稿共包括 11 章，前三章分别是总则、术语和基本规定；第 4～10 章是既有建筑改造绿色性能评价的 7 大类指标，分别是规划与建筑、结构与材料、暖通空调、给水排水、电气与控制、施工管理和运营管理；第 11 章是提高与创新，即加分项。

1.3.2　重点技术问题

根据前期调研、标准编制及试评情况，编制组总结了需要重点考虑和解决的技术问题，并初步提出了相应的解决方法。

(1) 评价指标体系

构建区别于新建绿色建筑评价的既有建筑改造绿色评价指标体系。目前的考虑是按专业设置章节和大类评价指标，这样设置的好处有：一是目前的工程建设标准主要按专业设置，便于本标准与相关专业标准的统筹协调；二是避免改造项目按“四节一环保”考虑时可能有缺项（如节地），而导致难以编写的困难。

（2）评价定级方法

与国家标准《绿色建筑评价标准》GB/T 50378 修订稿保持一致，采用引入权重、计算加权得分的评价方法。在改造建筑满足所有控制项要求且每类指标的评分项得分不小于 40 分的前提下，对于一、二、三星级改造建筑总得分要求分别暂定为 50 分、60 分、80 分。

（3）适用建筑类型

与国家标准《绿色建筑评价标准》GB/T 50378 修订稿保持一致，适用范围包括各类民用建筑。从国外的实践经验来看，英国 BREEAM 最新的 2011 版也是采用这种方法，一本评价标准涵盖了多种建筑类型。从《标准》征求意见稿初稿的试评情况来看，也初步验证了《标准》的适用性。

（4）改造效果评价

对于各专业改造前后效果评价方法问题，有两种考虑方法：一是改造前与改造后的性能对比，提高得越多得分越多，当然改造后应满足有关标准规范要求；二是按照参评建筑的现状评价，参评条文应达到现行标准规范要求。

（5）部分改造问题

对于部分改造的既有建筑，未改造部分的各类指标也应按《标准》的规定参与评分。

（6）加分项问题

参考正在修订的国家标准《绿色建筑评价标准》GB/T 50378 的方式处理，增设加分项一章，加分项分为性能提高与创新两个方面，以鼓励新技术、新材料和新产品的应用和绿色性能的提升。加分项包括规定性方向和可选方向两类，前者有具体指标要求，侧重于“提高”；后者则没有具体指标，侧重于“创新”。加分项最高可得 10 分，实际得分累加在总得分中。

（7）改造经济性问题

既有建筑绿色改造的经济性是很重要的一个指标，但经济性指标牵涉很多因素，量化评估的难度很大，编制组初步决定对经济性好的绿色改造项目在创新项中进行加分鼓励。

（8）需要检测的参数问题

对涉及定量指标，又难以通过计算核定的，需要进行检测验证。这涉及检测验证的标准方法问题，需要在《标准》条文正文或条文说明里明确。

（9）评价阶段问题

对于新建绿色建筑，目前是分为设计阶段评价和运行阶段评价。新建建筑设计了不一定会建设，那就谈不上运行。但对既有建筑绿色改造，既然改造了肯定会运行。为了与国家标准《绿色建筑评价标准》GB/T 50378 修订稿保持一致，本次标准征求意见稿按照设计阶段评价和运行阶段评价两个阶段考虑。

（10）施工管理问题

改造相对于新建，就环境保护和资源节约来说，影响或作用要小很多。但是，改造施工有区别于新建建筑施工的工艺、工法、材料、装备以及现场保护措施等。另外从建筑全寿命期的角度考虑，施工阶段也是其中一个很重要的环节。为了与国家标准《绿色建筑评价标准》GB/T 50378 修订稿保持一致，《标准》征求意见稿保留了施工管理一章。

《标准》征求意见稿的有关考虑还有：

（1）条文设置尽可能适用于不同建筑类型、不同气候区以及参评建筑的改造和未改造部分的评价，防止条文仅可用于某一种情况的评价，最大限度地减少不参评项。

（2）既有建筑改造绿色评价以进行改造的既有建筑单体或建筑群作为评价对象。评价对象中的扩建面积不应大于改造后建筑总面积的 50%，否则本《标准》不适用。

（3）按照改造技术对绿色性能的贡献来设置条文和分数，而不是按照改造技术实施的难易程度和费用高低来设置。

（4）若条文涉及图纸或计算书等内容，应在条文说明中说明以什么图纸、以哪些计算书等作为评价依据；既有建筑改造会发生缺少相关图纸或计算书的情况，在条文说明中明确此类情况的评价依据。

（5）对于需要量化考核的指标，在相关条文正文或条文说明中给出明确的计算方法；若计算方法的文字或公式表述复杂，应给出参考算例。

（6）合理平衡条文的分数，抓住改造的主要技术和对绿色性能贡献较大的技术措施，去掉分数过低和对绿色性能贡献太小的条文。

1.4 小结和下一步工作

《标准》统筹考虑建筑绿色化改造的经济可行性、技术先进性和地域适用性，着力构建区别于新建建筑、体现既有建筑绿色改造特点的评价指标体系，以提高既有建筑绿色改造效果，延长建筑的使用寿命，使既有建筑改造朝着节能、绿色、健康的方向发展。

目前，《标准》正在广泛征求意见，欢迎社会各界人士对征求意见稿提出修改意见和建议。标准编制组将根据意见对《标准》进行修改完善，并对代表性既有建筑改造项目进行再次试评，并根据试评结果进一步修改完善标准条文，形成

《标准》送审稿。计划于2014年年内完成《标准》报批。

下一步，还将开展《既有建筑改造绿色评价标准实施指南》等相关技术文件的研究和编写工作，开展配套《标准》实施的评价工具软件研发工作，以及《标准》宣贯培训工作，推动我国既有建筑绿色改造工作健康发展。

作者：王俊 王清勤 程志军（中国建筑科学研究院）

2 国家标准《绿色饭店建筑评价标准》编制简介

2 Introduction to the national standard of *Evaluation Standard for Green Hotel Building*

2.1 编 制 背 景

我国的饭店行业近年来得到了快速的发展，国家统计局数据显示，2012年，我国住宿和餐饮业新增固定资产投资5102亿元，比上年增长了30.2%。近年来，随着国际上饭店建设向高层、大规模、高标准、综合体发展，我国各地新建饭店建筑数量明显增加，对环境和服务的要求也越来越高。饭店建筑作为一种重要建筑类型，由于特殊使用功能需求，一般需全年连续运行空调系统，连续供应大量生活热水，其能源和资源消耗一般比常规公共建筑要大。清华大学对北京、上海等地的多家饭店进行的能耗状况调研发现，不同饭店每年能耗水平在100～250kWh/m^2之间，最高能耗水平约为最低能耗水平的2.5倍。能耗如此大的差异说明饭店建筑节能潜力大，而现场节能诊断也发现饭店运行中存在很多造成能耗增加的问题。

2013年，饭店业进入发展周期中的低速发展期，根据中国饭店协会对全国范围内100家典型企业调查显示，2013年1～4月份，饭店市场平均出租率同比下降9.31%，平均房价同比下降7.2%，营业额同比下降16.43%。这正是饭店行业调整服务模式、转型升级的契机。

与此同时，2013年1月1日国务院办公厅发布了《关于转发发展改革委住房和城乡建设部绿色建筑行动方案的通知》（国办发［2013］1号），提出自2014年起，大型公共建筑全面执行绿色建筑标准，这包括大部分的饭店建筑。

从相关标准制定和实施情况来看，尽管现行《绿色建筑评价标准》GB/T 50378可用于旅馆建筑的评价，但针对性不强，标准的科学性、可操作性也有待提高；现行《绿色饭店》GB/T 21084—2007主要用于饭店管理，也并未将饭店建筑本身的建设和运营作为重点。

根据“住房和城乡建设部关于印发2013年工程建设标准规范制订修订计划的通知”（建标［2013］6号）的要求，由住房和城乡建设部科技发展促进中心和中国饭店协会作为主编单位，会同中国建筑设计研究院、清华大学、中国建筑科学研究院、上海市建筑科学研究院、北京市建筑设计研究院、北京清华同衡规划设计研究院、中国建筑工程总公司、万达集团有限公司、方兴地产（中国）有限公司、鲁能饭店管理公司、中南饭店投资管理集团有限公司、首旅建国饭店管理有限公司等有关单位开展工程建设国家标准《绿色饭店建筑评价标准》的编制工作。

2.2 工作开展情况

（1）编制前期工作情况

2013年1月，工程建设国家标准《绿色饭店建筑评价标准》被正式列入2013年工程建设标准规范编制计划。2013年4月，标准主编单位——住房和城乡建设部科技发展促进中心与中国饭店协会组织部分行业专家召开了本标准的编制筹备会，与会人员就我国现有绿色建筑评价标准体系、《绿色饭店》GB/T 21084—2007标准相关情况、《旅馆建筑设计规范》修编情况、传统饭店发展现状、绿色饭店运营模式与管理建议等进行了交流，并就本标准的定位和编制原则、编制单位选择原则等问题展开了讨论。之后，住房和城乡建设部科技发展促进中心于5月和6月又组织了两次交流会，讨论并开始着手筹备针对饭店建筑资源能源消耗现状的调研事宜。

2013年6月至7月，按照住房和城乡建设部标准定额司和住房和城乡建设部标准定额研究所的指示，在住房和城乡建设部建筑环境与节能标准化技术委员会的指导下，主编单位初步确定了编制单位和编制人员名单，准备了标准编制启动会的相关研究资料。

（2）编制工作进展情况

在前期工作基础上，2013年7月底，工程建设国家标准《绿色饭店建筑评价标准》编制组成立暨第一次工作会议在北京顺利召开。会上，编制组讨论了本标准定位、编制原则、编制难点、人员分工、进度安排、工作模式等事宜，形成了编制工作大纲，为后续工作指明了方向，奠定了基础。

第一次会后，编制组各章节即开始着手标准编制工作。期间，编制组开展了文献调研和现场调研两方面调研工作。在文献调研方面，编制组收集了国内外相关的国家标准、行业规范和企业标准，并分章节对相关内容进行梳理和分析，为标准编制提供借鉴和参考；在现场调研方面，一方面继续由清华大学开展典型饭店建筑的实地详细调研和数据收集、分析工作，另一方面主编单位也组织编制组对北京、杭州两地不同类别饭店建筑开展了实地调研访谈工作。

在调研工作基础上，编制组各章完成了标准初稿编写工作，并于2013年11

月底在北京召开了编制组第二次工作会议。会上交流了前一阶段饭店调研情况和初步成果，各章负责人介绍了本章编写情况，并就存疑问题进行了交流讨论，进一步明确了标准编制的总体原则和各章关键技术点的把握原则，为后续编制工作铺平了道路。

2.3 调研情况介绍

2013年7月至11月间，主编单位组织协调清华大学对不同地域、不同类别的20个饭店建筑项目实地开展了技术措施调研、宾客满意度调研和数据收集、分析工作，调研项目涵盖哈尔滨、白山、北京、上海、杭州、广州、深圳等不同气候区，包括商务型、度假型和经济快捷型等不同类别。另外，主编单位也在9、10月间组织编制组对北京、杭州两地不同类别的5个饭店建筑开展了实地调研访谈工作（图2-2-1）。

图2-2-1 典型饭店建筑调研

通过调研和分析，初步发现饭店建筑如下一些特点：

（1）节地与室外环境方面：除度假型饭店外，多数饭店均有2条以上公交线路覆盖；饭店一般会配置一定车位，而快捷型饭店车位数量一般较少，甚至没有；除度假型饭店外，一般饭店绿地面积均不大；

（2）节能方面：一般饭店较多采用双层中空玻璃，外窗可开启，商务型饭店较多采用玻璃幕墙且不可开启；饭店空调系统形式通常为风机盘管＋新风系统，同时在大堂、宴会厅等区域采用全空气系统，而快捷型饭店一般采用分体空调或VRV；节能灯具包括LED灯具等应用较为广泛，而热回收、余热废热利用、可再生能源利用等技术措施在一般饭店建筑中应用并不广泛；

（3）节水方面：较多饭店根据需要采用分区供水，大部分采用污废分流，一般不进行雨水收集回用；用水一般按不同用途进行计量；节水器具应用较为普遍；

（4）节材与施工方面：商务型饭店较多采用玻璃幕墙，其余饭店外墙多采用涂料，室内装修大堂多为大理石，客房为地毯、瓷砖和复合地板，走廊多采用地毯；一部分饭店进行过改造，以更换门窗为主，有一小部分饭店进行过重新装修；

（5）室内环境质量方面：一般饭店多采用内遮阳；客房的隔音效果多数较为一般，噪声源多来自室外和临室；室内 CO_2 传感器、车库 CO 传感器应用并不普遍；

（6）运营管理方面：用能、用水分项计量大部分是按用途分区域进行计量，极个别设置分客房计量；一般饭店缺乏有效的针对部分负荷运行的调控措施，或调控效果不理想；

（7）宾客满意度方面：从调研结果来看，宾客满意度较高的一般是环境温湿度，对空气品质（异味）、噪声和照明质量的满意度评价多为一般或较差。

通过上述分析可见，饭店建筑在功能和使用上具有很多特殊性，这恰恰是绿色饭店建筑评价中应考虑的关键因素，同时也体现出本标准编制的必要性。

2.4 后续工作安排

根据目前工作进度，在现有研究成果和讨论基础上，近期编制组将协调各章节继续积累调研资料，进一步展开研讨，细化各部分在设计阶段与运行阶段的条文内容以及分数设置，拟于 2014 年 2 月底完成标准修改稿，并按编制工作进度计划开展后续的修改稿讨论、征求意见、修改送审等工作，于 2014 年年底前完成报批工作。

作者： 宋凌　李宏军　李俊（《绿色饭店建筑评价标准》编制组）

3 国家标准《绿色博览建筑评价标准》编制简介

3 Introduction to the national standard of *Evaluation Standard for Green Exhibition Building*

3.1 研 究 背 景

随着社会经济的快速发展，城市化与现代化进程加速，全球资源、能源枯竭，环境问题日益严重，人们逐渐认识到人类文明的高速发展不能以牺牲环境为代价。1987 年，世界环境与发展委员会在关于人类未来的报告《我们共同的未来》中，提出了“可持续发展”的概念。世界各国一直都在社会发展的需要与节约资源保护环境之间寻找出路。

建筑业在耗用自然资源、产生环境污染方面影响重大，特别是大型的公共建筑。建筑产业必须走可持续发展之路，绿色建筑的思想和理论也应运而生，并在不断探索中逐步走向成熟。

随着我国经济的高速发展和城市化进程的加快，人民生活水平显著提高，社会精神文化消费需求随之增加，各地在政府主导下对文化博览建筑的投资力度与日俱增，大量与该地域文化相匹配的博览建筑（如各类博物馆、展览馆，以及大型会展中心等）都处在兴建或筹建中。博览建筑一般规模较大、功能复杂，对资源的消耗和环境的影响都高于普通建筑。因此，在博览建筑中推行绿色建筑，对倡导建筑行业的可持续发展理念，积极引导大力发展绿色建筑，建设资源节约和环境友好型社会，促进节能省地型建筑的发展，具有十分重要的意义。博览建筑面向社会公众开放、人流量大，通过制定相关的评价标准促进绿色博览建筑的发展，对向公众普及绿色建筑的理念、推广绿色节能技术、实现全社会关注节能环保，具有重大的教育意义和促进作用。

3.2 工 作 基 础

3.2.1 世界绿色建筑评估体系

为促进绿色建筑的实施和推广，世界各国都在努力探索建立完善的绿色建筑评估体系，力图通过科学的评估方法，为绿色建筑的实施运作提供规范标准的技术支撑。国外的绿色建筑评价起步较早，已经形成比较完善的体系，如英国BREEAM评价体系、美国LEED评价体系、日本CASBEE评价体系等。加拿大、德国、澳大利亚、挪威、荷兰、瑞典等国家也各自制定了绿色建筑标准和评估体系，以规范和推广绿色建筑，在建筑的全寿命周期内，最大限度地节约资源、保护环境和减少污染，为人们提供健康、适用和高效的使用空间，与自然和谐共生。

3.2.2 中国绿色建筑评价标准

我国的绿色建筑评估虽然起步比较晚，但发展很快。经过一系列的研究与实践探索，2006年3月发布的国家标准《绿色建筑评价标准》GB/T 50378—2006于2006年6月1日正式实施。这是我国第一部从建筑的全寿命周期角度出发，针对住宅建筑及公共建筑中的办公、商场和旅馆的多层次、综合性的评价标准，对规范和指导我国绿色建筑的发展具有重要的指导意义。此后，各地在国家标准的基础上，研究制定了结合地区特点的地方标准，用以指导各地区绿色建筑的评价及发展建设。

因不同类型的建筑，在资源消耗、环境保护及建筑环境品质要求方面，特点各不相同，为了使绿色建筑的评价更具体、更符合实际情况，针对不同类型建筑的绿色建筑评价标准也已经开始研究制定，如《绿色医院建筑评价标准》、《绿色办公建筑评价标准》等。这些标准的编制和实施经验对《绿色博览建筑评价标准》的制订有很强的指导和借鉴意义。

国家标准《绿色建筑评价标准》经过几年的实施运行，为了更好地适应绿色建筑的快速发展需要，于2011年启动了修订工作。新标准在原标准的基础上，增加了新的内容，扩大了适用范围、采用了量化评分的体系，并引入了按权重值计算总分的评价方法，使绿色建筑的评价更为科学。新修订的标准已经完成了报批稿。

绿色博览建筑的评价体系，是以新修订的《绿色建筑评价标准》为基础，结合博览建筑的特点进行研究编制的。

3.3 适 用 范 围

3.3.1 博览建筑的范围及建筑类型

博览建筑是博物馆建筑与展览建筑的统称。博物馆建筑与展览建筑所涵盖的建筑类型，是根据行业标准《博物馆建筑设计规范》与《展览建筑设计规范》中，对博物馆建筑及展览建筑的定义来确定的。博物馆是为研究、教育和欣赏的目的，收藏、保护、传播并展示人类活动和自然环境的见证物，向公众开放的非营利性社会服务机构；包括博物馆、纪念馆、美术馆、科技馆、陈列馆等。其中博物馆类型包括：历史类、艺术类、科学与技术类、综合类、自然类等。展览建筑是进行展览活动的建筑物；展览活动指的是对临时展品或服务的展出进行组织，通过展示促进产品、服务的推广和信息、技术交流的活动。由此可看出，展览建筑主要指的是组织展会活动的各类大型会展中心、展览中心；资料及物品保藏、陈列展出类的均应属于博物馆范畴。

3.3.2 博览建筑的特点

博物馆建筑与展览建筑共同的特点主要有：

(1) 面向公众开放，人员活动频繁，公众参与度高，社会影响大。

(2) 建筑规模大，占地多，对周边环境影响大。

(3) 建筑体量庞大，内外装饰及室内环境质量要求高，室内空间复杂，高大空间多。

(4) 运营管理复杂，对管理水平要求高。

研究制定适用于博览建筑的绿色技术评价体系，是基于上述建筑类型及特点，有针对性地进行调查及研究，确定科学的评价方法和评价指标，为此类建筑的开发、设计、建设、施工和管理，提供更为详细和具体的指导。

3.4 研究内容及方法

3.4.1 编制《绿色博览建筑评价标准》的过程中，重点研究的内容包括以下几个方面：

(1) 调研博览类建筑在资源消耗及环境影响方面的特征。

(2) 研究在博览建筑中适宜的绿色建筑技术。如：节地规划、功能需求与空间效率、低影响开发、环境的生态效益、被动技术措施的运用、节能规划、空调系统形式、节材的结构体系、水资源的综合利用、基于功能的室内环境等。

（3）研究绿色博览建筑规划设计、施工与运营的关键技术和要点。

（4）研究确定绿色博览建筑评价的控制指标和评价方法。如：体现节约资源、环境友好的控制项的确定、评分项指标的选择和权重的确定等。

3.4.2 研究及编制工作的主要方法

（1）文献调研

①收集查阅国内外与绿色建筑评价及博览类建筑特点相关的文献资料，借鉴国内外先进技术与理论知识，分析总结以往的经验，逐步探索博览类建筑绿色技术方面的设计要素。

②查阅分析相关的标准规范，如《绿色建筑评价标准》、《公共建筑节能设计标准》、《博物馆建筑设计规范》、《展览建筑设计规范》、《民用建筑绿色设计规范》等国家级行业标准规范。除查阅现行版本外，对新修订的标准文稿也同时进行分析总结，如《绿色建筑评价标准》、《博物馆建筑设计规范》主要参阅已经形成的报批稿，《公共建筑节能设计标准》查阅已经形成的征求意见稿。新修订的版本是根据一段时间以来标准的实施情况、社会及行业的发展状况，有进一步的完善补充内容，能够保持一定的先进性，与现实情况更符合。对相关标准规范中，博览建筑的设计要求及绿色节能方面的技术要求进行分析总结。

③收集各类博物馆、展览馆、会展中心等博览类建筑的项目设计资料，包括各专业施工图图纸文件、节能计算文件、环境影响评估报告、景观设计图纸文件、精装修设计图纸文件、建筑图片简介以及相关说明等。根据不同章节的内容，对项目资料统计技术数据，综合分析统计结果。

（2）现场调研

联系确定五至七个典型博览建筑的场馆，拟定现场调研的提纲，根据提纲内容，赴现场查看场馆的具体情况，与场馆方进行座谈，了解场馆在节约资源、保护环境方面的情况，运营管理中遇到的问题以及采取的措施，总结好的管理经验。对室内环境中需要测试数据的内容，在现场进行实地测试，取得相关的技术数据。

（3）讨论分析总结调研结果，编制标准条文

对各类调研的结果，进行综合分析总结归纳，撰写标准条文。评价的指标体系拟延用《绿色建筑评价标准》中的指标体系，由“节地与室外环境”、“节能与能源利用”、“节水与水资源利用”、“节材与材料资源利用”、“室内环境质量”、“施工管理”、“运营管理”七类指标组成，采用评分制，每类指标设置控制项及评分项，设置“提高与创新”项，其评价分值作为加分，鼓励采用更先进的绿色技术达到更好的效果。

3.5 研 究 成 果

3.5.1 预期目标

在调查研究的基础上，形成适用于绿色博览建筑的评价方法和评价体系。

3.5.2 完成研究成果

（1）“绿色博览建筑评价标准”研究报告

（2）国家标准《绿色博览建筑评价标准》报批稿正文及报批稿条文说明

3.6 成果的应用范围、推广应用前景及效益预测分析

《绿色博览建筑评价标准》是以国家标准《绿色建筑评价标准》为依据的二级标准。应用的范围包括各类博物馆、纪念馆、美术馆、科技馆、陈列馆、展览馆，以及各种规模的会展中心等。对于此类在能耗和环境方面影响较大、公众参与性高的建筑物，提供科学的评价依据。

此类二级标准的研究与出台将完善我国绿色建筑评价的标准体系，更好地引导各类绿色建筑的健康发展，指导和规范绿色建筑评价标识的工作。

促进绿色博览建筑的发展，对向公众普及绿色建筑的理念、推广绿色节能技术、实现全社会关注节能环保，具有重大的教育意义和促进作用。

作者： 杜燕红　曾捷（中国建筑科学研究院建筑设计院）

4 协会标准《绿色建筑设计评价 P-BIM 软件技术与信息交换标准》编制简介

4 Introduction to the *Standard for P-BIM Software Technology and Data Exchange of Green Building Design and Evaluation* of China Association for Engineering Construction Standardization (CECS)

4.1 编 制 背 景

4.1.1 我国建筑节能、绿色建筑软件的发展趋势

我国的建筑节能工作自 20 世纪 80 年代发展至今，现已进入全面发展的稳定时期。期间，以 PKPM、天正等品牌为主导的节能软件在指导设计师完成节能设计工作、提高节能计算效率方面起到了决定性的作用。尤其是“十五”、“十一五”期间，地方性节能目标、规划的出台促使设计阶段城镇新建建筑节能标准的执行率从 2005 年的 53%上升到 2009 年的 99%，新增节能建筑面积成倍递增，节能软件在全国的用户数量同比例递增，从 2002 年的 300 余家发展到目前的已超过 6000 家（图 2-4-1）。

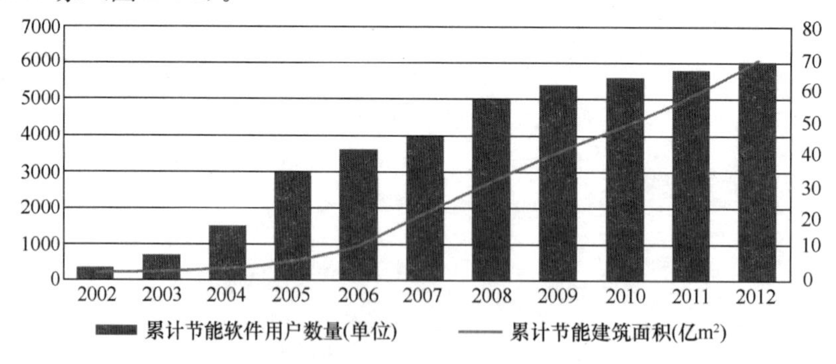

图 2-4-1 建筑节能软件发展趋势

我国绿色建筑与节能建筑的发展趋势十分相近，2013 年重庆、北京等多地已将一星级绿色建筑作为新建民用建筑的必要条件，绿色建筑设计逐步普及，截至 2013 年底，全国绿色建筑评价项目已超过 1000 个（图 2-4-2），绿色建筑软件

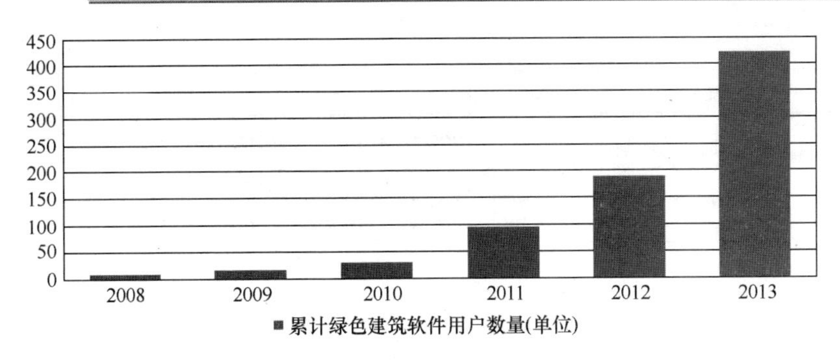

图 2-4-2 绿色建筑软件发展趋势

的应用数量也呈逐年成倍上升趋势，然而由于绿色建筑项目具有参与方众多、信息量大（多专业、跨领域）、涉及软件数量多等特点，相对于传统的软件产品，现有软件必须与 BIM 技术相结合才能真正提高绿色建筑设计效率，推动绿色建筑的大力发展。

4.1.2 我国绿色建筑 P-BIM 软件现状

目前我国市场上常见多款国内、外绿色建筑软件产品（图 2-4-3、表 2-4-1）。其中，国外软件以专业模拟类软件为主，此类软件计算内核相对成熟，BIM 化程度较高，但在设计习惯、标准结合度上与我国国情相差较远；国内绿色建筑软件中，以 PKPM 为首的国内部分软件企业已有意识地尝试建设绿色建筑 BIM 平台，但整体而言，国产软件虽在标准结合度上有明显优势，但 BIM 模型化程度整体较低，加之现有软件产品操作习惯不一致，重复建模等问题，导致了设计评价流程长、效率低的问题。因此，无论是进口软件的标准结合度改造，还是国产软件的 BIM 改造，都需要一套成熟的 BIM 标准、体系来规范软件开发行为。因此，《绿色建筑设计评价 P-BIM 软件技术与信息交换标准》（以下简称“标准”）的编制是一项紧迫而重要的工作。2013 年 6 月，中国 BIM 标委会下达了该标准编制计划，中国建筑科学研究院为主编单位。

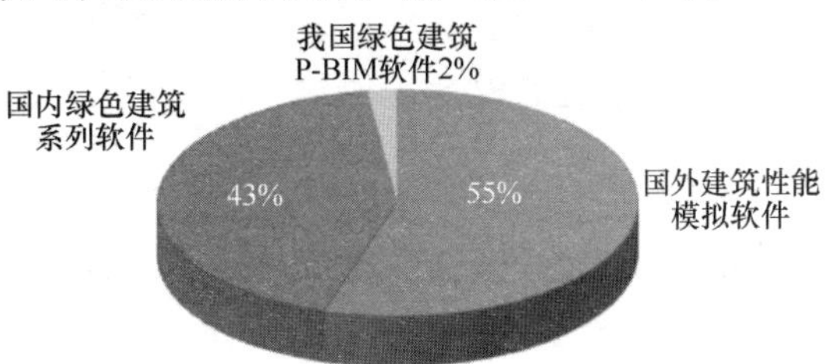

图 2-4-3 我国绿色建筑 P-BIM 软件比例

国内外常用绿色建筑软件汇总 **表 2-4-1**

软件类别	功能要求	国内/国外	软件名称
绿色建筑设计评价软件	根据《绿色建筑评价标准》GB 50378 完成设计、评价	国内	PKPM 绿色建筑方案软件 PKPM 绿色建筑设计软件

续表

软件类别	功能要求	国内/国外	软件名称
专业模拟软件	建筑采光模拟分析	国内	PKPM 光环境模拟分析软件 Daylight 斯维尔采光分析软件 DALI2014
		国外	Ecotect、Radiance、VELUX、DaySIM
	室内外风环境模拟	国内	PKPM 风环境模拟分析软件 斯维尔室外通风软件 OVEN
		国外	Stream、Phoenics、Fluent
	声环境模拟	国外	Soundplan、Cadna/A、Raynoise、ODEON
	能耗模拟分析	国内	PKPM 能耗模拟分析软件、Dest
		国外	Energyplus、DOE-2
	日照模拟分析	国内	PKPM 三维日照分析软件 Sunlight、斯维尔日照分析软件 Sun、天正日照分析软件、众智日照分析软件

4.2 基本内容和框架介绍

4.2.1 基本内容

《标准》研究的主要技术内容一是评价前期绿色建筑 BIM 模型对不同专业的数据需求；二是绿色建筑强制性条文和重要条文在软件中的表达。

(1) 数据需求：《标准》重点研究绿色建筑设计评价对规划、建筑、结构、景观、暖通、给水排水、电气七个专业的 P-BIM 数据需求。以《绿色建筑设计评价 P-BIM 应用技术研究》课题成果中 P-BIM 数据的分类和整理为基础，根据《绿色建筑评价标准》GB 50378 以及《民用建筑绿色设计规范》JGJ/T 229 对原有数据进行补充和校对。

(2) 软件的智能信息检查：即绿色建筑强制性条文和重要条文在软件中的表达。即根据我国现行绿色建筑相关设计评价标准的条文要求，依次研究并规定各条文、章节在软件中的具体实现方法，包括软件需给出的数据信息、关键指标参数的计算公式等。

软件的 BIM 能力方面，鉴于我国标准中不宜直接指出软件品牌，且目前尚没有形成统一的数据模型格式，因此《标准》在对软件技术的规定上不对软件输入输出的数据格式提出明确规定，仅对软件的需输入输出的数据提出要求。参考美国 NBIMS 标准中提出的最小 BIM（Minimum BIM）的概念，研究并规定绿色建筑设计评价阶段 P-BIM 软件需实现的最小 BIM 能力，即数据读取能力、评价能力和数据输出能力。

4.2.2 主体框架

如图 2-4-4 所示，标准的基本框架包括总则、术语符号、基本规定、专业信息模型数据读入、专业任务文件、专业标准智能检查信息、交付专业信息模型数据七个主要章节，其中，专业信息 P-BIM 数据读入分别从绿色建筑涉及的规划、建筑、景观、结构、暖通、电气、给水排水 7 个专业进行数据读取；而专业标准智能信息检查章节考虑到实际绿色建筑评价中，国家及多数地方性评价标准是按照“四节一环保”的评价体系在开展工作，因此本标准中将延续软件在此部分绿色建筑 P-BIM 信息的评价方式，而由于标准评价范围绿色建筑设计阶段，因此该章节中不设运营管理的信息评价内容。

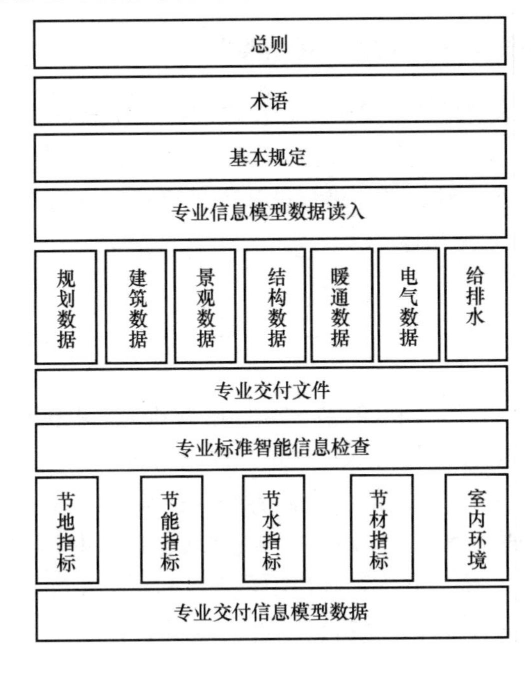

图 2-4-4 标准主体框架

4.3 《标准》的特点

4.3.1 注重信息内容与其他专业 P-BIM 标准的统一性

《标准》在确定需读取和最终返回的 P-BIM 信息时，除充分参考《绿色建筑评价标准》、《民用建筑绿色建筑设计规范》外，还需参考其他共同在编的 20 余本工程建设专业 P-BIM 的数据格式，如给水排水专业 P-BIM 数据需与《给水排水设计 P-BIM 软件技术与信息交换》对数据格式和内容的规定保持一致，暖通专业 P-BIM 数据需与《供暖通风与空气调节设计 P-BIM 软件技术与信息交换标准》保持一致。最终能够实现同一套数据可以满足不同设计需求，同时可以被不同的专业设计 P-BIM 软件读取。

4.3.2 指导新一代绿色建筑 BIM 软件的研发

《标准》的最终编制成果将指导我国软件市场上现有绿色建筑软件产品的升级、调整，以及新一代 BIM 产品的研发方向。国外绿色建筑设计软件可参照《标准》进行符合我国工程建设法规、规范、标准的改造，我国现有绿色建筑软件产品则可参考《标准》进行 BIM 化改造、升级。

4.3.3 体现中国 P-BIM 技术路线的要求

中国 BIM 的技术路线是以中国工程建设现有应用软件为基础实现 BIM，既能调动各方积极性，充分利用我国已有资源，又可以延续专业人员的应用习惯。《标准》编制充分参考了现有绿色建筑设计评价流程和现行软件的功能特点，增加《标准》的实用性和适用性。

4.4 结 束 语

作为我国绿色建筑设计领域的第一本 BIM 标准，《绿色建筑设计评价 P-BIM 软件技术与信息交换标准》针对绿色建筑设计流程的信息交换特点，整理总结了绿色建筑设计阶段 P-BIM 信息的交换内容和交换流程，其成果将用以指导绿色建筑 P-BIM 软件的研发工作。应用《标准》形成的 P-BIM 软件应能够提升专业设计人员的设计能力，提高效率，加快项目设计和评价速度，极大推进国内的绿色建筑工作，同时也符合国家《绿色建筑行动方案》中对工具软件和设计行业的要求。

作者：孙大明　王梦林（中国建筑科学研究院上海分院）

5 北京市绿色生态示范区规划技术导则与评价标准简介

5 Introduction to the technical guide and evaluation standard for Beijing green ecological demonstration region

当前，在我国资源约束趋紧、环境污染严重、生态系统退化的严峻形势下，可持续发展已成为人们的共识。围绕十八大生态文明建设战略，推动绿色建筑发展及绿色生态示范区建设，对于加快转变我国经济发展模式，实现节能减排目标、改善民生、深入贯彻落实科学发展观都具有重要的现实意义。

北京市作为中国的首都，加快绿色生态建设，将对全国城市的生态建设起到示范引领的作用。依据《绿色建筑行动纲要》、《关于加快推进我国绿色建筑发展的实施意见》、《“十二五”绿色建筑和绿色生态城区发展规划》等相关文件，2013 年 5 月，北京市出台了《发展绿色建筑推动生态城市建设实施方案》。方案提出了“十二五”期间各区县至少创建 10 个绿色生态示范区，新审批的功能区均须编制绿色生态专项规划，并将生态指标在控制性详细规划中予以落实的要求。该方案成为未来一段时间指导北京市绿色生态示范区规划建设管理工作的纲领性文件。

目前，在全市范围内已筛选了 14 个功能区作为绿色生态示范试点区域。随着长辛店生态城、昌平未来科技城、丽泽金融商务区等试点区域规划建设的启动，北京市的绿色生态示范区推广已初见成效；由于还处在发展的初期阶段，我市绿色生态示范区规划编制、实施与评价管理中还存在一些不足。

5.1 现存问题与编制的必要性

5.1.1 规划编制和规划管理机制有待创新

近年来，北京市部分功能区在建设过程往往呈现出“提出生态发展目标易，实施生态指标难”的局面。一方面是由于诸多主体对生态价值观的认识尚未得到统一，生态价值观在具体实践过程中仍处于不受重视的地位。另一方面是由于现存的指标体系过于泛化和理想化，未考虑实施主体的利益诉求，指标对实施主体缺乏约束力和指导性，导致生态指标难以真正落到实处。

从规划编制层面来看，传统的控制性详细规划尚未将绿色生态作为控规编制的主要目标和原则，贯穿于规划工作的始终；尚未将绿色生态规划的技术和方法融入现有的规划体系当中去。使绿色生态指标难以有效指导传统规划的编制者和管理者去深入了解和贯彻执行。

从规划管理层面来看，一方面，在法定依据和相关技术标准文件空白的情况下，缺乏专业背景的规划管理人员很难领会和掌握审批低碳生态规划的要领。另一方面，由于“绿色生态发展”需要建筑、规划、交通、市政、产业等相关行业共同努力，一个生态指标要真正具有法定效力并纳入规划许可程序，牵扯的部门关系复杂、程序问题繁多，实施难度极大。

5.1.2 生态示范区层面的评价标准缺失

当前，我国绿色生态城区的实践和理论探索尚未形成成熟的体系，北京生态建设相关指导性文件主要集中体现在相对宏观的“十二五”规划纲要、“十二五”时期能源发展及节能规划以及较微观的绿色建筑等相关政策文件中，中观层面即城区层面的生态建设标准和指导性文件缺失，导致生态规划的政策与规划实践脱钩，起不到切实的指导作用。此外，还缺乏适用于北京市实际情况的，涵盖土地、能源、水资源、固废利用、绿色交通、生态环境、绿色建筑等多专业跨领域的绿色生态评价标准；缺乏有机衔接北京市生态发展目标与实践的具体措施。

因此，编制和出台科学合理的绿色生态示范区规划技术导则和评价标准，为北京市全面推进生态城市规划建设提供有益的技术支撑，引导北京市绿色生态示范区的健康可持续发展，显得非常迫切和必要。

5.2 技术特色与思路创新

2013年1月，北京市规划委员会开始了针对北京市生态示范区的前期调研工作，并于2013年3月全面展开了北京市绿色生态示范区规划技术导则与评价标准的编制。从前期思路沟通、明确工作内容和技术路线到确定评价内容体系、评价类别方式等都以组织专题工作会议的方式，经历了多方严谨的讨论，于2013年12月形成了《北京市重点功能区低碳生态详细规划指标应用技术导则》（以下简称规划技术导则）和《北京市绿色生态示范区评价标准》（以下简称评价标准）最终稿，并通过了专家评审会。专家认为，该规划技术导则和标准评价内容全面，突出了北京市地方特色，具有科学性、先进性和可操作性；是国内首部专门针对绿色生态示范区规划建设的技术导则和评价标准，填补了绿色生态示范区规划管理技术标准的空白，总体上达到了国际领先水平。

5.2.1 指标选取兼顾必要性、适用性和本土化

目前，生态示范区层面的绿色生态指标很多，体系过于庞杂，设计单位难于选择，管理部门也无从制定监管措施。针对这种现状，课题通过与国家生态城区评价指标进行横向比较，与北京既有绿色生态示范区实践需求相契合，并分析北京市规划管理特点，进一步遴选出最具必要性与适用性的指标。

其中，规划技术导则以2012年完成的《北京市典型功能区低碳生态详细规划设计指标》为基础，形成由4大类（用地规划、交通规划、资源利用、生态景观环境）、10个考察方面（产业引导、紧凑开发、TOD发展、路网设计、静态交通、能源、水资源、固废、微气候环境、景观环境）、54项指标构成的基础指标体系。在指标遴选的过程中，"北京特色反映度"是重要考虑因素之一。

评价标准形成八个技术领域（用地布局、生态环境、绿色交通、能源利用、水资源利用、绿色建筑、信息化、创新引领）共64项评价指标。其中"创新引领"部分，强调对生态城技术的创新和北京地方特色的体现。

为使规划技术导则和评价标准的指标能充分对接，两项研究中有25项指标重合，在指标描述中达到协调一致。

5.2.2 评价办法实现刚性与弹性相结合

规划技术导则与评价标准两项研究的指标，均体现了刚性要求与弹性措施相结合的原则，将"门槛值"和"激励值"分开，在对绿色生态示范区进行基本要求的基础上，充分鼓励特色与创新。

其中，规划技术导则的核心指标依据约束力的不同，分为3类：①刚性指标17项，要求在重点功能区规划和审批中必须落实，应发挥控制或引导功能区建设的关键作用；②弹性指标37项，供具体项目结合自身特点选择，不作为审查的强制内容；③地块指标9项，要求纳入地块控规图则，在具体开发建设中落实。指标分类由北京特色反映度、贡献度、可操作性、独立与排他性4个方面的因素决定，通过层次分析、专家打分，对每项指标的作用程度和成熟水平进行评价和筛选，最终分为上述3类。

评价标准的作用在于对北京市申报绿色生态示范区的区域进行评价，更关注于各申报区域的评分。评价标准所包括的用地布局、生态环境、绿色交通、能源利用、水资源利用、绿色建筑、信息化、创新引领八个部分，涵盖了生态示范区的各个领域。前七个部分每部分指标均包含控制项及评分项。控制项需要强制功能区达到，共10项；评分项则是引导功能区依据自身条件尽可能达到，作为加分部分，共54项；创新引领部分只有评分项。评价指标总分为180分。与规划密切相关的用地布局与绿色交通相应指标分值较高。参与评价的功能区应满足各

领域控制项要求；评分项则根据条款规定确定得分，并进行累加。同时为了保证功能区在各领域都能有所投入，除创新引领外的七个领域均设定了最低得分率，即该领域得分除以该领域总分的比值不得低于对应最低得分率的要求。各领域总分与最低得分率如表 2-5-1 所示。

各领域总分与最低得分率 **表 2-5-1**

	用地布局	生态环境	绿色交通	能源利用	水资源利用	绿色建筑	信息化	创新引领	总分
总分	26	22	25	24	22	24	14	23	180
最低得分率	30%	30%	30%	20%	20%	20%	10%	—	

5.2.3 形成规划编制、实施与评价的完整体系

本次规划技术导则与评价体系同时编制、同期完成，旨在搭建规划编制、实施与评价的完整体系。规划技术导则和评价体系两项研究内容相辅相成，成果各具特色，应用在绿色生态示范区规划建设的不同阶段。

规划技术导则：涵盖规划编制和管理审批环节

针对“现代商务服务”、“高新科技研发”、“新型制造产业”、“综合居住生活”4 种类型功能区，将生态指标逐一纳入各层级规划编制和管理审批环节的具体技术要求中，形成“分解实施，整合规划”的指标应用新模式。如图 2-5-1 所示。

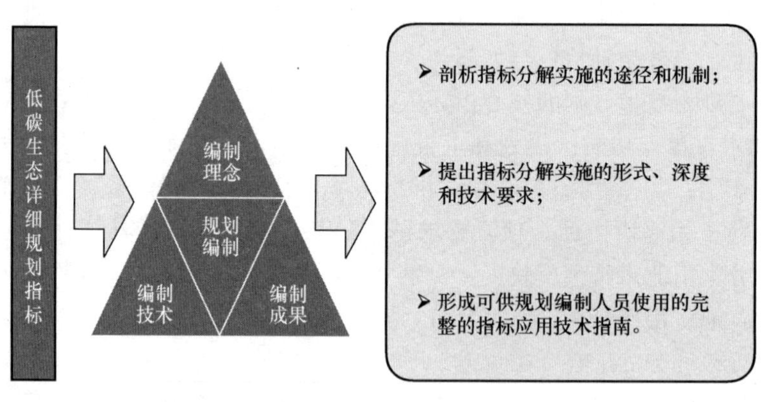

图 2-5-1 指标在规划编制中的应用分解思路示意

针对规划编制人员，规划技术导则细化每项指标的作用、定义与计算方法、赋值标准、功能区适用性，提出指标在街区深化方案、地块控规和专项规划中的实施方式，要求在规划成果中增加对生态指标落实情况的专题说明，并对和生态指标相关的文本说明、图纸、表格和图则的具体形式都做出了明确要求。

针对管理审批人员，规划技术导则针对绿色生态示范区项目立项、规划许

可、土地招牌挂、设计和施工管理、竣工验收、运营维护等管理体系，提出将生态指标纳入全工作流程的措施建议。并重点对控规审查、规划条件核发、方案和施工图审查环节的指标审查内容、报审成果形式和规划条件核发形式做出详细说明。如图 2-5-2 所示。

通过对规划编制人员和管理审批人员的技术指引，使生态指标体系更明晰、更简化，也使工作流程更趋于标准化。

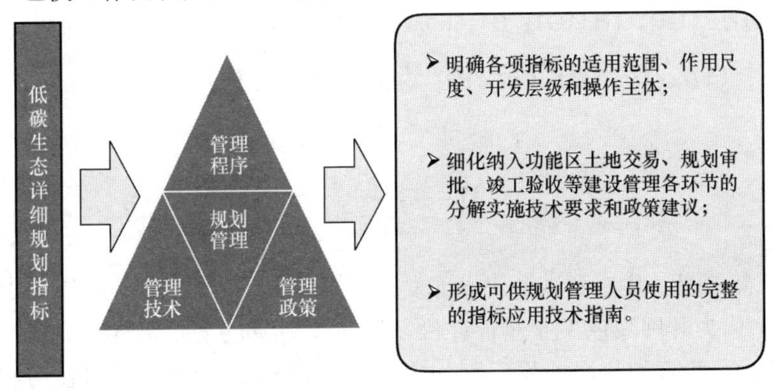

图 2-5-2 规划管理中指标分解实施的思路示意

评价标准：包括规划设计阶段和运营管理阶段

依据评价标准，对绿色生态示范区评价可以在规划设计阶段进行，也可以在运营管理阶段进行。评价标准针对两个阶段的不同需求，分别提出了评价方式。以往指标体系中存在大量指标需在建成投入使用后进行评估，在规划阶段很难评价；本次编制的评价标准使这一问题有所改观，针对规划阶段提出了以措施策略为导向的评价方式，提高了评价的可操作性；此外，指标设置还与规划管理实际紧密联系，确保指标的动态更新。

5.3 结　　语

北京市绿色生态示范区规划技术导则和评价标准的编制，不仅进一步确立了以绿色生态示范区带动北京市生态城市建设的策略，也使我市生态规划指标向实际操作层面持续推进。该两项研究，提出了适宜北京地区的技术措施，将为北京市全面推进生态城市规划建设提供有益的技术支撑，全面指导和推进绿色生态示范区的健康发展，进而为国内同类绿色园区的生态规划建设提供先行先试的实践经验。

作者：叶大华　孟宇（北京市规划委员会）

6 《绿色工业建筑评价导则》实施情况与效果分析

6 Implementation and effect analysis of *Evaluation Guide for Green Industrial Building*

6.1 引 言

2010年8月，住房和城乡建设部发布《绿色工业建筑评价导则》（以下简称《导则》），作为开展绿色工业建筑评价，指导我国绿色工业建筑的规划设计、施工验收和运行管理的依据。截至2014年1月，已有10个项目获得住房和城乡建设部颁发的绿色工业建筑评价标识。以一本综合通用的《导则》指导几十个不同的工业行业开展绿色工业建筑评价，是一项有创造性、高难度的工作。本文以获得标识的10个项目为案例，介绍《导则》的实施情况，对《导则》的应用效果进行分析研究，以期从中找到应用难点和不足，为2014年3月1日起即将实施的国际标准《绿色工业建筑评价标准》GB/T 50878提供实施建议，并为不同行业开展绿色工业建筑工作提供参考。

6.2 绿色工业建筑评价总体情况

截至2014年1月，由中国城市科学研究会绿色建筑研究中心组织召开了五批共计18项标识的评价工作。其中，已获得住房和城乡建设部绿色工业建筑标识的10个项目如表2-6-1所示。

已获得绿色工业建筑标识的项目 **表2-6-1**

序号	项目名称	设计/运行	星级
1	南京天加空调设备有限公司大型中央空调产业制造基地项目	设计	★★
2	博思格建筑系统（西安）有限公司新建工厂工程	设计	★★★
3	友达能源（天津）光伏厂房	设计	★★★
4	天津永高塑业发展有限公司一期厂房3、4、7号车间项目	设计	★
5	广州市华德工业有限公司二期工程	设计	★★
6	柳工大型装载机研发制造基地	设计	★★
7	一汽-大众汽车有限公司佛山工厂	设计	★★★

续表

序号	项目名称	设计/运行	星级
8	深圳雷柏科技工业厂区 厂房	设计	★★
9	南京天加中央空调产业制造基地	运行	★★★
10	杭州江东开发建设投资有限责任公司标准厂房项目	设计	★★

10 项绿色工业建筑评价标识，总计认证建筑面积 140 万 m^2。其中，一星级 1 项，建筑面积为 20 万 m^2；二星级 5 项，建筑面积为 25 万 m^2；三星级 4 项，建筑面积 95 万 m^2。由于一汽一大众汽车有限公司佛山工厂项目（三星级）申报面积 62 万 m^2，占 10 个项目总建筑面积的 44%，故三星级建筑面积比例偏高。可以看出，目前《导则》的要求相对较低，90%的项目都是二星级或三星级。

10 项绿色工业建筑评价标识中，广东省 3 项，江苏省、浙江省、天津市各 2 项，陕西省 1 项。绿色工业建筑标识项目共分布在 6 个省市，其中 5 个是沿海省份。而广东省作为 2013 年 GDP 全国排名第一的省份，绿色工业建筑标识项目也最多，共有 3 项。另外，江苏省是民用绿色建筑标识项目数量最多的省份，第一项绿色工业建筑设计标识和运行标识均位于该省。由此可见，当地较高的经济水平以及民用绿色建筑发展水平都对绿色工业建筑发展起到一定的促进作用。

按照《国民经济行业分类与代码》GB/T 4754—2011，10 项绿色工业建筑评价标识中，“34 通用设备制造业”4 项，占总项目数量的 40%；其他 6 项是“29 橡胶和塑料制品业”、“33 金属制品业”、“36 汽车制造业”、“37 铁路、船舶、航空航天和其他运输设备制造业”、“38 电气机械和器材制造业”、“39 计算机、通信和其他电子设备制造业”各 1 项。标识所属行业分布见图 2-6-1。

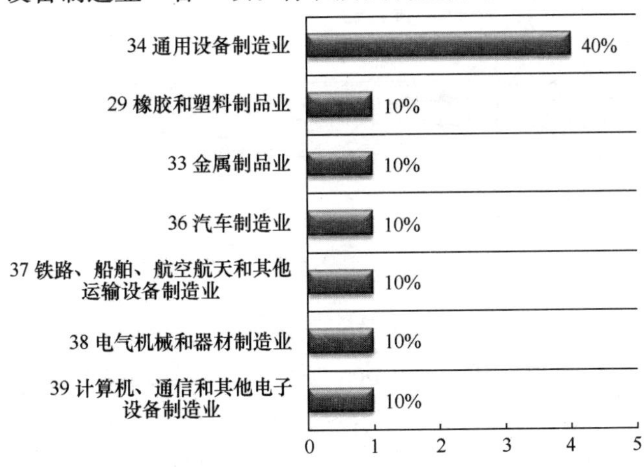

图 2-6-1 绿色工业建筑标识行业分布

10 个项目均属于《国民经济行业分类与代码》GB/T 4754—2011 20 个行业大类中的“C 制造业”，且从图 2-6-1 可以看出，标识项目集中在机械工业和高新工业（含电子、航空航天、新能源等），传统采矿、冶金等重工业行业没有涉及项目。

6.3 技术措施应用

对 10 个项目应用的技术措施进行分析，将达标率（达标项数/参评项数）达到 20%及以上的主要技术措施列出，并按照达标率进行排列，结果如图 2-6-2 所示。

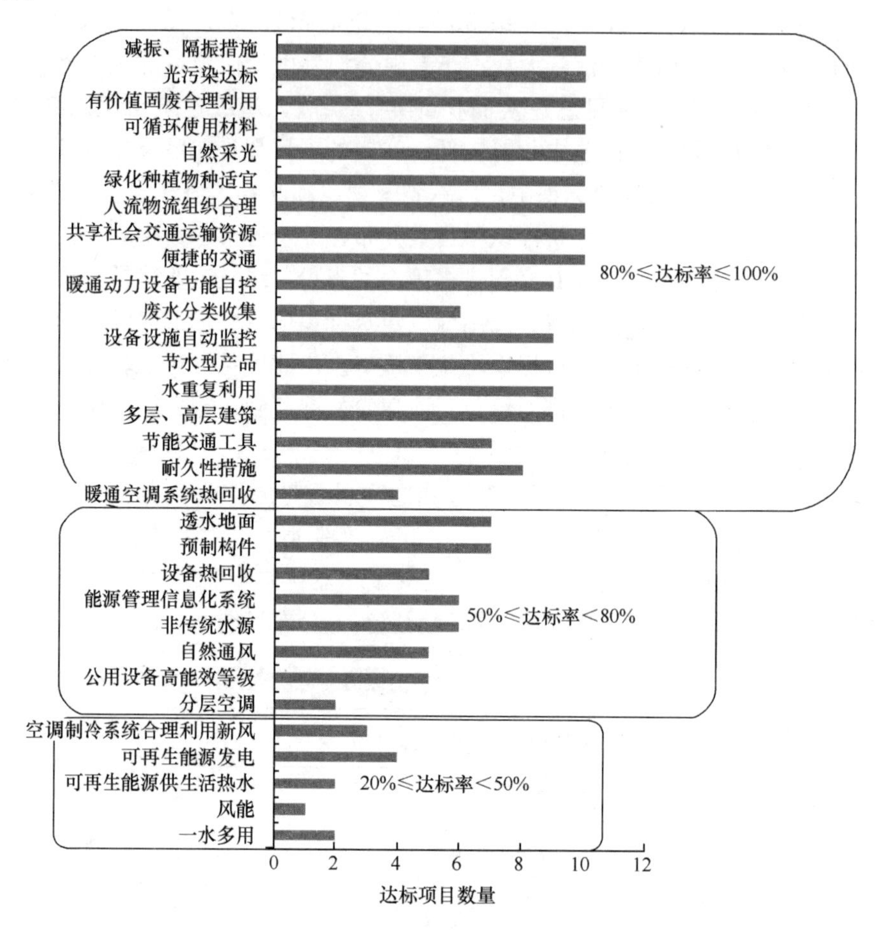

图 2-6-2 达标率超过 20%的主要技术措施及达标项数

从图 2-6-2 可以看出，达标率和达标项数两项指标均较好的技术措施主要是节地方面，主要包括：人流物流组织合理、便捷的交通、多层高层建筑、节能交通工具等，达标率和达标项目有待提高的指标主要集中在节能和可再生能源应用方面，如：设备热回收、自然通风、空调制冷系统合理利用新风、可再生能源发电、可再生能源生活热水、风能利用等。上述结果也从一个侧面反映了当前我国工业建筑在节能方面存在一定的挖掘潜力。

6.4 项目技术经济分析

以10个项目为对象，分析项目的增量成本。结果显示，一星级项目平均增量成本为10元/m^2，二星级为137元/m^2，三星级为158元/m^2，详见表2-6-2。考虑到运行标识只有一项，故将其与设计标识列在一起计算增量成本，而没有单独再区分设计和运行标识的增量成本。

已获得绿色工业建筑标识项目的增量成本　　表2-6-2

序号	项目名称	星级	增量成本（元/m^2）
1	天津永高塑业发展有限公司一期厂房3、4、7号车间项目	★	10
★均值：10元/m^2			
2	广州市华德工业有限公司二期工程	★★	167
3	柳工大型装载机研发制造基地	★★	59
4	深圳雷柏科技工业厂区 厂房	★★	45
5	杭州江东开发建设投资有限责任公司标准厂房项目	★★	355
6	南京天加空调设备有限公司大型中央空调产业制造基地项目	★★	58
★★均值：137元/m^2			
7	博思格建筑系统（西安）有限公司新建工厂工程	★★★	134
8	友达能源（天津）光伏厂房	★★★	61
9	一汽-大众汽车有限公司佛山工厂	★★★	388
10	南京天加中央空调产业制造基地	★★★	49
★★★均值：158元/m^2			

注：序号1、8、9的项目采用了光伏系统，考虑到光伏系统可申请金太阳、分布式发电等补贴，或通过合同管理模式由专业公司代建，3个项目的光伏投资回收用数据差别较大，为免引起对不同星级增量成本的误判，故不计入此次分析的增量成本中。

从表2-6-2可以看出，平均增量成本随着星级的升高逐渐增加，这一趋势比较合理。但是，同一星级的不同项目之间，增量成本变化幅度较大，差值甚至高达8倍之多。另外，不同类别的行业之间差别也较大，初步判断，轻工电子产品生产等增量成本相对较低，而大型和重型机械生产等增量成本相对较高。值得注意的是，目前可研究对象数量较少，结论不具有较高的参考性。建议《绿色工业建筑评价标准》实施时，紧密跟踪各项目的增量成本，筛选经济性较好的“四节二保加运管”措施在工业建筑中推广。

6.5 《导则》实施效果

6.5.1 条文参评情况

以10个项目为对象进行分析，除去对应阶段不参评的情况外，《导则》整体条文参评率为 82.7%，参评率较高，说明《导则》具备对大多数工业行业的绿色工业建筑评价的适用性。

以 9 个设计标识项目以对象进行研究，其中“节能与能源利用”一章一般项不参评率最高，达 38.3%；“节材与材料资源利用”一章次之，达 26.7%。优选项整体不参评率平均为 27.2%。各章一般项及优选项不参评率见图 2-6-3。

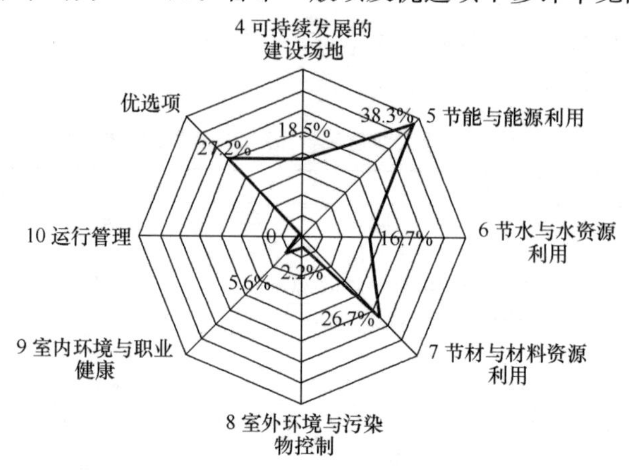

图 2-6-3 《导则》各章一般项及优选项不参评率

“5 节能与能源利用”一章一般项共有 9 条，在 9 个标识项目中，2 个项目有 5 项不参评，3 个项目有 4 项不参评。

逐条对不同项目的参评情况进行分析发现，有 12 条条文的不参评率达 80%及以上，其中包括 4 条控制项、6 条一般项、2 条优选项，涉及共计 10 个评价要点详见表 2-6-3。《导则》共计 108 条，如认为不参评率达到 80%及以上属于不参评率较高，则《导则》中不参评率较高的条文比例为 11%。对于一本适用于几十大类工业行业的标准来说，笔者认为，11%在可接受范围内。但建议此问题应引起编制组人员重视，跟踪《绿色工业建筑评价标准》中此问题，将不参评率较高的条文数量比例尽可能降低。

不参评率较高的条文统计 **表 2-6-3**

条文属性	编号	条文内容	不参评率
控制项	6.2.1	以地下水为供水水源的取水量符合最大允许开采量要求；以地表水为供水水源的取水量符合设计枯水流量年保证率的要求	90%
	6.4.1	工业生产排水中有用物质的回收利用率达到国内同行业清洁生产标准基本水平，见附录 B	90%
	8.3.1	对具有放射性污染源的工业建筑，其室内外的空气、水、土壤中的放射性水平符合国家和所在地区标准的要求	90%
	9.1.2	洁净厂房室内洁净度符合《洁净厂房设计规范》GB 50073 及有关行业标准的要求	90%

续表

条文属性	编号	条文内容	不参评率
一般项	4.5.3	工业企业内外部的铁路运输设施符合国家、铁道部及当地铁路部门的有关政策规定、规划和标准规范	90%
	5.2.9	需要采暖的厂房在条件具备时，采用红外线辐射采暖系统	80%
	5.4.1	生产过程中产生的蒸汽、一氧化碳等气体设置回收或再利用系统	100%
	5.4.2	生产过程中的高温凝结水设置回收系统，且回收利用率达到全厂凝结水的90%以上	80%
	6.4.2	工业生产排水中有用物质的回收利用率达到国内同行业清洁生产标准先进水平，见附录B	90%
	7.2.1	建设场地内的原有建筑物经局部或适度改造后进行合理利用，或对原有建筑物的材料进行再利用	100%
优选项	5.2.13	在满足生产和人员健康的条件下，洁净或空调厂房室内空气参数的调节有明显的节能效果	80%
	6.4.3	工业生产排水中有用物质的回收利用率达到国内同行业清洁生产标准领先水平，见附录B	90%

注：其中，控制项6.4.1、一般项6.4.2、优选项6.4.3三条的评价要点相同。

以节能章一般项条文为例，分析不参评项多少对项目评价结果的影响，详见表2-6-4。

不同参评情况下节能章各星级要求达标条文数量　　表2-6-4

	★	★★	★★★
全部参评	5	6	7
5条不参评	2	2	3
4条不参评	2	3	3

从表2-6-4可以看出，按照《导则》各条不计权重的方式，如果不参评率较高，则可能会带来两个主要问题：一是，降低了达标难度；二是，不同星级之间达标区别度降低。例如，5条不参评时，一星级和二星级要求达标条文数量一样；4条不参评时二星级和三星级要求达标条文数量一样。建议《绿色工业建筑评价标准》实施时，充分考虑不参评对于不同评价结果的上述影响，在“实施细则”中对上述问题予以完善。

另外，值得注意的是，“10 运行管理”共有5条一般项，设计阶段有3条不参评项，则按照现在的不计权重的方式，设计标识一星级盖章的要求为0条，也就是说按照《导则》要求，即使该章所有参评条文都不达标，也能满足一星级设计标识要求。

6.5.2 项目达标情况

逐条统计不同项目的达标情况，发现除去创新项和不参评情况外，一般项条文的平均达标率为 78.7%，优选项平均达标率为 52.0%，《导则》的难度设置相对较为合理，一般项整体较易达标。

对《导则》中不同达标率的条文数量统计（不含控制项条文）如图 2-6-4 所示。

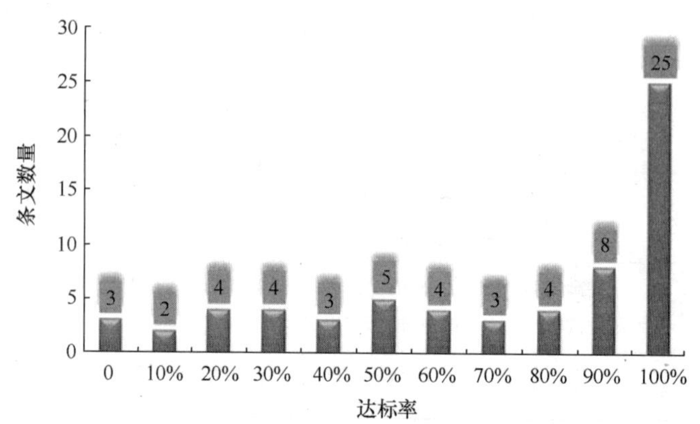

图 2-6-4 不同达标率对应的条文数量

注：为展示方便，对条文的达标率进行了处理，如 14.7%列入 10%，16.7%列入 20%。

由图 2-6-4 不难发现，《导则》中大多数条文较易达标，但有 9 条条文达标率在 20%及以内，达标率较低，其中 3 条条文达标率低至 0。达标率较低的条文共计涉及 9 个评价要点，详见表 2-6-5。建议此问题应引起编制组人员重视，跟踪《绿色工业建筑评价标准》中此问题，合理设置条文指标限值，控制条文达标率在更合理范围内。

达标率较低的条文统计 **表 2-6-5**

条文属性	编号	条文内容	达标率
一般项	4.3.1	工业建筑采用工程、生物等措施，利用废弃的仓库、厂房、闲置土地的场地或归并零散地块进行建设	0
	4.4.5	合理利用地形标高，减少土石方，使填方与挖方量相对平衡	14.3%
	4.5.3	工业企业内外部的铁路运输设施符合国家、铁道部及当地铁路部门的有关政策规定、规划和标准规范	0
	5.4.2	生产过程中的高温凝结水设置回收系统，且回收利用率达到全厂凝结水的 90%以上	0

续表

条文属性	编号	条文内容	达标率
一般项	6.5.3	建设项目设置了以一水多用为目的安全可靠的处理、利用系统	20%
	7.2.2	主要建筑结构或围护结构材料所用的原料和骨料使用工业废渣尾矿、建筑垃圾或城市固态垃圾等废弃物	20%
优选项	4.3.3	工业建设项目的废料场开发利用沟谷、荒地、劣地和被污染的土地，且符合国家和地区的环保、卫生有关标准规范	20%
	4.4.7	工业项目实际用地面积比国家或行业规定的用地控制指标，或比已批准的用地面积减少10%及以上	10%
	5.5.2	有条件的地区采用蒸发冷却空调系统，或直接利用地下水进行制冷并回灌	20%

6.6 结论及建议

推动绿色工业建筑发展，对于推动工业领域节能减排工作具有重要意义。《导则》对大多数工业行业建筑的适用性较好，条文难度设置也比较合理，但这两方面均有改进空间。

建议加快《绿色工业建筑评价标准》的实施细则制定以及标准宣贯培训工作。另外，充分借鉴《导则》的实施经验，制定更加完备的“《绿色工业建筑评价标准》实施细则”，使标准能够更好地指导和推动我国绿色工业建筑的发展。

作者：袁闪闪[1] 徐伟[1] 李丛笑[2] 郭振伟[2] 郭丹丹[2]（1. 中国建筑科学研究院建筑环境与节能研究院；2. 中国城市科学研究会绿色建筑研究中心）

7 国外绿色建筑评估标准中的指标体系

7 Index system of green building evaluation standards in other countries

7.1 前　言

伴随着近些年城镇化进程的持续推进，我国建筑市场始终保持着庞大的规模和较快的增长势头。而政府、公众、企业等各方面对于可持续发展的日益重视，也使得绿色建筑成为建筑市场上的一项关注重点。在我国绿色建筑评价标识快速发展，项目数量与日俱增的同时，国外绿色建筑评估标准也加大了在中国市场的宣传和拓展，这也促进了我们对于国外绿色建筑评估标准的进一步了解。他山之石，可以攻玉，其中的一些成功经验和技术亮点，也可为我国参考借鉴。

在2013年11月20日的美国绿建大会（Greenbuild International Conference & Expo）上，美国绿建委正式推出了其绿色建筑评估标准的新一代产品LEED v4版。这是其继1998年首次发布，及2000年和2009年两次大的更新之后，又一次大的更新。除此之外，在《中国绿色建筑2013》发布之后的近一年内，国外绿色建筑评估标准的新动向主要有：

- 英国BREEAM于2013年6月1日发布其针对新建建筑的国际版（BREEAM International New Construction）;
- 澳大利亚Green Star于2013年推出了针对既有建筑运行的试行版本(Performance PILOT);
- 德国DGNB正在开发针对新建的小型居住建筑版本（New residential buildings with fewer than six units）。

本文在《中国绿色建筑2013》所介绍内容的基础之上，对英国BREEAM、美国LEED、日本CASBEE、德国DGNB中主要用于新建建筑的绿色建筑评价指标体系及其权重作专题研讨（由于澳大利亚Green Star的指标体系与英国BREEAM接近，故不再作为重点）。

7.2 版本及适用范围

为了推广品牌、占据市场，上述几大绿色建筑评估体系均开发了适用于不同特点的多部绿色建筑评估标准，实现体系自身的广泛覆盖，具体情况是：

● 英国 BREEAM 现有分别针对建筑新建、运营、改造、社区的四大版本，此外其针对住宅的版本已于 2007 年成为英国政府可持续住宅认证的官方版本（但仍由 BRE 负责开发）。

● 美国 LEED 的 v4 版现有分别针对建筑设计与施工、室内设计与施工、建筑运营维护、社区开发的四大版本，由于住宅的特殊性，因此新建建筑中专有一个专门针对住宅的版本。

● 日本 CASBEE 现有分别针对住宅、建筑、社区、城市的四大板块/版本，其中住宅板块有新建和既有两个版本，建筑板块则有新建、既有、改造三个版本以及临建、热岛等衍生版本，社区板块也有一般版本和社区与建筑复合版本。

● 澳大利亚 Green Star 现有分别针对建筑设计与竣工、室内、运行、社区的四个板块/版本，后三个版本目前均为试行，而建筑板块下则有分别针对教育、医疗、工业、公寓、办公及其设计、内装、竣工、商场、公共（法庭、文博、礼拜等）等版本，目前也正在整合为同一个版本。

● 德国 DGNB 现有新建建筑、既有建筑、新建城区三个板块，其中的新建建筑板块下有分别针对教育、办公及其现代化、商场、酒店、工业、医疗、实验、租户内装、公众集会、居住等版本，既有建筑板块现仅有针对办公的版本，针对其他类型的尚在开发中。

不同板块之间的评价指标体系，既有差别又有联系，尤其是针对建筑和针对社区的版本之间。例如英国 BREEAM，针对新建和改造的指标大类均一致，但具体评价指标有差异；而针对社区的指标大类与前两者又有所不同；而针对运营的版本由于评价方法不同，故评价指标也与前三者迥异。又如美国 LEED，针对建筑设计与施工、室内设计与施工、既有建筑运营维护的三大版本指标大类基本一致，而针对社区开发的版本则对此作了重新整合；专门针对住宅的版本，虽然指标大类与针对建筑设计和施工的版本一致，但具体评价指标则差别较大。总之，在考虑尽量统一的前提下，也均充分考虑和体现了评价对象的不同特点，“存”大同“求”小异。

新建建筑版本（或板块）都是各大绿色建筑评估标准的重中之重，基本都覆盖了各种主要建筑类型。其中，英国 BREEAM 的新建建筑（NC）版本考虑了 12 种主要建筑类型，美国 LEED 的建筑设计与施工（BD&C）版本考虑了 8 种类型（即 8 个此前老版本），日本 CASBEE 的新建建筑（NC）版本考虑了 9 种主要建筑类型，德国 DGNB 在新建建筑板块现有 12 个针对不同建筑类型或特点的版本。详见表 2-7-1。

表 2-7-1 中，前三者均是在同一版本中考虑了多种建筑类型，各建筑类型的差别化，通过某些具体评价指标对于不同建筑类型的不同分值/权重或不同技术/性能指标值要求来体现。德国 DGNB 虽然版本众多，但这些版本均基于同一套指标体系，通过对具体评价指标的删减和修改来形成多个适用于不同建筑类型的版本。即在同一方法和同一体系的固定框架下，再通过具体指标的增、删、分、合、扩、缩、改等调整以及权重调整来适用于不同建筑类型。英国 BREEAM 和德国 DGNB 均还以此理念，进一步开发得到了适用于特定国家或地区的诸多版本。我国《绿色建筑评价标准》GB/T 50378—2006 发布后，各地绿色建筑评价地方标准的制定方法也与此类似（详见《绿色建筑 2012》）。

国外主要绿色建筑评估体系中新建建筑版本的适用建筑类型　　表 2-7-1

<table>
<tr><th>英国 BREEAM</th><th>美国 LEED</th><th>日本 CASBEE</th><th>德国 DGNB</th></tr>
<tr><td>商场 Retail</td><td>商场 Retail</td><td>商场 Retailers</td><td>商场 retail buildings</td></tr>
<tr><td rowspan="4">其他 Other buildings</td><td rowspan="2">酒店 Hospitality</td><td>餐饮 Restaurants</td><td></td></tr>
<tr><td>酒店 Hotels</td><td>酒店 hotels</td></tr>
<tr><td rowspan="4">各类 New Construction</td><td>集会 Halls</td><td rowspan="2">公众集会 public assembly buildings</td></tr>
<tr><td rowspan="2">办公 Offices</td></tr>
<tr><td>办公 Office
法庭 Courts</td><td>办公 office and administrative buildings</td></tr>
<tr><td rowspan="3">小学 Primary School
中学 Secondary school
成教 Further Education
大学 Higher Education</td><td></td><td rowspan="2">实验 laboratory buildings</td></tr>
<tr><td rowspan="2">学校 Schools</td><td rowspan="2">学校 Schools</td></tr>
<tr><td>教育 educational facilities</td></tr>
<tr><td rowspan="2">工业 Industrial</td><td></td><td rowspan="3">工业 Factories</td><td>工业 industrial buildings</td></tr>
<tr><td>仓储物流 Warehouses & Distribution Centers</td><td></td></tr>
<tr><td>机房 Data centres[1]</td><td>机房 Data Centers</td><td></td></tr>
<tr><td>医疗 Healthcare</td><td>医疗 Healthcare</td><td>医疗 Hospitals</td><td>医疗 hospitals</td></tr>
<tr><td rowspan="2">公寓 Multi-residential
（住宅 EcoHomes）</td><td rowspan="2">住宅 Homes，Multifamily
（Lowrise or Midrise）</td><td>公寓 Apartments</td><td>居住 residential buildings</td></tr>
<tr><td>（住宅 New Detached House）</td><td>居住 small residential buildings</td></tr>
<tr><td>监狱 Prisons[2]</td><td>结构 Core & Shell[2]</td><td></td><td>内装 tenant fit-out[2]</td></tr>
</table>

注：1 暂未纳入新版内容中；2 难以与其他评估体系对接的特殊类型。

7.3 新建建筑版本的评价指标体系

7.3.1 英国 BREEAM（NC 2011 版）

分为 10 个评价类别 48 个评价指标（不含创新项），其中适用于多数建筑类型的核心指标共 46 项（详见表 2-7-2 中带序号的项）。其一些最低要求（类似于我国的控制项）和创新项均体现于前述的 48 个评价指标内。其 10 个评价类别的权重固定（其中"创新"是在满分 100 分基础上再加 10 分），不随建筑类型变化；具体评价指标的权重则有一定变化。

英国 BREEAM（NC 2011 版）的评价指标体系及权重 **表 2-7-2**

	评价类别/指标	权重（%）
	管理	(12)
1.	可持续的交付[1]	4.4
2.	负责任的施工方[1]	1.1
3.	施工现场影响	2.7
4.	业主参与	2.2
5.	全生命期成本与服役寿命	1.6
	健康舒适	(15)
6.	视觉舒适性[1]	2.5～4.2
7.	室内空气品质	5.0～5.6
8.	热湿环境	1.7～2.0
9.	水质	0.8～1.0
10.	声环境	1.7～3.3
11.	安全性	1.7～2.0
	能源	(19)
12.	CO_2 减排[1]	8.4～10.2
13.	用能计量	0.6～1.3
14.	室外照明	0.6～0.7
15.	低碳技术[1]	2.8～3.4
16.	蓄冷[1]	1.1～1.4
17.	电梯、扶梯及自动人行道	1.1～1.4
18.	实验系统和装置	0～2.9
19.	节能电器和燃具	1.1～1.4
	晾衣的干燥空间	0～0.7
	交通	(8)
20.	公共交通	2.7～4.4
21.	周边配套	0～1.8

续表

	评价类别/指标	权重（%）
22.	自行车设施	0.9～2.3
23.	机动车停车位	0～1.8
24.	出行规划	0.7～2.0
	水	(6)
25.	用水量[1]	3.3
26.	用水计量	0.7
27.	防漏检漏	1.3
28.	节水灌溉和洗车	0.7
	材料	(12.5)
29.	全生命期影响[1]	2.8～5.8
30.	硬质景观和围栏	1.0～1.4
31.	材料可溯源[1]	2.9～4.2
32.	保温材料	1.1～1.3
33.	耐久性设计	1.0～1.4
	废弃物	(7.5)
34.	施工废弃物管理[1]	4.3～5.0
35.	废弃物回收利用[1]	1.1～1.3
36.	生活垃圾处理	1.1～1.3
	自选地板和天花装饰	0～1.1
	用地和生态	(10)
37.	选址	2.0
38.	生态价值评估和生态特征保护	1.0
39.	减少生态影响	2.0
40.	增强生态价值	3.0
41.	对生物多样性的长期影响	2.0
	污染	(10)
42.	制冷剂	2.3～2.5
43.	热源排放的 NO_x	1.7～2.3
44.	地表径流	3.8～4.2
45.	减少夜间光污染	0.8
46.	减少噪声污染	0.8
	创新	＋(10)

注：1 创新仅限于带角标“1”的评价指标。

7.3.2 美国 LEED（v4 版 BD&C）

分为 8 个评级类别 50 余个评价指标，其中适用于多数建筑类型的核心指标共43项（详见表2-7-3中带序号的项）。除了“创新”和“地域”两类加分之外，其余评价指标的总分正好100分，因此表中所示分值即为权重比。表中分值为“P”的评价指标，则是硬性要求的先决条件。

美国LEED（v4版BD&C）的评价指标体系及分值　　表2-7-3

	评价类别/指标	分值
	整合项目策划设计	P（医疗）
1.	深化可研	1
	区位与交通	(9～20)
2.	LEED ND认证	9～20
3.	敏感性场地保护	1/2
4.	场地优先级	2/3
5.	区域密度和配套功能	1/5/6
6.	交通便利	2/4/5/6
7.	自行车设施	1
8.	停车设施	1
9.	环保汽车	1
	可持续场地	(9～12)
10.	施工污染控制	P
11.	场地评估	P+1
12.	场地开发维持原貌	1/2
13.	开放空间	1
14.	雨洪控制	2/3
15.	热岛效应	1/2
16.	光污染	1
	租户设计施工指南 场地总体规划，设施共享 休憩场地，直通室外	1（CS） 1+1（学校） 1+1（医疗）
	节水	(11～12)
17.	室外用水	P + 1/2
18.	室内用水	P + 6/7
19.	用水计量	P + 1
20.	冷却塔用水	2
	能源与大气层	(31～35)
21.	系统调试	P + 6
22.	能量性能	P+16/18/20

续表

	评价类别/指标	分值
23.	用能计量	P + 1
24.	制冷剂管理	P + 1
25.	需求侧管理	2
26.	可再生能源	3
27.	绿色电力与碳中和	2
	材料与资源	(13～19)
28.	材料回收利用	P
29.	施工装修废弃物管理	P + 2
30.	全生命期影响	5/6
31.	产品公开与优选-环保产品	2
32.	产品公开与优选-原材料溯源	2
33.	产品公开与优选-材料成分	2
	持久性、生物累积性和有毒物质 家具和装饰，灵活性设计	(P+1) +2 2+1 (医疗)
	室内环境质量	(10～16)
34.	室内空气品质	P + 2
35.	控烟	P
36.	低挥发性物质	3
37.	施工阶段室内空气品质管理方案	1
38.	室内空气品质评估（竣工和运行）	0/2
39.	热舒适性	0/1
40.	室内照明	0/1/2
41.	采光	2/3
42.	视野	1/2
43.	声环境	P+ 0/1/2
	创新	+ (6)
	地域	+ (4)

7.3.3 日本 CASBEE（NC 2010 版）

分为 2 个评价大类（分别是品质和负荷）6 个评价小类 50 个左右评价指标，这些指标大多适用于多数建筑类型（表 2-7-4 中权重比为 0 者即为不适用）。事实上，在6个评价小类之下，评价指标还有进一步的类聚（如表2-7-4中斜体字所示，但也有些即为具体评价指标）。其中，各评价指标的权重比系分别按照品质和负荷两个评价大类计算得到。

日本CASBEE（NC 2010版）的评价指标体系及权重　　表2-7-4

	评价类别	评价指标	权重（%）
	室内环境	*声环境*	*4.5/6.0/9.2*
1.		噪声	1.8～3.7
2.		隔声	1.8～3.7
3.		吸声	0～1.8
		热舒适	*10.5/14/17.6*
4.		室温调控	5.3～8.8
5.		湿度调控	2.1～3.5
6.		空调系统形式	3.2～5.3
		采光照明	*0/7.5/10*
7.		天然采光	0～10.0
8.		防眩光	0～3.0
9.		照度	0～1.5
10.		照明控制	0～5.0
		空气品质	*7.5/10/13.2*
11.		源头控制	3.3～6.6
12.		通风	2.3～4.0
13.		运行策略	0～2.6
	服务性能	*适用性*	*12*
14.		功能性与可用性	4.8
15.		便利性	3.6
16.		维护管理	3.6
		耐久性与可靠性	*9.3*
17.		抗震	4.5
18.		组件服役寿命	3.1
19.		适当的更新	0
20.		可靠性	1.8
		灵活性与改用性	*8.7*
21.		空间裕量	0～2.7
22.		楼板荷载裕量	0～2.7
23.		系统可更新	3.3～8.7

续表

	评价类别	评价指标	权重（%）
24.	场地内的室外环境	生态保持	9/12
25.		场地景观	12/16
		地域性与室外适用性	9/12
26.		因地制宜	4.5～6.0
27.		场地热环境改善	4.5～6.0
28.	能源	建筑热负荷	0/12/16
		免费能源利用	8/11.6
29.		自然能直接利用	4（公寓）
30.		可再生能源转化利用	4（公寓）
31.		建筑设备系统效率	12/16/17.2
		有效运行	0/8/11.6
32.		监控	0～5.8
33.		运行管理机制	0～5.8
	资源与材料	水资源	4.5
34.		节水	1.8
35.		雨水和中水	2.7
		节省不可再生资源	18.9
36.		用材减量	1.3
37.		既有结构再利用	4.5
38.		再生材料用于结构	3.8
39.		再生材料用于非结构	3.8
40.		再生林木材	0.9
41.		构件与材料再利用	4.5
		避免使用含污染物材料	6.6
42.		使用无公害材料	2.1
43.		减少氯氟烃和卤代烷	4.5
44.	场地外环境	全球变暖	10
		地域环境	10
45.		空气污染	2.5
46.		热岛效应	5.0
47.		基础设施负荷	2.5
		周边环境	10
48.		噪声、振动和恶臭	4
49.		风灾与光线遮挡	4
50.		光污染	2

7.3.4 德国 DGNB（新建办公 2010 版）

以办公建筑为例，分为 6 个评价大类 12 个评价小类 48 个评价指标（表 2-7-5），这些指标大多也都适用于其他建筑类型。其中比较特殊的是“场地质量”，不仅不再细分评价小类，而且其评价结果也不计入最终得分，因此这类评价指标的权重均为本类内部的值。

德国 DGNB（新建办公 2010 版）的评价指标体系及权重　　表 2-7-5

	评价类别		评价指标	权重
1.	生态质量	全寿命期评估	全球变暖潜势	3.4%
2.			臭氧消耗潜势	1.1%
3.			光化学臭氧形成潜势	1.1%
4.			酸化潜势	1.1%
5.			富营养化潜势	1.1%
6.		整体和局部环境影响	本地环境影响	3.4%
7.			负责任的采购	1.1%
8.		资源消耗和产生废物	一次能源需求	3.4%
9.			能源需求与可再生能源	2.3%
10.			饮用水量和废水量	2.3%
11.			用地	2.3%
12.	经济质量	全寿命期成本	建筑全寿命期成本	13.5%
13.		经济性	第三方使用的适宜性	9.0%
14.	人文与功能质量	健康、舒适和用户满意	冬季热舒适	1.6%
15.			夏季热舒适	2.4%
16.			室内空气品质	2.4%
17.			声舒适	0.8%
18.			视觉舒适	2.4%
19.			用户控制	1.6%
20.			室外空间品质	0.8%
21.			人身财产安全	0.8%
22.		功能	无障碍	1.6%
23.			空间效率	0.8%
24.			用途转换适宜性	1.6%
25.			公众开放	1.6%
26.			自行车设施	0.8%
27.		美学质量	设计与区域品质	2.4%
28.			艺术性	0.8%

续表

	评价类别		评价指标	权重
29.	技术质量	技术实施质量	消防安全	4.5%
30.			隔声减噪	4.5%
31.			围护结构性能	4.5%
32.			清洗维护便利性	4.5%
33.			拆除回用便利性	4.5%
34.	过程质量	设计质量	项目策划	1.3%
35.			整合设计	1.3%
36.			设计理念	1.3%
37.			招标要求	0.9%
38.			设施管理记录	0.9%
39.			施工环境影响	0.9%
40.			施工商资格预审	0.9%
41.		施工质量	施工质量	1.3%
42.			系统调试	1.3%
43.	场地质量		场地安全性	15.4%
44.			场地状况	15.4%
45.			公众与社会状况	15.4%
46.			交通可及性	23.1%
47.			公共服务设施可及性	15.4%
48.			市政设施接入	15.4%

7.4 共性特点分析与讨论

（1）绿色建筑评估标准的各版本均共用一套评价指标体系，通过对其增、删、分、合、扩、缩、改等方式调整具体指标以及修改权重或分值来适用于各个阶段和各个类型。事实上，只有一部分评价指标能够适用于各个阶段和各个类型，很多评价指标都有其特定的适用范围。另一方面，由针对各类新建建筑的权重或分值来看，不同建筑类型之间也是仅有少部分评价指标的权重或分值不同，差异显化不够。

（2）评价指标体系基于同一维度来划分评价类别。大多数的做法是按照绿色建筑所产生的资源节约与有效利用、环境品质改善和环境负荷降低等来进行划分，德国 DGNB 的做法则是划分为生态、经济、人文与功能、技术、过程等这些更加宏观的方面。如此可有效避免各类别之间的具体评价指标互相交叉的问题。

(3) 具体评价指标的设置突出重点，体现特色。虽然基于绿色建筑理念所设置的多数评价指标，在多个国家的评估标准中都不约而同地有所反映，但仍体现和关注了本国的一些特色。例如，日本 CASBEE 设有抗震的评价指标，德国 DGNB 设有艺术性的评价指标，等等。从另一个角度来看，则是对于评价指标体系中具体指标的设置并不求全责备，充分考虑本国的需求和导向。

作者：叶凌　程志军　王清勤（中国建筑科学研究院）

第三篇 科研篇

当前发展绿色建筑已成为我国转变建筑业发展方式和城乡建设模式的重大问题，国家高度重视我国绿色建筑的发展，通过国家科技支撑计划、国际合作等多种渠道资助绿色建筑科技研发。自“十五”以来，国家不断加强对绿色建筑科技研发的支持力度，大大提升了绿色建筑领域的科技实力，推动了绿色建筑技术进步，有效支撑我国绿色建筑朝着又快又好的方向推进。

“十五”期间，国家科技攻关计划通过实施“绿色建筑关键技术研究”项目，逐步开展绿色建筑的科技攻关，建成一些生态型、低能耗的绿色建筑示范样板。“十一五”期间，国家对建筑节能和绿色建筑领域各项工作给予了较为全面的支持，其科研立项数量、研究经费、研究人员投入、研究成果产出都达到了前所未有的高度，为“十二五”绿色建筑科技研发奠定了很好的基础。

“十二五”期间，国家明确重点支持绿色建筑共性关键技术研究，包括绿色建筑规划与设计技术研究，绿色建筑节能整装配套技术研究，绿色建筑室内外环境健康保障技术，村镇绿色建筑适宜技术研究与示范；重点支持绿色建筑产业化推进技术研究与示范，包括绿色建造与施工关键技术研发，既有建筑绿色化改造技术研究，绿色建筑材料成套应用技术研究；重点支持绿色建筑技术标准规范和综合评价服务体系研究，包括绿色建筑基础信息数据库开发，绿色建筑评价技术与标准研究，绿色建筑技术信息服务系统研究。同时，重点围绕标准与规划设计技术、关键技术产品、集成与示范三个方面部署重点科技工作。截至目前，通过“十二五”国家科技支撑计划，已经安排部署了建筑节能、新型建材、绿色建筑标准与规划设计、既有建筑绿色改造、绿色建造、建筑工业化等相关项目15项，国拨经费总计超过5亿元。这些科技项目的部署，对于我国未来加速提升绿色建筑规划设计能力、技术整装能力、工程实施能力和运营管理能力具有重要支撑和引领作用。

本篇选择了“十二五”国家科技支撑计划“公共机构绿色节能关键技术研究与示范”中3个课题、“中新天津生态城绿色建筑群建设关键技术研究与示范”项目中3个课题、“建筑工程绿色建造关键技术研究与示范”项目中4个课题，以及能源基金会能源项目部资助的2个课题进行简要介绍，分别从课题研究背景、研究目标、主要任务、预期成果、阶段性成果和研究展望等方面进行介绍，以期读者对上述课题有一概括性了解。

Part Ⅲ Scientific Research

The development of green building has become crucial for the transformation of development mode of the building industry and the urban-rural construction in China. With great importance attached to green building development, the Chinese government has supported the scientific R&D of green building by means of the National Key Technologies R&D Program, international cooperation and so on. Since the Tenth Five-year Plan period, the government has continuously increased support for the scientific R&D of green building, which has greatly enhanced the scientific and technological strength in this field, promoted technological advancement of green building and pushed forward the green building development in a fast and sound way.

During the Tenth Five-year Plan period, the National Scientific and Technological Program carried out the project of "Research on Key Technologies of Green Building" to tackle scientific and technological problems met in green building development and to build up demonstration samples of ecological and low energy consumption buildings. During the Eleventh Five-Year Plan period, the government provided unprecedented support for tasks related to building energy efficiency and green building by means of approving more scientific research projects, inputting more research funding and personnel, and accomplishing more outputs, which laid a solid foundation for the scientific and technological research of green building in the Twelfth Five-year Plan period.

During the Twelfth Five-year Plan period, China has given priority to research on key common technologies of green building including research on green building planning and design, research on the supporting technologies for energy efficiency of green building, technologies for indoor and outdoor environment of green building, and research and demonstration of appropriate technologies for green building. The priority is also given to technological research and demonstration of the promotion of green building industrialization, including R&D of key technologies of green construction, research on green retrofitting technologies of existing buildings, and research on complete application technologies of green building materials. Another major task is research on technical standards & codes and the comprehensive evaluation system of green building, including development of basic database of green building, research on evaluation technologies and standards of green building, and research on data service system of green building technologies. Meanwhile, China will focus on standards and planning design technologies, key technological products, and integration and demonstration. Up to now, according to the National Key Technologies R&D Program of the Twelfth Five-year Plan, 15 projects have been carried out including building energy efficiency, new building materials, green building standards and planning design, green retrofitting of existing buildings, green construction, and building industrialization. The national funding has exceeded 500 million RMB Yuan. These projects will play a supporting and leading role in improving China' s capabilities in green building planning and design, technology integration, project implementation and operation management.

This part introduces three projects of the National Key Technologies R&D Program of the Twelfth Five-year Plan ("Research and demonstration of key technologies for energy efficiency of public institutions"), three projects of the program of "Research and demonstration of key technologies for green building complex construction in Sino-Singapore Eco-city," four projects of the program of "Research and demonstration of key technologies for green construction," and two projects funded by Energy Foundation. Readers may get knowledge of these projects from such aspects as research background, research goals, main tasks, expected results, periodic progress and research prospect.

1 公共机构环境能源效率综合提升适宜技术研究与应用示范[1]

1 Research and application demonstration of appropriate technologies for comprehensive promotion of energy efficiency of public institutions

1.1 研 究 背 景

我国大量的公共机构目前普遍存在能耗指标偏高、环境品质偏差、绿色节能技术支撑不足等问题。在国家节能减排和新一轮“绿色建筑行动方案”中，急需提出针对性强的环境能源效率优化方案，从规划、设计、施工和运行管理全生命周期，开展针对公共机构的环境能源效率提升技术核心体系的研究和工程实践工作。

受投资、日常维护等因素的影响，公共机构在提高绿色节能性能方面面临两难选择，一方面希望消耗最少的能源和资源，给环境和生态带来的影响最小，同时又需要尽快提升空间环境品质，为使用者提供健康舒适的建筑环境与良好的服务，两种需求存在一定的矛盾。以大量的能源消耗和破坏环境的代价所获得的舒适性的“豪华建筑”不符合公共机构的社会服务功能要求；而放弃舒适性，虽然不消耗能源和资源，却也不是绿色公共机构所提倡的。考虑到公共机构在目标定位和服务级别上的差异性和特殊性，以及中国目前建筑环境质量的现状和要求存在很大的差异，有必要将公共机构绿色节能研究的主导方面聚焦到兼顾能源、资源与环境代价的最小化与环境性能的适度提升方面。

建筑环境能源效率（Building Environment & Energy Efficiency，BEEE）中的“环境”，指的是建筑项目构建的室内外环境对使用者带来的影响（包括室内外物理环境质量，例如自然通风、自然采光、声环境，室外风环境、热岛，日照和噪声污染等），“能源”则泛指包括由建设项目能源消耗引起的对外部大环境带来的冲击和负荷（包括对建筑物的直接能源消耗、建筑资源消耗带来的资源蕴能损耗、建筑用能的生产和使用过程带来的污染排放对生物多样性的影响、对周边

[1] 本课题受“十二五”国家科技支撑计划支持，课题编号：2013BAJ15B01。

环境的冲击等)。而提出“建筑环境能源效率”的概念，即是将建筑项目取得的“环境”收益与付出的“能源”消耗二者进行综合考量，研究在控制能源利用量的基础上，有效提高室内外环境质量的设计方法与技术手段。

建筑环境能源效率的优化途径首先决定于规划设计阶段。例如，根据国内外的调研和大量实际工程表明，30%以上的节能潜力来自于建筑方案初期的规划设计阶段。又如，通过对67座建筑（共应用303项绿色建筑技术）进行调研发现，其中57%的技术措施在方案阶段考虑。而目前有关公共机构的规划设计，缺乏围绕环境能源效率优化提出的必要的设计目标要求和导则支撑，设计过程仍普遍沿用传统的“接力棒”式流程，各专业间经常面临脱节问题，无法提出有效的环境品质与能源利用综合优化方案，从而错失了规划设计阶段的最佳优化时机。

其次，公共机构环境能源效率的优劣目前仍缺乏统一的量化标准，如何科学评价和判断公共机构的环境能源效率状况，是建设（或改善）良好的公共机构环境品质、控制能源用量、合理组织适宜技术体系、指导绿色设计、建设和使用的必要前提与基础。

第三，建筑环境能源效率的科学评价离不开基础数据的积累，长期以来，包括建筑空间形态、功能组成、环境性能特征以及使用行为特征在内的公共机构建筑基础信息缺乏必要的整理，从而无法为该类型建筑环境能源效率优化和改善设计提供基础数据支撑。

基于以上分析，本课题提出以提升公共机构环境能源效率为目标的研究思路，即追求消耗能源资源相对较小而实现建筑环境质量显著提升的公共机构建筑。这种强调投入产出比的建筑环境能源效率的思路，可更科学地为发展我国公共机构、实现绿色节能提供技术支持和理论支持。

1.2 课 题 概 况

1.2.1 研究目标

在“十二五”期间，本课题将展开科技攻关，研究公共机构环境能源效率优化设计的新理论与新方法，通过梳理典型气候区、不同类型公共机构的环境品质与能源利用特点，形成公共机构环境能源效率和典型空间的基础数据库，同时结合典型案例调研与评测数据，借鉴国外先进经验，构建公共机构环境能源效率综合量化评价体系，提出公共机构环境能源效率优化的目标，并围绕这些目标形成公共机构环境能源效率综合提升关键技术体系，同时完成包括设计新流程、新工具、典型图示、典型节点、可形成专利的新方法或新产品，以及设计导则、设计与运行指南在内的公共机构建筑环境能源效率优化提升方法。最终目标是：建立包括基础数据库、设计图集、评价体系、可支撑的关键性技术、相关设计与实施导则在内的公共机构环境能源效率优化整体解决方案，并结合典型项目进行示范应用，从而为推进我国公共机构的环境能源效率提升提供完整的技术支撑。

1.2.2 研究内容

任务1：典型公共机构环境能源运行特征测评与数据库构建研究

选取寒冷、夏热冬冷等典型气候区的机关、文教等典型类型公共机构案例（不少于35项），围绕其建筑形态与功能（空间形态、平面布局、流线设计、功能分区等）、建筑服务质量（设备类型、运行模式等）、室内外物理环境（温度、湿度、气流、采光、噪声、空气品质等）、能源资源消耗（电耗、水耗、气耗等）等典型环境性能特征和使用行为模式进行实地调研与全年测评，了解建筑使用者对于建筑环境舒适性、空间布局合理性、功能服务便捷性等方面的主观评价，从中提炼出该类型公共机构环境能源效率的典型特征和需要解决的突出矛盾，为后续研究明确方向。基于典型案例调研，初步形成各气候区各类型公共机构环境能源效率与典型空间、行为模式数据库框架，利用MS SQL Server和PowerBuilder10.0开发公共机构环境能源效率评价的基础数据库及其管理系统软件。该数据库具有开放性，后续可以向其中不断充实案例数据，形成公共机构环境能源效率基础信息收集、诊断与分析平台。该平台将成为国管局用以了解公共机构环境性能与能源利用现状，并据此形成相关管理决策，实现公共机构节能降耗的重要技术支撑手段之一。

任务2：公共机构环境能源效率综合量化评价体系研究

以典型公共机构项目调研信息为基础，结合优化设计方法与关键技术体系在示范项目中的应用效果分析，同时借鉴日本CASBEE、英国BREEAM、德国DGNB、美国LEED等先进国家在建筑环境性能与能源利用效率评价方面的经验，提炼一系列可统一量化的环境能源效率评价指标，形成以环境能源效率为导向的科学评价方法。该评价体系涵盖不同级别（考虑规模、使用人数、能耗水平等因素）的公共机构，评价内容包括建筑形态与功能、建筑服务质量、室内外物理环境、能源资源消耗等典型环境能源效率特征和使用行为模式，同时兼顾环境改善效果与环境负荷。

任务3：典型公共机构环境能源效率提升技术研究

针对处于不同气候区的典型公益性公共机构与典型基层公共机构，开展环境能源效率提升适宜技术研究，其中包括兼具采光、遮阳、通风等被动式环境提升功能的围护结构表皮系统，基于动态热舒适理念的室内热环境被动与主动相结合的节能调控体系，针对建筑室内外环境噪声控制的声音掩蔽技术体系，室外热湿环境和微气候的主动调节体系等。本研究将以案例调研结果为依据，区别不同气候区的典型公益性公共机构与典型基层公共机构的使用特点，结合它们的关键需求，有针对性地提供适宜的技术方案。

任务4：基于环境能源效率的典型公共机构设计优化与技术集成研究

基于公共机构环境能源效率综合量化评价体系的要求，针对不同气候区的典型公益性公共机构与典型基层公共机构，从服务对象的人群特征与规模、环境舒适需求、功能服务需求等方面的差别，分析这些公共机构的共性特征与个性差异，提炼其现有环境性能与能源、资源利用方面的典型问题与突出矛盾。研究基于建筑生态位和环境能源效率的设计新理论，涉及缓冲层、复合表皮、可变空间、可调围护结构等方面的设计策略，以及延伸到建筑方案创作阶段的全过程跨专业协同配合的设计流程。

1.2.3 技术路线

本课题将由清华大学作为牵头单位，同时联合在建筑环境能源效率研究及应用方面技术领先、实力雄厚并已经有相关经验积累的清华大学建筑设计研究院有限公司、北京建筑大学进行联合开发，将全面形成产学研一体的技术研发体系，有利于课题的顺利完成。课题将采用“建筑环境能源应用特征及基础数据调研和测试→数据库开发→典型公共建筑环境能源效率评价体系评价研究→新型环境能源效率调控技术研究→模型试验、建造与测试研究→示范工程应用”的技术路线开展研究，具体如图3-1-1所示。

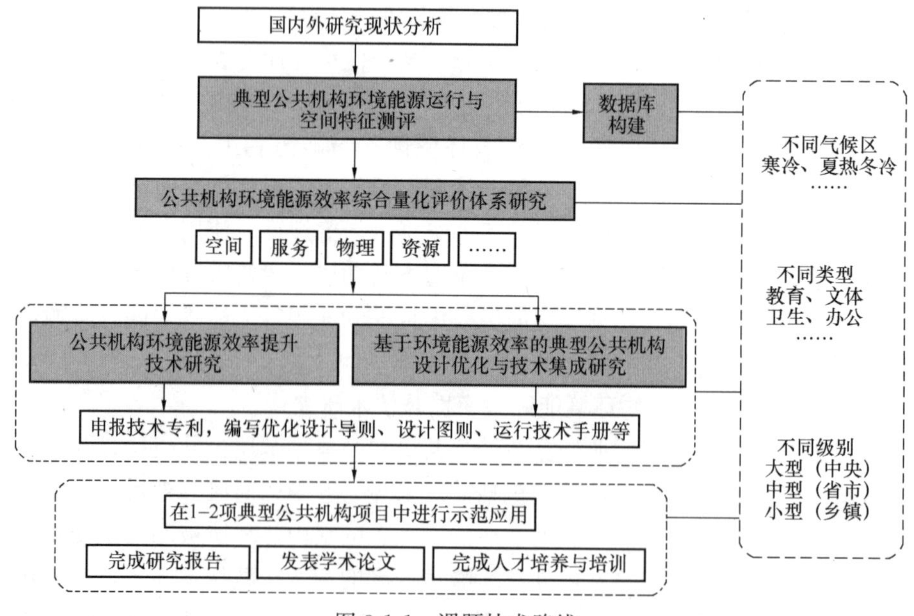

图3-1-1 课题技术路线

1.3 预期成果

（1）基于本课题4项研究任务，完成研究报告4套，分别针对公共机构环境能源效率的运行特征研究、综合量化评价体系研究、性能提升技术研究与设计优化技术集成研究。

（2）完成公共机构环境能源效率特征综合数据库1项，其中包含不少于35项公共机构（建筑面积≥40万平方米），包括环境能源特征、典型空间平面参数化特征等详细数据。

（3）完成《公共机构环境能源效率综合量化评价体系》1部，评价内容兼顾环境改善效果与环境负荷，包括建筑形态与功能、建筑服务质量、室内外物理环境、能源资源消耗等方面。

（4）完成可为国管局使用的《公共机构环境能源效率优化设计导则》、《公共机构环境能源效率优化典型设计图则》、《公共机构环境能源效率运行优化技术手册》各1部。

（5）完成实用新型专利申请2～3项，专利内容为可支撑公共机构环境能源效率提升的设计新流程、新工具、新技术等，获得专利授权。

（6）结合本项目其他课题，完成典型公共机构环境能源效率提升设计优化示范工程1～2项。

1.4 研究展望

通过集中力量进行攻关研究，本课题将力争在以下三方面形成重要创新，为公共机构绿色节能事业的蓬勃发展做出贡献。

（1）基于环境能源效率优化的公共机构数据库建设。与以往大多关注建筑能耗的数据库相区别，本数据库的特点是包含公共机构的建筑形态与功能、服务质量、室内外物理环境及能源资源消耗等多方面的信息，特别是对于建筑形态、功能、服务质量几个方面，提出统一的可量化评价指标。该数据库的形成，能够为公共机构的绿色设计和高效运行提供参考，也为公共机构绿色与节能管理的科学决策提供支撑。

（2）提出基于公共机构环境能源效率的评价方法、优化设计方法和设计流程。与我国已有的绿色建筑评价标准及建筑节能设计标准相比，本研究成果中体现了不同级别、类型公共机构中使用者行为模式对于环境性能与能源利用产生的影响。并且区别于以往单纯强调通过对技术的运用实现绿色建筑与建筑节能的途径，本成果根据“初期优化成本效益优于末端优化”的规律，通过设计理念、设计方法和设计流程上的优化，实现决策与设计阶段的绿色化，从而为实现公共机构环境能源效率的综合优化争取更大的空间。

（3）研发可应用于公共机构环境能源效率综合提升的适宜技术体系，形成新方法和专利。与一般普适的绿色节能技术研究不同，本研究将以案例调研结果为依据，区别不同气候区的典型公益性公共机构与典型基层公共机构的使用特点，结合关键需求，有针对性地提供适宜的技术体系方案。

作者：曹彬（清华大学建筑学院）

2 公共机构既有建筑绿色改造成套技术研究与示范[1]

2 Research and demonstration of complete technologies for green retrofitting of existing public institutions

2.1 研 究 背 景

节能是我国经济和社会发展的一项长远战略方针，公共机构节能是我国节能工作的重要内容。公共机构包括全部或者部分使用财政性资金的国家机关、事业单位和团体组织。据初步统计，目前全国公共机构超过 190 万家，2010 年消耗能源 1.92 亿 t 标煤，占全社会终端能源消费总量的 6.19%，近 5 年平均增长速度达到 8%以上，总体呈较快增长态势。同时，公共机构既有建筑面积达几十亿平方米，用能系统效率偏低，能耗水平较高等问题突出，亟需进行绿色改造。

“十一五”期间，各级公共机构按照国家节能减排的总体部署，认真贯彻实施《节约能源法》和《公共机构节能条例》，逐步加大节能减排工作力度，取得了显著成效。但从整体上看，仍然存在公共机构存量大、基层公共机构条件差、能源资源消耗高、环境品质低，绿色节能技术支撑不足，相关技术措施没有完全和公共机构的特点相结合，缺乏从规划、设计、施工和运行管理全生命周期开展针对公共机构绿色技术核心体系的研究和工程实践等问题。

在国家“绿色建筑行动方案”中已经明确提出，推广绿色建筑，开展既有建筑节能改造的要求。公共机构由于部分或者全部使用财政性资金，能源资源节约工作备受全社会关注，公共机构既有建筑绿色改造需要达到技术性、经济性的统一，实现政府投资的高效使用，因此，公共机构建筑绿色改造需要达到什么目标，采用什么样的技术，以及如何分析评价改造效果都有待研究和实践。为落实“绿色建筑行动方案”，创建节约型公共机构，推动国家机关、学校、医院等公共机构建筑绿色改造工作，开展公共机构既有建筑绿色改造成套技术研究与示范具有重要意义。

---

[1] 本课题受“十二五”国家科技支撑计划支持，课题编号：2013BAJ15B06。

为满足国计民生重大科技需求，在政策和技术两方面的工作基础之上，科技部、国家机关事务管理局组织对国家科技支撑计划项目“公共机构绿色节能关键技术研究与示范”进行了可行性论证，“公共机构既有建筑绿色改造成套技术研究与示范”是其中课题之一，已于2013年启动实施。

2.2 课 题 概 况

2.2.1 研究目标

针对公共机构既有建筑绿色改造需求，提出典型公共机构建筑绿色改造适宜性技术和优化方法；进而针对国家机关、学校等典型公共机构，提出绿色改造成套技术方案，开发方案优化工具；加强公共服务机构建筑用能设备系统运行维护技术应用研究；建立适宜的公共机构建筑绿色改造技术应用效果综合评价体系和分析方法；选择2～3家典型公共机构开展绿色改造成套技术应用示范和应用效果量化计算及综合评价。通过课题研究将建立包括成套技术方案、技术方案优化工具、效果量化评价体系、相关技术指南和指导手册在内的公共机构既有建筑绿色改造技术支撑体系，并结合典型项目应用示范，推动公共机构既有建筑绿色改造工作。

2.2.2 研究内容

课题从4个方面开展研究并进行工程示范：

任务一：公共机构建筑绿色改造目标分析与技术适宜性研究

针对不同气候区的各级国家机关、学校等公共机构建筑，开展建筑绿色技术的应用现状调研；对其应用的绿色建筑的共性技术和个性技术进行分析总结，与绿色建筑进行对比，分析国家机关、学校既有建筑绿色特征及其与绿色建筑的差距，了解各级国家机关、学校绿色改造的需求，确定国家机关、学校建筑的绿色改造目标；研究既有建筑绿色改造技术和产品在公共机构应用的适宜性，提出适宜不同气候区国家机关、学校建筑绿色改造单项应用技术。

任务二：典型公共机构建筑绿色改造成套技术优化研究与优化工具开发

开展国家机关、学校等既有建筑节能、节地、节水、节材、环境指标优化的权重分析，从全生命周期角度，探索多目标优化方法，制定适用于国家机关、学校的优化方法、优化目标和优化权重；配合国家机关、学校等建筑现场调研勘查，结合改造目标，提出多种绿色改造成套技术解决方案；通过借鉴全生命期理论，对提出的多种绿色改造成套技术解决方案，从改造设计、施工、后期运营直到报废的整个期间，以经济技术合理为原则进行优化比选，最终得到国家机关、学校建筑绿色改造成套技术优化方案；开发典型公共机构建筑绿色改造成套技术方案优化辅助工具，为公共机构建筑绿色改造模式化、规范化健康发展提供有效保障。

任务三：典型公共机构建筑绿色改造与资源节约运行维护综合技术应用示范

针对国家机关、学校等在资源消耗和利用方面存在的共性问题，开展用能设备系统日常运行节能策略、运行维护、能耗监管等关键技术研究；对国家机关、学校在用能设备系统运行维护方面存在的共性问题提出解决方案，提出降低能耗的运行维护策略；选择 2～3 家典型公共机构进行绿色节能改造成套技术应用示范，利用成套技术优化工具形成绿色改造成套技术方案进行绿色改造示范。

任务四：公共机构建筑绿色改造成套技术应用效果分析与评价

针对不同气候区、不同公共机构类型、不同建筑形式、不同改造技术，提出公共机构建筑绿色改造技术应用效果综合评价体系及分析方法，为相关管理机构进行公共机构建筑绿色改造提供决策支持依据。并对公共机构建筑绿色改造成套技术应用示范项目从节能减排效果、节水效果、节约用地、节约材料、环境影响等各方面进行分析，考虑多影响因素进行综合评价。

2.2.3 技术路线

本课题以产学研用联合的模式，充分发挥研究单位、大专院校、生产有企业的优势，从构建公共机构既有建筑绿色改造成套技术支撑体系的方向出发，分别从改造目标、改造技术方案、运行维护策略、改造效果评价四个层次和方面开展研究，课题具体研究路线见图 3-2-1。

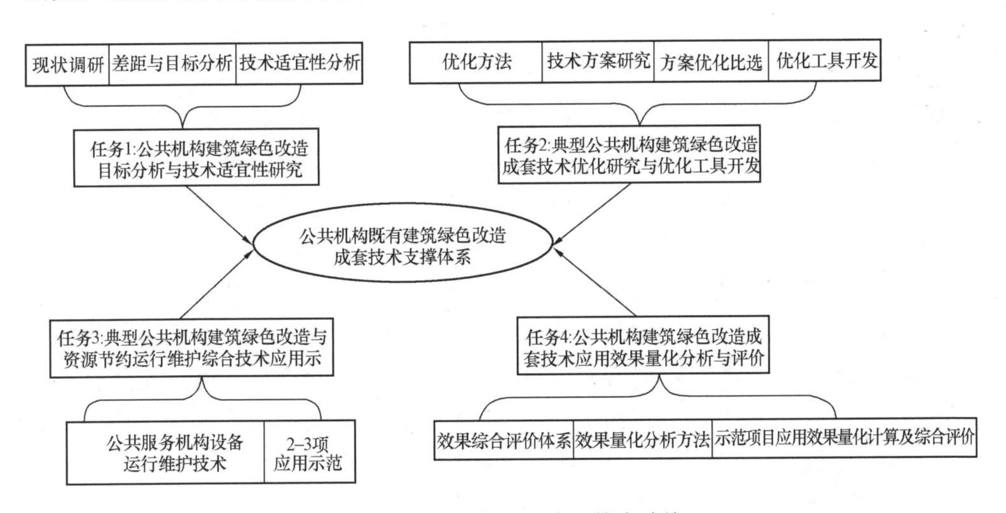

图 3-2-1 课题设置思路及技术路线

2.3 预 期 成 果

课题最终将形成公共机构既有建筑绿色改造相关研究成果与示范工程建设，并拥有其中大多数成果的知识产权，预期形成的成果如下：

(1) 制定不同气候区的国家机关、学校等典型公共机构建筑绿色改造成套技术方案2～3项，实现技术方案能够在相应公共机构建筑绿色改造中可模式化推广应用。

(2) 制定公共机构建筑绿色改造适宜性技术指导手册，指导公共机构选择和应用相关绿色改造技术。

(3) 开发典型公共机构建筑绿色改造成套技术方案优化工具，通过建筑改造信息，调整相关技术指标，实现对典型公共机构建筑绿色改造成套技术方案的优化功能。

(4) 制定公共机构建筑绿色改造技术应用效果评价指导手册，综合考虑建筑类型的功能需求、使用特点、建筑所在气候区等因素，从节能减排效果、节水效果、节约用地、节约材料、环境影响等方面搭建公共机构绿色改造技术分项评价指标，建立公共机构建筑绿色改造技术应用效果综合评价和分析方法。

(5) 建设典型公共机构绿色改造成套技术应用示范项目，在对示范项目现状分析的基础上，利用成套技术优化工具形成绿色改造成套技术方案进行绿色改造示范；示范工程具有对外展示、科普等宣传效应，达到绿色建筑改造目标要求。

2.4 研 究 展 望

《国家“十二五”科学和技术发展规划》明确提出开展“绿色建筑技术集成示范”等民生科技示范。公共机构建筑具有很强的公益性和公共性，社会关注度高、社会影响大。我国公共机构节能工作开展多年以来，虽然取得了一些成绩，但是仍然缺少典型的技术集成示范项目，国务院《“十二五”节能减排综合性工作方案》也提出“创建节约型公共机构示范单位”的要求。因此，开展以公共机构绿色建筑集成技术为支撑的既有建筑绿色改造应用示范项目，可以充分展示公共机构绿色技术集成效果，全面推动公共机构节能减排工作。

通过本课题的实施将为我国广大公共机构的既有建筑绿色改造提供有效手段与技术支撑，将建立包括成套技术体系、运行维护策略、技术优化工具、效果量化评价体系、相关技术指南和指导手册在内的公共机构既有建筑绿色改造技术支撑体系，并结合典型项目进行应用示范，以此推动公共机构既有建筑绿色改造工作和节约型公共机构示范单位建设，推动公共机构既有建筑绿色改造模式化、规范化健康发展，提升公共机构绿色建筑应用比例，从而推动公共机构能源资源利用效率的提高，为实现“十二五”乃至更长时期公共机构节能目标奠定坚实的技术基础。

作者：宋波　朱晓姣　柳松　邓琴琴　刘晶（中国建筑科学研究院）

3 公共机构新建建筑绿色建设关键技术研究与示范[1]

3 Research and demonstration of key technologies for green construction of new public institutions

3.1 研 究 背 景

随着人口增长和人民生活水平的提高，人们对能源的需求量也在不断增加，而在世界范围内，煤、石油、天然气等一次性能源正在迅速的减少，按已探明储量和消耗速度计算，全球主要能源——石油将在四五十年内枯竭。我国所面临的能源安全问题、环境污染等问题也将会越来越严峻，目前我国能源消费量达到22亿吨，在今后15年内会增加十几亿吨的一次能源供应，这对我国来说是一个非常大的挑战。

无论是发达国家还是发展中国家，建筑能耗在国家能源总消费量中占的比例都很大，约为25%～40%。住宅与公共建筑的采暖、空调、照明和家用电器等设施消耗了全球约1/3的能源，主要是不可再生的化石能源。我国建筑总能耗约占社会终端能耗的20.7%，其中，北方城镇建筑采暖和农村生活用煤约为1.6亿吨标煤/年，占我国2004年煤产量的11.4%；建筑用电和其他类型的建筑用能（炊事、照明、家电、生活热水等）折合为电力，总计约为5500亿度/年，占全国社会终端电耗的27%～29%。

目前，我国大量的公共机构普遍存在能耗指标高、环境品质低、绿色节能技术支撑不足等问题，急需提出针对公共机构的绿色节能集成技术。从生态、低碳、绿色、环保、健康、可持续发展等理念出发，改变传统的建筑设计方法、施工方法和使用运维方式。国内外都在上述观念的指导下，深入研究建筑节能集成技术体系，力求有所突破。

研究符合中国国情的公共机构新建建筑建设过程绿色节能技术，可以在公共机构建设和运行全过程中有效地节约资源和能源，节约国家财政投入，降低公共建筑能耗，有效实现“四节一环保”的绿色发展战略，建造低能耗、低排放的公共机构，促进我国公共机构建设的绿色节能发展，实现节能减排目标。

---

[1] 本课题受“十二五”国家科技支撑计划支持，课题编号：2013BAJ15B05。

3.2 课 题 概 况

3.2.1 研究目标

在典型公共机构绿色节能技术集成优化研究方面，对典型公共机构的日常使用及运营维护的用能特征进行分析，总结归纳和集成适宜的绿色节能技术，编制适合于典型公共机构应用的绿色节能集成技术指导手册。

完成公共机构新建建筑被动式节能构造技术集成，以典型新建公共建筑为主要研究对象，主要针对典型公共机构（学校、办公、文教），研究符合我国国情并能够保证建筑气密性的构造技术，完成公共机构新建建筑被动式节能构造技术体系的研究。

对典型公共机构建设全过程的绿色建造技术进行具有针对性的研究，研究公共机构施工过程中节水、节电和节能以及减少施工废弃物和减少环境污染的绿色建造技术，绿色建造组织结构模式和组织分工模式，保证绿色节能设计的实施效果。

在公共机构新建建筑绿色节能技术应用与示范方面，将经过优化适用于公共机构的绿色节能成套技术进行应用，并将绿色施工技术贯穿应用于建造过程之中，对示范项目的运行维护过程进行分析比对，可量化地评价公共机构新建建筑绿色节能技术的节能成效与经济效益，为推广公共机构绿色节能技术提供数据支持。

3.2.2 研究内容

本课题对公共机构新建建筑建设全过程中的设计、建造和运维等环节的绿色节能技术进行系统研究，对典型公共机构（学校、办公、文教）进行分类研究，根据公共机构的使用功能和用能的特点，形成适用于典型公共机构的以被动式节能为主导的公共机构绿色节能集成技术体系，并在典型示范项目中将适合于公共机构建设全过程的绿色节能集成技术进行应用。对示范项目建成后的能耗数据进行检测和分析，用实际数据验证绿色节能集成技术的节能效果和经济效益。

课题以四项任务的形式对公共机构新建建筑绿色建设关键技术开展研究并进行工程示范，其体系构架如表 3-3-1 所示。

课题的研究基础和研究内容 **表 3-3-1**

研 究 基 础	研 究 内 容	
我国目前绿色建筑和绿色施工评价标准与研究基础	任务一	绿色节能技术集成
	任务二	被动式节能构造技术

续表

研 究 基 础	研 究 内 容	
国外“被动式房屋”节能技术的研究成果	任务三	绿色建造与绿色施工关键技术
	任务四	公共机构新建建筑示范

任务一：典型公共机构新建建筑绿色节能技术集成优化研究

任务分解为：

(1) 系统地对国内外典型公共机构（学校、办公、文教）的建筑布局、使用功能特点、开放性程度、用能特征、运维更新等进行系统的调研和分析，提出分析调研报告。

(2) 针对典型公共机构的紧凑型规划和建筑设计，自然通风、日照和遮阳优化设计、高气密性外围护结构保温蓄热设计，能源供给系统节能设计，新风热回收和采暖制冷空调系统设计，机电系统节能设计以及可再生能源适宜性利用等不同方面进行绿色节能技术集成与优化。

(3) 根据典型公共机构开放性强的特点，针对其围护系统的能耗损失，采取现场能耗检测，得到能耗损失等实测数据，建立不同区域不同建筑围护类型的能耗损失关系模型，进而确立新建公共机构围护结构节能检测指标和量化评估依据。

(4) 从环境舒适度、经济适用性和方便运维等不同角度，结合示范项目的实测数据，分析研究其绿色节能集成技术方案的经济适用性和使用合理性。针对典型公共机构全过程建设和全寿命周期，提出可直接应用于公共机构建设之中，以被动节能为主导的绿色节能技术集成指导方案。

任务二：公共机构新建建筑被动式节能构造技术研究

任务分解为：

(1) 通过对国内外被动式节能构造技术的调研分析，研究公共机构建筑紧凑型设计、无结构热桥构造设计、提出自然通风采光设计要求以及利用和遮挡太阳能等设计原则，提出被动式建筑设计节能技术集成指导方案。

(2) 针对外门窗、内隔墙和楼板等构造技术，关键节点部位构造技术以及关键构造材料产品性能等进行研究，提出关键部位构造技术集成指导方案。

(3) 确定室内环境新风量要求、避免围护结构内部冷凝结露和受潮。确定采暖制冷、新风空调和照明等一次能源计算方法和相关能耗规定，提出公共机构被动式建筑气密性和室内环境测试方法。

任务三：典型公共机构绿色建造关键技术集成研究

任务分解为：

(1) 研究建造过程环境保护技术，减低施工扬尘、噪声、污水、毒害物质对环境的负面影响，整合、完善施工现场的环境管理、职业健康安全管理和绿色建造施工项目管理体系和组织机构，保证建设过程的可持续发展。

（2）研究建造过程施工废弃物减量技术，减少施工材料的损耗，制定施工过程用量及使用计划，制定并实施废弃物减量化、资源化管理办法

（3）从建造过程节能减排角度，分别研究施工节水技术、施工节电技术、施工节能技术方面研究，制定并实施节水、节电、节能管理办法。从建造过程资源节约角度，研究推广降低主材损耗率的技术和管理措施，研究推广新型周转料具集成研究。

（4）依照PDCA循环，研究绿色建筑建造特殊过程管理技术，从制度、规程、方法上规范施工工艺技术要求，保证绿色设计的实现。

任务四：典型公共机构绿色节能技术集成应用示范

任务分解为：

（1）将研究成果经过分析和部分优化后，集成应用于工业和信息化部综合办公业务楼示范项目及天津南部新城社区文化中心示范项目之中。为适用于公共机构的绿色节能集成技术提供固化展示和示范平台。

（2）总结公共机构示范项目在建设全过程中应用被动式节能技术、中央空调冷热源智能分区控制、新风热回收技术、太阳能利用技术、空气质量（CO_2浓度）监控技术、屋顶和垂直绿化技术、中水和雨水积蓄利用技术等绿色技术的实施经验，针对绿色节能集成技术实施过程中所遇到的技术难点和采取的相关技术措施进行总结归纳，提出具有针对性的建设过程技术分析报告。

（3）在公共机构建成运行后，对绿色节能集成技术的应用效果进行实效验证和检测，并对运行维护的经济性和可持续性进行分析，提出示范项目应用效果分析报告。

（4）针对示范项目的围护能耗情况，在建设过程中进行现场试验，在建成后进行现场实际检测，通过现场实测数据与设计模拟数据进行对比，提出构造技术和建造技术改进措施。

3.2.3　技术路线

（1）本课题通过系统地调研国内外典型公共机构（学校、办公、文教）的建筑布局、使用功能特点、用能特征、国家政策等，并充分搜集国内外有关文献。从环境舒适度、经济适用性、运维更新等不同角度分析其适用性和合理性。

从公共机构的规划设计、建筑设计、构造技术、设备节能和维护更新等不同方面，对典型公共机构建设全过程的实用性绿色节能技术进行整合和优化，研究形成以被动式节能为主导的绿色节能技术集成，实现降低能耗、可长久使用、节约国家财政投资的目的。并邀请从事本专业的有关专家共同研讨该集成技术针对

公共机构的适用性和可推广性。

（2）对国内外被动式节能技术进行大量深入地调研，对现有被动式节能构造集成技术进行优化研究，在示范工程中搭建试验房进行试验和测试，探讨适用于我国新建公共机构的高气密性外围护构造技术、关键节点部位构造技术以及关键材料性能指标。并邀请从事本专业的国内外专家结合试验房的试验，共同针对关键构造技术、关键部位材料及关键节点安装等进行研讨。

（3）探索公共机构绿色建造过程中施工单位内部的组织结构模式和组织分工模式以及技术工艺，结合示范项目开展研究如何减低施工扬尘、噪声、污水、毒害物质等对环境的负面影响，研究建造过程节水、节电和节能及主材节约、新型周转料具等技术措施、研究建造过程施工废弃物减量化和资源化技术集成，保证其绿色节能设计的实施效果。并邀请从事本专业的有关专家召开示范项目现场研讨会，共同研讨针对公共机构的绿色建造技术适用性和可推广性。

（4）研究如何通过实效检测手段和数据分析，确定公共机构能耗与不同地域和不同建筑围护类型的多参数关系，进而为设计和施工验收提供指导。并结合示范项目进行实效测试和数据分析。

（5）结合示范项目进行关键技术的现场试验和测试，针对关键技术难点问题召开专家研讨论证会，对示范项目绿色节能集成技术的应用效果进行实效验证和检测，量化该项目的一次能源消耗量，检测应用效果和运行维护的可持续性。

（6）通过同项目的其他课题配合与合作，形成多角度的技术交流、成果应用与技术示范推广。在实施过程中课题采用的技术路线如图 3-3-1 所示。

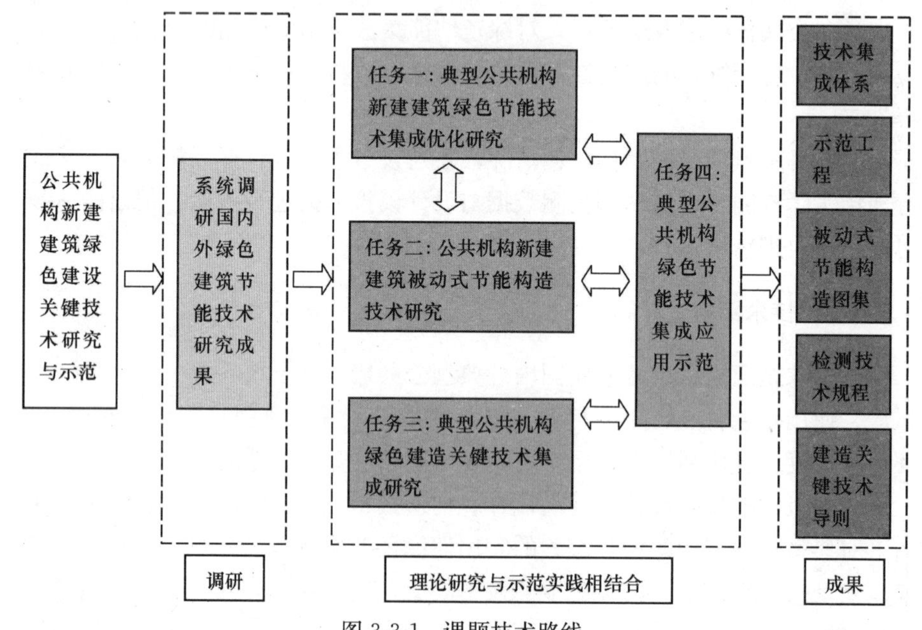

图 3-3-1 课题技术路线

3.3　预　期　成　果

课题通过公共机构新建建筑对绿色节能集成技术的研究，实现公共机构建筑的绿色节能与可持续发展。最终形成共机构新建建筑对绿色节能研究成果与示范工程建设，并拥有其中大多数成果的知识产权，预期形成的成果如下：

（1）课题通过系统调研，形成从公共机构的规划设计、建筑设计、构造技术、设备节能和维护更新等不同方面，对典型公共机构建设全过程的实用性绿色节能技术进行整合和优化，研究形成以被动式节能为主导的公共机构新建建筑绿色节能技术集成体系。

（2）课题成果将应用于具有代表性的公共机构新建建筑示范工程建设，为我国公共机构新建建筑建设提供范例，促进我国公共机构新建建筑绿色设计与建造技术的推广应用，提高我国公共机构建筑绿色设计与建造整体水平，促进相关行业发展。

（3）对现有被动式节能构造集成技术进行优化研究，通过示范工程的实践，探讨适用于我国新建公共机构的高气密性外围护构造技术、关键节点部位构造技术以及关键材料性能指标，并编制标准图集。

（4）研究如何通过实效检测手段和数据分析，确定公共机构能耗与不同地域和不同建筑围护类型的多参数关系，编制协会标准，为公共机构新建建筑绿色节能技术应用成果检测评估、后期评价推广等提供重要依据。

（5）探索公共机构绿色建造过程中施工单位内部的组织结构模式和组织分工模式以及技术工艺，研究建造过程绿色节能技术，保证其绿色设计的实施效果，适用性和可推广性技术并编制导则。

（6）课题将形成适用于我国的公共机构新建建筑绿色建设新技术、新产品等，进行推广、促进相关行业的发展。

3.4　研　究　展　望

住房和城乡建设部分别于2006和2010年年发布了GB/T 50378—2006《绿色建筑评价标准》和GB/T 50640—2010《建筑工程绿色施工评价标准》。从建设全过程对建筑的绿色节能进行控制，可见绿色建筑的建设已经成为建筑行业发展的趋势。当前，建筑业发展已进入到重要的转型期，加快转变传统的建筑建造方式，推动建筑业向信息化、工业化方向发展是全行业转型升级的重要内容。公共机构作为重要的建筑类别，其功能布局、用能方式、运维管理都有其特殊性要求。而我国现阶段还缺乏对公共机构新建建筑绿色节能成套技术的优化的深入研究，特别是对“被动式房屋”节能技术的研究，仅在居住建筑中进行了一定的研究和尝试，并未在非居住建筑中进行应用。所以，将适用性于公共机构的绿色节能技术进行集成优化，在公共机构的建设全过程中进行应用，并通过示范项目进行验证和优化，可将该类建筑的节能减排技术研究成果在实际工程建设中得到广泛的实际应用。

公共机构新建建筑绿色建设关键技术的研究是从规划设计、建筑设计、围护结构、建筑设备系统等不同方面的适用性绿色节能技术进行优化与归纳，形成以被动式节能为主导的公共机构新建建筑绿色节能技术集成，通过示范项目的实践，形成对节能效果实际检测和数据分析比对。同时，对绿色建造关键技术进行研究，达到降低能耗，节约资源、控制成本、节约国家资金。课题研究实现公共机构建设全过程的绿色节能和可持续发展，有效促进建筑相关行业的新技术及新产品的推广，促进经济发展并提升相关行业国际竞争力。

公共机构新建建筑绿色建设关键技术的研究为全面推动公共机构绿色建筑发展进程，提升公共机构绿色建筑应用比例，推进节约型公共机构建设，推动公共机构能源资源利用效率的提高，实现“十二五”乃至更长时期公共机构节能目标奠定坚实的技术基础。通过本课题的研究示范实现了公共机构建筑在建设和运行环节的节能降耗，真正体现建筑全生命周期绿色节能的理念，对科技创新驱动发展，促进“两型社会”建设，具有重要的作用。

作者：薛峰 李婷（中国中建设计集团有限公司）

4 绿色建造与施工协同关键技术研究与示范[1]

4 Research and demonstration of key synergy technologies for green construction

4.1 研究背景

工程建造行业在为国民经济建设做出突出贡献的同时，也消耗着大量的能源资源，并造成沉重的环境负担。据统计，建筑业消耗了全社会40%的能源和资源，全国45%的水泥，50%以上的钢材，建造和使用过程中消耗了50%的能源。建造过程对环境影响的集中性、突发性和持续性影响正在日益加剧。

绿色建造就是在“可持续发展”、“循环经济”等价值观指导下，综合考虑环境影响和资源利用效率的一种新型建造模式。绿色建造的基本理念是“资源节约、环境友好、过程安全、品质保证”。

(1) 施工机械是建造过程重要的能耗源和污染源

建筑施工机械是内燃机产品第二大使用行业，不仅消耗我国大量燃油资源，而且在施工工地消耗大量电力资源，既是大耗能行业，也是大排放行业。我国目前还没有针对施工机械的绿色评价和绿色产品目录，承包商在选用施工机械中，最主要的考虑因素是效率和价格，对于是否“绿色”既没有概念也没有依据。开展绿色施工机械评价技术研究，制定绿色施工机械评价标准，建立我国绿色施工机械设备数据库，编制绿色施工机械设备产品目录，对广大建筑施工企业开展绿色建筑施工，促进施工机械设备生产企业技术创新、节能减排、保护环境将产生积极地推动作用，因此开展本课题研究具有十分重要的现实意义。

(2) 使用绿色建材是绿色建造的重要环节

目前我国还没有标准化的绿色建材的评价方法和标准，更谈不上技术体系。承包商面对五花八门的建筑材料无从下手，难以选择合适的绿色建材。建立绿色建材的评价技术体系、包括评价标准、评价方法、指标、专利和软件等，出版绿色建材目录，对于指导建筑承包商选择绿色建材，具有重要的作用。

---

[1] 本课题受“十二五”国家科技支撑计划支持，课题编号：2012BAJ03B01。

(3) 施工协同是提高施工效率的重要举措

我国目前建筑工程建造的效率还不高，工序之间的缺少有效的衔接和数据共享，往往造成返工、窝工等现象，甚至造成安全隐患和事故，造成资源的极大浪费。通过信息化技术管理和数值计算方法，有效协调各施工参与方，依据正确数据进行决策，合理组织施工，进行精细化管理，避免不必要变更、返工，才能有效节约资源，提高效率，实现绿色建造的目的。

(4) 总体把握绿色建造实施是推进绿色建造发展的保障

在工程实践中目前仅有零星、单一的绿色建造技术的应用，缺少绿色建造实施体系和总体的把握。从建造源头施工图设计开始，融入落实绿色建造的理念，并在施工组织设计中体现总体的规划，这是实施绿色建造的有力保障。施工组织设计是工程建设施工管理的纲领性文件，也是绿色施工决策与规划的载体，正确的认识施工过程中的各个环节，有利于把握重点、攻克难点、并有针对性地对材料采购、施工方法、工程验收等工作做出总体规划，在工程项目施工全过程中贯彻落实绿色施工要求，实现净化施工过程的节能减排工作。该文件的科学性、先进性、可行性、指导性将直接影响到项目绿色施工目标的实现。因此，要实现绿色施工目标，必须制定科学的管理办法，通过切实可行的管理措施和技术措施来实现。但目前施工组织设计还停留在传统施工的模式上，有必要进行全面的研究。

4.2 课 题 概 况

4.2.1 研究目标

以绿色机械、绿色建材评价技术研究，绿色建造协同管理技术研究以及绿色建造施工图设计技术研究为基础，以绿色施工组织设计技术研究为核心，最终形成绿色建造的基础支撑技术，通过政策机制的需求研究，通过绿色建造工程示范的实施，带动绿色建造在更大范围的推广。具体包括以下几方面目标：

(1) 建立建筑工程主要绿色施工机械数据库；

(2) 建立建筑工程主要绿色建材数据库；

(3) 形成基于绿色建造的建造过程协同管理技术；

(4) 构建时变结构基本分析方法和模型；

(5) 形成基于绿色建造的施工图设计技术；

(6) 形成基于绿色建造的施工组织设计技术；

(7) 提出绿色建造政策需求，构建绿色建造运行机制。

4.2.2 研究内容

（1）建筑工程主要施工机械绿色评价技术及数据库研究

针对建造过程中施工机械缺乏绿色选择依据的难题，结合国际国内关于绿色环保、节能减排的标准、法规，研究研究施工机械绿色性能评价框架体系；研究绿色施工机械的节能、减排、节材、环保等关键指标，形成评价指导标准；建立施工机械绿色性能基础数据库，形成绿色施工机械用户选用软件，为开展绿色建造的施工企业提供选择施工机械的条件。

（2）建筑工程主要建材绿色评价技术及数据库研究

针对建造过程建筑材料缺乏绿色选择依据的难题，选取建筑工程中使用量大、影响广泛的建筑材料作为典型建材，研究建材绿色性能评价框架体系；研究建材的节能、减排、节材、环保等关键绿色指标，形成评价指导标准；建立绿色材料基础数据库，形成绿色建材用户指南，为建筑承包商选择绿色建材提供便利条件。

（3）绿色建造的协同管理技术研究

针对建造过程参与各方协同工作困难的实际，在项目层面上，研究建筑施工企业作为项目核心参与方与业主、设计方等其他项目参与方的协作方式；在企业层面上，研究建筑施工企业内部的组织结构和组织分工调整方向，建立施工企业内部组织结构模式和组织分工模式；研究绿色建造的生产流程，解决进度控制、质量控制、安全控制、造价控制以及现场环境的协同管理；为绿色建造提供顺畅的组织管理保障。

（4）建筑工程时变结构分析技术研究

针对建造过程结构时变特性，为了保障施工过程中的结构安全，开展建造过程时变结构荷载分析及计算模型研究；建造过程结构时变分析方法研究；建造过程时变构件设计技术研究；建造过程结构受力与变形的监测及控制技术研究；为结构安全和精细化控制提供技术支撑。

（5）绿色建造施工图设计技术研究

通过比较分析现有施工图设计中影响绿色建造的重要因素，针对混凝土、钢结构等结构体系的施工图设计，研究绿色建造中适于上述不同结构体系的施工图设计与现场施工的协调机制，沟通协调开发方、设计方、施工方，减少不必要的“设计变更”，节约人力、物资，缩短工期；研究施工图设计阶段影响绿色建造“四节一环保”的关键环节和要素；结合施工工艺技术，探究研究新型节点与新型构造做法，优化绿色建造的关键技术节点及构造做法。

（6）绿色建造施工组织设计技术研究

开展绿色施工组织设计编制标准、内容、格式等技术研究与评价，绿色施工组织设计先进性、可行性、指导性验证研究，绿色施工评价标准与绿色建造施工组织设计结合技术研究，绿色建筑施工组织设计规范研究，从而规范绿色建造施工组织设计编制和实施。

（7）绿色建造政策与机制研究

根据绿色施工示范工程的技术、经济、社会效益的分析研究，从便于推广绿色建造的目的出发，研究现有政策与建造模式之间的关系，提出有利于绿色建造推广的政策与机制的建议。

4.2.3 技术路线

以绿色机械、绿色建材评价技术研究，绿色建造协同管理技术研究以及绿色建造施工图设计技术研究为基础，以绿色施工组织设计技术研究为纽带，最终形成绿色建造的基础支撑技术，通过工程示范和政策机制需求研究，带动绿色建造在更大范围的推广。

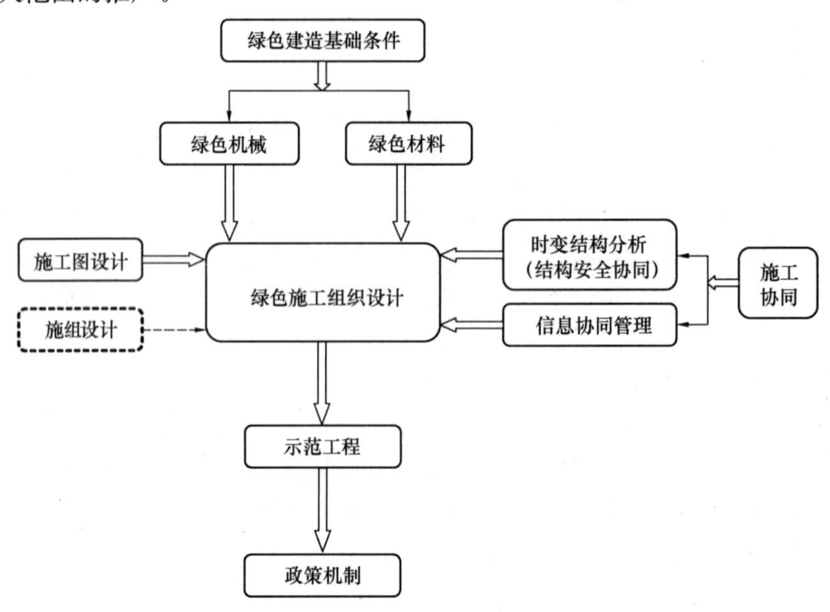

图 3-4-1 课题研究思路及技术路线

4.3 预 期 成 果

课题最终形成绿色建造与施工协同关键技术研究成果与示范工程建设，并拥有其中大多数成果的知识产权，预期形成的成果如下：

（1）约束性成果

①规范标准3项：

有关绿色施工机械评价的标准1项，行业标准；有关时变结构施工现场监测与控制技术的标准1项，地方标准；有关绿色施工组织设计的规范1项，地方标准。

②软件3套：

有关绿色施工机械选用的数据库软件1套；有关绿色施工材料选用的数据库软件1套；有关时变结构施工现场监测与控制的软件1套。

③专利8项，其中发明专利3项。

④编制工法2项。

⑤出版著作2本，发表论文30篇以上。

⑥图集1套。

⑦示范工程4个。

⑧培养博士3人，硕士7人。

（2）预期性成果

使各专业系统间冲突比传统建设模式减少50%；建设过程的变更比传统建设模式减少30%；比较同类型项目施工现场的劳动生产率提高20%。

4.4 阶段性成果

截止到2013年12月底，课题严格按照计划安排及设定的阶段目标进行，基本上完成了本年度计划完成的研究内容，并为后续研究打下了基础。

（1）对绿色施工机械国内外情况进行调研，广泛收集有关绿色施工机械产品标准、试验方法、节能环保指标评价方法、有关法律法规，并且按照课题负责单位要进进行进度汇报，广泛听取施工机械使用单位、制造单位的意见，基于本子课题目标在于为绿色建筑施工提供绿色施工机械的选择数据库，研究建立绿色施工机械产品节能性能评价方法。召开有关企业参与的课题工作会议，讨论并初步形成了绿色施工机械定义（是指建筑工程施工中，在保证质量、安全等基本要求的前提下，最大限度地降低能耗与减少对环境负面影响的施工机械）；初步研究了绿色施工机械评价指标：节油、节电，降低排放，降低噪声等通用绿色性能评价指标；根据不同机种评价确定评价指标要求，初步研究了施工机械绿色性能评价指标要求：结合不同机种特性，在同等作业能力条件下，施工机械能耗水平、排放、噪声低于行业平均水平，可以判定为具有绿色性能，高于行业平均水平的耗能功率，则判定为一般施工机械。

（2）收集了建筑材料的相关性能指标和性能检测方法，梳理了材料检测方法和评价方法，评估了其绿色性能评价能力。对无检测方法的材料，提出了检测方法草案；并通过试验初步验证了检测方法的合理性和可行性。目前已针对近十个材料进行了二十余个试验，进行了简要分析。初步建立了建筑材料绿色性能评价框架和评价方法。该评价方法主要针对建筑材料的生产阶段和使用阶段进行评价，各阶段均采用一套指标，包括 2 类要素、10 项主要指标。在此基础上，初步完成了《施工现场建筑材料绿色性能评价规范》的编写。

（3）自 2012 年 8 月始，课题组以“杭州国际博览中心”、“银川国际会议中心”为项目依托，开展了相应的课题研究。研究推进了网络化、金兴华的工程项目管理思路，进行了绿色建造协同组织模式研究。

（4）对时变荷载调研表格进行了初步的回收和整理，以示范工程为依托就建筑结构建造施工仿真技术，进行了系统的研究，对施工吊装、拼接、卸载全过程模拟分析技术进行了开发研究，并应用于示范工程之上。对时变构件的变形及内力分析与控制方法进行了深入的研究，尤其对超高层结构的竖向变形累计及预变形控制进行了深入的研究，初步提出了结构变形数值分析方法及预变形分析控制技术，包括横向联系构件的合理安装时序控制方法。开展了课题相关技术规程的立项及相关论文的整理工作。

（5）对施工图设计中影响绿色建造的关键技术问题进行攻关克难，对建筑外墙、玻璃幕墙等在建造过程中耗能、耗材、耗水及污染物排放量较大且达不到环保排放要求的工程做法进行优化设计。考察太阳能建筑一体化构造技术、新能源在建筑应用技术、装配式构造技术、围护节能构造技术、门窗幕墙构造技术等当下建筑中新技术应用热点，研究上述科技在建筑上应用时的绿色建造问题。分析、总结确实可行的新型节点与新型构造的施工做法，为图集做准备。进行了施工图节点设计与施工工艺的协同工作完成新型技术节点示范研究，着手编制技术指南。

（6）收集与绿色施工有关的标准、规范和施组设计，对全国和北京市的有关绿色施工示范工程进行调研，研究对绿色示范工程主要控制指标。完成了“建筑施工绿色施工组织设计规范”编写工作，主编完成了北京市《绿色施工管理规程》，目前正在征求意见，完成了“施工现场绿色施工实施细则”（初稿）和绿色施工实施方案。

（7）收集了国内外有关绿色施工、绿色建造的标准规范及政策法规性文件，明确了绿色施工、绿色建造的定义、内涵以及与相关概念的区别，详细分析了我国绿色施工推进的现状和进展，推进过程中存在的问题；提出了推进建议、实施策略和步骤。同时，从“四节一环保”五个要素对绿色建造技术发展进行分析和探讨，总结了 10 个绿色建造发展主题、50 项施工图绿色设计技术、74 项绿色施工技术及 14 项其他“四新”技术。在此基础上，出版了专著《建筑工程绿色施工》。

4.5 研 究 展 望

绿色建造作为一个整合设计与施工的新型建造方式，打通了绿色建筑与绿色设计、绿色施工的通道，将建筑业的绿色行动统一到绿色建造平台，有助于打造更多的绿色建筑。在新型工业化、信息化、新型城镇化、经济全球化的新形势下，推进绿色建造对推动建筑业节能减排、转型升级、并积极融入国际建筑市场具有极其重要的意义。

施工机械和建筑材料绿色性能评价和选用是绿色建造的基础条件，协同管理技术和结构时变分析技术是绿色建造的重要技术，施工图绿色设计和绿色建造施组设计是绿色建造的重要支撑。课题研究将形成有关绿色施工机械评价、时变结构施工现场检测与控制、绿色施工组织设计的规范各 1 项，有关绿色施工机械选用数据库软件、绿色施工材料选用数据库软件和时变结构现场检测与控制技术软件各 1 项，以及有关绿色建造的示范工程 5 项。这些成果将有效促进绿色建造的推进和实施，提升我国建筑业绿色水平。

作者：冯大阔（中国建筑工程总公司）

5 绿色建造虚拟技术研究与示范[1]

5 Research and demonstration of virtualization technologies for green construction

5.1 研 究 背 景

近年我国乃至世界范围内建筑结构体系不断向轻柔化、大型化、复杂化方向发展，诸如广州新电视塔、北京奥运场馆、上海虹桥交通枢纽、上海世博永久场馆、上海中心大厦、中国博览会会展综合体、上海迪士尼主题乐园等。这些造型新颖工程的结构施工和安装的难度越来越大，建造过程中存在的不可预测因素日益增多，工程隐患日益加大。同时在工程建设过程中，会集中消耗大量自然资源，对周围生态环境的影响较大，对绿色建造技术的创新发展提出了更高的要求。因此在工程施工之前就能够模拟施工全过程，包括结构施工过程力学仿真、施工工艺模拟、虚拟建造系统建设等方面，并在施工过程中采用有效的手段进行监测和评估其安全状况，以便于对整个施工过程进行及时的分析和控制，变得十分必要。通过施工前大量的计算机模拟和评估，将施工过程可能出现的各种问题充分暴露出来，并经过优化加以解决，为施工方案的确定和调整提供依据。为此，课题研究绿色建造虚拟技术及其工程应用示范，将虚拟建造技术引入建筑施工项目管理，以期为提升建筑业的生产力水平提供一个有效的途径。该项技术是在计算机图形学、计算机仿真技术、人机接口技术、多媒体技术以及传感技术的基础上发展起来的交叉学科。能够显著提高建筑业生产力水平，并将从根本上改变现行的施工模式，将对绿色建造产生巨大影响。

5.2 课 题 概 况

5.2.1 研究目标

本课题的总体研究目标是：从面向绿色建造的全过程模拟技术、施工全过程

[1] 本课题受“十二五”国家科技支撑计划支持，课题编号：2012BAJ03B02。

实时监测与评估技术、绿色建造实时可视化控制技术、虚拟绿色建造系统的建设、绿色建造虚拟技术工程示范等五个方面开展研究，建立绿色建造模拟技术、监测技术体系和集成应用系统，并在相关工程中加以示范应用，以实现工程结构建造过程既能够确保安全、质量、进度，又能做到节约材料、能源和水资源，减少碳排放，减少施工对环境的影响，有效实施环境保护，真正实现“资源节约、环境友好”的绿色建造。

本课题重点攻克绿色建造虚拟技术中的关键问题，涉及建造过程关键环节的模拟，如深基坑承压水减压降水、基坑变形环境影响、整体模板脚手体系、钢结构整体安装等；建造过程结构安全状态实时监测及评估技术；建立关键建造过程的可视化实时控制系统，实现可视化施工过程的连续动态仿真，远程操控现场的施工动作；构建工程项目虚拟建造系统，解决工程项目各阶段、各参与方之间的信息断层和孤岛问题，实现信息共享与充分利用。

5.2.2 研究内容

根据课题的总体研究目标，课题的研究将围绕以下五个方面开展研究。

研究内容一：面向绿色建造的全过程模拟技术研究

任务分解为：基于三维激光扫描等技术的新型建模技术集成应用研究；考虑材料时变性能的施工过程结构力学模拟技术研究；基于施工机械设备参数化三维模型和施工工艺模态化输入的施工流程模拟技术研究。

研究内容二：绿色建造全过程实时监测与评估技术研究

任务分解为：基于可靠的检测设备、先进的物联网技术，研究施工荷载及建造全过程监测方法；研究基于新型信号处理技术的实时监测系统多参量数据分析与信息提取技术；结合监测数据开发结构状态评估与预警关键技术，形成具有自主知识产权的建筑结构绿色施工安全状态及评估技术体系。

研究内容三：绿色建造实时可视化控制技术研究

任务分解为：施工过程中结构的实时姿态控制技术研究；施工连续动态仿真技术研究，将施工对象随时间连续变化的物理位置和几何参数，以连续运动图景即三维动画的形式演绎出来；施工三维仿真的互动技术研究，根据实时交互的数据，建立数据仿真运算器，驱动可视化施工系统，实现远程控制现场的施工动作；

研究内容四：虚拟绿色建造系统建设研究

任务分解为：虚拟建造各类模拟系统数据接口技术研究；将各种施工模拟和实时监测系统集成应用研究；绿色建造材料、设备、施工方案、工艺流程信息库的建立；项目协同管理信息系统的研发。

研究内容五：绿色建造虚拟技术工程示范

在上述任务研究的基础上，运用课题的科研成果，同时兼顾不同类型建筑的集成交叉效应和不同适用性，完成多项示范工程，包括超高层建筑、大跨度空间结构、复杂形体建筑等。

5.2.3 技术路线

充分调研国内外施工虚拟技术、施工全过程监测技术的发展历史与现状；充分分析虚拟技术及监测技术的瓶颈、问题、优势；充分搜集国内外有关的规范、图集、技术规程、文献及软件资料；充分调查国内外实施施工虚拟仿真及施工全过程监测的工程实例。以面向绿色建造的全过程模拟技术、绿色建造实时可视化控制技术、绿色建造全过程实时监测与评估技术以及虚拟绿色建造系统建设研究为基础，在相关的大型或复杂建筑工程中开展示范应用。同时，以本课题和国内外相关科研成果为基础，制定、修订相关标准规范，编制相关的软件，推动绿色建造虚拟技术及监测技术的应用。

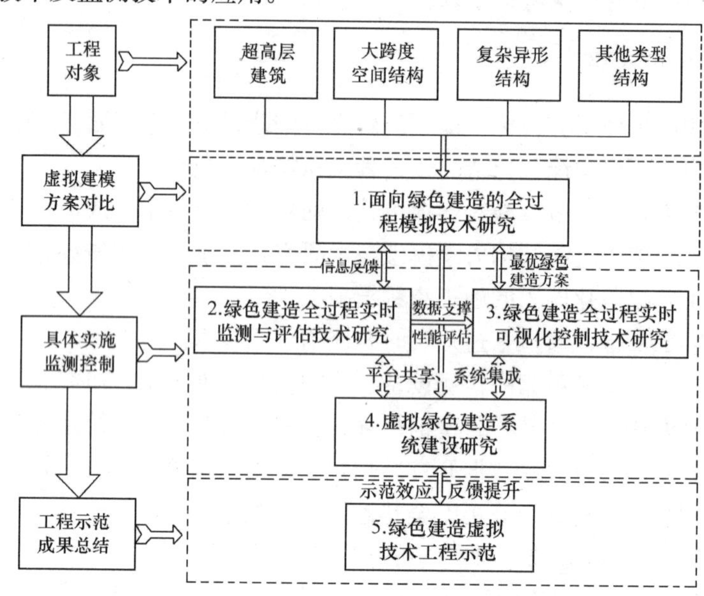

图 3-5-1 课题研究思路及技术路线

5.3 预 期 成 果

课题最终形成绿色建造虚拟技术研究成果与示范工程建设，并拥有其中大多数成果的知识产权，预期形成的成果如下：

（1）课题将在现有通用有限元软件的基础上进行二次开发，建立考虑结构体系和材料特性时变的施工过程力学仿真模拟系统，对施工过程进行优化和控制。实现建造全过程各种方案的模拟与演示。

（2）课题成果将形成具有自主知识产权的绿色建造施工安全状态实时监测及评估技术体系，实现基坑变形、整体模架施工过程、钢结构整体安装过程等的监测与安全状态评估。

（3）课题将建立关键建造过程的可视化实时控制系统，实现可视化施工控制，远程操控现场的施工动作。实现整体模架施工过程和钢结构整体安装过程等的可视化控制。

（4）课题将构建工程项目虚拟建造系统，实现信息共享与充分利用，开发相应的应用软件系统，集成结构力学仿真、施工工艺模拟、信息化监测和评估技术、项目经济管理、信息管理技术，实现绿色建造全过程的管理、监督和控制的功能。

（5）建立绿色建造虚拟技术、监测技术体系和集成应用系统，以实现工程结构建造过程中既能够确保安全、质量、进度，又能做到节约材料、能源和水资源，减少碳排放，减少施工对环境的影响，有效实施环境保护。

5.4 阶段性成果

采用有限元方法对上海中心大厦台风期间两个危险施工工况进行模拟分析，中国博览会会展综合体 A1、D1 区板梁结构混凝土浇筑有限元分析。

研究开发了基于 Zigbee 协议的无线监测系统，系统能够及时，系统，动态的采集数据，从而给工程项目管理实施提供有效的数据资料。利用 Zigbee 无线协议实现传感器数据采集和系统数据采集之间的无线连接。基于 Zigbee 无线协议监测系统大大简化了工程现场的传感器线路网络，使监测工程更加的系统化，集成化和规范化。只需增加数据采集发生器的数量就可同时采集不同场地的多个参数的监测数据。工程人员可通过软件进行远程监测操作，大大降低了监测管理的工作量，使工程管理工作更加的科学，高效。

研究开发的可视化施工控制技术集成了控制技术、信息技术、机械技术于一体，使得在研制关键设备和设施的应用下，确保了超高层施工安全可靠，经济性好。可以方便的推广到其他复杂超高层结构和大型钢结构工程的建造中去，同时也可以应用到一些复杂、超高、异形的市政桥梁等结构的施工中去。与达索软件合作开发三维可视化项目协同管理平台，并在上海迪士尼主题乐园工程上应用。

本课题申请专利 2 项，1 项发明专利获得授权；发表论文 2 篇；参编国家标准 3 部。

5.5 研究展望

我国正处在大规模城镇化建设的阶段，也是世界上最大的建筑市场，目前的建筑量占到世界的一半还多，结构的复杂程度及建造难度也迅速增加。传统的建筑建造方式比较粗放、建筑质量不稳定、建设效率低、劳动力需求量大且施工操作安全性差、材料损耗和建筑垃圾产生量大、资源和能源消耗较大，不满足节能、环保的可持续发展建设要求。研究发展绿色建造虚拟关键技术并实现工程的示范应用，是从建造大国向建造强国转变的重要技术基础，也是提升我国建筑业整体技术水平，改变现行施工模式，真正实现工程绿色建造的重要保障。

建造过程是一个变边界、变荷载、变结构的过程，由于建造时间较长、外界环境影响因素多，增加了建造过程中的不确定性。在建造之前，对关键环节和关键部位结构的力学性能和施工流程进行模拟，优化施工方案，减少返工，确保施工质量和安全。重大工程施工风险控制是一项系统工程，涉及控制目标的确立和分解、施工风险控制方案制定与实施、施工过程监测以及施工方案调整等，其中施工过程监测是关键环节，只有准确、快速获得施工过程中结构状态参数，进行结构安全状态评估，才能及时采取针对性技术措施，化解施工风险。

面临体量巨大、结构复杂、安装困难的施工对象时，或者现场环境差、施工条件恶劣时，又或者是高空作业时，从降低工程风险、确保安全的角度看，还需要在施工控制的三维可视化、过程记录，以及事后总结等方面，提高和发展实时可视化控制系统技术。

现代工程建造过程中，相互独立的众多参与方之间，由于专业、组织结构、管理模式上存在的大量差异，很容易会对同样的信息产生不同的理解与表达，搭建虚拟建造系统可以从根本上解决建筑工程项目的信息断层问题，实现建筑工程项目各主体之间的无障碍信息交互。

此外，对绿色建造虚拟技术的研究，势必对建筑相关行业的技术及产品研发有推动作用，使一批新的技术及产品应运而生，促进经济发展并提升行业的国际竞争力。

作者：龚剑　张松　伍小平　吴小建（上海建工集团股份有限公司）

6　建筑工程传统施工技术绿色化与现场减排技术研究与示范[1]

6　Research and demonstration of greening of traditional construction technologies and on-site emission reduction technologies

6.1　研　究　背　景

近年来国家实施可持续发展战略，非常重视节能减排工作。我国于 2005 年发布了《绿色建筑技术导则》，2007 年发布《绿色施工导则》，2010 年发布 GB/T 50640—2010《建筑工程绿色施工评价标准》。绿色施工是指工程建设中，在保证质量、安全等基本要求的前提下，通过科学管理和技术进步，最大限度地节约资源与减少对环境负面影响的施工活动，实现“四节一环保”（节能、节地、节水、节材和环境保护）。

开展绿色施工保证质量、安全作为基本前提，把科学管理和技术进步作为手段，把节约资源、减少对环境，应坚持“绿色建造、环境和谐为本”的战略追求，应坚持高效利用资源、降低工程施工对周边环境的影响。贯彻执行《绿色施工导则》，把负面影响作为终极目标。《建筑工程绿色施工评价标准》以施工生产的全过程为对象，依据“四节一保”的理念，确定了绿色施工的评价指标与评价方法，制定了单位工程的绿色施工评价标准，能直接供施工企业或相关部门评价建筑工程绿色施工水平。

通过本课题的立项、论证、展开研究等工作顺利的开展，结合多年的施工管理和技术经验，在遵循住建部《绿色施工导则》的政策引领下，本课题的承担单位将继续大力贯彻执行绿色施工的各项技术要领，总结并集成绿色施工技术体系，为全面提升我国的绿色施工水平做出应有的贡献。

[1] 本课题受“十二五”国家科技支撑计划支持，课题编号：2012BAJ03B03。

6.2 课 题 概 况

6.2.1 研究目标

基于绿色建造理念，吸收国内外绿色施工最佳实践的经验，分析建筑工程施工技术（如砌体工程、混凝土工程等）中的非绿色因素，采用工艺试验与工程实践相结合的方法，形成一系列国内领先、部分国际先进的现场施工“四节一环保”关键技术，建立新的建筑工程分部分项的绿色施工工艺，从而提升现有建筑工程施工技术的绿色化水平。

6.2.2 研究内容

根据课题研究目标，本课题的主要研究内容围绕以下七个方面开展研究。

任务一：地基基础工程绿色施工技术研究。

任务分解为：①桩基础工程绿色施工技术。对传统桩基础工程进行改造，充分利用桩基础工程中沉渣、桩身泥皮及桩底、桩侧一定范围的土体，提高桩基的承载力；着力解决桩基工程中效率低、成本高、噪声大、泥浆或水泥浆污染的问题；

②基坑工程绿色施工技术。研究基坑作业降水与排水及泥水再利用技术、降水、排水作业中固废、噪声、机械漏油等控制措施、基坑地下水回灌温度、污染物监控技术、减水剂、早强剂遗撒及废弃物污染控制措施、深基坑支护有毒有害气体排放技术等；

③地下防水工程绿色施工技术。研究基层处理、卷材打毛、粉料拌合、金属板打磨的扬尘控制技术、防水施工热辐射及有毒、有害气体控制技术、防水施工、防火措施、砂浆流淌污染防治技术等。

任务二：建筑主体结构工程绿色施工工艺技术研究

任务分解为：①砌体结构工程绿色施工技术。剔除传统的散装材料、建筑施工扬尘、砌筑材料浪费等做法，研究预拌砂浆施工技术、砌体灰砂材料减量化及污染防治措施、新型砌体结构施工技术；

②混凝土结构工程绿色施工技术。对混凝土工程施工中存在工艺复杂、噪声大以及材料浪费的问题，开展影响因子的研究；提出替代工艺技术，并对具体问题开展相应的技术研究；

③钢结构工程绿色施工技术。针对钢结构施工中存在的大气污染、噪声污染、光污染等环境问题，开展除锈降尘技术、酸洗有害物质控制技术、焊接弧光与烟气防护技术研究。

任务三：绿色装饰装修施工工艺技术研究

任务分解为：①抹灰工程绿色施工技术。抹灰工程节水技术、冬期施工节能技术、落灰再利用技术、防水饰面一体化施工技术；

②饰面板（砖）工程绿色施工技术。研究材料减量化措施、边角余料再利用措施、化学物质防护措施、石棉水泥监测办法等；

③涂饰工程绿色施工技术研究涂饰工程施工有毒有害物质控制与防护技术、有毒气体污染已建建筑及空调系统的防护技术。

任务四：民用建筑安装工程绿色施工技术研究

任务分解为：①给排水工程绿色施工技术。研究给排水管道的预制与施工技术，有效提高工效和工程质量，减少施工中材料的浪费；针对给排水管打压试验中的耗能、耗水等问题，研究节能、节水技术以及新工艺；

②采暖通风与空调工程绿色施工技术。研究采暖通风管道的综合制作技术，提高材料使用率以及安装效率；针对暖通空调与智能建筑相结合的技术，研究空调通风系统的调试技术，在保证设备的运行的同时，节省能耗，提高能源和资源利用效率，便于维护、升级、改造和循环再用；

③电气工程绿色施工技术。针对电气工程的电缆施工，研究采用预分支电缆施工技术，可大幅度降低费用、减少现场施工周期，供电更为安全、可靠；研究改进采用电缆穿刺线夹技术作为新型电缆分支，可使供电线路具有最佳性能价格比，材料费用大大节省，同时安装方便，提高劳动生产率。针对电气设备的多样性以及产品工艺的改进，研究更加安全、迅速的安装施工工艺。

任务五：建筑工程绿色施工技术手册/指南

针对传统施工技术的非绿色因素，将开发的绿色施工技术融入施工工艺全过程，制定书面化的文件，形成17册绿色施工技术手册（指南），具体包括：

①《建筑地基基础工程绿色施工技术手册》；②《地下防水工程绿色施工技术手册》；③《砌体工程绿色施工技术手册》；④《混凝土结构工程绿色施工技术手册》；⑤《钢结构工程绿色施工技术手册》；⑥《建筑地面工程绿色施工技术手册》；⑦《屋面工程绿色施工技术手册》；⑧《建筑装饰装修工程绿色施工技术手册》；⑨《施工现场常用垂直运输设备技术手册》；⑩《建筑绿色施工脚手架安全技术手册》；⑪《绿色施工技术交底编制指南》；⑫《绿色施工组织设计编制指南》；⑬《电梯工程绿色施工技术手册》；⑭《建筑给水排水及采暖工程绿色施工技术手册》；⑮《通风与空调工程绿色施工技术手册》；⑯《建筑电气工程绿色施工技术手册》；⑰《智能建筑工程绿色施工技术手册》。

任务六：施工现场“四节一环保”专项技术

①施工现场噪声控制技术研究及监测平台开发。针对新建、改建、扩建项目施工周期全过程，对施工现场噪声源、传播途径、周边主要敏感点分布的数据统

计和分析；综合模拟分析多机具同时作业下的噪声耦合影响；开发施工现场噪声动态监测平台，对比导入不同技术措施组合的结果，得出最合理的“降噪”方案；

②施工现场空气质量综合控制技术。研究特殊作业环境下（如地下暗挖）的空气质量控制技术；结合施工所在地的“风玫瑰图”和施工扬尘产生的影响因素进行影响度分析；进行扬尘的控制标准和指标体系研究；研究开发新型高效控尘技术；建立空气质量的监测技术标准和监测平台；

③施工固体废弃物的减量化及现场再利用技术。基于对固体废弃物的 LCA（生命周期）的研究，进行施工固体废弃物的减量化目标研究；控制“固废”的产生量。通过分类后按照“自产自销”的原则，开发固体废弃物的减量化以及回收再利用技术，并进行综合评价；

④施工废水现场再利用技术研究。对施工现场的施工废水、生活用水、雨水进行分类收集；根据水质快速检测的结果，优化施工废水快速净化系统；采用分质控制原理，辅以雨水回收利用系统，为施工现场建立一套完善的供排水系统，施工现场能够快速充分地利用经过快速处理的施工废水；

⑤施工现场能耗控制技术。对施工现场的能耗进行分析，包括施工用电和生活用电；对主要耗能设备设施进行节能改造，减少施工能耗；研究施工现场可再生能源利用技术，充分利用太阳能。

任务七：建筑工程施工技术绿色化改造及现场减排工程示范

在国内选择至少 7 个项目实施绿色施工示范，推广示范面积达 100 万 m^2 以上，区域包括华北、东北、华南、华中、华东、西南、西北等，示范内容涵盖上述绿色施工工艺技术和“四节一环保”专项技术。

6.2.3 技术路线

课题研究战略路线

（1）全面总结、吸收“十一五”期间国内绿色施工及示范工程的成就，追踪当代国际绿色施工的最新成果。

（2）“十二五”期间结合国内绿色施工的现状，在“四节一环保”关键技术有所突破，构建以专项技术为经，以分部分项绿色施工技术工艺为纬的较为完备、系统的矩阵式绿色施工技术体系，力争形成国内先进、部分国际领先的绿色施工技术。

（3）在“十二五”研究基础上，“十三五”期间将结合国内外绿色施工的难点和热点问题，实现“一个突破三个强化”，即突破绿色施工低碳技术难点和热点，强化绿色施工的定量化、程序化和标准化建设，力争形成国内先进并具有国际竞争力的绿色施工技术。

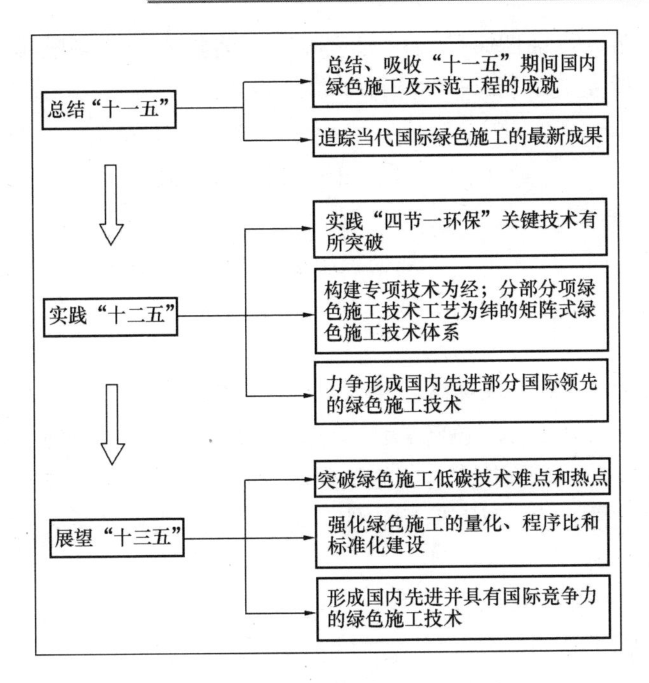

图 3-6-1　课题研究的技术路线

课题研究技术线路：

(1) 构建绿色施工技术评价模型；

(2) 对传统的施工技术进行分析，剔除非绿色的因素；

(3) 开发新的建筑工程绿色施工技术；

(4) 研究施工现场“四节一环保”10 大专项技术；

(5) 编制绿色施工手册或指南；

(6) 按照绿色施工规范要求，实施绿色施工示范工程，进行绿色施工技术的集成研究。

6.3 预 期 成 果

课题最终形成建筑工程传统施工技术绿色化技术和现场减排技术研究成果与示范，并拥有知识产权，预期形成的成果如下：

地方标准 1 部；企业标准 1 部；国家标准 1 部；企业标准 1 套。

施工现场扬尘污染的动态监控系统方向，软件著作权 1 项。施工现场噪声污染的动态监控系统方向，软件著作权 1 项。

在华北、华南、华东推广至少 3 个示范工程，工程类型分别选择商业建筑 1 个，住宅项目一个，钢结构项目一个，示范面积 50 万 m^2 以上；在东北、华中、西南、西北推广至少 4 个示范工程，示范面积 50 万 m^2 以上，示范内容涵盖基础、结构、安装、装饰四个阶段的绿色施工工艺技术和现场噪声、扬尘、废弃物、废水、能耗控制5个专业的减排专项技术。

6.4 阶段性成果

截止到2013年11月底，课题研究组取得了丰硕的研究成果。总结如下。

（1）编撰《手册》、《指南》或《专项技术报告》共计22份，编制工作尚在进行中。

技术内容如：《施工现场绿色施工技术》；《建筑地基基础工程绿色施工技术》；《建筑装饰装修工程绿色施工技术》；《智能建筑工程绿色施工技术》；《新型高效的施工现场扬尘控制技术》；《施工现场空气质量检测平台技术》等。

（2）开发软件2款。噪声监测软件系统、建筑垃圾控制系统。

（3）工法4项。

施工现场常用垂直运输设备技术：《内爬塔拆除工法》；

建筑施工脚手架安全技术：《集成式升降操作平台现场安装工法》；

安装部分：《节能型曳引式电梯安装施工工法》；《变风量（VAV）系统空调检测工法》；《铝合金电缆施工工法》。

（4）发表科技论文13篇。

砌体工程绿色施工技术：《混凝土余料及工程废料收集系统设计及效果分析》，《施工现场建渣回收利用系统应用技术》。

建筑装饰装修工程：《普通混凝土小型空心砌块PVC管线直埋施工技术》。

施工现场常用垂直运输设备：《浅谈施工现场大型机械设备管理》；《浅谈塔式起重机标准节连接螺栓的松动与防范措施》；《浅谈施工企业起重机械管理》。

现场减排技术：《建筑施工阶段碳排分析及节能减排措施研究》；《建筑施工过程碳排计算模型研究》；《施工现场水回收利用研究》；《建设项目环境问题的经济学分析》；《建筑工程施工现场可再生能源利用分析》；《建筑施工现场噪声控制对策研究》；《建筑施工现场多机具同时作业的噪声耦合作用研究》。

（5）申请国内专利11项，申请发明专利4项。

电梯导轨安装的校准装置，申请号：201320439663.4；

施工升降机的合并式双层吊笼，申请号：201320354140.X。

一种防止玻化砖镶嵌空鼓及脱落的技术，专利号：201310422799.9。

一种屋面排气构造，专利号：ZL201320237767.7，已受理。

混凝土余料及工程废料收集三通装置，受理号：201320403926.6；

工程废料收集系统构件消能弯，受理号：201320404172.6；

一种用于混凝土余料及工程废料的收集系统，受理号：201310285416.8。

(6) 研制技术标准，尚在研制中：

地方标准：玻化微珠自保温体系技术规程 1 部；

企业标准：建筑工程绿色施工技术手册（指南）1 套；施工现场扬尘控制标准 1 部；

国家标准：有关绿色施工技术规程 1 部。

6.5 研究展望

尽管绿色施工在我国已经得到认可，绿色施工意识已逐步确立，工程项目绿色施工的示范也已逐步推进，但在推进过程中仍然面临诸多问题和困难。如工程建设的相关方对“绿色”与“环保”的认识还有待进一步提升。绿色施工的保护资源、资源高效利用、保护环境、改善工人劳动作业条件和降低劳动强度等的深刻内涵尚未被广泛接纳；绿色施工相关法律基础和激励机制有待建立健全；大多数中小施工企业广泛采用的施工技术和工艺还难以满足绿色施工的要求；资源再生利用的水平不高。

本课题通过纵向和横向的方法提升绿色施工技术水平。纵向的提升方法为绿色施工图设计、绿色施工方案策划、选择绿色施工机械和操作工艺、绿色施工管理团队的组建、建筑施工全过程的施工技术绿色化技术应用、“四节一环保”理念的全面贯彻执行、绿色建材的选型、施工现场节能减排的实时监控与管理、总结提炼绿色施工技术并大力推广示范、绿色施工示范工程的申报与评选等；横向的提升方法为参观并调研学习欧美发达国家的先进施工工艺和管理体系，取长补短互通有无。通过克服科研过程中出现的各类技术难点，本课题的研究成果将有效改善并提高我国传统施工工艺的绿色化技术水平和管理水平。

作者：张世武（中国建筑第八工程局有限公司技术中心）

7 建筑结构绿色建造专项技术研究[1]

7 Special technical research of green construction of building structure

7.1 研 究 背 景

建筑工程建造是指从建筑施工图深化设计到形成建筑实体完成工程总承包合同的全过程，在这个过程中，消耗大量的资源并对环境造成一定的负面影响。绿色建造就是为了降低资源消耗率，提高资源利用的有效性，实现环境友好性。这对于建筑业的可持续发展具有重要意义。

建筑工程建造包括基础、主体结构、机电设备、装饰装修等环节，其中主体结构消耗的材料占工程全部材料消耗的80%以上，且建造过程对工期、质量、安全、环境影响巨大，因此建筑工程的绿色建造要把建筑结构的绿色建造作为专项技术进行攻关。

我国民用建筑工程主要采用钢筋混凝土结构、钢（索）结构、混合或组合结构。在结构的施工建造中，主要存在材料消耗大、现场施工垃圾多、劳动效率不高、人工使用多、质量安全存隐患等问题，制约了建筑行业的技术进步与产业的可持续发展。

建筑结构的绿色建造，以减少人工和材料消耗、减轻污染排放、提高劳动生产力，达到“四节一环保”为目标。对混凝土结构主要针对钢筋和混凝土两大主材的施工，重点研发钢筋的工厂化加工与配送技术和搅拌站商品混凝土绿色制备技术；对大跨钢结构与索结构应研发无支撑或少支撑制作、安装与成型技术；对组合结构应重点研发新型节点施工技术。

本课题将紧密围绕上述技术开展系统的研发与应用，制修订相应的技术标准与规程，通过绿色建造技术的工程示范与相关绿色建造示范基地建设，全面提升建筑结构绿色建造技术水平，实现建筑工程绿色建造的要求，显著增强行业相关企业的核心竞争力。

---

[1] 本课题受“十二五”国家科技支撑计划支持，课题编号：2012BAJ03B06。

7.2 课 题 概 况

7.2.1 研究目标

项目的总体目标是在传统建筑工程建造中关注质量、工期、安全、成本四要素的基础上，增加环境因素，并注重文化社会效应，构建绿色建造的技术体系，实现建造过程的“四节一环保”要求。

项目确定的课题目标是以普遍型建筑和大型公建结构的绿色建造专项技术突破，带动建筑结构绿色建造技术应用，实现项目的绿色建造目标。

课题主要目标是提高我国建筑结构绿色建造技术水平，通过研发在大跨度结构的安装施工技术、组合结构节点的构造连接与施工技术、钢筋工程的工业化制作与配送、混凝土绿色生产及评价技术等方面降低人工和材料消耗、提高劳动生产力、减少现场建筑垃圾排放，达到绿色建造要求。

7.2.2 研究内容

本课题研发将通过五项任务对以上建筑结构绿色建造专项技术开展研究并进行工程示范，研究内容图见图 3-7-1。

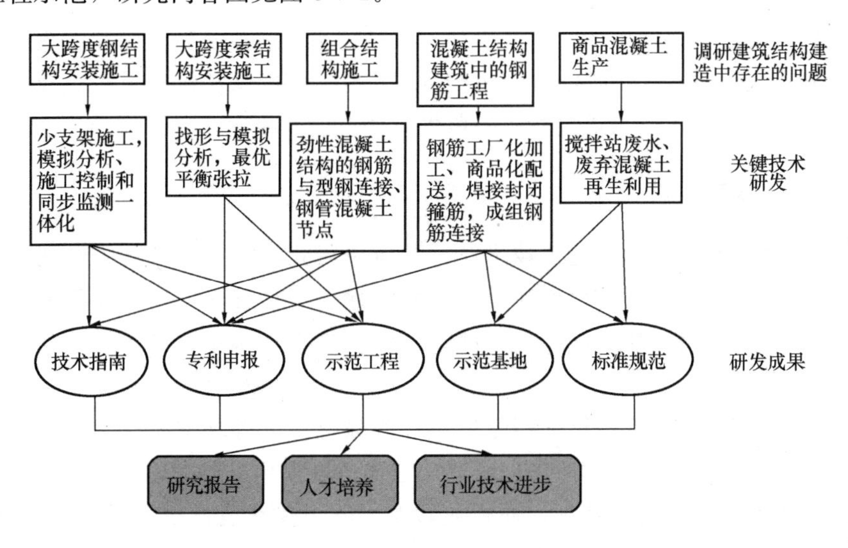

图 3-7-1 研究内容图

具体如下：

研究内容一：大跨钢结构的绿色建造技术研究

合理的结构分解与再组拼技术研究；少支架安装技术研究；大跨度结构施工

成型过程模拟与控制技术研究；大跨度结构施工期间的状态监测、预警与控制技术；大型结构整体安装中计算机与集群动力装置带回馈要求的同步控制系统研究；

研究内容二：轻型索结构的绿色建造技术研究

索结构施工成形过程中的找形分析与施工模拟技术研究；无支架条件下索结构在成形过程中的几何稳定性控制技术研究；结构初始几何误差及张力偏差对索结构整体状态与内力影响研究；最优平衡张拉技术研究；计算机控制集群液压千斤顶的同步控制张拉施工方法研究；施工过程预应力的建立、状态监测与预警技术研究。

研究内容三：组合结构的绿色施工技术

型钢混凝土梁、柱等组合构件的新型构造研究；型钢混凝土梁柱节点连接与施工技术研究；钢管混凝土柱与型钢梁节点连接与施工技术研究；高含钢率组合结构混凝土浇筑技术；组合梁、板结构免支模施工技术。

研究内容四：钢筋工程的工业化制作技术研究

钢筋加工配送技术标准关键要素研究；加工配送系统管理软件完善提高研究；焊接封闭箍筋自动焊接技术研究；成品化成组钢筋机械连接技术研究；钢筋机械锚固技术研究。

研究内容五：混凝土绿色生产及评价技术研究

预拌混凝土搅拌站生产废水再生利用关键技术；预拌混凝土搅拌站废弃混凝土再生利用成套技术；预拌混凝土生产过程中除尘与降噪关键技术；预拌混凝土环境安全性控制技术；预拌混凝土绿色生产评价技术和标准制订。

7.2.3 技术路线

“十一五”开展了绿色建筑技术及示范应用研究，承担的课题为“现代建筑技术集成示范工程应用”，重点在设计过程的绿色理念贯彻与相关绿色建筑技术的选用与集成，考核设计阶段的绿色目标和建筑本身的节能、节地、节水、节材与环保指标。

“十二五”重点开展建筑工程建造过程的绿色与可持续发展技术，绿色建造一方面要保证绿色建筑的设计指标通过绿色建造过程真正达到；另一方面绿色建造还要开发专用绿色建造技术，使行业影响大的主要建造材料（混凝土和钢筋）的建造过程绿色化，让大型标志性建筑成为绿色建造技术应用的典范，减少建造过程的资源消耗、污染排放，真正带动建筑工程建造过程的“四节一环保”。

“十三五”将继续研究绿色技术在建筑使用过程的维护、改造、拆除和再利用技术，真正实现建筑全生命周期的“四节一环保”。

具体研究路线为：

调研建筑结构建造中存在问题——列出迫切需要解决的技术问题——研发绿色建造关键技术、施工工艺与专用设备——制修订标准规范、编写建筑结构绿色建造技术指南——试点工程应用与示范基地的建设——实现建筑结构绿色建造产业化：

(1) 调研建筑结构建造中存在的非绿色问题：混凝土结构建造中的钢筋工程加工、预拌混凝土生产存在的问题；大跨度钢结构与索结构安装施工中存在的问题；组合结构施工建造中存在的问题。

(2) 列出迫切需要解决的技术问题：混凝土结构建造中钢筋现场加工的材料浪费、工效低、工地环境差问题；预拌混凝土生产中废水与废弃混凝土排放、粉尘与噪声、有污染隐患混凝土等问题；复杂钢结构加工制作中精度与质量控制问题、大跨度钢结构安装中的整体平移与顶升中的同步控制问题、索结构安装中整体同步张拉问题；组合结构施工中节点钢筋与型钢空间布置、钢筋与型钢连接、梁柱节点连接问题。

(3) 研发钢筋工业化加工与配送技术、成组钢筋机械连接技术及相关设备；研究混凝土绿色生产成套技术与评价技术；研究大跨度结构安装施工中计算机机电控制技术与机具；组合结构节点绿色施工技术研究与工艺要求。

(4) 制订预拌混凝土绿色生产及管理技术规程、编制我国钢筋工业化加工配送技术规程；编写大跨度结构计算机控制整体安装施工技术指南、组合结构施工技术指南。

(5) 开展大跨度结构计算机控制整体安装施工技术试点工程应用、组合结构绿色施工技术试点工程应用；做好钢筋工业化加工配送、预拌混凝土绿色生产示范基地的建设。

(6) 主要使钢筋工业化加工与商业化配送实现产业化，混凝土绿色生产实现产业化，加大建筑结构建造技术的产业升级与转型。

7.3 预 期 成 果

课题最终形成建筑结构绿色建造专项技术研究成果与示范工程建设，并拥有其中大多数成果的知识产权，预期形成的主要成果如下：

7.3.1 约束性指标

(1) 开发设备二套

研发的万吨级多点同步移动控制系统，其控制的设备张拉或升降承载能力100MN以上，能够实现16点以上同步控制移动，单点力值精度达到±1%，各同步点位移值差值小于10mm。

研发的焊接封闭箍筋自动焊接设备，其性能达到：加工钢筋等级 HPB300、HRB400、HRB500，加工钢筋直径 6～12mm，加工速度 6 个/min。

（2）研发产品二项

研发的 HRB400 级直径 20～32mm 穿越柱内型钢的机械连接接头，连接性能满足《钢筋机械连接技术规程》JGJ 107—2010 中Ⅱ级接头要求。

开发的 HRB400 级直径 20～32mm 成组钢筋连接接头，抗拉强度满足《钢筋机械连接技术规程》中Ⅰ级接头要求。节省钢筋锚固长度 40%以上。

（3）研发预拌混凝土绿色生产成套技术一套

该技术可实现预拌混凝土生产过程中废水和废弃混凝土再生利用率＞90%。混凝土原材料天然放射性核素镭－226、钍－232、钾－40 的放射性比活度控制满足 $IRA \leqslant 1.0$，$I_{\gamma} \leqslant 1.0$，六价铬化合物（按 Cr^{+6} 计）浸出液浓度控制小于 0.5mg/L。

（4）知识产权、技术标准等指标

制订行业标准 2 部。其中钢筋工程工业化制作方面编制标准 1 部；预拌混凝土绿色生产方面编制标准 1 部。

编制绿色施工指南 2 项。其中大跨结构少支架安装施工指南 1 本；组合结构无支模施工指南 1 本。

（5）应用示范基地、示范工程指标

建设或改造 1 条年产量 20 万 m^3 以上的预拌混凝土绿色生产示范基地；

建立 1 个年产达 150 台套焊接封闭箍筋设备能力的加工示范基地；

完成示范工程 3 个，分别为大型钢结构、轻型索结构、组合结构绿色建造示范工程各 1 个。单体工程规模不小于 1 万 m^2。

7.3.2 预期性指标

（1）对跨度小于 120m 的大跨度空间结构采用新研发的移动控制系统实现滑移、整体提升与无脚手施工，比传统施工技术提高功效 20%，节约脚手架与支架费用。对轻型索结构形成“最优平衡张拉法”，减少张拉设备数量或吨位 30%以上，节约设备设施及安装费用。

（2）申报实用新型专利 5 项，其中组合结构构件的新型构造连接申报专利 1 项；钢筋工程加工与钢筋连接技术方面申报专利 2 项；大跨结构绿色施工申报专利 2 项。

（3）发表课题相关论文 25 篇，形成课题研究报告或专项技术研究报告 10 部。

7.4 阶段性成果

截止到2013年12月底，课题组已成功开展建筑结构绿色建造相关标准、技术的调研，在分析、比较的基础上，完成了部分系统及产品的开发，并落实部分依托的试点工程。

课题组研发的具有回馈功能的计算机控制集群大型同步控制系统，其控制的设备张拉或升降承载能力100MN以上，能够实现16点以上同步控制移动，能实现大型结构或构件的同步移动和提升，能实现复杂工程的绿色建造。课题组提出的“低空拼装、整体提升、高空就位”关键施工技术在“武汉国际博览中心洲际酒店工程星空会所整体提升”示范工程中的成功运用，完美诠释了“利用最少代价实现复杂工程的建造”的绿色建造理念。

完成杂交索结构中索杆系的无支架提升安装方法、脊梁式索穹顶结构体系等的开发。一种撑杆端头焊接板式大转角球铰节点装置，实现了撑杆双向甚至任意向大转角的转动，同时零件构造简单，容易制作加工，费用低，精度高，转动时球体与上十字板底座以线接触为主，转动摩擦力小，现场安装时只需将球体嵌入上十字底座，然后用螺栓将防脱盖板与上端板连接即可，简单方便。

完成3项钢筋连接产品及实施方案的深化设计，2项产品及实施方案正在进行，具备试验检验条件。完成钢筋锚固板应用构造详图编制，便于广大设计和施工单位在工作中更快更好地掌握和应用，为锚固板连接技术在混凝土工程中广泛应用钢筋锚固板技术提供了更有效的技术环境。

完成含有加劲肋和不含加劲肋的型钢混凝土柱与钢筋混凝土梁节点连接试验研究，试验结果符合预期。组合结构深化设计和施工中的一个难点是节点处理，内部型钢之间的构造、钢筋与型钢间的空间关系复杂，连接构造困难，现有的设计方法很难直观的显示节点做法。在现有软件图形平台的基础上进行二次开发，快速的生成符合设计要求的节点三维图，方便设计和施工。

钢筋加工配送生产管理系统研究与软件完善，目前完成框架部分、料单录入及料牌打印等模块；该软件成功引入二维码技术，为钢筋加工及现场管理搭建了良好的信息平台。焊接封闭箍筋自动焊接设备的调直切断机构和弯曲成型机构已完成设计工作，开始加工试制；为保证焊接质量的稳定性，焊接工序需进行先行试验后再进行设计开发工作，目前正在准备试验工作。

废水废浆对砂浆性能影响研究以及废水废浆对混凝土性能影响研究试验方案已完成，目前处于试验设计阶段。依托本课题已完成行业标准—《预拌混凝土绿色生产及管理技术规程》的编制，目前处于报批阶段；完成《混凝土结构成型钢筋制品应用技术规程》送审稿，即将召开审查会。

7.5 研 究 展 望

随着我国城市化进程的加速与经济建设的持续高速发展，我国的房屋建筑2010年竣工面积已达到26亿m^2，目前城市民用建筑最主要的部分为两大类，一类为量大面广的住宅、写字楼等常规建筑，其结构大多采用钢筋混凝土结构；另一类为大型公共建筑，包含大跨建筑和超高层建筑，大跨度建筑多采用空间钢结构与索结构，超高层建筑大部分采用钢结构、钢与混凝土混合或组合结构。目前，这两大类建筑结构的施工建造中，普遍存在现场工作量大、材料消耗大、现场施工垃圾多、劳动效率不高、工程质量存隐患等问题，制约了建筑行业的技术进步与产业发展。对于这些传统的混凝土结构与正在发展中的钢结构、组合结构的施工建造技术应加大创新研发，并按节能减排要求，对建筑结构积极采用绿色建造技术，以减少人工和材料消耗、减轻污染排放、提高劳动生产力，达到“四节一环保”的目的，全面改造与提升传统建筑业技术水平，增强施工企业的核心竞争力，实现我国建筑业的可持续发展。

钢筋混凝土结构施工建造中的钢筋工程占结构工程总成本的三分之一，而且钢筋的用量巨大，2010年建筑用钢筋年用量已达约1.26亿t。目前，钢筋成型加工仍主要采用传统落后的人工和单机现场加工模式，工厂化加工率不到5%，普遍存在劳动强度大、能耗高、污染环境、加工效率低等问题，同时钢筋材料利用率仅94%左右，不符合我国的节能、环保产业政策。应急需按绿色建造要求，研发钢筋工程的工业化加工配送、钢筋笼与钢筋网片等成组钢筋连接与锚固技术，形成新兴的钢筋加工与配送产业，以提高加工质量和劳动生产率。钢筋混凝土结构施工建造中的另一重要方面是混凝土工程，由于我国混凝土行业生产比较粗放，绿色生产控制技术水平低，生产废水和废弃物排放缺乏控制，粉尘和噪声污染环境。初步估计，全国混凝土搅拌站每年产生的废水约5000万t以上，产生废弃混凝土3000万t以上；同时混凝土配比中的水泥用量偏高。因此，混凝土的绿色生产成为必须解决的重要问题。

大跨度空间结构具有跨度大、安装高度高、建筑造型复杂、安装精度要求高等特点。目前空间钢结构建造安装中部分还采用搭设高支架、高空散装的施工技术，造成材料与人力资源的浪费。空间钢结构也有采用整体滑移、提升技术，索膜结构采用无支架安装技术，但对于施工验算与过程控制相结合、动力设备与现代计算机控制技术相结合重视不够，造成一定的安全隐患。因此必须加大空间结构绿色建造技术的研发和应用，如采用计算机控制技术的机电一体化的整体滑移、整体顶升与索膜结构的无支架张拉施工，以确保施工安全、提高劳动效率、减少支架材料消耗、减少施工垃圾，实现大跨度结构绿色建造要求。

钢与混凝土组合结构是一种绿色、高性能的结构形式，可充分利用钢结构强度高、施工速度快、抗震性能好以及混凝土结构刚度大、成本低的优点，综合效益明显，广泛应用于高层建筑特别是超高层建筑。但组合结构施工中同时包含钢结构和混凝土结构的施工，由于存在钢筋与型钢构件、型钢构件与混凝土的相互影响，施工往往比较困难，尤其是在不同组合构件的节点连接处，施工难度大，现场作业量大。必须开展钢与混凝土组合结构节点绿色施工技术的研究，包括组合结构施工节点的空间建模与钢筋型钢碰撞检查、钢筋与型钢的连接技术研发、型钢与混凝土连接技术等。加快组合结构节点安装的速度，减少人工消耗。

作者：冯大斌（中国建筑科学研究院）

8 天津生态城绿色建筑规划设计关键技术集成与示范[1]

8 Integration and demonstration of key planning and design technologies for green building in Tianjin eco-city

8.1 研 究 背 景

近年来气候变化已经引起了全球关注，2012 年全球二氧化碳排放已经达到创纪录的 356 亿 t，全球化石燃料燃烧排放比《京都议定书》设定的基线年 1990 年增加了 58%。中国是全球年碳排放最多的国家，2011 年碳排放量占全球碳排放总量的 28%。面临此严重局面，中国承诺到 2020 年碳排放强度较 2005 年降低 40%～45%。即由 2005 年的每美元 2.43kg 二氧化碳当量降低到 2020 年的 1.34～1.46kg 二氧化碳当量。

城市是能源的主要消耗者和温室气体的主要排放者。2002～2011 年，我国城镇化率以平均每年 1.35 个百分点的速度发展，城镇人口平均每年增长 2096 万人。2011 年，城镇人口比重达到 51.27%，比 2002 年上升了 12.18 个百分点，城乡结构发生历史性变化。今后的几十年中，我国仍处于快速城市化发展过程中。城市化快速发展将进一步促进经济增长和人民生活水平提高，并带来诸多效益。但同时，我们也应看到：现代城市既是创造人类物质财富和精神财富的核心，也是大量消耗资源能源、导致温室效应等问题最为集中的地方。据联合国统计，世界城市人口占世界总人口的 50%以上，城市碳排放占全球碳排放总量的 75%，城市在节能减排的艰巨任务中占据核心地位。中国地级以上城市的能耗占中国总能耗的 55.48%，二氧化碳排放量占中国总碳排放量的 58.84%。要实现国家减排目标，必须将任务分解到各个省区、城市甚至更小的经济社会单元，促进各地区主动实现节能减排。英国贝丁顿社区结合当地气候特点，以低碳建筑、非传统能源应用为重点开展了低碳社区的设计、建造和实践，取得了很好的效果，实现了“贝丁顿零化石能源发展”社区。它的成功给了我们一个重要的启

[1] 本课题受“十二五”国家科技支撑计划支持，课题编号：2013BAJ09B01。

示，即发展低碳城市要从规划设计开始，制定合理的碳排放目标和行动方案并加以实施。但中国人口众多，主要是高密度建筑，不适合走贝丁顿乡村式发展模式，也不能遵循发达国家后工业化时代的低碳发展方式。既有城市可以根据多年积累的能耗及碳排放数据，根据变化趋势确定节能减排目标。而新城市既没有数据积累，又难以确定确切的经济数据，如何确定碳排放目标并加以实施是我们面临的一大难题。

8.2 课 题 概 况

8.2.1 研究目标

为了完成天津生态城100%绿色建筑、可再生能源利用率20%和2020年天津生态城温室气体排放量低于150tCO_2/百万美元GDP的发展目标。在天津生态城建筑能耗占生态城总能耗90%以上的情况下，建筑能耗的限制是天津生态城节能减排的重中之重。发展绿色建筑应关注建筑所依赖的城市环境，需要对城市环境统筹规划，为绿色建筑提供良好的外部支撑系统。为此，需要先确定建筑、产业、交通、市政等各领域的能耗比例及碳排放情况，并将建筑能耗的研究与规划、技术保障作为重点研究内容。

为了使生态城市的节能减排目标能够落地实施，需要对该目标自上而下进行逐级分解，确定生态城内单体建筑的能耗、碳排放等量化指标。并通过城市总体规划、控制性详细规划、修建性详细规划、绿色建筑单体设计等各个层面规划技术手段，将城市节能减排目标逐级落实，对绿色建筑的节能技术进行系统研究，形成适宜性技术目录，最终在单体建筑中得以实施。

8.2.2 研究内容

任务一：天津生态城绿色建筑能耗标准研究

分析城市碳排放源及其特点，研究城市能耗涉及的领域及统计方法，以华北地区不同类型、不同等级节能建筑为研究对象，展开大规模能耗调研，并将调研结果加以分析总结。在天津生态城总体规划和专项规划基础上，结合国内外先进的节能技术和经验，分析研究天津生态城建筑节能潜力。

基于天津生态城周边的资源与环境，研究适宜的供能方式及其碳排放，分析研究天津生态城可利用的再生能源资源与利用量，选择合理的碳排放分解模型。以天津生态城碳排放目标和可再生能源利用率目标为导向，综合节能与能源结构的调整，采用情景分析的方法进行研究与比对，最终确定天津生态城各类绿色建筑能耗指标。

任务二：天津生态城绿色建筑规划技术标准体系研究

结合天津生态城规划实践，研究生态城市建筑群的规划特点，构建城市能耗规划分解路径，完善城市土地利用、综合交通、市政基础设施等能耗控制方法，确定示范项目总体规划、控制性详细规划、修建性详细规划各阶段规划单元能耗定额及规划控制要求。研究以绿色建筑能耗标准为基础的控制性详细规划编制技术与标准。实现对区域能源利用总体目标与阶段性目标统一监管，构建以绿色建筑群节能减排目标为导向的管理、评价、监测相结合的区域绿色建筑能源规划管理体系。

任务三：天津生态城绿色建筑节能设计技术集成

（1）收集天津生态城已有绿色建筑项目，以及北京、天津等气候相近地区的绿色建筑项目资料，通过查看项目设计说明及绿色建筑申报材料，对各项目所采用的绿色建筑技术进行归纳整理，形成技术列表；对技术列表中的技术进行梳理，筛选出使用频率较高、效果突出的关键性技术以及基于特定项目所采用的特色技术作为重点研究对象，形成绿色建筑技术目录。

（2）对技术目录中的技术，根据不同建筑类型和人员使用特征，选出具有代表性的建筑项目作为研究对象。通过对这些建筑项目的设计说明、绿色建筑申报材料、备案图纸等资料梳理，获得方案阶段和设计阶段的数据；通过普遍监测与重点测试相结合的方式，获得各种绿色建筑技术在不同类型建筑中的实际运行数据。

（3）整合方案阶段、设计阶段的资料和实际运行数据，提炼不同绿色建筑技术的实施效果以及遇到的共性问题；研究各项技术与建筑功能、能耗以及运行特点之间的关系；研究达到天津生态城建筑能耗定额目标的技术体系及设计策略；对关键问题从建筑整体运行层面进行成套技术体系研究，避免不同技术之间在使用效果上可能产生的相互影响，并针对具体项目，有针对性地进行成套体系开发（居住建筑四步节能、超低能耗公共建筑节能、可再生能源建筑一体化等技术专题）。从而提出各种绿色建筑技术，在不同类型建筑中应用的技术合理性。

（4）将技术的增量成本与实测的运行效果相结合，分析技术的实施规模与投资、运行费用之间的关系，对绿色建筑技术的经济可行性进行综合评价，最终形成北方寒冷地区绿色建筑适宜技术选择指南。

8.2.3 技术路线

首先，对天津生态城的经济发展目标进行研究，分析天津生态城的产业特点，确定天津生态城的主要用能领域。在此基础上，对各领域的用能现状进行调研与分析，采用情景分析的方法确定各领域不同节能技术的节能量，进而确定天津生态城不同节能手段的总体能耗水平。针对总能源需求进行能源供应情景分析，主要研究清洁能源和可再生能源规划，降低碳排放，最终满足天津生态城碳排放目标和可再生能源利用率的要求。技术路线图见图 3-8-1。

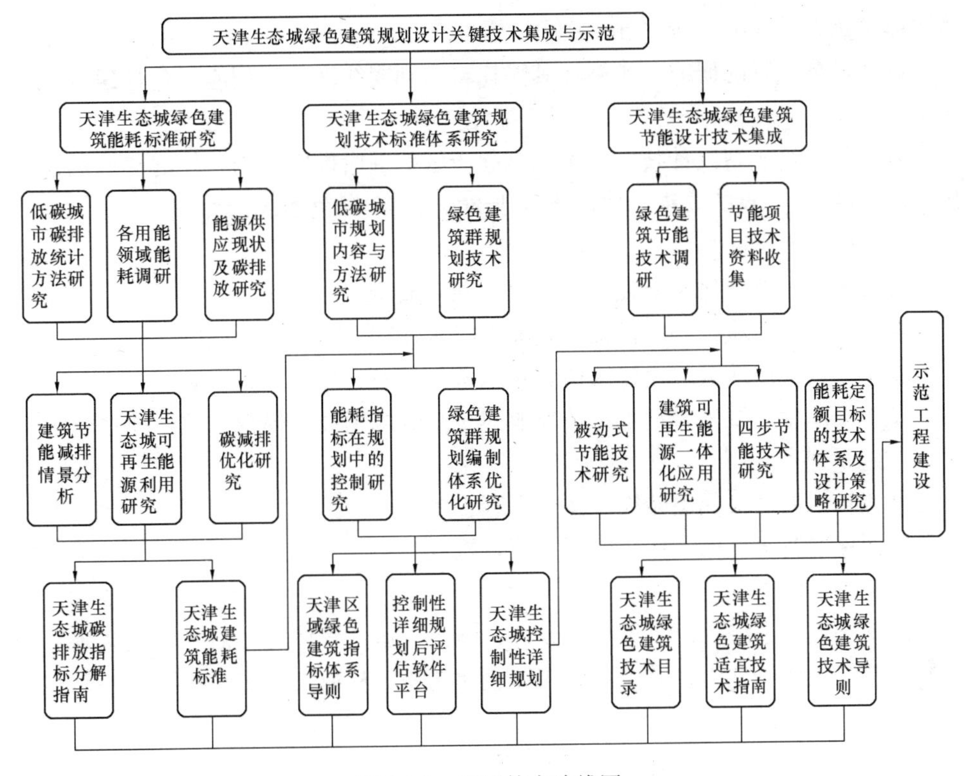

图 3-8-1　项目技术路线图

8.3 预期成果

（1）示范工程

本课题将在生态城对绿色建筑群规划设计技术进行研究，将研究成果在 9 个示范项目（合计 30 万 m^2）中进行示范应用，达到三星级绿色建筑比例不少于 30%的目标。其中，住宅项目节能率达到 70%，高于国家三步节能标准；公建节能率达到 60%，高于国家公共建筑节能标准。住宅建筑以公屋二期为例重点进行节能技术的研究与示范，使其达到四步节能标准（75%节能率）；公建选取了不同类型、有代表性的建筑进行研究与示范：第一中学设计能耗低于 68kWh/(m^2·a)；信息大厦结合数据中心用能特点，采用清洁能源（三联供）作为数据中心备用电源，充分利用设备余热，解决柴油发电机的污染问题，目标是建成国内首个绿色数据中心；公屋展示中心通过节能设计将建筑能耗降到最低，通过控制系统在建筑物运行过程中实现建筑自身年用能（采暖、空调、通风、热水、照明）与产能的平衡，实现零能耗目标。对建筑 A 级防火保温装饰一体化材料的研究成果，选择光伏开关站作为示范究对象，并进行相关实验对比研究，使得墙体整体传热系数≤0.45W/（m^2·K）。

以上示范工程的研究与实施，其能耗将达到同纬度国家相应绿色建筑的领先水平。

将绿色建筑规划设计技术在生态城起步区范围内推广应用，使起步区的建筑100％达到绿色建筑的要求，建设不少于200万m^2绿色建筑。

（2）标准及指南

发布天津生态城建筑能耗标准1项，独立成册；

发布天津生态城控制性详细规划编制技术标准1项，独立成册；

发布北方寒冷地区绿色建筑适宜技术选择指南1项，独立成册；

发布天津生态城复合型可再生能源建筑高效应用技术规程1项，独立成册。

（3）专利

外墙外保温防水保温装饰一体化专利1项；

屋面保温防水发电一体化专利1项，授权。

（4）人才培养

锻炼一支从事绿色建筑规划、设计、施工、运营管理等方面的研究队伍，培养绿色建筑领域研究生以及生态城市绿色建筑相关从业人员20名以上。

8.4 阶段性成果

8.4.1 主要进行的工作

（1）在绿色节能技术方面

1）通过文献调研，了解了国内外关于“绿色建筑节能设计技术集成”研究的方法和已有成果；细化、完善了技术路线；通过建立模型计算建筑能耗，研究能耗与系统、技术效率之间的关系。

2）对生态城已获得绿色建筑标识、已建成及在建的项目情况进行了调研，包括项目的信息，主要技术清单（如热工参数、系统设备形式、可再生能源应用规模）等，并进行了横向比较。

3）对已建成的项目进行了现场调研，了解了新技术的完成度和实施效果。初步开展了针对生态城服务中心、公屋展示中心等建筑的测试，得到围护结构热工性能及部分新技术的应用效果数据。

4）对生态城之外其他地区的建筑进行了调研，包括天津天友绿建设计中心、天津市建筑设计研究院档案馆、北京环保履约中心、清华大学中意环境节能楼、苏州档案馆、广州珠江城等，对建筑实际运行能耗和技术应用情况进行了初步的分析。

（2）在建筑能耗基准线方面

1）通过文献调研，了解国内外住宅和不同类型公建的能耗现状以及能耗统计方法。

2）在生态城内部，针对生态城服务中心、公屋展示中心、城市管理服务中心、动漫园主楼、动漫园创意大厦、商业街2号楼等建筑进行了用能系统和能耗现状调研，并进行了初步数据分析。

3）对天津市生态城之外的区域，分别针对综合写字楼、政府办公建筑、酒店类建筑、商场类建筑和学校类建筑进行了调研，对建筑实际运行能耗进行了初步统计分析。

4）调研了天津市住宅建筑的能耗现状。

8.4.2 获得的阶段性成果

(1) 关于国内外绿色建筑后评估研究的文献调研报告

(2) 对生态城公屋能耗的DeST模拟计算报告

(3) 对生态城服务中心、城管中心、公屋展示中心、公屋的调研与测试报告

(4) 天津市综合写字楼能耗调研报告

(5) 天津市学校类建筑能耗调研报告

(6) 天津市商场类建筑能耗调研报告

(7) 天津市酒店类建筑能耗调研报告

(8) 天津市住宅能耗调研报告

8.5 研 究 展 望

建筑能耗基准线是约束一个城市建筑能耗的基本要求，而能耗基准线不是所有建筑都能达到的，也不是所有建筑都不能达到的，在确定基准线的时候这个度要把握好。有了科学的建筑能耗基准线，就给了用户一个节能的方向。但是节能需要动力，动力是什么呢？就是奖惩制度。目前，我们的住宅建筑实行了阶梯电价，限制了电力使用的无序发展，节约了能源，这是好事。公共建筑目前大多实行了峰谷电价，鼓励用户在低谷时用电。这个政策对于用户来说，节约了费用，但没有节能，甚至还多消耗了电能。

据悉，明年北京七成以上的公共建筑将实施电能耗限额管理和极差价格制度，超标用电将加价收费，超限越高加价越多，用热、燃气使用等能源也将进行限额管理。能源的阶梯价格有助于提高用户的节能积极性，更好的发挥建筑能耗基准线的作用，利于节能减排。

作者：周志华（天津大学环境科学与工程学院）

9　天津生态城绿色建筑评价关键技术研究与示范[1]

9　Research and demonstration of key technologies for green building evaluation of Tianjin eco-city

9.1　研　究　背　景

建筑物在建造和运行过程中需要消耗大量的自然资源和能源，并对生态环境产生不同程度的负面影响。在改善和提高人居环境质量的同时，如何促进资源和能源的有效利用，减少污染，保护资源和生态环境，是城乡建设和建筑发展面临的关键问题。将可持续发展的理念融入建筑的全寿命过程中，即发展绿色建筑，已成为我国今后城乡建设和建筑发展的必然趋势，是贯彻执行可持续发展基本国策的重要方面。发展绿色建筑涉及规划、设计、材料、施工等方方面面的工作，对建筑材料的选用是其中很重要的一个方面。由于目前绿色建筑评价体系属于末端治理，待建筑建成后再进行评估其性能，评价体系中更多是对建筑部品或系统的要求，少有对建筑材料的要求。而一直以来绿色建材的研究更多关注其生产技术，而较少从建筑师的角度系统地研究绿色建材的功能性与应用基础，导致绿色建筑与绿色建材的研究与评价脱节。产业链中建筑业属于建材业的下游，两者的脱节在很大程度上限制了绿色建材的发展。建筑师对建筑材料、特别是新材料的性能了解不够。面对绿色建筑节能、节水、节材等目标，特别是随着定量化目标的推出，建筑师对建筑材料的选用显得无所适从。

与绿色建筑及建筑师选材相衔接配套的绿色建材评价体系为当务之急。提出一套绿色建筑选材技术指标体系，不仅有利于指导设计师、建筑师开发绿色建筑选材，同时对于促进建筑材料企业节能减排、通过技术进步开发新型产品，使建筑材料企业走上健康可持续发展道路有着重要意义。通过该体系的建立，进一步编制绿色建材的评价标准，将从技术上规范绿色建材的技术质量和市场秩序。有助于生态城绿色建筑从末端治理转变为过程控制，实现制度创新；有助于建材业与建筑业产业链上下游的衔接与整合，以此促进绿色建筑建设和绿色建材行业的发展。同时，

[1] 本课题受“十二五”国家科技支撑计划支持，课题编号：2013BAJ09B02。

绿色建筑的验收是通过建设工程项目的实施过程确保绿色建筑目标实现的关键，目前尚无针对绿色建筑在验收阶段的评价技术，无法保证绿色建筑各项技术的最终落实。中新天津生态城作为世界上第一个国家间合作开发建设的生态城市，生态城永久性建筑100%达到绿色建筑。因此，本课题拟结合中新天津生态城实际情况，开展绿色建筑验收评价关键技术的研究，其研究成果将极具代表性，为降低我国城镇能源、资源需求，加速推广我国生态城市健康发展提供借鉴。

9.2　课　题　概　况

9.2.1　研究目标

绿色建筑的评价工作是绿色建筑各项指标得以落实的重要保障。100%绿色建筑是天津生态城建设项目的特色指标，这与我国现有的绿色建筑自愿性建设与评价的方式不同，而全过程的评价技术是绿色建筑100%实施的重要保障。本课题围绕绿色建筑设计评价、绿色建筑选材评价、绿色建筑验收评价等难点和关键技术深入研究，建立以全过程量化评价为核心的绿色建筑评价技术体系，形成北方寒冷地区绿色建筑材料和部品选用及评价技术体系和产品目录，为天津生态城以及国内绿色建筑的实施提供技术支撑。

9.2.2　研究内容

任务1：绿色建筑设计评价关键技术研究

从社会性、技术性和经济性的角度，比较和分析国内外绿色建筑评价技术体系及其实践的经验和现状，客观分析其不同的优缺点。并基于现状分析，从建筑单体、建筑群（小区、城区等）等不同尺度研究生态城模式下绿色建筑规划和设计相关的评价内容和评价方法，制定绿色建筑设计评价规程。开发绿色建筑标识评价信息化系统，建立生态城绿色建筑标识评价信息数据库。

研究绿色建筑能耗模拟关键技术：结合本地的气候特征、建筑特点及相关标准、规范等，研究建筑能耗模拟参数标准化问题和能耗模拟软件本地化关键技术，以形成建筑能耗模拟技术指南和适合当地构造做法和工程习惯的能耗模拟软件，便于定量化快速化评估建筑综合能耗。

研究生态城绿色建筑设计评价的管控流程，建立与建筑能耗指标相对应的节能闭合管控体系，针对建筑方案阶段、设计阶段、施工阶段设路控制节点和科学控制流程，确保能耗指标能够通过建筑设计阶段、施工阶段及验收阶段的过程控制在生态城的建设项目中得到真正落实；以天津生态城建设项目为载体，研究绿色建筑设计评价技术在示范工程中的集成应用方法及实施效果，根据实际情况反馈修正生态城各类建筑的能耗定额以及绿色建筑节能设计策略。

任务 2：绿色建筑材料选用及评价技术研究

围绕绿色建筑节能目标的实现，利用软件仿真和模拟、建筑运行过程对关键材料的长期监测等手段，建立建筑节能材料性能指标与绿色建筑节能目标的量化模型。根据绿色建筑的节能目标，利用所建立的量化模型开展围护材料与部品的节能贡献率研究，制定针对绿色建筑节能目标的材料选用及评价技术。

围绕绿色建筑室内环境质量目标的实现，通过实验室内对装饰装修材料的性能检测和实际项目使用过程中有毒有害物质释放的长期监测，开展建筑材料的有害物质释放与室内空气质量的关系研究，建立室内装饰装修材料性能指标与绿色建筑环境质量目标的量化模型，并根据绿色建筑的目标，制定针对绿色建筑室内环境质量目标的材料选用及评价技术。

围绕降低绿色建筑全生命周期环境负荷和碳足迹目标的实现，分别对公共建筑、居住建筑的建筑材料使用情况进行深入调研，并利用建筑碳排放计算软件，结合本地建筑材料的碳排放实际状况，开展绿色建筑环境负荷与建筑材料环境负荷和碳足迹的关系研究，建立绿色建筑环境负荷计算模型。根据绿色建筑的环境负荷和碳足迹目标，开展绿色建材选用技术研究。

在上述绿色建材选用指标体系的基础上，建立绿色建筑适宜产品库，并结合示范工程建设，开展应用评价研究。

任务 3：绿色建筑验收评价关键技术

对国内外绿色建筑评价方法进行对比分析，梳理国内当前用于建筑项目工程验收的各项标准规范，综合绿色建筑评价、建筑能效测评、建筑节能工程施工质量验收、可再生能源系统测评等各类验收评价技术文件，编制中新天津生态城可再生能源建筑应用系统验收技术规程及中新天津生态城绿色建筑综合验收技术规程，开展对绿色建筑能耗、设备能耗、设施能效、可再生能源系统应用等内容的验收评价工作。

结合天津生态城建筑项目的特点，编制用于生态城建筑项目专项验收评价、整体验收评价的技术规程，研发符合我国国情并适合生态城建筑项目的绿色建筑验收集成测试装路，在示范项目中进行示范应用。

任务 4：绿色建筑设计评价关键技术集成应用示范工程

绿色建筑设计评价关键技术应用示范工程：天津生态城公屋展示中心、天津生态城公安大楼、天津生态城信息大厦、天津生态城第一中学、天津生态城公屋二期。绿色建筑材料选用及评价技术：天津生态城公屋展示中心、天津生态城公安大楼、天津生态城信息大厦、天津生态城第一中学、天津生态城公屋二期。

9.2.3 技术路线

在对国内外绿色建筑指标体系和绿色建筑评价标准体系的科学性、合理性以及实施情况进行调研和总结的基础上，通过理论分析、模拟计算、实验室试验、现场测试与监测等科研手段，从具有相互密切关联的绿色建筑设计、绿色建筑选材和绿色建筑验收等三个方面，对绿色建筑/建筑群的评价关键技术展开研究工作与示范验证工作，具体阐述如下：

（1）绿色建筑设计评价关键技术研究，包括：绿色建筑指标体系与设计评价方法学研究、建筑能耗动态模拟软件本地化研究、绿色建筑能耗指标闭合管控体系研究；

（2）绿色建筑材料选用及评价技术研究，包括：节能材料评价技术、环保材料评价技术、低碳材料评价技术；

（3）绿色建筑验收评价关键技术研究，包括：可再生能源系统验收、绿色建筑综合验收、绿色建筑验收集成测试装置；

（4）同时，以天津生态城的绿色建筑为载体，对上述三方面的评价关键技术进行示范和验证，以求证本课题研究并形成的绿色建筑评价技术体系的科学性、合理性和可行性。

综上，课题技术路线如图 3-9-1 所示。

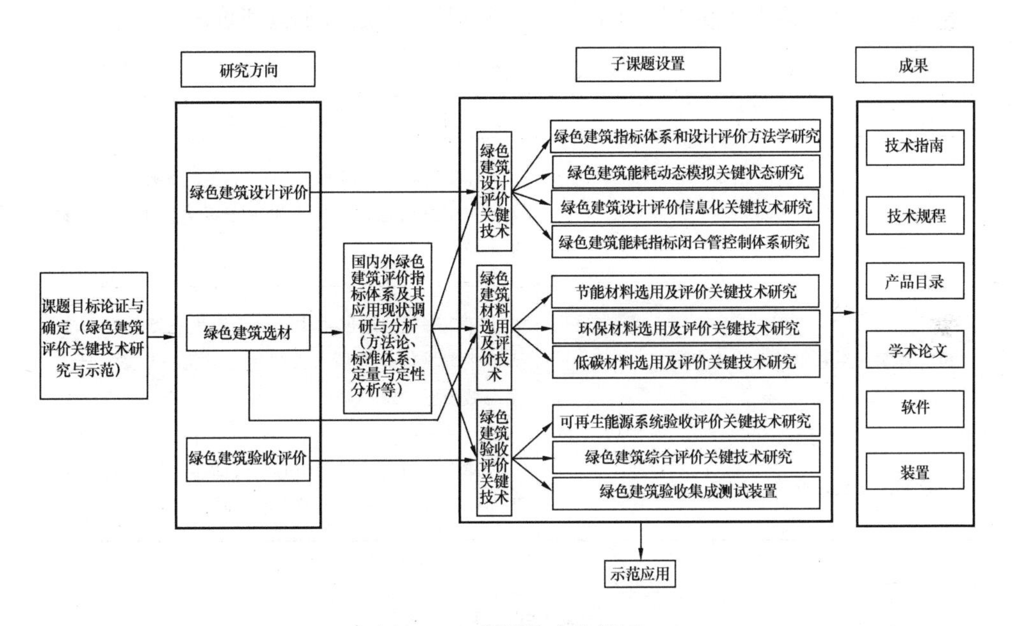

图 3-9-1 课题技术路线图

9.3 预 期 成 果

课题预期形成的成果如下：

（1）完成绿色建筑全过程评价方法研究，明确绿色建筑性能目标及技术措施在各阶段的评价要点、评价内容和评价方法，形成天津生态城绿色建筑设计评价技术规程 1 项；天津生态城绿色建筑验收评价技术规程 1 项；切实在建筑设计、施工、验收等各阶段落实绿色性能目标。基于绿色建筑验收评价方法，形成绿色建筑验收集成测试装置 1 项，将建筑光热一体化、建筑光伏一体化、地源热泵性能测试、建筑能耗测试等各项测试内容进行集成，实现验收阶段的节能与可再生能源性能同步测试验收。开发绿色建筑标识评价信息化系统软件 1 项，实现绿色建筑评价信息化；

（2）完成北方寒冷地区绿色建筑选材技术导则 1 项、北方寒冷地区绿色建筑选材目录 1 项，指导天津生态城和北方寒冷地区绿色建筑设计、施工过程中的材料选用，保障绿色建筑性能目标的实现；

（3）完成本地化建筑能耗模拟软件 1 项，服务生态城绿色建筑能耗定量化评价工作；完成天津生态城绿色建筑能耗模拟技术指南 1 项，规范能耗模拟过程中的边界条件设置、参数选取、模型建立等工作，使得能耗模拟结果能够有效指导绿色建筑的设计、施工乃至验收后的评价；

（4）结合示范工程建设，在表 3-9-1 所列项目中进行示范评价。

研究内容与示范基地 **表 3-9-1**

研 究 内 容	应用示范基地
绿色建筑设计评价关键技术	天津生态城公屋展示中心、天津生态城公安大楼、天津生态城信息大厦、天津生态城第一中学、天津生态城公屋二期
绿色建筑材料选用及评价技术研究	天津生态城公屋展示中心、天津生态城公安大楼、天津生态城信息大厦、天津生态城第一中学、天津生态城公屋二期
绿色建筑验收评价关键技术	天津生态城公屋展示中心、天津生态城公安大楼、天津生态城第一中学、天津生态城公屋二期

9.4 阶 段 性 成 果

（1）对国内外绿色建筑设计标准、导则、规范进行调研，包括：英国的 BREEAM，美国 LEED，日本的 CASBEE，加拿大 GBTOOL，德国 DGNB，澳大利亚的 GREEN STAR 等标准，梳理在节能、节水和节材方面的定量化指标，以及国内的《绿色建筑评价标准》、新版《绿色建筑评价标准》（征求意见稿）、

《天津市绿色建筑评价标准》、《民用建筑绿色设计规程》和其他省的绿色建筑评价标准，并进行梳理，结合天津生态城对于在节能、节水和节材方面的定量化指标要求，形成《天津生态城绿色建筑设计评价规程》初稿。

（2）调研了适合建筑能耗模拟的软件 EnergyPlus、DOE-2、DeST、eQuest、TRNSYS、PKPM，分析了各个软件的适用性以及优缺点，最终选择 e-Quest 作为技术指南的基础软件，并结合天津生态城的气候特征、建筑特点及相关标准、规范等，形成建筑能耗模拟技术指南，便于定量化快速化评估建筑综合能耗，有利于建筑能耗模拟计算的准确性和提高能耗模拟的建模和计算速度。现阶段已完成《天津生态城绿色建筑能耗模拟技术指南》初稿的编制工作。并已联系相关单位，着手软件本地化工作。

（3）利用 e-Quest 模拟软件，建立绿色建筑节能材料选用技术研究，目前已完成建筑外窗及外墙的选用技术研究，并建立产品库。

（4）搭建绿色建筑标识评价信息化系统平台，并处于调试阶段。

9.5 研 究 展 望

绿色建筑设计评价研究从社会性、技术性和经济性的角度，比较和分析国内外绿色建筑评价技术体系及其实践的经验和现状，客观分析其不同的优缺点。并基于现状分析，从建筑单体、建筑群（小区、城区等）等不同尺度研究生态城模式下绿色建筑规划和设计相关的评价内容和评价方法，制定绿色建筑设计评价规程初稿内容。

绿色建筑能耗模拟关键技术研究结合天津地区的气候特征、建筑特点及相关标准、规范等，研究建筑能耗模拟参数标准化问题和能耗模拟软件本地化关键技术，以形成建筑能耗模拟技术指南和适合当地构造做法和工程习惯的能耗模拟软件，便于定量化快速化评估建筑综合能耗。

通过对国内外绿色建筑及绿色建材的大量调研和研究，围绕绿色建筑节能目标的实现，利用 e-Quest 软件仿真和模拟研究了建筑外窗及建筑外墙性能对建筑能耗的影响，并结合增量成本及建筑材料资源消耗、碳排放等因素，对建筑材料的选用进行综合评价，研究建筑节能材料选用技术。

通过对天津市绿色建筑发展及管理现状的调研，和对现有的建筑工程施工质量验收标准的文献调研，形成了天津生态城绿色建筑验收评价技术规程的主体框架，并根据编制依据，本着解决“绿色技术用没用、施工质量好不好以及量化指标够不够”三个在绿色建筑施工中所面临的实施难点的思路，对住宅建筑和公共建筑的节地与室外环境、节能与能源利用、节水与水资源利用、节水与水资源利用及室内环境质量五大方面的评价要求逐条制定了相应的验收要求。这一规程使得在获得绿色建筑评价标识建筑与日俱增的同时，保障了绿色建筑施工质量，从而使得标识建筑真正的达到绿色建筑标准，也为建筑运行期间的实际效果做了良好的先行保障。

作者：戚建强（天津生态城绿色建筑研究院有限公司）

10 天津生态城绿色建筑运营管理关键技术集成与示范[1]

10 Integration and demonstration of key technologies for green building operation management of Tianjin eco-city

10.1 研 究 背 景

考虑全寿命周期是绿色建筑有别于传统建筑的显著特征之一，规划、设计、建造阶段是绿色建筑形成的过程，其为实现“四节一环保”的目标提供了可能和必要条件，但“四节一环保”目标的真正实现和综合效益的取得主要取决于其使用过程，即运营管理阶段。研究表明，运营期间建筑的碳排放量占了建筑全寿命周期总排放量的80％以上。因此，高水平的绿色运营管理对绿色建筑目标的实现起着决定性的作用。绿色运营管理不同于我国传统的物业管理，应充分体现“四节一环保”的核心理念，以“节能、减排、环保”综合效益最大化为原则，依据现代管理理论和系统方法，进行资源的优化配置和多专业的协同配合，以确保绿色建筑预期目标的实现。

我国正处于绿色建筑发展的初期阶段，目前人们关注的热点是绿色建筑的设计与建造技术，然而，绿色建筑好比利用先进科技铸就的一把利器，如何发挥其功用还依赖使用者的管理水平，因此绿色建筑运营管理是实现建筑节能减排的必要环节。而我国目前在绿色建筑运营管理领域的研究刚刚起步，所以研究绿色建筑运营管理技术是保证绿色建筑发挥能耗优势的迫切需求。

目前在我国，绿色建筑仍处于实验与探索阶段，尚未形成一套成熟的绿色建筑技术与设备优化方案。绿色建筑相关技术与设备的应用效果需要通过对绿色建筑运行数据的监测来获取，绿色建筑在运营阶段的监测是绿色建筑科学评价的有力保障。因此，绿色建筑的运营监测提供了大量真实的数据，对促进绿色建筑的发展与技术进步具有重要的意义，是研究绿色建筑运营管理关键技术的基础。

---

[1] 本课题受“十二五”国家科技支撑计划支持，课题编号：2013BAJ09B03。

10.2 课 题 概 况

10.2.1 研究目标

通过对生态城绿色建筑运营阶段资源消耗水平的实时监测与数据采集，利用信息化技术实现对绿色建筑能耗的监测与控制，并建立绿色建筑运营能耗标准体系，提升绿色建筑运营水平；从绿色建筑全寿命周期角度出发，依据生态城市发展目标和绿色建筑设计指标，优化系统运行参数和控制方法，通过绿色建筑设备综合系统调试技术，提升绿色建筑运营效率和水平；围绕饰面层与保温材料一体化生产工艺，开发满足工业化生产的短流程、自动化程度高的生产工艺及工业化关键设备，实现产品批量生产和产业化推广；构建涵盖绿色建筑设计、施工、验收等全过程、全专业的评价机构与产业化联盟；构建涵盖行政保障、社会保障和经济保障的政策体系框架，推进绿色建筑实施。

10.2.2 研究内容

本课题拟解决的主要技术难点和问题包括以下几点：

（1）能耗监测平台的构建

利用开放性和全分布式的先进技术构建能耗监测平台，实现建筑能耗、水耗数据采集、数据中转和数据中心的集成，其中的关键技术及难点主要包括：冷热量表、水表、电表的系统集成，主要涉及各能耗采集设备的选型、可维护性、可扩展性等不同技术规则转换及集成；数据采集过程不同行业标准的融合，主要涉及网络通讯的拓扑结构设计、网络通讯协议的转换及不同数据采集设备通讯速率的差异；分布式网络的稳定性及抗干扰能力，除涉及网络通讯的拓扑结构外，还包括通讯的隔离技术和通讯设施材料；数据中心服务器与各功能软件的兼容性，主要包括监测操作软件与绿色专家数据库兼容性、电耗分析模块、预警模块等接口兼容性、数据库稳定性和数据远传及安全性等问题。

（2）建筑能耗的分项计量

绿色建筑中的能耗由不同种类的设备能耗所组成，按照不同要求需要对各种系统设备能耗进行不同的分项，但是实际建筑中往往面临能耗难以进行拆分的问题。

（3）建筑能耗、水耗实时分析与决策支持专家系统的构建

专家系统的基本组成是知识库、推理机和数据库。知识库用于存储领域专家的专门知识，它的建立是建造专家系统的中心任务，专家系统拥有知识的数量和质量是决定一个专家系统的系统性能和问题求解能力的关键因素，因此如何构建

建筑能耗、水耗实时分析与决策的知识库，也是课题研究的难点之一。

(4) 电力、热力、燃气等负荷预测模型的构建

负荷预测是根据系统的运行特性、增容决策、自然条件等诸多因数，确定未来某特定时刻的负荷数据。构建绿色建筑电力、热力、燃气等能耗负荷预测模型的目的，是为绿色建筑设备综合系统调试技术导则的制定提供技术依据。负荷预测的关键在于建立科学有效的预测模型，采用有效的预测算法，以历史数据为基础，进行大量试验性研究，总结经验，不断修正模型和算法，以真正反映负荷变化规律。因建筑用能设备数量庞大，针对每个用能设备实现具体能耗预测是不可能的，只能按建筑用能设备类别实现各项的总体预测。然而每一项下面又可分为几个子项，而且各子项设备的用能特点存在较大差异。因此，如何实现对不同设备类别进行能耗相对准确负荷预测，又满足实施建筑运行管理措施的要求，是构建能耗负荷预测模型的关键问题之一。

(5) 绿色建筑设备综合系统运行优化关键技术

大型公共建筑设备由不同种类的设备子系统所组成，按照不同功能需要对能耗进行不同管理，但是实际建筑中往往是集中监控，相互关联，如电能、风能、太阳能互补等，因此需要对建筑各设备子系统和用能系统特点进行详细具体分析，对水、电、气、热管网尤其是太阳能、风能等新能源的控制策略与调节手段进行研究，结合电气控制特点，如启动设备采用累计运行时间最少优先启动策略、还是当前停运时间最长优先启动策略或轮流排队启动策略等等。建立一个工程应用性强的建筑设备综合系统调试方法是进行科学调度和管理的关键问题之一。

(6) 绿色建筑产业化平台构建

如何推进绿色建筑与相关产品的产业化是一个难题，本课题拟围绕饰面层与保温材料一体化生产工艺，开发满足工业化生产的短流程、自动化程度高等要求的生产工艺及工业化关键设备。需要结合绿色建材产业的发展，形成能够生产多种饰面效果、满足北方寒冷地区建筑节能需要的高防火等级无机保温装饰一体化材料中试生产线，建立满足绿色建筑建设需要的节能材料、环保材料等绿色建材检验实验室，最终实现产品的批量生产和产业化推广。

10.2.3 技术路线

(1) 能耗监测平台构建的技术方案

1) 生态城绿色建筑能耗监测系统集成 能耗监测系统由数据采集子系统、数据中转站和数据中心组成，数据采集子系统由监测建筑中的各计量装路、数据采集器和数据采集软件系统组成；计量装路用来度量电、水、燃气、热（冷）量等建筑能耗；数据采集器是在一个区域内进行电能或其他能耗信息采集的设备；数

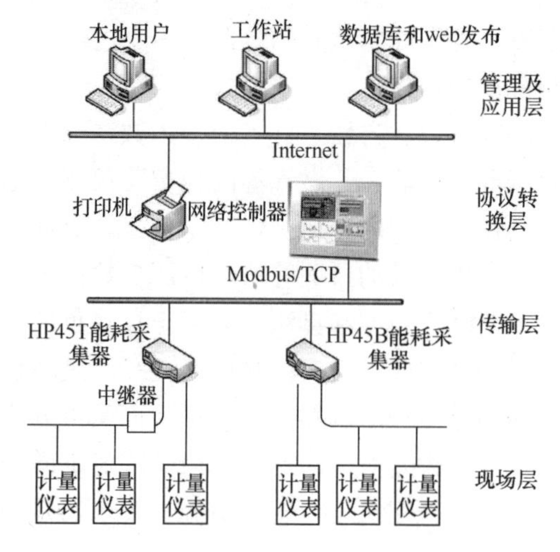

图 3-10-1 能耗监测平台构建的技术方案

据中转站接收并缓存其管理区域内监测建筑的能耗数据，并上传到数据中心；数据中心接收并存储其管理区域内监测建筑和数据中转站上传的数据，并对其管理区域内的能耗数据进行处理、分析、展示和发布，因此采用现场数据采集、数据传输、协议转换、数据管理、应用（本地用户、数据库、Web发布）构架方式组成，结构如图 3-10-1 所示。

2）不同行业标准融合问题，通过设计采用树状网络拓扑结构，并建立相关网关，实现在网络传输层将不同采集装路进行网络协议转换，并通过转换网关、软件处理及并行任务管理技术实现不同采集装路的标准协议传输；

3）对于分布式网络的稳定性及抗干扰能力，主要通过选取高防雷、防火等级的网络设备、通讯屏蔽电缆及安全的光电隔离技术以增加网络传输的稳定性与安全性；

4）对于服务器操作软件的兼容性等问题，通过合理设计监测软件结构、数据库结构及各驱动接口，使操作系统及数据采集与信息管理系统、绿色建筑生态专家数据库、预警平台模块、水耗实时分析模块、电耗实时分析模块、集中供热能耗实时分析模块、决策支持专家模块等应用软件，实现彼此间时序数据传输的稳定性。

（2）建筑能耗分项计量技术方案

1）调查生态城绿色建筑能耗系统状况，研究用能设备的种类、配电系统的结构特点；总结分项能耗数据分析应用的基本数学方法，并开发适合示范建筑的推荐能耗数据模型；

2）通过对生态城绿色建筑配电系统的特点及末端集能耗特性分析，建立一套完整的间接计量方法体系，针对分项计量中的能耗拆分问题进行研究，采用“最优化调整法”和负载率模型的末端集能耗估算算法，并以上述能耗拆分算法和末端集能耗估算算法为基础，给出两种分别基于经验和统计数据的计量方案设计方法。

3）针对生态城绿色建筑特点，开发适用于分项计量数据处理的数据库结构和算法流程及常见错误的检验与处理方法。

（3）建筑能耗、水耗实时分析与决策支持专家系统的构建技术方案生态城绿色建筑能耗、水耗实时分析与决策支持专家系统按照专家系统的完整结构进行设计，包括知识库、推理机、综合数据库、解释机构以及用户界面组成，其中，知识库是专家系统的核心部分，对于知识库的建立、调用和管理采用下述技术方法实现：

1）专家系统知识库的建立 专家系统采用规则表示知识，每一个能耗分析的精炼知识模块表示一条规则，因此对其进行修改或替换不影响其他规则；对于知识获取部分，专家系统采用两种途径：能耗、水耗的实时状态信息，通过能耗数据库获取来进行分析。不能通过数据库获取的能耗信息部分通过用户屏幕上输入选择信息或添加新的信息到知识库。专家系统具有解释及向用户提供诊断咨询的功能，其中解释部分可以提供能耗、水耗实时分析与决策支持结果的得到方法进行解释，并提供求解问题的推理轨迹，提供分析与决策检验系统求解方法的合理性，并以此为基础构建知识库。

2）知识库调用 采用 Visual Basic 语言完成上述绿色建筑能耗、水耗实时分析与决策支持专家规则的调用并存储到知识库中，实现知识库的建立。

3）知识库管理 绿色建筑能耗、水耗实时分析与决策支持知识库管理结构采用：定义索引文件结构、定义的规则结构存储用户输入的数据、可读出已存在的记录、删除已存在的记录及采用人机交互的对话框方式实现其操作。

（4）电力、热力、燃气等负荷预测模型的构建

1）对国内外典型绿色建筑研究现状与技术应用情况调研，进行统计数据分析，以生态城绿色建筑群典型建筑的电气系统、给排水系统、空调（含住宅采暖系统）、通风、燃气系统、电梯设备和新能源系统等设备子系统为对象，充分考虑生态城气候特征、资源特征及建筑功能，进行系统分析，建立相应的系统负荷预测模型。构建绿色建筑电力、热力、燃气等能耗负荷预测模型。

2）实现建筑各系统设备能耗的负荷预测。以历史数据为基础，进行大量试验性研究，总结经验，不断修正模型和算法，以真正反映负荷变化规律。研究生态城建筑的电、气、热管网尤其是太阳能、风能等新能源的基本功能特征，提出控制策略与调节手段，针对所研究的设备系统运行控制方法，进一步优化负荷预测模型。

3）以示范项目为对象，进行相关系统的示范应用，围绕电气系统、给排水系统、空调（含住宅采暖系统）、通风、燃气系统、电梯设备和新能源系统等设备子系统进行优化控制技术实验，验证系统负荷预测模型和系统优化目标体系。

（5）绿色建筑设备综合系统运行优化技术方案

1）以生态城绿色建筑群为基本研究对象，依据系统优化理论与控制原理，基于系统负荷预测模型，建立电气系统、给排水系统、空调（含住宅采暖系统）、通风系统、电梯设备和新能源系统等设备子系统的优化控制技术框架和系统优化

目标体系，形成系统最佳状态运行方案；

2）大型公共建筑设备由不同种类的设备子系统组成，按照不同功能需要对能耗进行不同管理，对水、电、气、热管网尤其是太阳能、风能等新能源的控制策略与调节手段研究，结合电气控制特点，如启动设备。

10.3 预 期 成 果

（1）天津生态城供热计量与远传技术导则 1 项；（地标，独立标准，正式立项并完成送审稿）；

（2）天津生态城绿色建筑监测技术导则 1 项；（地标，独立标准，正式立项并完成送审稿）；

（3）绿色建筑能耗负荷预测模型 1 套；

（4）天津生态城绿色建筑设备系统最优化运行技术指南 1 套；

（5）基于设备系统运行优化的绿色建筑设计指南 1 套；

（6）绿色建筑能耗监控组态软件著作权 1 项；

（7）绿色建筑能耗负荷预测分析软件著作权 1 项。

10.4 阶 段 性 成 果

进行了国内外绿色建筑监测技术应用现状调研；确定了 4 栋典型建筑监测对象及其监测系统形式、结构、能耗采集子系统框架和流程，并进行了现场调研及施工图纸绘制，并完成了监测系统的实施方案。目前课题进展到水、热、电等监测设备购置及安装阶段。

进行了国内外研究现状及技术应用情况调研；监测建筑数据采集点布置和数据选择，系统运行优化建模初期；发表文章《中新天津生态城零能耗绿色建筑的整合设计及技术集成》。

完成天津生态城绿色建筑产业发展示范基地建设方案，制定以建筑定量化性能指标为核心的绿色建筑全过程管理体系，已完成生态城 24 个项目国家绿色建筑标识认证工作，19 个项目已获得国家绿色建筑三星级认证标识。

发表学术论文 2 篇。

10.5 研 究 展 望

绿色建筑的节能、节水以及碳排放等性能的发挥主要依靠绿色建筑所安装的设备实现，设备选型、设备运行效率、设备维护均对绿色建筑的运营成本产生直接影响。因此，在建筑运行数据实时监测的基础上进行设备优化与控制是提高建筑性能的主要措施，研究绿色建筑运营管理中的设备优化与自动控制技术是研究绿色建筑运营管理关键技术的重要组成部分。

只有绿色建筑在社会全面推广才会给国家带来可观的经济效益与环境效益，才会为整个社会节约大量资源，减轻环境污染。目前，大部分绿色建筑的建设是以示范工程、实验项目的形式存在，虽取得大量宝贵的经验与丰富的研究成果，却没有有效推广应用。因此，建立绿色建筑产业化平台是绿色建筑推广的一个重要手段。

总体来说，绿色建筑的运营管理是绿色建筑产生经济效益和环境效益的重要环节，在建筑的整个生命周期内，至少80%的资源节约在这一阶段实现。同时，高水平的运营管理所带来的经济效益和环境效益又为绿色建筑的推广提供了可能，利用互联网技术可以将绿色建筑运营阶段所带来的资源节约数据真实地展现在全国各地的网民面前，所带来的宣传效应与示范效应是不可估量的，具有广泛的社会效应。

作者：王建廷 李伟（天津城建大学）

11 中国强制推行绿色建筑制度的实施方案研究❶

11 Research on implementation plan of enforcing green building system in China

11.1 研 究 背 景

我国自2008年实施绿色建筑评价标识制度以来，获得标识的项目数量从2008年的10项，到2012年的742项，逐年迅速增加，但与我国每年近20亿m^2的新建建筑面积相比，绿色建筑的规模还很小。为加快推动绿色建筑发展，2012年国家财政部、住房和城乡建设部联合发布了《关于加快推动我国绿色建筑发展的实施意见》(财建〔2012〕167号)，2013年国务院办公厅发布了《关于转发发展改革委 住房和城乡建设部绿色建筑行动方案的通知》(国办发〔2013〕1号)，住房和城乡建设部发布了《关于印发"十二五"绿色建筑和绿色生态城区发展规划的通知》(建科〔2013〕53号)等一系列政策文件，明确了我国绿色建筑发展目标与重点任务，并提出通过"强制"与"激励"相结合的方式推进绿色建筑发展，即对国家机关办公建筑、学校、医院、体育文化场馆和保障性住房等政府投资项目逐步强制实行绿色建筑评价标识制度，对其他项目仍采取自愿性原则，通过激励手段加以推动。

然而，哪些建筑、哪些地区适合强制实施绿色建筑制度？强制实施采用的标准如何？强制推行绿色建筑的实施途径如何？国外是否有相关经验可以借鉴？强制推行绿色建筑制度与现行工程建设管理制度的关系如何？等等一系列问题都需要根据我国绿色建筑发展的实际情况，结合绿色建筑技术水平和工程建设监管体系的特点，在充分调查和研究的基础上加以解决。

11.2 研究目标和主要任务

针对上述问题，住房和城乡建设部科技发展促进中心在美国能源基金会的资助下，于2012年5月至2013年5月开展了"中国强制推行绿色建筑制度的实施

❶ 本课题受能源基金会支持，课题编号：G-1203-15826。

方案研究”第一阶段的研究工作。该研究通过对国外绿色建筑相关政策制度实施情况以及我国典型地区建筑节能与绿色建筑发展实际情况进行充分调研，结合我国现行工程建设管理程序，提出了强制推行绿色建筑制度的实施方案，并在典型地区进行了试点，为后续研究工作奠定了基础，研究成果为国家和地方绿色建筑管理部门制定相关政策提供了参考。

11.3 研究成果

11.3.1 国外绿色建筑政策法规梳理与启示

项目组对美国、澳大利亚、日本、新加坡、英国、中国香港和台湾地区等典型国家和地区的绿色建筑发展情况、绿色建筑评价标识制度与实施情况、绿色建筑相关制度政策的特点和实施效果等进行了系统梳理和分析，总结了国外绿色建筑相关制度政策的特点、实施效果和主要经验。研究表明，上述典型国家和地区主要通过自愿与强制相结合的方式逐步推动绿色建筑发展，通过适当的经济激励政策有效调动了市场积极性，并且十分重视规范行业发展和宣传绿色理念。针对绿色建筑的强制实施政策主要建立在完善的法律体系和良好的诚信体系基础上，程序上并不复杂。然而我国目前主要依托现行工程建设管理程序对项目进行严格监管，社会的诚信体系尚在建立，因此国外经验不宜照搬，而应结合我国的实际情况，通过体制机制创新，因地制宜地提出强制推行绿色建筑制度的有效方案。

11.3.2 中国建筑节能制度的启示与强制推行绿色建筑发展面临的主要问题

项目组在地方住房和城乡建设主管部门的支持和配合下，先后对黑龙江省、内蒙古自治区、厦门市、重庆市、河北省、山东省、武汉市、江苏省等8个典型地区的工程建设管理程序、建筑节能工作开展与落实情况、绿色建筑发展与相关政策制定落实情况进行了调研（见图3-11-1），充分听取了各方对绿色建筑发展及强制推行绿色建筑制度的意见和建议，总结了建筑节能工作中可借鉴的主要经验，梳理并讨论了绿色建筑发展与强制推行绿色建筑制度面临的主要问题。

回顾我国建筑节能管理制度的构建过程，国家和地方相继制定的建筑节能设计标准、施工规定和验收标准等标准规范是建筑节能管理的基础，是从业人员做好建筑节能工作的技术依据，是将建筑节能纳入工程建设管理程序主要阶段的技术支撑。在此基础上，通过将建筑节能作为“第十大分部”进行专项设计审查和验收，并进行设计和竣工验收的备案管理，通过颁布“建筑节能管理办法”明确了各相关部门的职责，建立了我国建筑节能的全过程闭合管理制度（见图3-11-2、图3-11-3）。实践表明，上述管理制度为我国建筑节能工作取得显著成绩提供

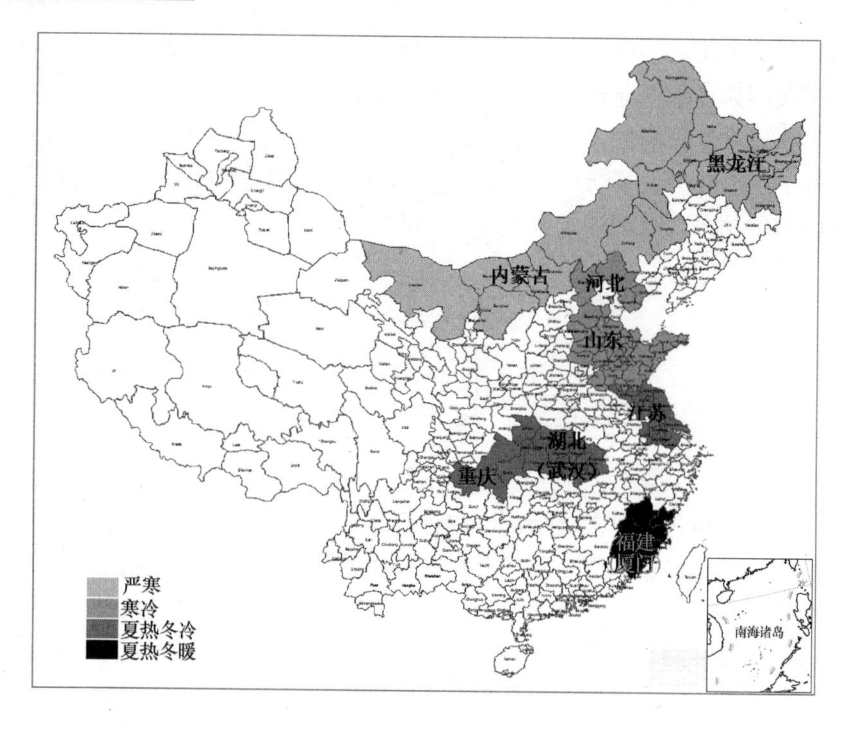

图 3-11-1 项目区所调研地区分布图

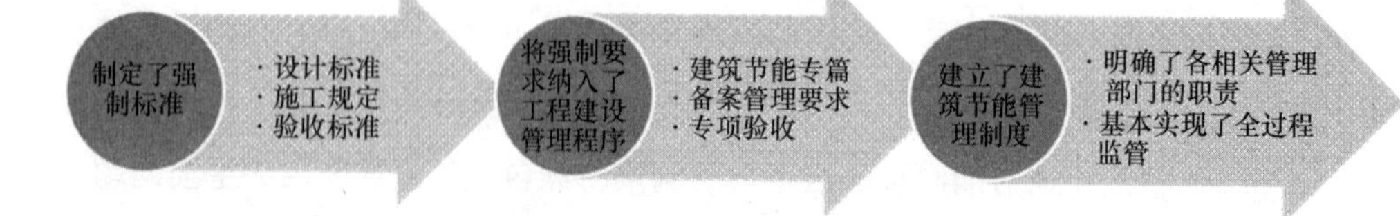

图 3-11-2 建筑节能管理制度构建的思路

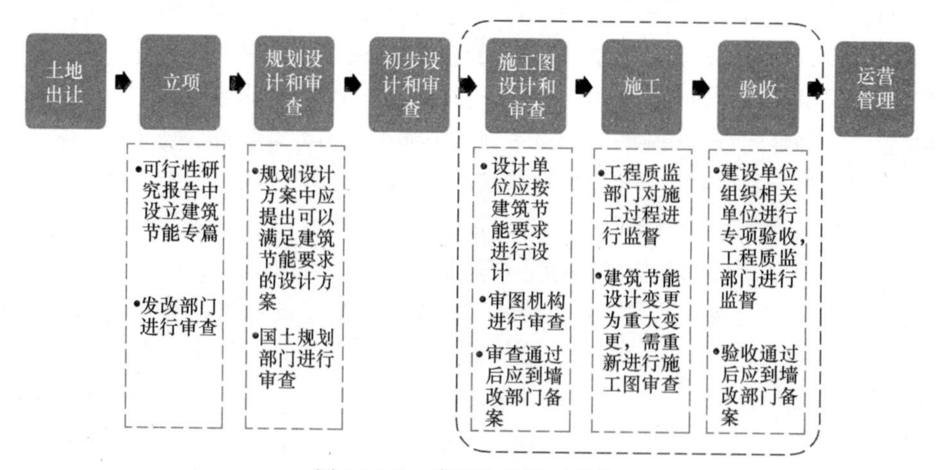

图 3-11-3 建筑节能管理程序

了制度保障，其中施工图设计审查、施工和竣工验收环节对建筑节能的监管最为重要，建筑节能管理的相关经验为建立强制实施绿色建筑的管理制度提供了有益经验。

调研表明，我国绿色建筑呈现快速积极发展态势，各地绿色建筑发展目标相继提出，推动绿色建筑发展的政策陆续出台，绿色建筑评价标识工作逐步开展，地方标准先后颁布，能力建设不断加强，适宜当地的绿色建筑技术体系日趋成熟，从业人员对绿色建筑的认识更加理性，由先前单纯追求技术堆砌，逐渐转变为优先采用被动式技术，通过精细化设计，直接降低了绿色建筑的增量成本，部分地方还通过将部分绿色建筑要求纳入强制性建设标准，间接减少了绿色建筑的建设投入，一星级绿色建筑的增量成本大大降低，强制推进一星级绿色建筑的时机基本成熟。

然而，我国现阶段建立强制推行绿色建筑的制度，面临一系列问题，例如强制性标准的依据是什么？如何保证强制性标准的地域适宜性、科学性和可操作性？是否设置绿色建筑专篇和专项验收？绿色建筑验收什么？如何把技术内容合理纳入工程建设管理程序？是否在工程建设管理程序的各个环节都增加绿色建筑内容？如何有效协调相关部门的工作？强制推行绿色建筑如何与现行评价标识管理制度相衔接？上述问题均需要在制定强制推行绿色建筑制度的实施方案中予以研究和解决。

11.3.3　中国强制推行绿色建筑制度的实施方案

项目组针对以上建立强制推行绿色建筑制度面临的主要问题，汲取我国建筑节能管理制度的有益经验，结合我国绿色建筑发展的实际情况，研究并提出了强制推行绿色建筑制度的实施方案。

（1）总体思路

强制推行绿色建筑应以绿色建筑评价标准为主线，以满足一星级绿色建筑相关要求为基础，本着“因地制宜”和“控制增量成本”的原则，充分考虑全寿命周期的各个阶段，提出基本技术要求，并将其纳入工程建设管理程序的主要环节进行控制，制定各相关部门便于操作的强制性技术标准。在此基础上，通过制定政府管理文件，明确各相关部门的责任和义务，建立绿色建筑的设计备案和验收备案制度，形成建立在强制标准基础上的闭合管理制度。

（2）技术标准编制方案

技术标准是强制实施绿色建筑制度的基础，应以绿色建筑评价标准为主线，除满足“控制项”的全部要求外，应结合当地地域条件，从“一般项”中挑选适合当地地域特点的条款，并将其纳入工程建设管理程序的主要环节进行控制，提出便于各相关部门实际操作的技术要求。

“一般项”可参照一星级绿色建筑运行标识的要求，在控制增量成本的前提下，选择容易达到的条款和指标要求，尽量选择应用成熟的技术，兼顾当地重点推广应用的相关技术，以便借绿色建筑发展之机，推动当地实用成熟技术的推广和应用，保证技术标准的地域适宜性。

将绿色建筑要求纳入各个阶段，会增加各相关部门工作量，而且涉及环节和部门过多，会带来监管难度。因此，应将绿色建筑技术要求尽量纳入规划设计审查、施工图审查、施工和竣工验收等关键环节，以减少相关部门的工作负担，增强可操作性。

技术标准的编制应注重与国家和地方已颁布的相关标准规范的衔接；语言文字应尽量符合相关文件特点，便于相关人员操作执行；应尽量结合我国现行绿色建筑评价标识制度，充分考虑申报绿色建筑评价标识提出的技术内容、要求和提交的证明材料，进而减轻申报一星级标识带来的负担和增加的经济成本，为强制实施绿色建筑制度与现行绿色建筑评价标识制度的衔接创造条件；保证技术标准的科学性和可操作性。

（3）管理制度建立方案

管理制度是强制实施绿色建筑的根本保障。针对强制实施绿色建筑制度遇到的主要问题，结合建筑节能管理制度的启示，研究对建立强制实施绿色建筑的管理制度提出以下方案：

1）管理制度应尽量由地方人民政府制定并颁布实施，具备法规性质，以便统筹协调各相关部门工作；建设、发改、国土、规划、环保等相关行政管理部门依据该法规制定具体实施办法；

2）管理制度应明确提出强制推行绿色建筑的管理程序，针对土地出让、规划、设计、施工图审查、施工、验收等涉及的工程建设管理阶段，明确相关行政管理部门的责任和义务；

3）管理制度应与技术标准相结合，绿色建筑的技术指标主要涉及施工图设计、施工图审查、施工、验收4个由建设行政主管部门负责的阶段，可通过建立绿色建筑设计备案和验收备案制度，对绿色建筑的执行情况进行重点监管；对于国土、规划、园林、环保等可能涉及技术指标较少的部门，应在管理规定中直接明确管控指标，以便于落实，并在设计和验收备案中予以合理体现；

4）运营管理阶段应规范和提高物业管理水平，引导使用者的绿色行为，并明确房管部门的监管职责；

5）强制实施绿色建筑的管理制度应考虑与现行国家绿色建筑评价标识制度衔接。

根据上述原则建立的强制实施绿色建筑管理制度，涵盖了绿色规划、绿色设计、绿色施工、绿色运营等建筑全寿命周期的主要阶段，基本实现了闭合管理体系（图3-11-4）。

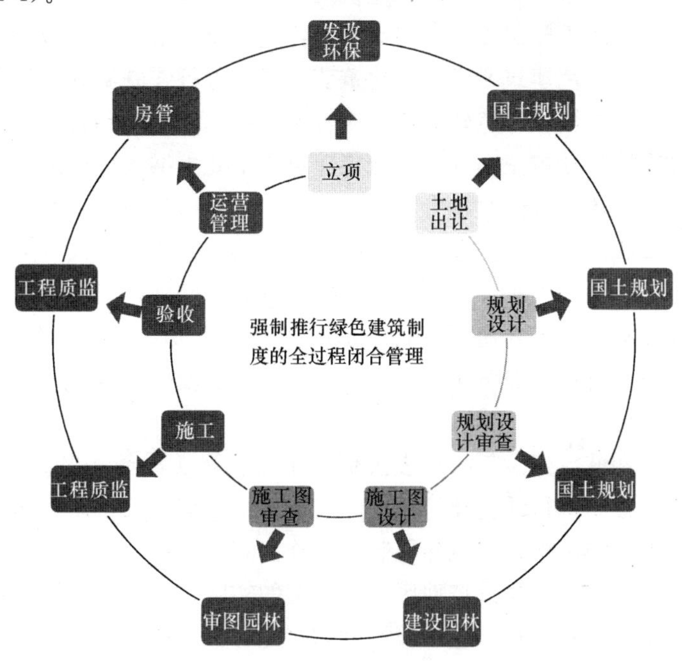

图3-11-4 强制推行绿色建筑的全过程闭合管理体系

11.3.4 强制推行绿色建筑制度的试点

在武汉市城乡建设委员会的积极要求和大力支持下，项目组在充分调研的基础上，将武汉市作为强制推行绿色建筑制度研究的试点地区，结合前期研究提出的“强制推行绿色建筑制度的实施方案”，编写了《武汉市绿色建筑基本技术规定》，审查专家一致认为技术规定提出的技术指标科学合理，充分考虑了武汉市当前绿色建筑发展的实际状况，可操作性强，在全面推进绿色建筑的实施办法方面有所创新，符合国家绿色建筑发展的相关政策要求，是落实“绿色建筑行动方案”的具体实践，为其他地区进一步推进绿色建筑发展提供了有益参考，达到国内领先水平。在此基础上，项目组对《武汉市绿色建筑管理试行办法》提出了修订建议，基本建立了武汉市强制推行绿色建筑的闭合管理制度，并启动了试点工作，通过实践逐步积累经验，为后续研究工作奠定了基础。

11.4 研究展望

在开展“中国强制推行绿色建筑制度的实施方案研究”第一阶段研究工作的同时，部分地方为贯彻国家政策要求，也陆续进行了强制推行绿色建筑的研究与实践工作。其中，北京市编制了绿色建筑设计标准和施工图审查要点，将其作为强制推行绿色建筑的重要保障；天津市将绿色建筑要求纳入建筑节能条例加以强制执行；重庆市将绿色建筑要求纳入建筑节能标准进行强制实施；江苏省拟在现行施工图审查程序中增设绿色建筑审查内容保障绿色建筑强制要求得到落实；深圳市、秦皇岛市、长沙市正在开展将绿色建筑基本要求纳入现行工程建设管理程序的相关研究。上述强制方案各有特点和偏重，但其保障措施是否完善？强制标准是否合理？实施效果如何？存在哪些问题和障碍？有哪些方面可以改进？哪种方案更适合推广应用？等等疑问，都需要实践检验。此外，研究还发现，我国绿色建筑发展还面临专业人才匮乏、技术基础薄弱、相关管理制度不完善等问题，而且部分地区由于自然、经济条件限制，绿色建筑建设增量成本较高，还不具备大范围推广的基础。

因此，住房和城乡建设部科技发展促进中心将在美国能源基金会的支持下，继续开展“中国强制推行绿色建筑制度的实施方案研究”第二阶段研究工作，通过调研已颁布地方强制推行绿色建筑制度实施方案的省市，了解并分析其编制思路、具体方法和特点，考察试点地区实施方案的实际执行情况，协助更多地区研究出台适合该地区强制推行绿色建筑制度的实施方案。在此基础上总结经验，提出科学合理、操作性和推广性较强、可指导全国开展相关实践的“中国强制推行绿色建筑制度中长期实施路线”，为国家出台相关政策提供参考，为国家“绿色建筑行动方案”的具体实施提供保障依据。

作者：宋凌　马欣伯　宫玮（住房和城乡建设部科技发展促进中心）

12　西藏自治区建筑可持续能源规划与政策机制研究[1]

12　Research on the building sustainable energy plan and policy mechanism of Tibet

12.1　课　题　背　景

西藏自治区位于我国西南边疆，青藏高原的西南部，在国家战略与生态安全屏障的构建中具有重要的地位，近年来随着社会经济的发展，城镇化建设与地区能源结构的矛盾日渐突出，如何因地制宜与合理规划建筑能源应用模式迫在眉睫。

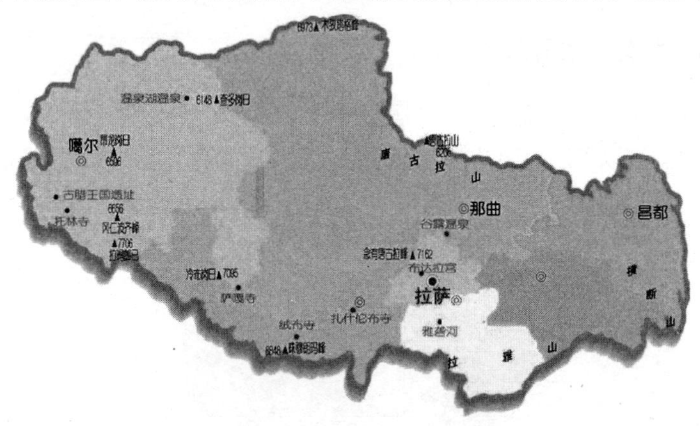

图 3-12-1　西藏自治区行政区划图

我国现有的建筑可持续能源规划与政策机制研究，基本上集中在城镇和经济发达地区。近年来西藏自治区城镇化和牧民定居建设发展迅速，但高原常规能源匮乏、能源利用形式单一、建筑室内舒适性差，已成为制约高原地区经济、社会、环境和建筑持续发展的重要瓶颈。本项目结合西藏特殊的生态环境、气候，以及人文条件，开展适合该地区建筑可持续能源规划原则与政策机制研究，避免出现简单复制内地城市建筑发展模式，对西藏自治区建设高原生态城市，提高人民生活水平，降低建筑能耗具有重大意义，引导建筑的可持续发展，为政府决策

[1] 本课题受能源基金会支持，课题编号：G-1210-17035。

提供参考。

12.2 目标和主要任务

本课题以拉萨市城镇供暖为背景，提出西藏（以拉萨市为重点）建筑能源规划与建筑用能中所遇到的相关政策问题，研究拉萨市供暖技术的适宜性，形成不同层面适合西藏自治区城镇化建设可持续发展的“高原建筑能源规划与可再生能源应用规划”，立足于将西藏打造成建筑能源可持续发展的全国先行示范区。

重点任务是开展建筑能耗的基准线调研，预测 2013～2020 年碳排放和建筑能耗的降低程度；充分考虑拉萨太阳能资源丰富、化石能源匮乏和生态环境脆弱等特点，通过对拉萨市气候条件、能源供应、建筑特征和热负荷特性等要素的分析，开展各类能源在城镇供暖中的适宜性研究。

12.3 成 果

12.3.1 能耗现状与总量预测

以拉萨为重点，对西藏地区典型居住建筑（65 个）和公共建筑（62 个）开展能耗调研。建筑类型以多层框架结构建筑为主，墙体材料种类及比例详见图3-12-2。

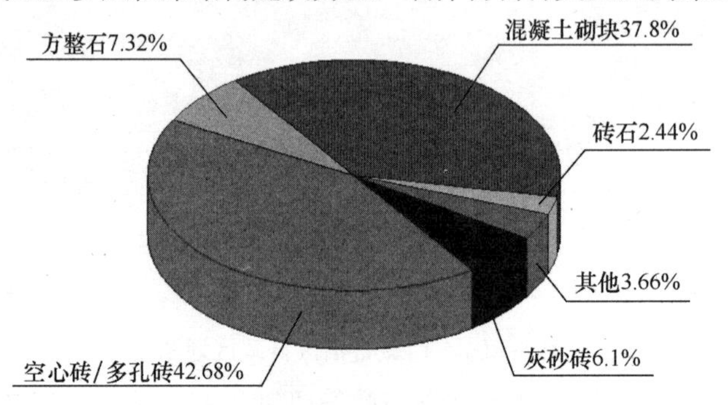

图 3-12-2 围护结构各类墙体比例

各朝向不同窗墙面积比所占比例见表 3-12-1。

建筑不同朝向不同窗墙比所占比例 **表 3-12-1**

朝向	东向	南向	西向	北向
$R \geqslant 50\%$	1.22%	25.61%	0	1.22%
$30\% \leqslant R < 50\%$	7.32%	47.56%	10.98%	10.98%
$R < 30\%$	91.46%	26.83%	89.02%	87.80%

注：R 为窗墙面积比。

（1）公共建筑能耗

拉萨市供暖时间段约为10月中旬至次年3月，不同类型供暖方式能耗差异较大，典型建筑年平均能耗指标见表3-12-2。

不同供暖方式下的典型建筑年供暖平均能耗　　表3-12-2

供暖方式	平均耗电量指标（kWh/m²）	典型建筑
太阳能＋电辅助	26.65	办公、商业
	28.4～37.8	宾馆酒店
风冷热泵	30.5	办公、商业
电缆地热	32.7	办公
	33.7～55.8	宾馆酒店
水源热泵	18.5	宾馆酒店
电锅炉	42.6	办公、商业
	55.86	宾馆酒店
电热炉/电油汀	12～19.7	学校、医院

从调研的情况看，目前仍然是以电为供暖主要能源，一般采用局部设置电热炉/电热汀等采暖形式，由于使用电直接采暖，成本高，加上建筑围护结构热损失大，实际采暖时间有限，室内热舒适水平较差。因此，公共建筑实际采暖能耗是比较低的。由于电热炉/电热汀采暖，管理控制方便，初投资小，在拉萨无集中采暖条件下，自然这种方式被广泛应用。

（2）居住建筑能耗

调研表明，拉萨市居住建筑主要以单体住宅楼和周转房（宿舍）为主，供暖方式以分体空调与电热炉/电油汀分散供暖为主，部分采用燃烧牛粪等生物质供暖，无集中供暖方式，生活热水以太阳能＋电热辅助为主。对部分在冬季使用频率很低的周转房，几乎不设任何供暖设置，居住建筑不同供暖方式比例见表3-12-3。

拉萨市居住建筑不同供暖方式比例　　表3-12-3

类型	分体空调	电热炉/电油汀	燃烧牛粪等生物质	无供暖
比例	24%	53%	13%	10%

因家庭采用电热炉操作方便，可靠性高，且在满足采暖的同时满足了家庭生活需要，目前被广泛采用。因生物质牛粪量逐年减少，采用这种方式供暖所占比例逐年减小。供暖平均能耗指标约：16.5～34.0kWh/m²。

（3）总量预测

据2011年统计数据，西藏自治区既有建筑总面积约2480万m²（其中拉萨市约1300万m^2，其他二级城市共计约1180万m^2），其中拉萨市建筑面积占52.4%，新建太阳能建筑面积以每年20%的速度增长，建筑能耗按每年13%速度增长。据统计，2012年西藏社会建筑总能耗折合标煤约84.85万t，按现有建筑规模增长速度，可以预计到2020年，西藏自治区建筑总能耗将达到165.89万t标煤。

西藏自治区可再生能源极其丰富，近年来国家加大了对自治区太阳能、风能、地热能的开发力度，其在建筑中的应用以每年8%速度增长，根据目前发展水平预测，到2020年，可再生能源在建筑总能耗中所占比例约56%，将极大降低西藏自治区建筑能耗。

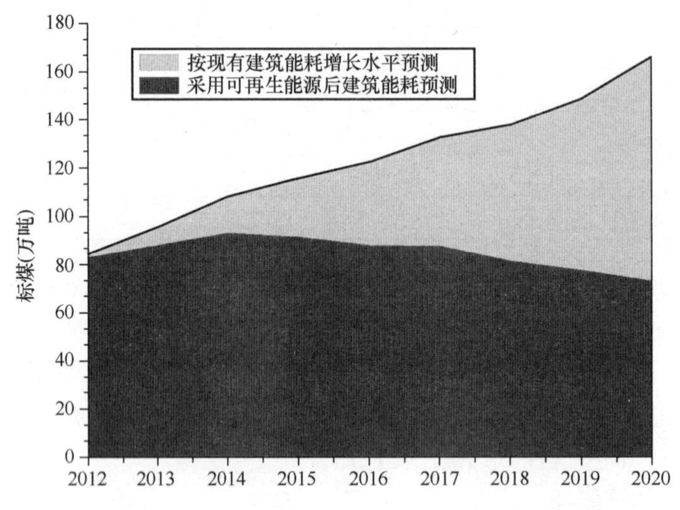

图3-12-3 西藏自治区2012～2020年建筑能耗预测

12.3.2 供暖技术适宜性分析

西藏作为我国太阳能资源最为丰富、生态环境又极其脆弱的地区，从能源利用和环境保护的角度看，无疑应首先提倡太阳能资源的充分、有效利用，其次才是常规能源作为补充能源的合理、高效利用。

西藏自治区年太阳总辐射在2000～8200MJ/m^2之间，呈自西向东递减的分布规律。西藏年太阳总辐射空间分布和1月份太阳总辐射空间分布分别见图3-12-4和图3-12-5。

1. 能源状况

(1) 燃气供应

近期拉萨市燃气以液化天然气、液化石油气供应为主，尚无管道燃气供应。居民用气则以液化石油气为主，未考虑供暖负荷；拉萨市天然气的近期与远期的规划指标见表3-12-4。

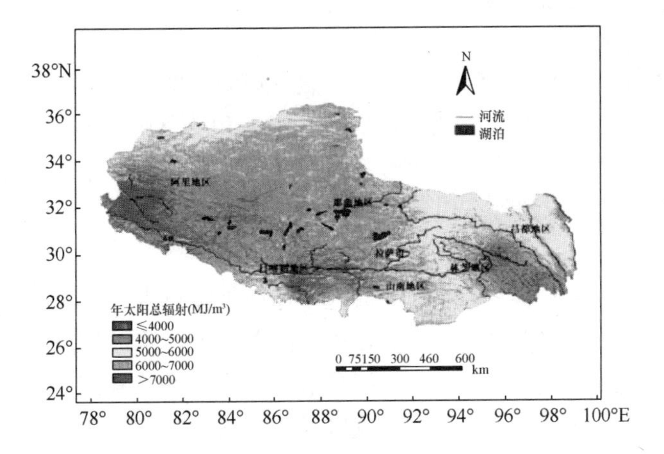

图 3-12-4　西藏年太阳总辐射空间分布图

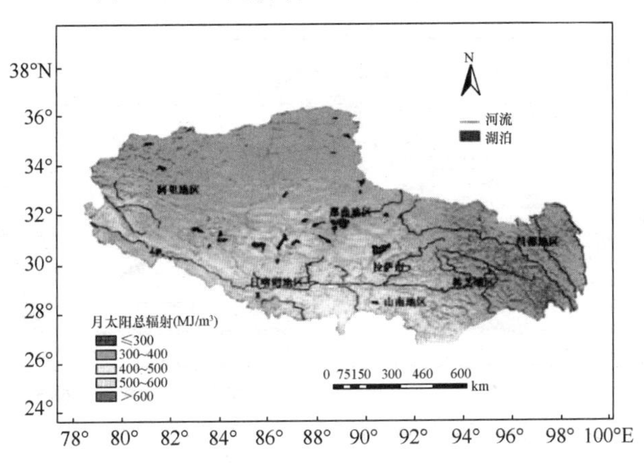

图 3-12-5　西藏 1 月份太阳总辐射空间分布图

拉萨市天然气的近期现状与远期规划　　表 3-12-4

液化石油气		天然气		
现状（2011 年）	远期（2015 年）	液化天然气（一期已投产）	液化天然气（二期）	管道天然气（远期）
6 万吨	8 万吨	15 万 m^3/日	60 万 m^3/日	18 亿 m^3/年

（2）电力供应

西藏地区目前供电仍以水电供应为主，截至 2011 年，西藏中部电网中水电占电网总装机的 52.2%，火力发电占 39.5%，其他方式发电占 8.3%。2011 年西藏中部电网电量需求为 22.83 亿 kWh，最大负荷需求为 471MW。2011 年中部电网工业限电发生在一季度，日最高限电负荷 50MW，全年累计限电量 4117 万 kWh，全市目前仍存在供电紧张的局面。

(3) 能源的供需关系

随着拉萨市城镇化建设的发展，按天然气规划，即使不考虑居民炊事用能等其他耗气，也远远不能满足供暖的用气量要求，电力供应同样存在较大的缺口。因此，从能源的供给情况看，拉萨市建筑供暖更应该走“太阳能优先利用，常规能源高效补充”的技术路线，以满足更多面积的供暖需求。

2. 被动式供暖技术方案

因目前既有建筑基本未采取保温措施，任何供暖技术方案应用的前提都应要求建筑围护结构进行节能改造，在资金有限的前提下，应优先执行。

被动式太阳房基本形式包括：直接受益式、集热墙式和附加阳光间式，其中集热墙式又可划分为无通风口和有通风口式。根据对部分被动式太阳房使用者的调研，大多数也认为被动式建筑的室温能够满足需求。

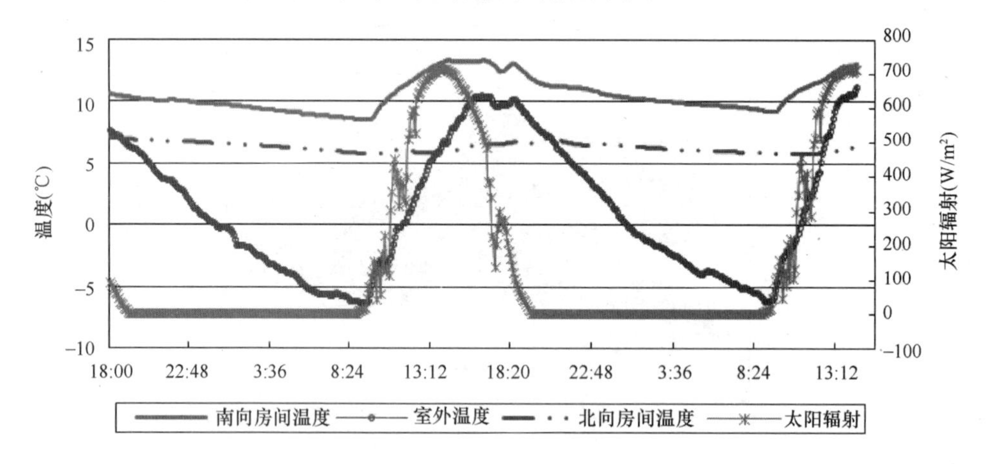

图 3-12-6　拉萨非采暖房间温度变化

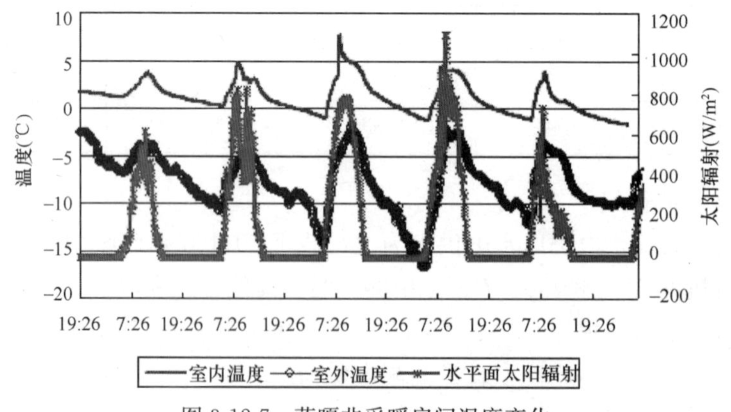

图 3-12-7　萨嘎非采暖房间温度变化

通过对项目测试与分析，公共建筑通过节能改造可以降低41.34%的耗热量，比例较高，如果再采用被动太阳能技术，该指标可以达到62.70%；居住建筑通过节能改造就可以降低69.75%的耗热量，比例非常高，如果再采用被动太阳能技术，该指标可以达到88.64%，可见被动太阳能技术潜力巨大。围护结构节能改造的静态回收期分别为：居住建筑只进行普通节能改造为7.1年，改造为直接受益式被动太阳房为6.3年；公共建筑只进行普通节能改造为22.3年，改造为直接受益式被动太阳房为16.7年。

3. 主动式供暖技术方案

主动式供暖技术方案应考虑以最小的资源环境代价换取最大的热舒适效果。经技术经济计算分析得出，对现有建筑进行围护结构节能改造或者对新建太阳能建筑严格执行节能标准后，主动式太阳能集热采暖系统具有良好的适宜性，可以在绝大部分建筑中推广使用。

目前主动式太阳能供暖主要包括太阳能热风、太阳能热水系统，太阳能集热器技术日渐成熟，效率也极大提高同时使用成本也大大降低，在高原地区推广平板式、聚光式集热器具有很好的适宜性。

为了保持太阳能供暖系统稳定运行，需设辅助热源。结合拉萨规划，辅助热源可采用天然气供暖、空气源热泵、水源热泵。

（1）天然气直接燃烧供暖

利用天然气直接燃烧作为热源的供暖系统形式主要有城市集中供暖、区域集中供暖、楼栋集中供暖和分散式壁挂炉供暖四种方式。

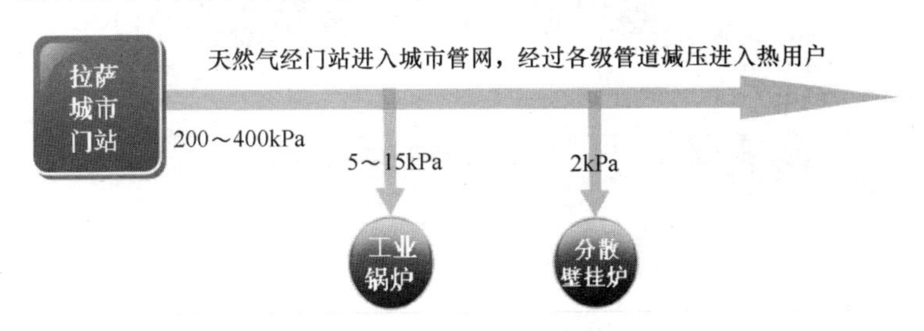

图3-12-8 天然气供应流程

不同供暖方式的能耗存在较大差异。从节能的角度看，四种供暖方式的优劣顺序为：分散壁挂炉供暖最佳，楼栋集中供暖次之，区域集中供暖和城市集中供暖能耗较高。从过量供暖损失和输送能耗的角度，大规模的集中供暖系统都不适宜在西藏地区使用。

随着拉萨市远期规划管道天然气建设，笔者对热电联产在拉萨的适宜性也进行了研究。在评价热电联产时，以燃气发电和燃气锅炉供暖的热电分产方式作为比较对象。两种方式的能源利用效率见表3-12-5。

能源利用效率比较 表 3-12-5

方 式	能源利用效率（%）		
	当量热值法	等价值法	等效电法
热电联产	80	138	58
热电分产（燃气发电）	72	124	52

注：1. 热电联产按发电效率 30%，产热效率 50%计算；

2. 热电分产按燃气发电效率 55%，燃气锅炉热效率 89%计算。

由此看出，无论采用的哪种比较方法，热电联产的能源利用效率均高于热电分产，但节能效果有限。虽然天然气热电联供实现了能量的梯级利用，但西藏地区建筑的热负荷波动较大，使得白天热电联产系统处于低负荷运行，这样其能源利用效率也将大幅度下降，热电联产系统的节能潜力将不复存在。

（2）空气源热泵供暖

空气源热泵机组，规格、型号系列齐全，控制灵活，可在各类中小型工程中应用。通过比较得出，各类空气源热泵系统在拉萨的气候条件下应用，均能满足规范对机组的制热性能系数要求。

根据对拉萨实际使用的热泵机组的调研发现，大部分时间内室外机蒸发温度远高于室外空气露点温度，使用空气源热泵的结霜概率极低。

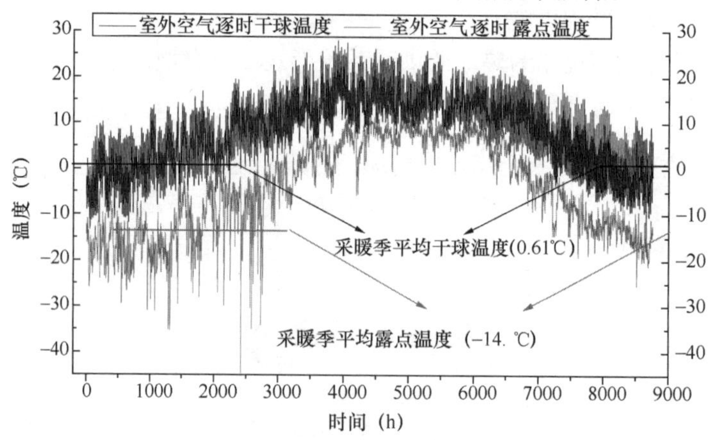

图 3-12-9 拉萨市室外空气干球与露点温度

拉萨市供暖季逐时室外空气状态点与日本学者对不同空气源热泵机组的试验结果总结出的结霜分区进行对照分析得出，仅有约 1.6%时间段内的空气状态点落在了易结霜区，表明冬季空气源热泵室外机侧结霜几率极小，有利于空气源热泵系统的高效运行。

分析得出在拉萨地区应用空气源热泵作为供暖热源是可行的，且能够实现高效运行。同样，灵活多样的系统形式也有利于和各种太阳能供暖系统有机结合，

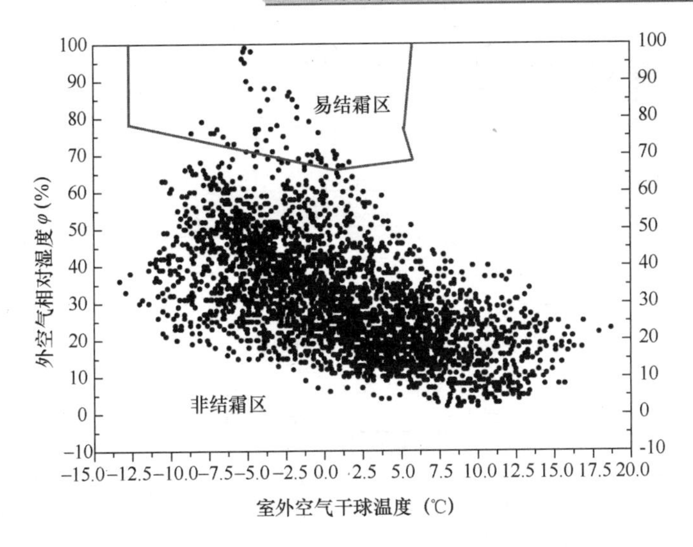

图 3-12-10 拉萨市空气源热泵结霜特性分析图

减少常规能源的使用量。

（3）水源热泵供暖

拉萨的地下水温度以常年维持在 9～11℃，以 10℃为平均值，地下水设计点计算温度 10℃是合理的，目前市场上中低温水源热泵供水温度 50℃时，大多螺杆式机组均能满足制热性能系数达到 3.2 以上，离心式水源热泵机组可达 5.0 左右。在考虑取水与输送能耗的基础上，系统能效比仍可达 2.8 以上。

虽然水源热泵技术水平已相对成熟，但由于受水文地质条件的限制，且对环境影响较大，尤其是回灌对生态环境的影响，同时初投资略较高，因此是否采用水源热泵应慎重对待，需进行详细的技术经济分析及环境影响分析后方可确定。

12.3.3 建筑供暖模式节能分析及碳排放预测

根据分析，总结出西藏自治区合理的建筑供暖模式：所有建筑供暖模式首先应建立在建筑本体节能的基础之上，并推广被动式太阳能利用，以“零能耗”方式满足相当一部分建筑供暖需求；其次应考虑采用各种适宜的主动式太阳能利用，以“低能耗”方式对建筑供暖需求进行补充；最后应用常规能源，通过优化供暖设计，选择最佳供暖方式，以最低能耗，最小污染的方案保障西藏各类建筑100％供暖需求。

2012～2020 年间，拉萨市每年新增公共建筑与居住建筑的采暖所带来的 CO_2 排放逐年预测值见图 3-12-12、图 3-12-13。

按照拉萨市总体规划要求，2012～2020 年间对现有的高能耗建筑全部进行节能改造。2012～2020 年拉萨市既有公共建筑与居住建筑的采暖系统 CO_2 排放逐年预测值见图 3-12-14、图 3-12-15。

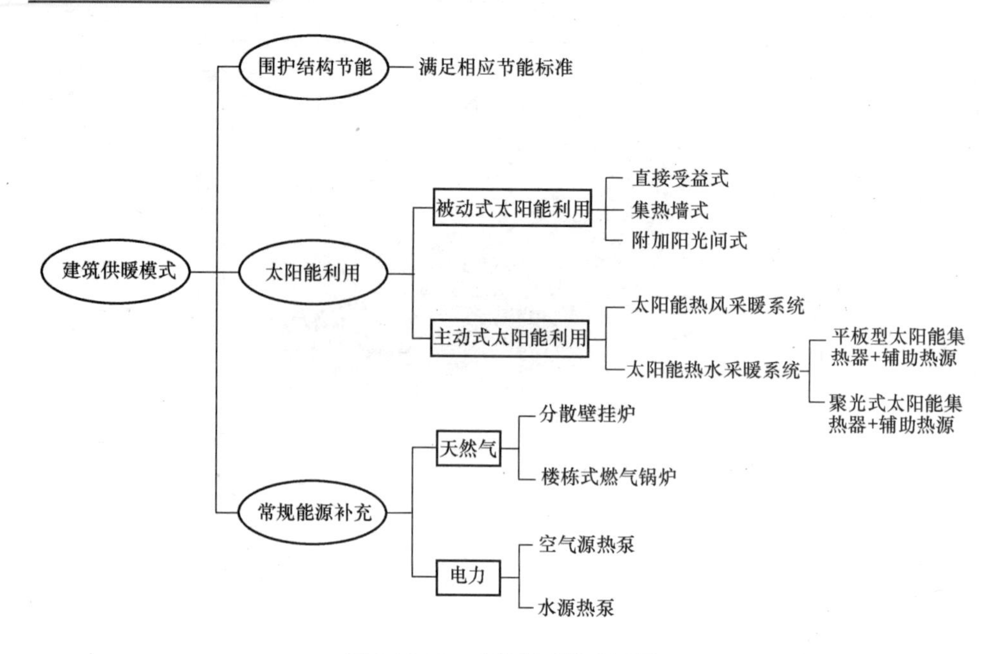

图 3-12-11 建筑供暖模式框图

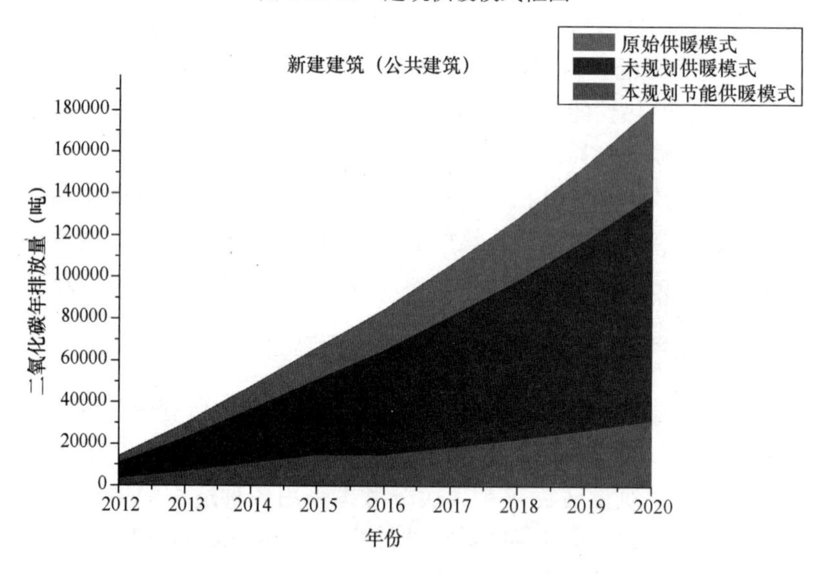

图 3-12-12 新建公建供暖系统 CO_2 排放曲线

预测的基础是：每年按照一定比例对既有建筑进行节能改造，直到 2020 年底完成对全部既有建筑的改造。

综上，可以得出拉萨市 2012～2020 年逐年建筑供暖系统 CO_2 排放量，见图 3-12-16。全市每年的建筑供暖系统 CO_2 排放量由既有建筑中改造后的部分、既有建筑中未改造的部分与新增的建筑三部分组成。并按照原始供暖模式、未规划

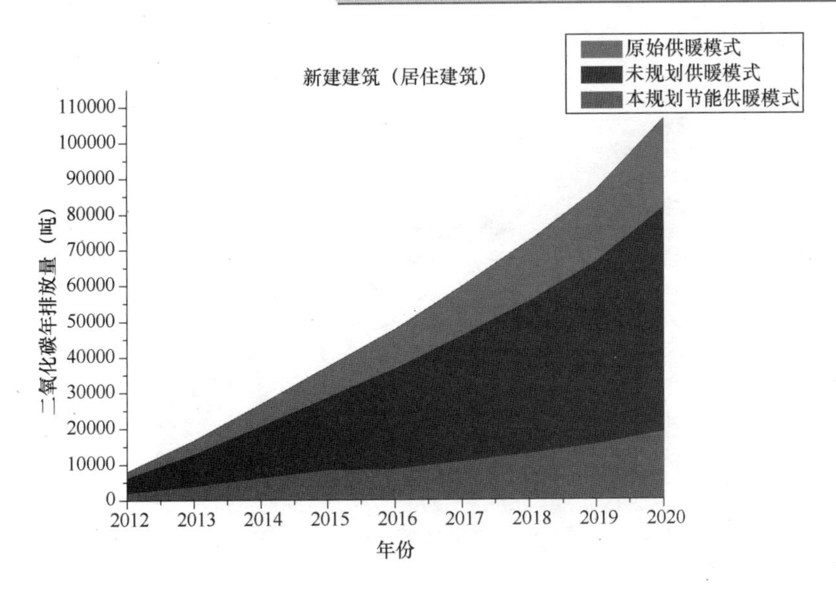

图 3-12-13　新建居建供暖系统 CO_2 年排放曲线

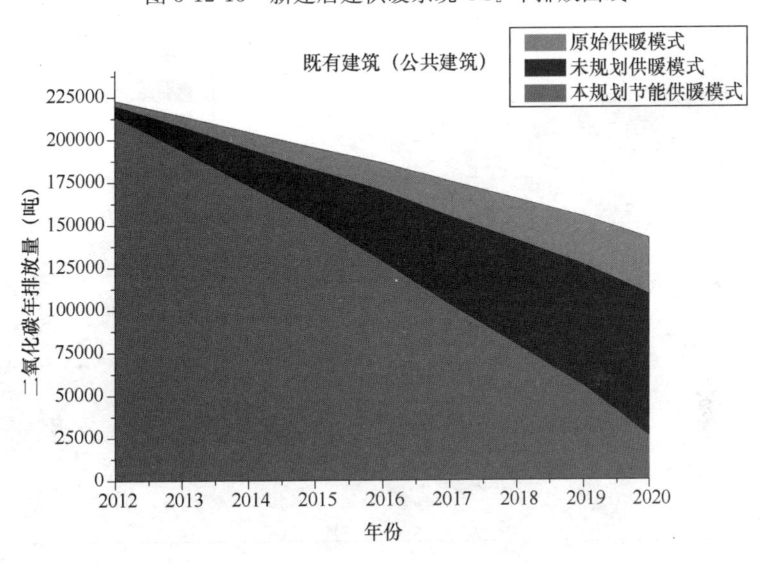

图 3-12-14　现有公建供暖系统 CO_2 年排放曲线

供暖模式、本规划节能供暖模式三种方案进行对比。

分析得出，到 2020 年拉萨市的总建筑面积将比 2012 年翻两番，但通过对既有建筑的合理改造、推广新型围护结构保温技术、提高太阳能等可再生能源在供暖系统中的消费比例，改善能源消费结构，可以大大降低 CO_2 排放量。其中采用本规划的节能供暖模式能够将全市供暖系统 CO_2 排放总量从 2012 年的 71 万吨减少至 2020 年的 10 万 t，节能减排量在 80％以上的，具有很高的经济效益和环境效益。

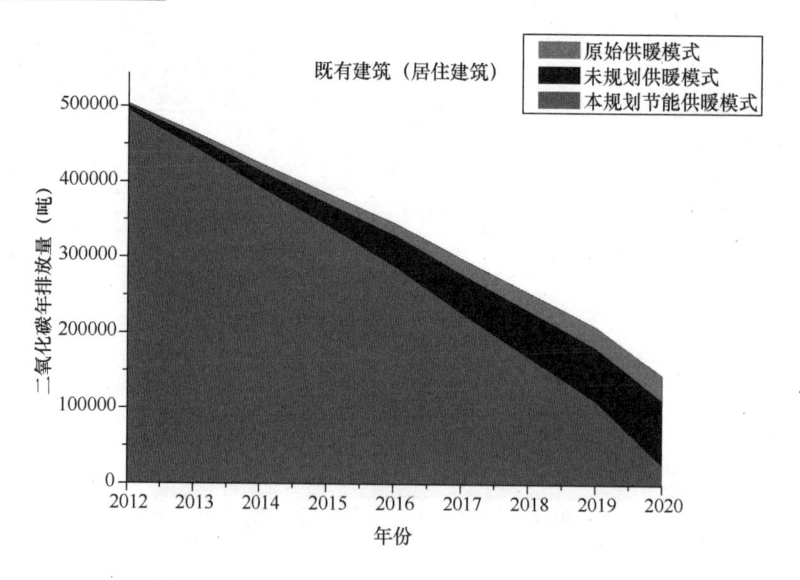

图 3-12-15 现有居建供暖系统 CO_2 年排放曲线

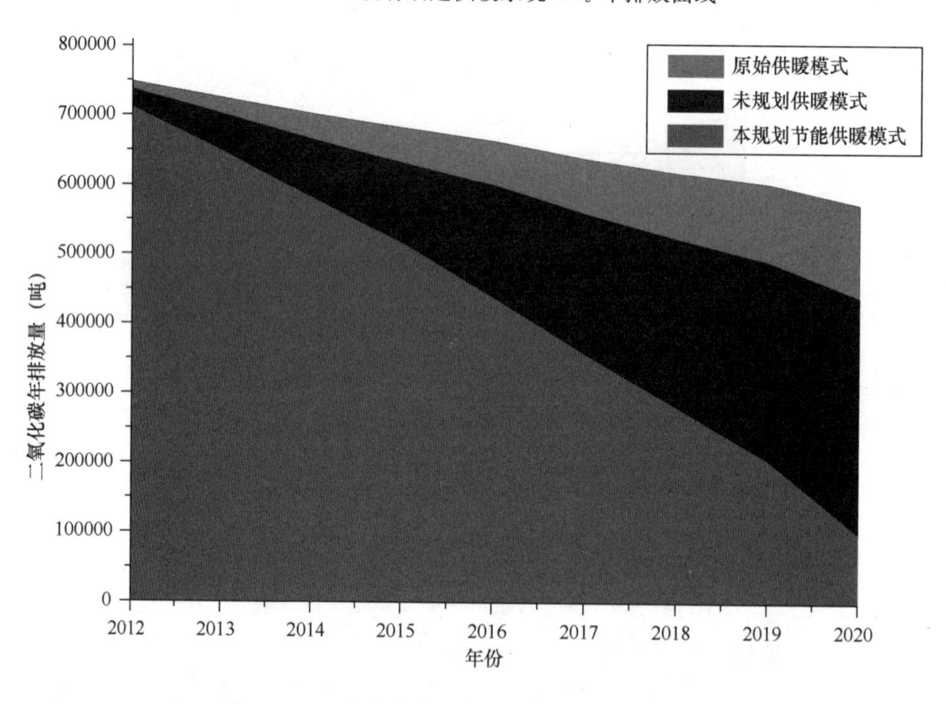

图 3-12-16 拉萨市建筑供暖系统 CO_2 年排放总量

12.3.4 政策机制研究与建议

西藏自治区建筑可持续政策机制，应坚持从生态文明建设的高度出发，充分考虑西藏太阳能资源极其丰富、化石能源非常匮乏和生态环境脆弱等特点，将太阳能作为西藏建筑供暖的主要能源，应在城市规划、建筑设计、市政设施等方面，从有利于太阳能利用出发，制定相应的政策、标准、管理法规、财政补贴制度，并强化实施和监管力度，把拉萨建设成世界上最具特色的生态城市，把西藏建设成世界上最具特色的生态地区。

（1）建议制定《西藏自治区建筑节能规划（2013～2020年）》

将建筑节能规划提升到保护西藏特有生态环境与文化生活方式的高度。将西藏的建筑节能发展同国家的节能减排总目标密切结合起来。立足于将西藏自治区打造成建筑能源可持续发展的全国先行示范区。

（2）充分利用国家在建筑节能、可再生能源应用方面的激励政策和资金，制定西藏自治区专项政策，完善节能激励机制。

（3）编制适合于该地区的相关建筑节能标准、规范以及图集，建立完善的建筑设计、施工与验收标准体系。

（4）政策机制应将既有建筑围护结构节能改造作为重点工程优先实施。政府应作为主导力量，落实改造资金，由国家出资，地点政府配套实施。可借鉴内地省份经验，考虑组建西藏自治区“墙材革新与建筑节能专项工作管理机构”，对改造资金统一管理，对改造成果进行验收。

（5）强化执行建筑节能从业人员执业资格和企业专业资质管理。应加强建筑节能的管理机构与执法机构建设，完善和加强市区建筑节能工作的综合管理机构。

（6）建立和完善建筑节能检测、认证机构能力与诚信信息记录平台，促进建筑节能检测、认证市场的公平竞争，建立建筑节能检测、认证行业自律机制。

12.4 研究展望

西藏自治区由于其独特的气候特点、建筑特征和能源结构，其供暖方式不能盲目套用北方地区城市集中供暖的方式，而应在保证人员舒适性需求和维持西藏生态环境的前提下，寻求一条适应当地特色的可持续发展道路。

本文研究成果基于多年在青藏高原地区开展建筑节能工作实践，课题研究内容涉及范围甚广，下一步将结合在西藏地区的研究成果与经验，配合地方政府开展相关规划、标准、政策法规和管理机制等制度的制定，开展典型建筑光热光电综合利用技术研究和川西高寒地区建筑可持续能源规划与政策机制研究。

作者：冯雅（中国建筑西南设计研究院有限公司）

第四篇 地方篇

2013年1月1日，国务院办公厅转发国家发展改革委、住房城乡建设部制订的《绿色建筑行动方案》(国办发［2013］1号)，大大推动了我国绿色建筑的快速发展。多数省、自治区、直辖市的住房和城乡建设厅（委）会同有关部门积极响应，结合当地的实际，研究制订了本地区的《绿色建筑行动实施方案》或《绿色建筑行动实施意见》，明确提出“十二五”期间绿色建筑的发展目标、任务以及保障措施。此外，很多地方政府出台并实施了绿色建筑的激励政策。

加快推进绿色建筑规模化发展成为2013年各地绿色建筑工作的重点。各地方采取的措施主要有两个方面，一是新建民用建筑全面执行绿色建筑标准，如北京市政府办公厅印发《发展绿色建筑推动生态城市建设实施方案》，从2013年6月1日起新建项目执行绿色建筑标准；深圳市住房和建设局会同市发展改革、规划国土部门印发《关于新开工房屋建筑项目全面推行绿色建筑标准的通知》，从2013年5月22日起执行。二是推动发展绿色建筑与建设绿色生态城区相结合，北京、上海、天津、江苏、安徽等地方积极开展绿色生态城区建设示范，示范区内新建建筑全面推行绿色建筑标准，并明确规定了高星级绿色建筑的比例。

2013年绿色建筑评价标识项目的数量又有了较大的增长，推广的地域进一步扩大。青海、甘肃、贵州三地实现绿色建筑零的突破。各地方绿色建筑评审机构积极组织评审专家参加培训，提高评审业务水平，开展绿色建筑标识评审工作。2012年地方评审机构评审绿色建筑标识项目的数量占全国绿色建筑标识项目的46％，2013年达到68％，有了较大的增长。内蒙古、河南、湖南、青海、云南等地启动了绿色建筑评审工作。

本篇简要介绍了北京、天津、河北、上海等11个省、自治区、直辖市的绿色建筑发展情况，期望读者能够通过这些地方的情况对全国的绿色建筑发展有一个概括性的了解。鉴于作者的工作岗位和业务活动所限，提供的资料信息不一定全面和准确，供参考。

Part Ⅳ Regional Update

On Jan. 1st, 2013, the General Office of the State Council forwarded Green Building Action Program (GuoBanFa [2013] No. 1) developed by National Development and Reform Commission and Ministry of Housing and Urban-Rural Development, which has greatly promoted the fast development of green building in China. Based on their local features, the housing and urban-rural development departments and other relevant departments of many provinces, autonomous regions and municipalities have released their own Operation Plan for Green Building Action Program or Operation Suggestions on Green Building Action Program, which defines goals, tasks and supporting measures for the green building development during the Twelfth Five-Year Plan period. In addition, many local governments have released and implemented incentive policies for green building.

How to speed up the large scale development of green building has become a major challenge for the green building development in 2013. Local governments have taken measures mainly in the following two aspects. Firstly, new residential buildings should be built according to standards for green building. For example, the Beijing government has issued Operation Plan for the Development of Eco-city through Promotion of Green Building, stipulating that new buildings should abide by standards for green building from Jun. 1st, 2013. Housing and Construction Bureau of Shenzhen Municipality and departments of reform & development and territory planning issued Notice on the Overall Implementation of Standards for Green Building by New Buildings, which has come into force from May 22nd, 2013. Secondly, the development of green building should be integrated with the development of green ecological urban areas. For example, cities like Beijing, Shanghai, Tianjin, Jiangsu and Anhui have built up demonstrations of green eco-city construction, and within the demonstration eco-cities, new buildings are built according to standards for green building, and the proportion of high-level green buildings are clearly defined.

The year 2013 has witnessed another boost in the number of green buildings with evaluation labels, which has covered more areas in China. Qinghai, Gansu and Guizhou have realized their zero breakthroughs in green building. Green building evaluation institutions organized trainings for evaluation experts to better carry out evaluation for green building labeling. In 2012, 46% of green buildings with green labels in China were conferred by local evaluation institutions, and in 2013, the percentage has amounted to 68%. Provinces including Inner Mongolia, He'nan, Hu'nan, Qinghai and Yun'nan have started their green building evaluation work.

This part makes a brief introduction to the development status of green building in 11 provincial areas such as Beijing, Tianjin, Hebei and Shanghai. Readers may have a general overview of the development of green building of China through projects in these 11 provinces. Limited by the authors' working posts and professional activities, the data and information may not be complete and accurate, which are for readers' reference only.

1　北京市绿色建筑总体情况简介

1　General situation of green building in Beijing

1.1　建筑业总体情况

2013年是全面贯彻落实党的十八大精神的开局之年，是实施“十二五”规划的关键一年，北京建筑业深刻把握发展阶段特征，在行业内加快推行精细化管理，促进发展方式转变；加快产业结构调整升级，推动行业整体实力提升；提高市场监管服务水平，改善市场环境质量；加快节能减排发展，促使建筑业对其他产业发挥关联作用。同时夯实建筑业基础工作，提高城市保障能力，强调统筹发展，推动城乡一体建设，对首都经济科学发展和世界城市建设发挥了重要作用。前三季度，北京市有资质的施工总承包、专业承包建筑业企业共3544家，完成总产值5015.6亿元，比上年同期增长12.9%，增速比上年同期提高4.9个百分点。1～3季度全市建筑业运行整体平稳，各主要指标数据增速基本与上半年持平。全市建筑企业签订合同总量为15315.3亿元，比上年同期增长14.9%。全市建筑企业房屋建筑施工面积42422.5万m^2，比上年同期增长11%。其中，本年新开工面积11504.8m^2，增长23.9%。全市竣工面积3284.2万m^2，同比下降8.5%。

1.2　绿色建筑总体情况

北京市率先在城市绿色低碳发展上实现突破，将生态环境保护与城市建设发展协同推进，全面发展绿色建筑，促进城乡建设模式转型，提升首都可持续发展能力，提高城市生态文明建设水平，从政策法规、体制机制、规划设计、标准规范、技术推广、建设运营和产业支撑等方面全面开展绿色建筑行动，着力打造舒适宜居、环境美好、资源节约的全国绿色生态发展先进示范区。

2013年，北京市通过绿色建筑评价标识认证的项目共计17项，总建筑面积达209.44万m^2，其中公建项目9项，总建筑面积达110.30万m^2；住宅项目8项，总建筑面积达99.14万m^2。截至2013年12月，北京市累计通过绿色建筑评价标识认证的项目达60项，总建筑面积达640.58万m^2，其中公建项目33

项，总建筑面积达 240.01 万 m^2；住宅项目 27 项，总建筑面积达 398.57 万 m^2。

北京市规划委员会依据《北京市绿色建筑（一星级）施工图审查要点》对 2013 年 6 月 1 日后取得建设规划许可证的项目进行审查，要求新建项目基本达到绿色建筑等级评定一星级以上标准。截至 2013 年 12 月底，共有 240 个项目，约 1200 万 m^2 的新建项目通过了绿色建筑施工图审查，为历年绿色建筑总面积的两倍。

2013 年，通过北京市地方绿色建筑标识评定机构（北京市住房和城乡建设科技促进中心和北京市勘察设计和测绘地理信息管理办公室）认证的项目共计 15 项，总建筑面积达 177.57 万 m^2，其中公建项目 8 项，总建筑面积达 90.88 万 m^2；住宅项目 7 项，总建筑面积达 86.69 万 m^2。

1.3 发展绿色建筑的政策法规情况

（1）《北京市人民政府办公厅关于印发发展绿色建筑推动生态城市建设实施方案的通知》（京政办发［2013］25 号）

2013 年 5 月 13 日，北京市人民政府办公厅印发《北京市发展绿色建筑推动生态城市建设实施方案》提出四个全国“率先”的发展目标：新建项目执行绿色建筑标准，实现居住建筑 75%节能目标，将绿色生态指标纳入土地招拍挂，要求编制和实施绿色生态规划。《实施方案》深入落实国家绿色建筑行动方案，提出“十二五”期间创建至少 10 个绿色生态示范区，创建至少 10 个 5 万 m^2 以上的绿色居住区，并推动绿色生态镇、村试点。

（2）《北京市人民政府办公厅关于转发市住房城乡建设委等部门绿色建筑行动实施方案的通知》（京政办发［2013］32 号）

2013 年 6 月 24 日北京市人民政府办公厅将市住房城乡建设委等部门制定的《北京市绿色建筑行动实施方案》向全市各区、县人民政府、各委、办、局，各市属机构进行转发，要求结合实际认真贯彻落实。该行动实施方案明确了北京市推进绿色建筑行动的指导思想、基本原则、主要目标、重要任务和保障措施。根据行动实施方案，北京将按照全面推进、突出重点、政府引导、市场推动、部门联动、属地负责的原则推广绿色建筑。具体工作目标是：城镇新建建筑全部执行强制性节能标准，2013 年开始贯彻落实节能 75%的居住建筑节能设计标准，2014 年完成公共建筑节能设计标准修订。自 2013 年 6 月 1 日始，新建项目执行绿色建筑标准，并基本达到绿色建筑等级评定一星级以上标准。2015 年，保障性住房基本采用产业化方式建造，新建住宅基本实现全装修；累计完成新建绿色建筑不少于 3500 万 m^2，产业化住宅不少于 1500 万 m^2，全市使用可再生能源的民用建筑面积达到存量建筑总面积的 8%。大力推进既有建筑节能改造，“十二五”时期，完成 6000 万 m^2 既有非节能建筑围护结构节能改造和供热计量改造、

1.5 亿 m^2 既有节能居住建筑的供热计量改造。2020 年，基本完成全市有改造价值的城镇居住建筑节能改造，基本完成全市农民住宅抗震节能改造。《实施方案》提出 10 项重点任务和 9 项保障措施，面向全市全面开展绿色建筑行动。

(3)《关于印发〈雁栖湖生态发展示范区绿色建筑推进工作实施方案〉的通知》(京建发［2013］362 号)

2013 年 7 月 24 日北京市住房城乡建设委和北京市规划委联合印发《雁栖湖生态发展示范区绿色建筑推进工作实施方案》(京建发［2013］362 号)，明确了建设国际一流水平的低碳、绿色、生态会议会展区和产业带动示范区，实现示范区内全部建筑执行绿色建筑标准的工作目标，建立了雁栖湖生态发展示范区绿色建筑建设工作小组工作制度，确定了绿色建筑推进工作的任务分解和行动计划表，提出了保障措施和支持激励政策，建立了示范区绿色建筑全面推进工作体系，切实推进雁栖湖示范区全面开展绿色建筑建设工作。

(4)《关于公布北京市第二批绿色建筑评价标识专家委员会成员单位的通知》(京建发［2013］12 号)

2013 年 1 月，北京市住房城乡建设委、北京市规划委联合印发《关于公布北京市第二批绿色建筑评价标识专家委员会成员名单的通知》(京建发［2013］12 号)，在第一批北京市绿色建筑专家库 119 人的基础上增选了 63 位专家成员。

(5)《关于发布〈北京市绿色建筑（一星级）施工图审查要点〉（试行修订版）的通知》(市勘设测发［2013］38 号)

2013 年 6 月 8 日，北京市规划委勘设测管办发布《北京市绿色建筑（一星级）施工图审查要点（试行修订版)》，并组织审查人员对《审查要点》进行了培训和学习。该审查要点有以下特点：一是简化了绿色建筑评定与现行施工图审查要点中重复的指标项；二是将指标要求落实到了设计说明、总平面图、立面剖面图、施工图、节能计算书等文件中；三是按照现行施工图审查的专业分工，对原有的“四节一环保”进行了分解，从建筑、结构、给排水、暖通、电气各专业明确了审查内容；四是研究制定了绿色建筑一星级施工图审查集成表，要求设计单位对项目进行自评估，并自主选择需要满足的一般项，施工图审查机构按照集成表进行审查。

1.4 绿色建筑标准和科研情况

1.4.1 绿色建筑标准

(1) 发布实施北京市《绿色建筑设计标准》DB11/938—2012

该标准为强制性地方标准，适用于新建、改建、扩建民用建筑的绿色设计与管理，同时适用于详细规划阶段的低碳生态规划。《设计标准》共14章，在我国现有绿色建筑评价体系和技术标准构架基础上，细化了绿色建筑设计要求，首次将绿色建筑设计与低碳规划指标体系有机结合。在规划层面，从空间规划，交通组织，资源利用，生态环境四方面进行低碳生态设计指标的设置。建筑设计层面，按照专业划分逻辑，设计指标从建筑、结构、给排水、暖通、电气、场地景观及室内装修六个专业分别设置。《设计标准》于2013年7月1日起正式实施。

（2）启动编制北京市地方标准《绿色建筑工程施工验收规范》

北京市质量技术监督局制定的《2013年北京市地方标准制修订增补项目计划》将《绿色建筑工程施工验收规范》纳入计划，作为北京市一类推荐性标准批准起草制定。2013年10月30日，北京市住房和城乡建设科技促进中心组织召开《绿色建筑工程施工验收规范》编制工作组成立暨第一次标准编制工作会。预计该标准将于2013年12月份形成讨论稿，2014年2月形成征求意见稿，2014年5月形成送审稿。

（3）编制出版《北京市绿色建筑评价技术指南》

为进一步规范和指导北京市的绿色建筑标识评价工作，北京市住房和城乡建设科技促进中心组织编制了《北京市绿色建筑评价技术指南》。该书深入解读北京市《绿色建筑评价标准》（DB11/T 825—2011）技术条款和相关要求，围绕评价要点、实施途径、关注点等重点内容阐释如何开展绿色建筑标识评价工作，统一规范评价原则和判断达标要求，减少专家评审主观判断的自由裁量权，以提高标识评价工作的公平性和准确性。同时该书对绿色建筑从申报管理、提交材料及技术实施等方面给予技术指引，对加强北京市绿色建筑评价工作能力建设和指导绿色建筑技术发展起到促进作用。

（4）编制出版《北京市绿色建筑设计标准指南》

为更好地实施北京市《绿色建筑设计标准》，北京市规划委勘设测管办组织编制了《北京市绿色建筑设计标准指南》，并于2013年6月出版发行。该书通过对绿色建筑设计工作实践的总结和归纳，对《绿色建筑设计标准》进行了深入的剖析和解读，每款条文均通过“设计要点”、“实施途径”进行详细阐述和讲解，同时结合“案例分析”以加深理解。

1.4.2 科研情况

（1）全球环境基金（GEF）五期“中国城市规模的建筑节能和可再生能源应用项目”签约并启动实施

2012年北京市住房和城乡建设委联合北京市财政局申报全球环境基金（GEF）五期“中国城市建筑节能与可再生能源项目”，旨在通过国际合作形式，开展可再生能源建筑应用、能耗对标、低碳城市规划和绿色建筑等研究。2013

年6月项目获世行执董会审批通过，并于2013年8月启动生效。该项目计划执行期为五年。为做好项目管理工作，市住房和城乡建设委成立了GEF北京项目管理办公室，负责项目的具体实施工作。2013年11月6日召开了GEF五期北京市住房和城乡建设委项目启动会。该项目通过国际交流合作，积极推进国内外先进理论研究成果和实践经验，结合建设世界城市发展目标和绿色北京发展战略，从推动城市可持续发展的重要着力点出发，在低碳宜居城市规划、大型公共建筑和商业建筑能源利用效率、全面推进绿色建筑发展、推广应用低碳技术等方面提高北京市绿色建筑和建筑节能建设水平，完善绿色建筑和建筑节能法规、政策、标准等保障体系，为我国城市规模的建筑节能和可再生能源发展提供示范与发展经验。

(2)“北京市既有建筑绿色化改造关键技术研究与示范”项目启动

2013年5月，由北京市科学技术委员会委托的市委、市政府重点工作及区县政府应急项目预启动项目《北京市既有建筑绿色化改造关键技术研究及示范》获立项。该项目通过调研测试北京市典型绿色建筑及测评已实施综合改造的老旧小区，研究适于评价北京市既有绿色建筑的测评方法与标准，提出针对北京实际情况的既有建筑绿色化改造评价方法和政策建议及适宜于北京地区的既有建筑绿色化改造技术导则和产品技术目录；研究绿色建筑物联网系统关键技术形成相关技术集成，包括建筑能耗监测（暖通空调系统、太阳能系统、照明系统、电梯系统）、建筑设备、智能安防等；同时完成适用于既有建筑绿色化节能改造保温材料、新型节能推拉窗和室内空气净化产品等产品技术的提升与完善；并通过不少于5万m^2的工程示范应用，提出北京市既有建筑绿色化改造的成套关键技术，为北京市未来既有建筑绿色化改造规模化推广提供技术支撑。

(3) 开展《北京市重点功能区低碳生态详细规划指标应用技术导则》课题研究

课题以北京市重点功能区为研究目标，将绿色生态指标融入常规规划系统，形成“分解实施，整合规划”的指标应用新模式。研究与我市绿色示范区建设实践结合，针对功能区建设多元化主体、多层级开发、多部门推进的复杂特点，将单项指标向不同专业人群、不同编制环节、不同审批部门和不同开发阶段落实分解，提出明确的指标应用技术要求，增强了低碳生态指标引导城市功能区建设的针对性和可操作性。

(4) 开展《北京市绿色生态示范区评价标准》课题研究

课题基于北京市的资源环境、经济社会发展现状，基于案例分析和既有工作整理，结合国家绿色建筑和生态城市政策与标准研究进展，提出了北京市绿色生态示范区的评价原则和指标体系，形成具有北京特点的绿色生态城区评价标准(试行)，具有系统性、合理性、可操作性，为北京市绿色生态示范区的评价工作提供了技术支撑。

（5）开展《绿色建筑实施效果评估验收管理研究》课题研究

课题首次在北京范围内系统调研评估了绿色建筑标识项目的实施效果，调研的10个项目分别形成了内容完整、分析详尽的调研报告，在此基础上，课题在全国率先进行绿色建筑工程专项验收工作机制研究，开展绿色建筑工程验收技术方法研究，形成《北京市绿色建筑工程施工验收管理办法》和《北京市绿色建筑工程专项验收技术导则》，以完善北京工程建设管理程序中绿色建筑全过程监管体系的不闭合环节，为落实绿色建筑设计要求，切实保障绿色建筑工程质量，实现以实际应用效果为导向的绿色建筑管理体系提供专项技术支撑。该课题已于2013年11月22日顺利通过调研课题成果验收会。

（6）开展《北京市绿色生态住区规划设计导则》课题研究

课题从住区尺度出发，分析绿色生态住区的规划设计要点，结合北京历史文脉、自然条件、气候条件、资源特点，提出绿色生态住区规划布局等方面的关键措施。该导则的应用，有助于为人们提供健康、适用和高效的住区空间，并为完成北京市的节能减排目标提供切实的保证。

（7）开展《北京绿色住区评估体系》课题研究

课题过调查研究和理论分析等方式，对国内外绿色住区评估体系进行总结，梳理出北京市绿色住区评估体系的整体框架，并构建了北京市绿色住区评估体系的分项指标和得分，为北京市开展绿色住区的设计、建造和运营评估提供了科学依据。课题对5个实际住区的工程案例进行了试评估，对其实用性和可操作性进行了验证。

（8）开展《北京市绿色农宅评价体系研究与示范》课题研究

在2012年《北京市绿色农宅建设技术指标体系研究》课题研究的基础上，2013年继续深入开展《北京市绿色农宅评价体系研究与示范》课题研究，编制形成《北京市绿色农宅评价技术导则》，提出单项指标和综合指标使用和评价等级评判方法，编制相应的评价打分表，指导北京市绿色农宅设计、建造和技术应用，引导绿色农宅建设的规范化、科学化发展。依据《导则》评星级标准课题组对北京密云的华润小镇和平谷区黄松峪大东沟村农宅进行试评价，检验了《导则》的可操作性和结果的合理性。课题研究为在北京市抗震节能新农宅建设过程中更好地引导北京市农宅建设，提高农宅设计、建设质量和居住品质，推动农宅建筑节能，为北京市绿色农宅的建设和发展提供技术依据。

（9）开展《北京市大型公建节能改造研究及示范》课题研究

课题对大型公建的能耗现状和特点进行了分析，对既有的大型公建节能相关政策进行了总结，说明了大型公建节能改造的必要性。课题对大型公建的改造问题，提出了节能诊断的一般方法，并分类给出具体措施，成为既有建筑绿色化改造的有益探索。课题还编制了《北京市大型公建节能改造研究分析报告》和科普宣传册。

(10) 开展《北京市生活垃圾能源化利用潜力与途径》课题研究

课题通过对北京市典型区域生活垃圾的样品检测分析，分析总结了北京市生活垃圾和餐厨垃圾的产生量、源头分类、收集运输和资源化利用现状及问题，提出了可行的垃圾利用途径。课题还将北京市地区生态园区分为四类，通过分析园区的垃圾产量及特点，确定了合理的收运、处理及资源化模式，并初步建立了生态园区垃圾资源化主要构成指标。对加强北京绿色基础设施建设、探索建立区域资源管理中心具有一定的推动意义。

1.5 绿色建筑大事记

2013年1月，北京市住房和城乡建设委积极开展国家智慧城市试点申报和创建工作。在组织各区县申报的基础上，经材料审核、实地考察和专家评审，北京市东城区、朝阳区、未来科技城、丽泽金融商务区入选首批国家智慧城市试点。

2013年1月23日，北京市规划委在《北京日报》刊发了“发展绿色建筑，让城市与自然和谐共生”专版，对绿色建筑相关工作进行宣传。

2013年4月1日至3日，“第九届国际绿色建筑与建筑节能大会暨新技术与产品博览会”在北京国际会议中心召开。市规划委叶大华委员在绿色生态城区分论坛上，做了“全面发展绿色建筑，推动生态城市建设”主题演讲。

2013年4月24日，北京市规划委组织召开了全市发展绿色建筑推动生态城市的宣贯会。会议对市政府《关于全面发展绿色建筑推动生态城市建设的意见》中提出的“四个率先”进行了宣贯。

2013年5月20日，北京市的环境国际公约履约大楼、中国石油大厦、中国海油大厦、北京金茂府小学、长阳镇起步区1号地04地块（1～7号楼）及11地块（1～7号楼）、中关村国家自主创新示范区展示中心（东区展示中心）、中关村国家自主创新示范区展示中心（西区会议中心）七个项目获得2013年度全国绿色建筑创新奖，其中一等奖2个，二等奖4个，三等奖1个，获奖数量创历史之最。

2013年5月13日，北京市政府办公厅发布了《北京市发展绿色建筑推动生态城市建设实施方案》（京政办发［2013］25号），着力推进绿色发展，循环发展，低碳发展。

2013年6月7日，北京市规划委受北京人民广播电台邀请，参加了“城市零距离”节目，以“建筑绿标，怎样让生活更环保”为主题，向广大市民介绍我市绿色建筑相关工作情况，并与网友和市民进行电话互动交流。

2013 年 6 月 8 日，北京市住房和城乡建设委会同市规划委共同组织召开了雁栖湖生态示范区绿色建筑推进动员会，成立雁栖湖绿色建筑推进工作小组。7 月 24 日北京市住房和城乡建设委和市规划委联合印发《雁栖湖生态发展示范区绿色建筑推进工作实施方案》（京建发［2013］362 号）。

2013 年 6 月 15 日，北京市住房和城乡建设委科技促进中心创办了《绿色建筑·北京在行动》电子期刊并发布总第一期。期刊每季度发布一期，集中宣介北京市绿色建筑工作动态、政策措施、技术标准、区域示范和典型案例等。

2013 年 6 月 24 日，北京市人民政府办公厅发布《关于转发市住房和城乡建设委等部门绿色建筑行动实施方案的通知》（京政办发［2013］32 号），全面开展绿色建筑行动。

2013 年 6 月 27 日，作为北京市节能宣传周建筑节能宣传的重要活动之一，北京市住房和城乡建设委组织召开了 2013 年度北京市绿色超高层建筑评价培训会议。来自各区、县住房城乡建设委，第二批绿色建筑评价标识专家委员会专家，市绿色建筑技术依托单位，各绿色建筑专业评价人员共计 130 人参加了培训。

2013 年 7 月，北京市规划委网站上建立了“‘绿色建筑’我参与”专版，发布绿色建筑相关标准规范、工作动态，并与网友在线沟通。

2013 年 8 月，经北京市住房城乡建设委组织申报北京市经济技术开发区和房山区长阳镇被批准为 2013 年度国家智慧城市试点。

2013 年 8 月，北京市规划委在海淀区、丰台区、大兴区、怀柔区、房山区各选定一个居住区作为绿色居住区试点项目，总建筑规模约 160 万平方米。

2013 年 8 月 26 日，“北京市丰台区长辛店生态城”项目参加住房和城乡建设城乡规划司组织的绿色生态示范城区评审。

2013 年 8 月 28 日，生态城市中国行·长辛店生态城站主题论坛活动在丰台区举办。住房和城乡建设部仇保兴副部长作了《共生理念与生态城市》的主题演讲。在对话空间和学术沙龙环节，主要围绕北京低碳生态社区的建设，开展了政府、专家、设计单位及相关企业的互动交流。

2013 年 9 月 11 日北京市住房和城乡建设委组织召开雁栖湖示范区既有建筑项目绿色化改造培训会，为推动落实市政府关于雁栖湖周边宾馆饭店等设施开展环境整治工作的要求、推进项目实施绿色化改造、提高改造水平和质量奠定基础。

2013 年 9 月 16 日，北京市财政局、市发展改革委、市住房和城乡建设委代表参加在宁波召开的 GEF 五期“中国城市建筑节能和可再生能源应用项目”启动会暨低碳宜居城市形态研究与实践研讨会。

2013 年 10 月 17 日，北京市住房和城乡建设委组织 20 名骨干网评员和新浪、搜狐、网易、凤凰、千龙等重点网站的互动编辑走进绿色建筑，参观中关村国家自主创新示范展示中心，体验全智能绿色管理系统，开创绿色建筑宣传推广工作的新方式和新思路。

2013年10月22日，北京市住房城乡建设委和北京市规划委组织召开2013年度北京市绿色建筑行动推进大会，宣讲《北京市发展绿色建筑推动生态城市建设实施方案》和《北京市绿色建筑行动实施方案》政策信息，培训绿色建筑标准，推动全市相关行业大力开展绿色建筑行动。

2013年10月23日，北京市卫生局会同住房和城乡建设委组织召开北京市医疗卫生机构基建管理和绿色医院培训会。

2013年10月，北京位于大兴区的两个地块作为首批将生态指标纳入土地招拍挂条件进行上市交易操作的试点上市。大兴区孙村组团的两个地块在2013年11月成功完成挂牌交易。

2013年11月6日，GEF五期北京市住房和城乡建设委项目启动会暨北京市建筑节能政策推进与实践主题研讨会在北京召开。

2013年11月，北京市规划委受邀代表北京参加了在瑞典斯德哥尔摩举行的C40城市气候领袖群可持续社区组关于“正气候开发计划”的学习交流。

作者： 赵丰东[1]　乔渊[1]　叶嘉[2]　孟宇[2]（1. 北京市住房和城乡建设科技促进中心；2. 北京市勘察设计和测绘地理信息管理办公室）

2 天津市绿色建筑总体情况简介

2 General situation of green building in Tianjin

近年来，天津市抓住城镇化建设快速发展的机遇，以产业为支撑，全面发展绿色建筑，着力实施规模化绿色建筑，加快生态城区建设，不断增强城市活力，提高建筑品质，改善城市环境，走出了一条绿色生态的城镇化建设之路，使绿色建筑成为天津城市建设的新亮点。天津市积极响应住房和城乡建设部关于发展绿色建筑的号召，大力推行绿色建筑的发展，编制了天津市绿色建筑设计、施工、评价等系列标准，制定了绿色建筑发展规划，并逐步完善评价体系，全面推动绿色建筑的实施，取得了一定成效，主要体现在以下九个方面：

2.1 落实绿色建筑项目

从加强各区县绿色建筑工作考核、推动天津市重点工程项目执行绿色建筑标准及督导规模化建设项目实施绿色建筑三个方面入手，落实新建绿色建筑项目 629.3 万 m^2，超额完成了 2013 年城建工作会议确定年内绿色建筑占同期开工量的 15%目标。继续推动规模化绿色建筑项目建设，重点推动了塘沽南部新城、未来科技城、武警金融区、子牙河循环经济园区全面实施绿色建筑。

2.2 制定绿色建筑行动方案和发展规划

按照国家行动方案的有关要求，结合天津市实际，制定《天津市绿色建筑行动方案》，从发展规模化绿色建筑，加强新建建筑节能监管，扎实推进既有建筑节能改造，大力推进可再生能源建筑应用，推动建设资源集约节约利用，积极推行建筑工业化、住宅产业化等方面提出了今后几年绿色建筑工作的主要目标和重点行动。为推动绿色建筑的健康快速发展，按照《天津市建筑节约能源条例》的有关要求，结合天津实际，编制《天津市绿色建筑发展规划》，提出了至 2020 年的绿色建筑工作目标，明确了城区绿色建筑发展、绿色施工、绿色运营等十大重点任务，制定了资金、人员等方面的保障机制和措施。

2.3 完善绿色建筑标准体系

天津市发展绿色建筑坚持技术标准先行的思路，在住建部的支持下，2013年颁布了一系列地方标准。2月18日，天津市城乡建设和交通委员会颁布了《天津市民用建筑能耗监测系统设计标准》；5月18日，颁布了《天津市居住建筑节能设计标准》，新标准将居住建筑的能耗指标在“三步节能”基础上再降30%；10月，颁布了《天津市绿色建筑评价标准》（2013年版）及《天津市绿色建筑评价技术细则》（2013年版）。此外，天津市还积极推行既有建筑改造项目按照绿色建筑标准实施，在坚持“被动式为主，主动式辅助”的原则上，采取经济适用策略，进行适宜绿色建筑技术集成，将原多层厂房改造为设计企业的办公楼，建成了低成本、超低能耗绿色建筑。天津市建筑设计院文体中心获得国家二星级绿色建筑运行标识，成为该市首座获得这一标识的建筑。

在绿色建筑的标准体系中重点抓好绿色建筑评价。一是进一步加强了天津绿色建筑技术依托单位的能力建设；二是出台了天津市绿色建筑竣工评价导则，大力推行设计、竣工、运行三段式评价；三是建立了与国家绿标办长效的合作评价工作机制，在做好绿色建筑一、二星级评价的基础上，积极开展三星级的初评工作。共完成了新梅江居住区起步区、侯台公园展示中心等45个项目的设计评价标识工作。为进一步完善绿色建筑的标准体系，下一步天津将研究绿色建筑设计取费标准，制定绿色建筑施工定额，完善绿色建筑工作市场推动机制。还将修订天津市绿色建筑设计标准和评价标准，编制我市绿色建筑施工及验收标准。

2.4 加大绿色建筑能力建设

为实现绿色建筑更好的发展，加大能力建设力度。组织绿色建筑专业培训。组织召开了滨海新区建设单位绿色建筑培训会，进一步提升建设单位实施绿色建筑的能力。从规划设计入手加快推动绿色建筑发展，对天津市勘察设计单位的规划、建筑、暖通、给排水、电气专业总工进行了绿色建筑专题设计培训，取得了明显效果；编制绿色建筑宣传方案。为增强全社会对绿色建筑的认知，结合美丽天津建设，拟通过电视、网络、报刊等媒体，开展全市范围的绿色建筑宣传工作，宣传方案已初步确定。积极组织绿色建筑建设单位、设计单位、施工单位联盟，努力营造全面实施绿色建筑的良好氛围；搭建建筑节能科技信息平台。天津市建筑节能科技信息平台建设上半年重点完成了四方面工作，一是基本完成基础地理框架地图数据建库。目前我市80%建筑存量的基础数据已录入系统并与三维底图进行了叠加；二是完成了平台顶层设计，平台基础功能模块已开发完成；三是平台子系统——建筑节能统计信息系统已基本开发完成；四是对已有的大型公建能耗监测系统和建筑节能技术资料备案系统进行了提升改造，并与平台进行数据对接。下一步的工作是年内完成建筑节能科技平台的上线运行。

2.5 注重绿色建筑创新发展

创新是绿色建筑发展的动力。天津市不断加强绿色建筑的创新发展，取得了一定成效。住房和城乡建设部公布，天津万科锦庐园等42个项目获绿色建筑创新奖。

6月18日，天津市首个绿色建筑与节能产业创新基地——“绿建吉地”产业园区开园。作为国家“十二五”重大科技工程示范基地之一，该园区将进一步推动本市绿色建筑与节能产业发展，助力“美丽天津”建设。12月20日，“天津绿色建筑协同创新中心”在天津城建大学成立。该中心将以绿色建筑科技发展重大瓶颈、共性问题研究为导向，推进高校、科研院所以及企事业单位之间的深度融合，深入开展绿色建筑领域的应用基础研究与技术开发，使绿色建筑成为天津城市建设的新亮点。

2.6 加强绿色建筑建设监管

按照市政府立法计划安排，组织编写了《绿色建筑管理规定》，建立绿色建筑立项、规划、设计、施工、竣工、运营等各个环节闭合管理制度，预计明年以政府令的形式发布。

按照国家绿色建筑行动方案的相关要求，天津市政府出台了《天津市绿色建筑行动方案》，明确将绿色建筑管理纳入基本建设管理程序，建立绿色建筑闭合监管体系。在项目立项阶段载明实施绿色建筑要求；进一步加强规划阶段把关，对区域开发项目要按照绿色建筑规划指标体系进行规划，对绿色建筑单项工程要加强日照、风环境、建筑立面、建筑体型和地下空间利用以及绿地率等方面的监管，对不符合绿色建筑标准要求的不予发放规划许可证；在土地招拍挂阶段，对每宗地块明确绿色建筑具体要求；加强绿色建筑设计阶段的监管，加强绿色建筑项目施工图审查，对不符合绿色建筑标准的不发放建设工程施工许可证。对未按照绿色建筑施工图设计文件施工的，不予建筑工程竣工备案。严格落实《天津市建筑节能条例》的有关规定，实施绿色建筑竣工评价，把绿色建筑落到实处。

2.7 开展绿色建筑论坛与学术交流

为了加快本市绿色建筑的发展，增进同各个国家和地区之间关于绿色建筑发展的交流，举办了多次绿色建筑论坛研讨。6 月 4 日，由 Urban PAECO 与天津市建筑设计院联合主办的“超高层建筑绿色节能设计与技术论坛”在天津成功举办，论坛以超高层建筑创作实例为出发点，从不同视角，就超高层建筑设计中绿色节能技术的应用及未来发展趋势进行广泛交流和研讨。9 月 15 日，由国家发改委、住房和城乡建设部、天津市人民政府、中国国际经济交流中心共同主办的第四届中国（天津滨海）国际生态城市论坛暨博览会在天津滨海新区开幕。大会延续“生态城市创造和谐未来”的永久主题，包括主论坛和八个平行论坛，来自四十多个国家和地区的近千名政府官员、专家学者、国际组织和企业代表围绕“生态城市与美好家园”的年度主题进行深入讨论，探讨生态文明理念下的城市发展思路和举措。同期举行的博览会会期五天，共设立了“绿色建筑与节能展区”、“循环经济展区”、“生态城市体验展区”、“生态城市示范展区”以及“中新天津生态城展区”五个展区，免费向公众开放。9 月 26 日，首届中国（天津）国际创意产业博览会举办建筑设计主题论坛，探讨绿色建筑话题。结合实际建筑案例，探讨建筑设计与环境间的互动关系，就“绿色建筑如何应用到城市发展中”、“绿色建筑与创意生活的结合”等议题展开研讨。

2.8 重点推进绿色建筑规模化发展

建筑是我国的能耗大户，我国正处于高速城镇化的发展阶段，大力发展绿色建筑，无疑是降低能耗最好的手段。国家要求从 2014 年 1 月 1 日起，在全国范围内，政府投资的公益性建筑以及省会和直辖市的保障房，必须 100%为绿色建筑。为推广绿色建筑发展，早日实现生态城市目标，天津市建交委已经发布了《绿色建筑建设管理办法》，规定天津市新建国家机关办公建筑、2 万 m^2 及以上大型公共建筑、10 万 m^2 及以上新建居住小区、新建城镇等民用建筑执行绿色建筑标准，并对绿色建筑的设计、施工、监理、监督、评价和认证做出了详细的规定。

截至 2013 年年底天津市累计已有 61 个项目获得绿色建筑评价标识，其中 2013 年获得绿色建筑评价标识项目 31 个。2013 年新开工绿色建筑重点推进中新天津生态城、团泊新城、翠屏新城、解放南路片区、于家堡金融区等“三城两区”规模化绿色建筑发展。

2.9 绿色建筑助推生态城市建设

天津市委、市政府高度重视绿色建筑发展，在市委十届三中全会上，通过了以生态城市建设为核心的《美丽天津建设纲要》。中央政治局委员、市委书记孙春兰在全会报告中指出，要积极发展绿色建筑，大力推广使用节能材料，提高新建建筑节能标准，加强既有建筑节能改造，保持宜人的建筑空间、和谐的建筑色调和适中的建筑体量，使绿色建筑成为天津城市建设的新亮点。目前已开工建设的8个生态城区包括：以金融产业为依托的于家堡中心商务区、以科技创新服务产业为依托的新梅江居住区、以绿色工业为依托的静海团泊新城、以旅游度假产业为依托的蓟县翠屏新城、以高新技术产业为依托的未来科技城、以循环经济产业为依托的子牙循环经济产业园等，每个片区占地均在10km^{2}以上，且明确要求新建建筑全部达到绿色建筑标准。在规划中每个片区结合自身地域、产业等特点，将区域绿色建筑指标体系与控规和修详规以及专项规划有机结合，并将各项指标分解到每一地块，在规划条件中予以明确，保障了各项指标的落实和绿色建筑的实施。这些片区的建设，不仅使整体区域生态环境和建筑品质得到提升，也带动了周边的绿色生态发展，绿色建筑规模化效应逐步凸显。截至目前，天津市开工和竣工绿色建筑已超过1500万m^2。

为重点解决城市开发过程中大规模拆旧城、建新城运动造成的资源衰竭、环境恶化等问题，天津市积极推行既有城区绿色生态改造，以新梅江居住区为示范，研究探索绿色改造的生态目标和实施策略。新梅江居住区位于天津市中心城区，是天津市“十二五”规划的重点区域。2013年11月，新梅江居住区被国家发展改革委列为中欧城镇化合作项目。中欧双方将重点在老住宅和旧厂房的节能改造以及智慧城区建设方面进行合作，使该区域成为城市既有区域开发与改造并存的生态建设实践典范。

作者：天津市城市科学研究会绿色建筑专业委员会

3 河北省绿色建筑总体情况简介

3 General situation of green building in Hebei

3.1 绿色建筑总体情况

自2010年开始到目前，全省已获得绿色建筑评价标识83项，建筑面积1028.16万m^2。其中6项是保障性住房项目，建筑面积达226.82万m^2。2013年，新建绿色建筑占城镇建筑总量的15%以上。上述绿色建筑评价标识项目的基本构成如下：

按所获标识的星级划分：其中一星级评价标识23项，面积356.98万m^2；二星级55项，面积614.485万m^2；三星级5项，面积56.7万m^2。按设计与运行阶段划分：其中设计阶段评价标识74项，面积875.24万m^2；运行阶段评价标识9项，面积152.92万m^2。按获得标识的时间分：其中2010年评价标识2项，面积11.86万m^2；2011年11项，面积122.09万m^2；2012年26项，面积265.27万m^2；2013年44项，面积628.94万m^2。2013年获得绿色建筑评价标识的项目，其数量超过了前几年的总和，建筑面积则为前几年总和的1.57倍。

2013年，河北省还有3个项目获得全国绿色建筑创新奖，其中“廊坊万达学院一期工程”（教学楼、行政办公楼、体育馆、学员宿舍、教职工宿舍、一期餐厅、商业信息研究中心）获一等奖；秦皇岛“在水一方”住宅A区1～13、15、付15、16～33、35、37、39号住宅楼获二等奖；秦皇岛经济技术开发区数据产业园区——数谷大厦获三等奖。

3.2 发展绿色建筑的政策法规情况

2009年，河北省住建厅印发《河北省建设厅关于发展节能省地型住宅的指导意见》、《河北省开展一二星级绿色建筑评价标识工作方案》。2010年，省住建厅印发《关于推进河北省绿色建筑示范小区建设工作的指导意见》，提出到2012年全省绿色建筑示范面积达到330万m^2以上，在示范的基础上逐步建立并完善绿色建筑规划、设计、建设、管理、评价标识等政策、标准和技术体系，为全面推广绿色建筑奠定坚实的基础。2012年，省住建厅、财政厅印发《关于转发财政部、住房和城乡建设部〈关于加快推动我国绿色建筑发展的实施意见〉的通知》，提出绿色建筑发展要建立健全标准体系，积极实施政策激励，坚持注重规模发展，不断提升综合能力。2013年，为贯彻落实《国务院办公厅关于转发发展改革委、住房和城乡建设部绿色建筑行动方案的通知》精神，《河北省人民政府办公厅转发省发展改革委省住房城乡建设厅〈关于开展绿色建筑行动 创建建筑节能省的实施意见〉的通知》（冀政办［2013］6号）出台实施，并印发《开展绿色建筑行动 创建建筑节能省住房城乡建设系统工作方案》。《实施意见》提出，到2015年城镇新建建筑中绿色建筑面积达到25%。编制实施了《河北省“十二五”绿色建筑和绿色生态城区发展规划》。全省各设区市相继出台推进绿色建筑发展的政策措施，如秦皇岛市政府印发《关于大力推进绿色建筑发展实施意见》、《秦皇岛市绿色建筑管理办法》，该市还印发了8个配套技术文件，绿色建筑“1+1+8”管理和技术体系初步确立。

2010年，开展了“十佳建筑节能示范小区”评选活动；2011～2012年连续两年开展了绿色“双十佳”（“十佳绿色建筑”、“十佳绿色小区”）评选活动。为确保评出高水平绿色建筑项目，制定印发《“河北省十佳建筑节能示范小区”评选办法》、《河北省十佳绿色建筑评选办法》、《河北省十佳绿色小区评选办法》及相关评选标准。

2010年10月，省政府与住房和城乡建设部签署《关于推进河北省生态示范城市建设促进城镇化健康发展合作备忘录》，提出在北戴河新区、唐山湾生态城、正定新区、黄骅新城的规划建设中，全面推进建筑节能和绿色建筑工作（后将涿州生态宜居示范基地列入其中形成“4+1”）。

2012年9月，省政府与住房和城乡建设部签署《关于共建北戴河新区国家级绿色节能建筑示范区合作框架协议》，明确以绿色节能建筑为重点和特色，积极探索生态城市和绿色节能建筑示范区的规划建设模式。

为了推动全省绿色建筑发展，河北省利用建筑节能专项资金、新型墙体材料专项基金等，对获得高星级绿色建筑评价标识的项目予奖励，并将其列入《河北省建筑节能专项资金管理办法》等文件。其中，获得二星级绿色建筑评价标识奖励15元/m^2，三星级绿色建筑评价标识奖励35元/m^2。2013年已奖励26个项目，拨付奖励资金1855万元。

部分市也出台了对绿色建筑的财政支持政策，如唐山湾生态城制定了《鼓励国内外客商投资的暂行规定（试行）》、《绿色建筑奖励补贴办法》，明确了生态城区域内绿色建筑的补贴标准：对取得国家“绿色二星级”证书的项目补贴投资商60元/m^2；对取得国家“绿色三星级”证书的项目补贴投资商90元/m^2。

3.3 绿色建筑标准情况

河北省制定了一系列绿色建筑技术标准、规程、导则等。2010年印发《河北省绿色建筑示范小区建设技术导则（试行）》；2011年12月发布、2012年3月实施《绿色建筑评价标准》；2012年2月发布、2012年5月实施《绿色建筑技术标准》；正在组织编制《绿色建筑设计规程》、《绿色施工管理规程》、《绿色建筑评价标准》（修编）等。加之已颁布实施的《居住建筑节能设计标准》（65%）、《公共建筑节能设计标准》（50%）、《民用建筑太阳能热水系统一体化技术规程》、《热泵系统工程技术标准》等，以及即将完成的《居住建筑节能设计标准》（四步节能75%）、《高层建筑太阳能热水系统技术规程》、《公共建筑能耗监测系统技术规程》、《高性能建筑节能门窗技术规程》，我省绿色建筑技术体系日趋完善。作为我国首个被动式低能耗建筑设计标准，《河北省近零能耗（被动式低能耗）居住建筑设计标准》即将颁布实施。此外，河北省住建厅还组织编写并由中国建筑工业出版社出版了《绿色建筑词典》（试用本）、《绿色建筑技术》两书。

3.4 典型绿色建筑项目简介

马驹桥保障住房项目。该项目2012年获得设计阶段二星级绿色建筑评价标识。位于唐山市路北区凤凰新城西向延展线，站前路以西，总占地面积16.08万m^2，总建筑面积66.08万m^2。

节能与能源利用。采用集中采暖系统，各主要功能房间布置散热器并设置温控阀、热量表，实现对热量的逐户计量。公共区域采用高效节能灯具，公共楼道照明、楼梯间照明等均采用节能自熄开关控制。建筑南立面采用壁挂式太阳能系统，为社区内50%的住户提供生活热水。

节水与水资源利用。给水系统采用双路供水，小区内设环状给水管网。加压给水由市政给水经小区泵房加压后供给，并逐户设置计量水表对水耗进行单独计量。排水采用雨污分流制和污废合流制。地下排水集水坑设潜水排污泵，根据液位自动交替运行。采用节水器具。建筑单体内部不同供水水质、不同用途的给水管道上分别设置计量仪表。室外不同水源、不同用途、不同收费标准的给水管分别设置计量仪表。收集场地雨水，进行处理后达标。雨水和市政补水用于场地绿化浇洒。

节地与室外环境。建筑占地面积35692m^2，人均用地面积约6.92m^2；人均公共绿地面积约1.09m^2，满足《绿色建筑评价标准》的指标要求。室外绿化选用本地植物，以提高植物的适应性和成活率；采取乔、灌、草相结合的复层绿化体系。场地内除主要道路和篮球场，所有地面均设置为透水地面。对项目各房间日照情况进行详细计算分析，主要居住空间（卧室、起居室、书房等）满足大寒日日照 2h 要求。在东南西北四个方向分别设置社区主要出入口，机动车停车位设置于地下，实现人车分流。地下空间共两层，合理开发利用了地下空间。

节材与材料资源利用。建筑未采用大量装饰性构件，最大程度体现简约、实用的原则。全部采用预拌混凝土、商品砂浆。可再循环利用建材占建材总用量的 10.24％。

保护环境减少污染。采用外围护结构节能设计、太阳能热水系统及节能照明系统等节能措施，每年可节约标煤 589t，可降低 CO_2 排放 1472t，降低 SO_2 排放 11.7t，减少烟尘排放 0.6t，环境效益显著。

作者：程才实、李志清（河北省住房和城乡建设厅）

4 上海市绿色建筑总体情况简介

4 General situation of green building in Shanghai

4.1 建筑业发展情况概述

2013年上海市报建建筑项目共2869项，总建筑面积6820万m^2，其中居住建筑共216项，建筑面积2585万m^2，占报建项目总建筑面积的38%；公共建筑共554项，建筑面积1981万m^2，占报建项目总建筑面积的29%；其他类别建筑面积共计2099项，建筑面积2253万m^2，占报建项目总建筑面积的33%。

2013年本市竣工项目共2081项，总建筑面积5666万m^2，其中居住建筑386项，建筑面积3183万m^2，占竣工项目总建筑面积的56%；公共建筑740项，建筑面积991万m^2，占竣工项目总建筑面积的17%；其他类别建筑面积共计955项，建筑面积1493万m^2，占竣工项目总建筑面积的26%。

4.2 绿色建筑发展情况概述

4.2.1 绿色建筑标识评价情况

2013年，上海市通过绿色建筑评价标识认证的项目共计27项，总建筑面积达227.79万m^2，其中公建项目13项，总建筑面积72.92万m^2；住宅项目14项，总建筑面积154.88万m^2。另有20项绿色建筑评价标识在评项目。截至2013年12月，上海市累计通过绿色建筑评价标识认证的项目达95项，总建筑面积达704.72万m^2。

4.2.2 规模化推进绿色建筑情况

(1) 低碳示范区

“十二五”期间，上海试点推进的八大低碳发展实践区分别是：虹桥商务区、奉贤南桥新城、长宁虹桥地区、临港新城主城区、金桥加工区、崇明三岛、徐汇滨江及黄浦滨江。

虹桥商务区：上海虹桥商务区建设低碳实践区，总面积86.6km^2，是一个开创性的工作，符合世界低碳发展趋势、国家科学发展要求和上海转型发展需要，对上海系统推进低碳实践具有重要的示范意义和引领作用。该项目的能源供应采用以分布式供能系统为主导，集中向用户供冷、供热、供电（三联供），实践商务区理念，倡导新能源绿色生活。项目全过程坚持贯彻以低碳为基础的生态商务区规划与建设理念，包括南、北两个能源站以及能源站通往各地块用户端的管沟、管网工程。

奉贤南桥新城：总面积71.39km^2，人口为75万～100万人。总体规划提出以居住区的标准构筑新城内部道路系统，适当提高路网密度，缩减车道规模、增加隔离绿带，并预留充足的慢行空间，构造安全、舒适、宜步行的空间结构，鼓励在新城内部采用更绿色的公共交通出行方式，以实现生态环保、清洁低碳的宜居新城定位。南桥新城的产业发展策略师推动先进制造业，发展现代服务业。即以新能源、生物医药、新材料为突破口，重视节能减排，强化科技创新，打造研发与制造相互结合的新兴战略性产业培育基地。同时，重点发展总部经济、研发产业、服务外包、互联网经济等生产性服务业。

长宁虹桥地区：项目面积3.15km^2，根据低碳示范区建设规划，已启动既有建筑能源审计和节能改造、新建可再生能源一体化建筑等建设项目，并研究制定相关项目推进所需的商业运作模式及融资机制，完善低碳示范区建设软环境，研究探索碳减排自愿协议及认证交易、购买绿电、建立能耗和二氧化碳排放量统计、核算、监测体系等创新性工作。

临港新城：项目面积241km^2，临港新城通过利用分布式可再生能源发电系统并网、风光互补发电系统以及集成电网系统、规模化太阳能集中供热示范应用系统、供排水系统节能技术、智能化港区、绿色物流等方面促进实现临港低碳城市的建设。

金桥加工区：园区总面积27.38km^2，以低碳制造和绿色发展为切入点，在低碳设计、低碳化生产、清洁生产、绿色产品、碳审计、技术创新、发展新能源等方面得到进一步增强，循环经济格局取得明显突破，建成工业废弃物综合处理中心，自主研发建成电子废弃物综合拆解处理流水线、PCB线路板和CRT显示器综合处理系统，创建全国第一个再生资源公共服务平台。

崇明三岛：崇明新城总面积1411km^2，将建设为以田园风貌为特色的现代化的海岛花园新城，东森国家森林公园成为主要的旅游接待区；陈家镇将建设成为生态城镇，重点发展现代服务业。主要在低碳社区建设、发展低碳农业、探索新型旅游发展方式三方面进行实践。

黄浦滨江：项目总面积5.1km^2，根据黄浦滨江低碳发展实践区实施方案，到2015年，该试点区域二氧化碳排放将在现有基础上下降15%。为此，黄浦将着力打造五大亮点项目，包括绿色金融集聚带、低碳世博文化博览商务区、南京路—淮海路低碳体验商业街、低碳创意园区、半淞园等生态居住社区等。

徐汇滨江：项目总面积1.4km^2，将建设成为在上海及全国城市形态更新方面具有示范意义的宜居宜商、生态优先、系统综合的可持续发展城区典范。

(2) 重点项目建设

在后世博、虹桥商务区、临港新城主城区、迪士尼主题乐园、上海中心以及徐汇滨江六大重点工程的建设中，继续推进绿色建筑。

(3) 保障房建设

上海市建筑建材业市场管理总站以及上海市住宅建设发展中心发布《关于2013年在本市保障性住房建设中加快推进绿色建筑发展的通知》。《通知》要求2013年度新开工量15%以上的保障性住房建设按照绿色建筑标准设计建造。本市鼓励保障性住房建设单位设计建造二、三星高星级绿色建筑，引导低星级绿色建筑规模化发展。确保到2014年新建的保障性住房全部执行绿色建筑标准。根据《上海市建筑节能项目专项扶持办法》(沪发改环资〔2012〕88号)要求，对取得绿色建筑标识的保障性住房且在绿色建筑示范项目支持范围内的，市级财政给予60元/m^{2}的资金补贴，单个项目最高不超过1000万元。

(4) 装配式建筑发展

市建设交通委、市住房保障房屋管理局、市发展改革委、市规划国土资源局和市财政局联合颁发《关于进一步推进装配式建筑发展的若干意见》(沪府办[2013] 52号文)。对装配式建筑的定义和项目范围、项目推进的责任主体、不同区域分类推进的原则、土地招拍挂方式、建筑面积的计算方式、专项扶持资金、项目建设全过程监督管理、标准体系研究和产业配套建设等内容做出了明确的规定和说明，要求在2013年下半年，各区(县)政府应在本区域住宅供地面积总量中，落实建筑面积不少于20%的装配式住宅，2014年不少于25%，2015年不少于30%；商业、办公供地面积总量中的混凝土结构装配式共建的面积落实比例参照执行。形成了上海地区推进工业化建筑新的高潮。

4.2.3 绿色建筑标识评价管理工作情况

上海市建筑业管理办公室于2013年7月17日发布《关于继续委托上海市绿色建筑协会承担绿色建筑评价标识日常工作的通知》(沪建建管 [2013] 25号)。《通知》明确原上海市绿色建筑促进会已重组更名为上海市绿色建筑协会，为保持工作的延续性，根据《上海市绿色建筑评价标识实施办法(试行)》(沪建交[2008] 95号)的要求，经研究决定继续委托上海市绿色建筑协会(上海市宛平南路75号建科大厦9楼)承担绿色建筑评价标识的日常工作。并于2013年8月29日发布《关于调整上海市绿色建筑评价标识工作办公室组成人员的通知》(沪建建管［2013］31号)，对办公室工作人员进行了调整。

4.2.4 2013年共有11个建筑工程项目（10个公建项目和1个住宅项目）建筑面积近54万m^2享受上海绿色建筑与建筑节能专项扶持资金的资助。

4.3 绿色建筑和建筑节能相关新增标准

4.3.1 DG/TJ 08—2119—2013《地源热泵系统工程技术规程》

上海市工程建设规范《地源热泵系统工程技术规程》，自2013年5月1日起实施。为规范本市地源热泵系统的技术应用，保证地源热泵系统工程质量，使地源热泵系统符合技术先进、资源节约和保护环境的要求，制定本规程。本规程适用于新建、改建、扩建建筑的地埋管地源热泵系统、地表水地源热泵系统的勘察、设计、施工、验收、性能测试、运行监测和管理。地源热泵系统工程应综合考虑地质条件、建筑用能特性和系统经济性要求，合理设计、规范施工。

4.3.2 DG/TJ 08—2122—2013《保温装饰复合板墙体保温系统应用技术规程》

上海市工程建设规范《保温装饰复合板墙体保温系统应用技术规程》，自2013年7月1日起实施。为在房屋建筑节能保温工程中正确应用保温装饰复合板墙体保温系统，提高外墙保温隔热性能，优化室内热环境，降低建筑采暖制冷使用能耗，满足节能保温工程的防火性能和装饰要求，确保工程质量，制定本规程。本规程适用于新建、扩建、改建的民用建筑外墙保温装饰工程的设计、施工及质量验收。工业建筑外墙保温装饰及既有建筑外墙保温装饰改造工程，在技术条件相同时也可适用。

4.3.3 DG/TJ 08—2126—2013《岩棉板（带）薄抹灰外墙外保温系统应用技术规程》

上海市工程建设规范《岩棉板（带）薄抹灰外墙外保温系统应用技术规程》，自2013年8月1日起实施。为规范本市岩棉板（带）薄抹灰外墙外保温系统及其组成材料的技术要求，以及系统的设计、施工和质量验收，提高民用建筑围护结构的保温隔热性能和室内舒适度，降低建筑使用能耗，确保工程质量，满足节能工程的保温及防火要求，制定本规程。本规程适用于新建、扩建、改建的民用建筑节能工程。既有建筑节能改造和工业建筑节能工程在技术条件相同时也可适用。

4.3.4 DG/TJ 08—2127—2013《机关办公建筑用能监测系统工程技术规范》

上海市工程建设规范《机关办公建筑用能监测系统工程技术规范》，自2013年

8月1日起实施。为贯彻执行国家及地方有关法律、法规和方针政策，规范机关办公建筑用能监测系统的设计、施工、调试、检测、验收、运营和维护，促进机关办公建筑节能降耗工作开展，制定本规范。本规范适用于新建和既有机关办公建筑的用能监测系统工程的设计、施工、调试、检测、验收、运营和维护。在办公用房修缮和改、扩建工程中，对原有的电气回路进行更新的，应按照新建建筑要求进行建设；对原有的电气回路不进行更新的，应按照既有建筑要求进行建设。机关办公建筑用能监测系统应具有通信接口，可实现与外部其他各专业应用系统的数据共享。建筑使用单位应通过对采集数据的统计与分析，提升内部管理水平。

4.3.5　在编标准

《上海市住宅建筑绿色设计标准》、《上海市公共建筑绿色设计标准》、《上海市绿色建筑检测和评定技术标准》、《上海市绿色养老建筑评价技术细则》。

4.4　绿色建筑与建筑节能相关科研情况

2013年度上海市承担的绿色建筑部分科研项目表　　　表4-4-1

立项部门	项目名称	承担单位
“十二五”国家科技支撑计划课题	绿色建筑规划设计关键技术体系研究与集成示范——绿色建筑群规划设计应用技术集成研究	上海市建筑科学研究院（集团）有限公司
	绿色建筑评价体系与标准规范技术研发——绿色建筑标准实施测评技术与系统开发	上海市建筑科学研究院（集团）有限公司
	办公建筑绿色化改造技术研究与工程示范	中国建筑科学研究院上海分院
	《绿色商店建筑评价标准和绿色建筑技术研究》	中国建筑科学研究院上海分院
	《绿色商店建筑评价标准》（含实施指南）	中国建筑科学研究院上海分院
	既有建筑绿色化改造评价标准	中国建筑科学研究院上海分院
“十二五”国家科技支撑计划子课题	绿色建筑性能优化常用模拟软件对标研究及应用	上海市建筑科学研究院（集团）有限公司
	绿色建筑规划设计适用技术体系研究	上海市建筑科学研究院（集团）有限公司
	夏热冬冷地区既有居住建筑绿色化改造建筑新技术研究	上海市建筑科学研究院（集团）有限公司
	绿色建筑评价指标体系与综合方法研究及评价工具开发	中国建筑科学研究院上海分院
	既有建筑绿色化改造综合诊断与评价研究	中国建筑科学研究院上海分院

续表

立项部门	项目名称	承担单位
上海市科委	超高层绿色建筑评价指标体系与标准研究	上海市建筑科学研究院（集团）有限公司
	陈家镇国际生态社区能源管理中心建设关键技术集成与示范一能源管理中心低碳建筑集成技术研发	上海市建筑科学研究院（集团）有限公司
	世博园区后续低碳、绿色、节能综合开发与改造研究	上海市建筑科学研究院（集团）有限公司
	绿色建筑性能评估技术研发及推广服务能力建设	上海市建筑科学研究院（集团）有限公司
	上海城区学校绿色建筑设计指标体系与关键保障技术研究	上海市建筑科学研究院（集团）有限公司
	东滩生态城与绿色养老社区生态建设关键技术研究	上海市建筑科学研究院（集团）有限公司
上海市城乡建设和交通委员会	《绿色养老社区评价技术细则》参编	中国建筑科学研究院上海分院
上海市建筑节能办公室	上海绿色建筑检测和验收技术规程	中国建筑科学研究院上海分院
上海市建筑建材业市场管理总站	上海绿色建筑规模化评审流程和监管制度课题	中国建筑科学研究院上海分院

注：表中未包括现代集团、华东院、同济设计院等单位承担的课题。

4.5 绿色建筑大事记

2013年3月25日，住房和城乡建设部通报2012年建设领域节能减排工作检查结果，上海等省市受到表扬，建筑节能重点工作进展较好，相关配套政策措施完善，监督管理比较到位。

2013年4月1日，上海市建设交通委组织上海地区绿色建筑与建筑节能相关的科研、设计、咨询、施工、开发、产品和运营等20多家企业联合组成“上海展团”，参加在北京举行的第九届国际绿色建筑与建筑节能大会暨新技术与产品博览会，上海展团的工作获得了住房和城乡建设部、中国绿建委领导的表扬。

2013年6月25日，美国绿色建筑委员会对上海世博会城市最佳实践区进行LEED—ND铂金级预认证授牌。城市最佳实践区成为北美地区外首个获得该级别认证的项目。

2013年6月26日，上海市绿色建筑促进会经更名、重组、扩容后提升为上海市绿色建筑协会。上海市绿色建筑协会（原上海市绿色建筑促进会）第四届一次会员大会在上海国际会议中心召开。住房和城乡建设部副部长仇保兴为大会发来贺信；上海市政府杨雄市长在市建设交通委的工作专报上专门做出批示："推进绿色建筑的发展，是上海创新驱动、转型发展的一项重要措施。希望协会的组建能促进该项工作的深入，不断创新工作机制，推动绿色建筑发展上新台阶"；上海市第十三届人大常委会刘云耕主任特意为大会题字"推广绿色建筑建设美丽家园"。

2013年10月8日～11日，2013上海绿色建筑与建筑节能科技周活动在上海世博展览馆隆重举行。本届科技周活动同期举行了第六届上海绿色建筑与建筑节能国际论坛、上海生态城市发展高峰论坛、中国建筑节能协会2013年会和GBC 2013上海绿色建筑与节能国际展览会。

作者：张俊 赵米耶（上海市绿色建筑协会）

5　江苏省绿色建筑总体情况简介

5　General situation of green building in Jiangsu

5.1　建筑业总体情况

2013年，在国际经济形势仍然严峻，国内经济下行压力加大，中国建筑业转变发展方式和推进转型升级任务十分艰巨的背景下，江苏建筑业通过艰苦努力，建筑业总量规模又有较大幅度增长，全年完成总产值共19700多亿元，同比增长19%；工程结算收入16800亿元，同比增长21%，企业营业额突破两万亿大关，其他各项主要指标增幅也超过以往。江苏建筑业的GDP总量目前已占江苏省GDP总量的6%以上，为江苏的经济发展做出了巨大的贡献。江苏建筑业队伍的铁军形象、辉煌业绩和精神风貌继续走在全国同行的前列。

5.2　绿色建筑总体情况

绿色建筑是江苏建筑业转型升级的重要抓手。江苏省自2010起开展“建筑节能与绿色建筑示范区”创建工作，要求示范区内所有新建项目全部按绿色建筑标准建设。2011～2013年，江苏省共设立了38个“省级建筑节能和绿色建筑示范区”，已建绿色建筑项目面积共4443万m^2。2013年淮安生态新城、昆山花桥国际金融服务外包园、无锡中瑞生态城、苏州工业园区中新生态科技城、泰州医药高新技术产业开发区等5个示范区通过省级验收。示范区除了建成一批绿色建筑项目外，还实施了一批地下空间复合利用、城市综合管廊、垃圾资源化利用示范项目，发挥了良好的综合示范效应。2013年江苏在绿色建筑工作上进一步加大财政投入，直接用于绿色建筑区域示范和绿色建筑奖励的项目资金共24500万元，连同可再生能源建筑应用、合同能源管理等项目，安排资金共计33469万元。公共财政的有力支持，极大地提高了项目单位实施绿色建筑的积极性。

2013年江苏全年新增节能建筑13570余万m^2，其中居住建筑10050万m^2、公共建筑3520万m^2。新建建筑可再生能源建筑一体化应用面积5693万m^2，其中太阳能光热应用面积5370万m^2，浅层地能应用面积276万m^2。实施既有建筑节能改造 338 万 m^2，其中既有居住建筑节能改造折合面积 146 万 m^2，公共建筑节能改造 192 万 m^2。新获得一星级以上的绿色建筑标识项目 126 个，面积超过 1500 万 m^2。这些节能建筑形成了每年节约 126 万 t 标准煤的节能能力，超额完成 2013 年建筑节能 87 万 t 标准煤的预定目标任务。

5.3 发展绿色建筑的政策法规情况

江苏省积极贯彻落实国务院办公厅转发《绿色建筑行动方案》的 1 号文件精神，省住建厅在总结绿色建筑工作经验的基础上，与省发改、科技、财政、物价等 17 个省有关部门会商，研究制定了《江苏省绿色建筑行动实施方案》，省政府办公厅于 2013 年 6 月 3 日正式转发了《实施方案》(苏政办发〔2013〕103 号)。《实施方案》明确提出“十二五”期间，全省达到绿色建筑标准的项目总面积超过 1 亿 m^2，其中，2013 年新增 1500 万 m^2；2015 年，全省城镇新建建筑全面按一星及以上绿色建筑标准设计建造；2020 年，全省 50%的城镇新建建筑按二星及以上绿色建筑标准设计建造。“十二五”期末，建立较完善的绿色建筑政策法规体系、行政监管体系、技术支撑体系、市场服务体系，形成具有江苏特点的绿色建筑技术路线和工作推进机制，绿色建筑发展水平保持全国领先地位。并提出了主要任务和保障措施。该方案作为推动江苏省绿色建筑发展的纲领性文件。通过一系列政府政策法规的举措，江苏绿色建筑呈现蓬勃发展的良好势头。

建筑节能与绿色建筑执法检查成为常态化管理手段。2013 年印发了《江苏省建筑节能暨绿色建筑考核评价计划》。

5.4 绿色建筑管理、标准和科研情况

2013 年江苏省在推进绿色建筑的管理、标准和科研等方面工作有如下一些主要做法：

1. 加强新建建筑节能市场准入制度。一是加强规划环节和方案设计审查环节的把关。二是推进建筑节能专项设计和施工图专项审查。从设计方案、初步设计文件、施工图设计文件三个方面明确了建筑节能要求。要求审图机构进行专项审查，确定建筑节能专职审查人员，定期接受相关专业学习培训，确保审查质量。三是加强节能工程施工质量控制和竣工验收把关。印发了《建筑节能专项施工方案标准化格式文本》和《建筑节能专项监理细则标准格式化文本》，提高了建筑节能专项施工方案和建筑节能专项监理细则的编制水平，从而正确指导施工，保证建筑节能专项工程的质量。要求对建筑节能材料实行进场复验，推行施工现场建筑节能信息公示制度，实施建筑节能工程质量专项验收。江苏还颁布实

施了《民用建筑节能工程质量管理规程》，形成了涵盖设计、施工图审查、施工、监理、质量监督、竣工验收全过程的建筑节能专项管理机制，使建筑节能工程质量管理更加规范化、标准化。

2. 积极推进实施民用建筑能效测评标识制度。坚持把推进建筑能效测评标识作为完善建筑节能市场调节机制的重要内容。修订印发了《江苏省建筑能效测评标识管理实施细则》，明确规定了能效测评标识机构认定、测评标识对象以及相关管理内容。为满足建筑能效测评工作的需要，颁布了江苏省《建筑能效测评标识标准》。开发了建筑能效测评管理信息系统，为实现测评工作信息化管理提供了条件。同时加大了测评机构的能力建设，通过筛选、培训，省内有 20 家检测中心已经被认定为省级能效测评机构，基本覆盖全省各省辖市，为推进建筑节能和绿色建筑工作做出了积极贡献。

3. 积极建立建筑节能信息公示制度。一是推行建筑节能信息现场公示制度，在施工现场出入口等显著位置公示在建工程节能措施情况。二是加强房屋销售环节的节能信息公示。江苏在《住宅质量保证书》、《住宅使用说明书》，将建筑节能技术指标纳入其中。各地商品房销售格式合同中增加了保温材料、中空玻璃、遮阳等节能技术条款，提高购房者的知情权和主动维权意识。

4. 科研技术方面强化建筑节能技术、产品、工艺推广和限制淘汰制度。明确了符合江苏省情的技术路线，即：发展具有民俗风情、符合民众生活习惯且适用、经济的被动式为主的节能住宅，加强在公共建筑中采用节能产品和设备、推广应用新能源和可再生能源。大力推广墙体自保温技术和节能门窗、外遮阳技术。2013 年已经推广建筑节能产品、设备累计达 546 项。印发各类技术或产品标准 300 多项。

5. 建立绿色建筑评价标识制度。2009 年印发的《江苏省绿色建筑评价标识实施细则（试行）》（苏建科〔2009〕389 号），明确了绿色建筑评价标识的机构、人员以及管理程序。成立了“江苏省绿色建筑评价标识管理办公室”。截至 2013 年 12 月 13 日，江苏获得绿色建筑标识的项目总计 316 项，面积 3549 万 m^2。绿色建筑数量和规模位居全国第一。

6. 积极推进既有建筑节能改造。组织开展了既有建筑及能耗信息调查统计工作，并进行分析研究，每年编制《江苏省民用建筑能耗统计调查分析报告》。根据江苏省建筑能耗分布特点，确定了以既有机关办公建筑和大型公共建筑为重点、积极推进既有居住建筑节能改造的策略。公共建筑的改造范围主要是 2 万 m^2 以上大型公共建筑以及机关、医院、宾馆、商场等用能需求高、建筑节能潜力大、节能效益显著的公共建筑。对于既有居住建筑则根据节能潜力和投入产出效益，区别不同产权主体、不同使用年限、不同结构的建筑，有重点、分步骤实施改造。2013 年实施既有建筑节能改造 338 万 m^2，其中公共建筑节能改造 192

万 m^2，既有居住建筑节能改造折合面积 146 万 m^2。

7. 推进建筑节能运行管理制度建设。根据《江苏省节约能源条例》规定：县级以上地方人民政府建设行政主管部门负责推进建筑用能系统运行节能管理，组织开展建筑能耗调查统计、评价分析、监测、公示等工作。2013 年江苏在常州、无锡开展公共建筑建筑能耗限额试点工作。省级机关办公建筑能耗定额以及常州市机关办公建筑、宾馆饭店的能耗限额已经确定。

8. 积极建立民用建筑能耗统计制度。按照住房和城乡建设部的部署，2013 年江苏及时转发了《住房和城乡建设部关于印发〈民用建筑能耗和节能信息统计报表制度〉的通知》(建科〔2013〕147 号)，要求各地加强统计工作的管理，保证统计数据的真实性和可靠性。江苏省共统计 5878 栋建筑，其中居住建筑 3224 栋，大型公共建筑 728 栋，中小型公共建筑 1319 栋，机关办公建筑 607 栋，总建筑面积达到 7200 万 m^2，完成了《2013 年江苏省民用建筑能耗统计调查分析报告》的编制工作，为全省建筑节能工作提供了数据支撑。

5.5 绿色建筑大事记

(1) 2013 年 4 月，《江苏省绿色建筑应用技术指南》出版发行。该书由江苏省住房和城乡建设厅科技发展中心主编，内容新颖，实用性强，对全面推进江苏省绿色建筑工作有重要的参考价值和指导意义。

(2) 2013 年 5 月 31 日，《江苏省绿色建筑标准体系研究》课题通过鉴定。鉴定委员会认为该课题研究丰富了江苏省绿色建筑技术支撑体系，为加快推动江苏省绿色建筑工作提供了保障。在绿色建筑标准体系构建模式和评价方法上填补了国内空白，达到了国际先进水平。

(3) 2013 年 6 月 3 日，江苏省人民政府办公厅印发了《江苏省绿色建筑行动实施方案》。该方案依据国家行动方案的总体框架，结合江苏实际，侧重于在现有工作基础上整合提升，促进江苏绿色建筑发展再上新台阶。

(4) 2013 年 6 月 17～18 日，由中国建筑节能协会主办、江苏省建筑节能协会协办的“2013 中国建筑遮阳产业发展高峰论坛”在无锡举行，与会专家就国内外建筑遮阳行业形势、工程应用和发展前景进行了交流分析。

(5) 2013 年 6 月 28 日，江苏省住房和城乡建设厅、南京市河西新城区国资集团共建的江苏省绿色建筑与生态智慧城区展示中心举行揭牌仪式。展示中心展示面积 3000m^2，由绿色建筑、生态城市、智慧城市、美丽家园等展厅组成。

(6) 2013 年 9 月 16～17 日，由世界屋顶绿化大会组委会和江苏省住建厅等单位主办的世界屋顶绿化大会在南京紫金山庄召开，来自各地的代表对江苏的屋顶绿化成果表示赞誉。

(7) 2013年10月31～11月1日，江苏省第六届绿色建筑国际论坛在南京国际博览中心举行。分设“绿色建筑”、“智慧城市”、“绿色低碳城市”三个分论坛。

(8) 2013年12月2号，江苏省住房和城乡建设厅组织开展了2013年度绿色建筑创新奖申报项目的评审工作，共评出一等奖一项、二等奖四项、三等奖五项。

作者：王然良　欧阳能（江苏省绿色建筑委员会）

6 安徽省绿色建筑总体情况简介

6 General situation of green building in Anhui

6.1 城乡建设工作总体情况

2013年，安徽省住房城乡建设系统认真贯彻十八大精神，围绕新型城镇化、保障性安居工程、美好乡村、节能减排等重点工作，真抓实干、改革创新、顽强拼搏、争先进位，各项工作扎实推进，住房城乡建设事业呈现出稳中有进、全面提升的良好态势。

截止2013年底，安徽省城镇化率超过48%，比上年提高1.5个百分点；新开工各类保障性住房和棚户区改造住房41.68万套、基本建成31.35万套，分别占年度目标任务的105.4%、124.2%，开工建设量、基本建成量均位居全国前列、中部第一；1710个美好乡村中心村建设规划全部完成，586个重点示范村建设进展顺利，完成20.4万户农村危房改造，246个乡镇农村清洁工程全部建成；全省新增节能建筑6700多m^2，形成节能能力200多万吨标准煤；建成城市绿道430公里；新建成污水管网1400公里、新增城市生活垃圾处理能力1340吨/日；2013年完成住房城乡建设领域投资6000亿元，实现建筑业总产值6000亿元，增幅均超过20%。

6.2 绿色建筑总体情况

6.2.1 绿色建筑快速发展

2013年，安徽省通过绿色建筑评价标识认证的项目共计15项，总建筑面积达241.6万m^2，其中公建项目3项，总建筑面积达38.5万m^2；住宅项目12项，总建筑面积达203.1万m^2，绿色建筑运行。截止到2013年12月，全省已有“合肥锦绣淮苑”等24个项目通过绿色建筑星级评价标识，总建筑面积371.1万m^2，其中公建项目9项，总建筑面积达114.8万m^2；住宅项目15项，总建筑面积达256.3万m^2；绿色建筑运行标识实现突破，合肥天鹅湖万达广场、芜湖镜湖万达广场2项目获得绿色建筑一星级运行标识，总建筑面积达32.5万m^2。

截至2013年12月，安徽省通过安徽省住房和城乡建设厅、安徽省绿色建筑协会认证的项目达11项，总建筑面积达190.9万m^2，其中公建项目1项，总建筑面积达5.9万m^2；住宅项目10项，总建筑面积达185.0万m^2。

2013年，安徽省财政厅、住房和城乡建设厅安排2000万元专项资金，用于支持发展绿色建筑示范项目建设，20个项目列入示范，总示范建筑面积316.6万m^2。累计已有40个列入安徽省绿色建筑示范项目，其中三星级绿色建筑3个、二星级绿色建筑30个，一星级绿色建筑7个，总示范建筑面积551.84万m^2。

6.2.2 绿色生态示范城区创建踊跃

截止2013年底，安徽省池州市天堂湖新区、合肥市滨湖新区、芜湖市城东新区、宁国市港口生态工业园区、铜陵市西湖新区、宣城市彩金湖新区、马鞍山市郑蒲港新区现代产业园、淮南市山南新区等8个新区开展了省级绿色生态城区建设，规划面积227km^2，集中推广绿色建筑2110万m^2。其中：池州市天堂湖新区成功入选“国家绿色生态示范城区”，合肥市滨湖新区入选“中美低碳生态试点城市”。

6.2.3 建筑节能专项工作稳步推进

（1）新建建筑节能成效凸显。2013年，安徽省新增节能建筑6700万m^2，其中居住建筑5455.17万m^2，公共建筑1301.68万m^2，建筑节能设计标准设计阶段执行比例达到100%、竣工验收阶段执行比例达到99.5%。截止2013年底，累计建成节能建筑3.9亿m^2，形成节能能力1100万t标准煤，减排二氧化碳2700万t、二氧化硫80万t、粉尘40万t，具体见图4-6-1。

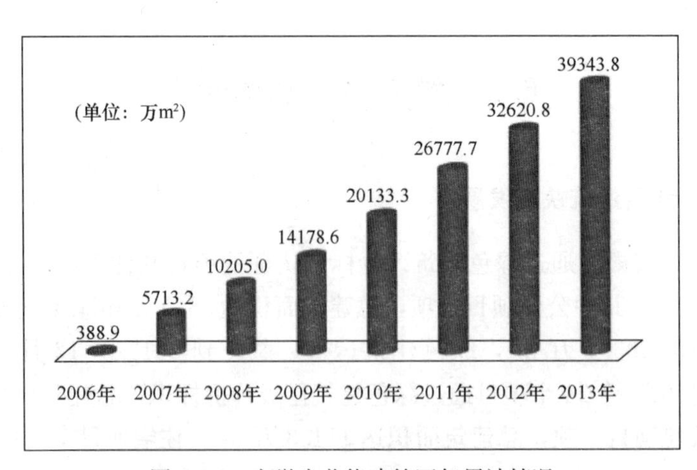

图4-6-1 安徽省节能建筑逐年累计情况

(2) 既有建筑节能改造稳步推进。组织铜陵、池州、合肥等市结合旧城改造和老旧小区综合整治开展了300万m^2既有居住建筑试点示范改造。

(3) 节能监管体系日趋完善。"安徽省建筑能耗监管平台"已建成运行并列入全国示范，合肥工业大学、安徽建筑大学、安徽工业大学、安徽大学、安徽工程大学等5所高校先后成功入选国家级节约型校园和建筑节能改造示范高校。

(4) 可再生能源建筑得到规模化发展。合肥、铜陵、芜湖、黄山、池州、六安、滁州7市，利辛、南陵、芜湖、全椒、长丰、泾县、来安、黟县、宁国、霍山10县，汊河、三河、甘棠、博望4镇先后被列入国家可再生能源建筑应用示范城市、县、镇，22个项目被列入国家太阳能光电建筑应用示范，争取国家可再生能源建筑应用资金支持超过7.7亿元，示范量和争取资金数均居全国前列。截止2013年底，安徽省累计推广太阳能光热应用面积超过1.7亿m^2、太阳能光电140兆瓦、浅层地能1300万m^2，建筑用能结构得到合理改善。

6.3 发展绿色建筑的政策法规情况

6.3.1 《安徽省建筑节能"十二五"发展规划》(建科函〔2011〕1187号)

2011年10月25日，安徽省住房和城乡建设厅编制出台《安徽省建筑节能"十二五"发展规划》，明确了十二五建筑节能目标。

《规划》提出的总体目标：

全省五年实现建筑节能能力800万t标准煤，减少CO_2排放2096万t。

1. 建成新建节能建筑2.0亿m^2，到"十二五"期末，全省城镇新建建筑节能标准设计执行率达到100%，施工执行率达到100%，在有条件的地区实行65%或以上的建筑节能标准。

2. 建立健全建设领域能源统计制度，建筑业单位增加值能耗较"十一五"期末下降10%。

3. 推广可再生能源建筑应用面积8000万m^2以上，到"十二五"期末，全省可再生能源建筑应用面积占当年新建民用建筑面积比例达到40%以上。

4. 建设100项绿色建筑示范项目；由单体示范向区域示范拓展，积极开展低碳生态示范城区建设。

6.3.2 《安徽省绿色建筑评价标识实施细则(试行)》(建科〔2012〕86号)

2012年4月28日，安徽省住房和城乡建设厅制定了《安徽省绿色建筑评价标识实施细则（试行)》，规范和加强了绿色建筑评价标识工作的管理。

6.3.3 《关于加快推进绿色建筑发展的实施意见》(建科〔2012〕218号)

2012年10月10日，安徽省住房和城乡建设厅、安徽省发展和改革委员会、安徽省财政厅出台《关于加快推进绿色建筑发展的实施意见》，要求省级设立专项资金，支持重点绿色建筑示范项目和绿色生态城（区）示范。

6.3.4 《安徽省民用建筑节能办法》(安徽省人民政府令第243号)

《安徽省民用建筑节能办法》2012年10月16日安徽省政府常务会议审议通过，自2013年1月1日起施行，在全国首次将绿色建筑列入地方法规。《安徽省民用建筑节能办法》第六章发展绿色建筑中明确提出：县级以上人民政府应当按照因地制宜、经济适用的原则，制定本行政区域绿色建筑发展规划和技术路线，并将绿色建筑比例等指标作为约束性条件纳入城乡规划。鼓励按照绿色建筑标准新建、改建、扩建民用建筑，实施既有民用建筑节能改造。政府投资的学校、医院等公益性建筑以及大型公共建筑，应当按照绿色建筑标准设计、建造。

6.3.5 《安徽省绿色建筑行动实施方案》(皖政办〔2013〕37号)

2013年9月，安徽省人民政府办公厅印发了《安徽省绿色建筑行动实施方案》，明确了绿色建筑行动实施目标：要求在“十二五”期间，全省新建绿色建筑1000万m^2以上，创建100个绿色建筑示范项目和10个绿色生态示范城区。到2015年末，全省20%的城镇新建建筑按绿色建筑标准设计建造，其中，合肥市达到30%。到2017年末，全省30%的城镇新建建筑按绿色建筑标准设计建造；提出了金融机构对绿色建筑的消费贷款利率可下浮0.5%、开发贷款利率可下浮1%，省科技厅要设立绿色建筑科技发展专项，绿色建筑评价标识的项目优先入选或优先推荐“黄山杯”、“鲁班奖”、勘察设计奖、科技进步奖等评选等一系列激励措施。

6.4 绿色建筑标准和科研情况

6.4.1 《安徽省居住建筑节能设计标准》(DB 34/1466—2011)、《安徽省公共建筑节能设计标准》(DB 34/1467—2011)

安徽省建筑设计研究院、合肥市城乡建委主编的《安徽省居住建筑节能设计标准》、《安徽省公共建筑节能设计标准》，于2011年8月10日正式发布实施。两部标准在居住建筑节能标准中设置了10项强制条款，在公共建筑节能标准中设置了11项强制条款，增强了标准执行的刚性。

6.4.2 《民用建筑能效标识技术标准》(DB 43/T 1924—2013)

《民用建筑能效标识技术标准》规范了安徽省建筑能效标识方法以及居住建筑、公共建筑能效测评与实测评估的技术，对开展民用建筑能效测评及标识有着重要的基础性作用。

6.4.3 绿色生态城区指标体系及建设规划技术导则研究

课题基于安徽省广泛开展绿色生态城区建设实践，坚持生态优先、以人为本、节约集约、动态发展的原则，从绿色经济、城区规划、建筑、能源、水资源、生态环境、交通、固体废物、信息化和绿色人文等10个方面对绿色生态城区建设提出要求，形成了《安徽省绿色生态城区指标体系（试行)》、《安徽省绿色生态城区规划建设技术导则（试行)》，对推动绿色生态城区建设发展具有较强的指导意义。

6.4.4 《安徽省绿色建筑适宜技术指南》研究与编制

《安徽省绿色建筑适宜技术指南》针对研究安徽地区气候、水、材料等资源特点，皖南、皖江、皖北等不同区域，提出了体系完善、类型完整的可再生能源建筑应用及绿色建筑适宜技术体系，总结了典型绿色建筑技术类型、技术特点、技术基础、应用范围等内容，并编制了《安徽省典型资源区域绿色建筑适宜技术目录》、《绿色建筑设计手册》。

6.5 绿色建筑大事记

2013年11月，合肥天鹅湖万达广场、芜湖镜湖万达广场2项目通过绿色建筑一星级运行标识评审。

2013年9月，安徽省住房和城乡建设厅在芜湖市召开了“绿色建筑暨绿色生态城区建设现场会”，对16个市近300名建设管理者进行宣贯，并现场参观了有代表性的绿色建筑和芜湖城东新区。

2013年9月，安徽省住房和城乡建设厅在芜湖市举办了主题为“建设绿色生态城市，加快建筑产业化发展”展会，充分展示了绿色建筑、绿色生态城区、建筑产业化技术、标准、成效。

2013年7月，安徽省住房和城乡建设厅对第二批绿色建筑评价标识专家委员会专家人选、第二批绿色建筑技术依托单位开展了征集评选，共评选出80位绿色建筑评价标识专家委员会专家和十家绿色建筑技术依托单位。

2013年7月，安徽省绿色建筑协会在合肥召开2013安徽省绿色建筑发展论坛，研讨绿色建筑发展趋势、技术标准、政策措施。

2013年6月，安徽省住房和城乡建设厅评选了安徽省建筑工程质量监督检测站、安徽众锐质量检测有限公司、安徽建筑大学、芜湖建昌工程质量检测中心有限公司、中国科学技术大学为第二批安徽省省级民用建筑能效测评机构。

2013年5月，合肥市滨湖新区入选全国首批6个中美低碳生态示范城区。

2013年2月，安徽省住房和城乡建设厅、财政厅启动2013年绿色建筑、绿色生态城区示范项目建设工作。

2013年1月，安徽省住房和城乡建设厅对省内100家勘察设计与建筑节能分会单位院长和总工开展了绿色建筑设计培训。

2013年1月，芜湖、铜陵、蚌埠、淮南四城市列入首批国家智慧试点城市。

2012年11月，出台《安徽省民用建筑节能办法》（安徽省人民政府令第243号），将绿色建筑、绿色生态城区等内容发展纳入地方法规，标识安徽省绿色建筑进入规模化推广阶段。

2012年11月，池州天堂湖新区成为国家级绿色生态示范城区。

2012年11月，安徽省住房和城乡建设厅与省发展和改革委员会、省财政厅共同出台《推进绿色建筑发展实施意见》，提出2015年全省绿色建筑要占新增民用建筑面积的20%以上。

2012年10月，安徽省住房城乡建设厅、发改委、英国驻上海总领事馆联合举办中英绿色建筑能力建设研讨会。

2012年9月，安徽省住房和城乡建设厅、安徽省财政厅公布通过评审的2012年安徽省绿色建筑示范专项资金项目名单，项目包括：池州市天堂湖新区等4个绿色生态城区示范项目，安徽省城乡规划综合服务中心、安徽医科大学第一附属医院高新分院等20个绿色建筑示范项目。

2012年8月，安徽省住房和城乡建设厅、财政厅出台《安徽省绿色建筑专项资金管理暂行办法》。

2012年7月，安徽省财政厅、住房城乡建设厅出台《关于组织开展2012年安徽省绿色建筑示范专项资金项目申报的通知》（建科〔2012〕134号），启动绿色建筑及绿色生态城区示范工作。

2012年5月，安徽省住房和城乡建设厅召开安徽省一、二星绿色建筑评价标识推进会。

2012年5月，安徽省科技厅、住房城乡建设厅签订《安徽省建设行业科技创新联合行动计划》，绿色建筑、绿色生态城市技术纳入重点领域。

2012年4月，安徽省住房和城乡建设厅召开中德绿色建筑与低碳生态城市研讨会。

2011年12月，启动《安徽省绿色生态城市建设技术导则》、《安徽省绿色建筑适宜技术指南》编制工作。

2011年11月，安徽省绿色建筑协会与台湾建筑中心签署《皖台绿色建筑技术发展框架协议》，加强与台湾绿色建筑技术交流合作。

2011年11月，省住房和城乡建设厅与池州市人民政府签署《省市合作共建池州低碳生态示范城市框架协议》，开展绿色生态城市建设试点。

2011年11月，安徽省住房和城乡建设厅举办"绿色建筑让城市生活更美好"主题展、绿色建筑技术发展论坛。

2011年10月，安徽省住房和城乡建设厅启动《安徽省绿色建筑评价标准》编制工作。

2011年10月，安徽省住房和城乡建设厅发布《安徽省建筑节能"十二五"发展规划》。

2011年9月，合肥市肥西县三河镇，成为我国第一批试点示范绿色低碳重点小城镇。

2011年9月，安徽省住房和城乡建设厅举办绿色建筑宣贯培训会。

2011年8月，安徽省绿色建筑协会与台湾建筑中心签订了《绿色建筑技术合作意向书》，开始皖台交流合作。

2011年6月，安徽省住房和城乡建设厅出台安徽省"十二五"可再生能源建筑应用规划。

2011年4月，安徽省绿色建筑协会成立。

2011年3月，安徽省住房和城乡建设厅公布了安徽省绿色建筑评价标识专家委员会专家名单。

2011年1月，合肥要素大市场获得绿色建筑二星级设计标识（2010年度第十批绿色建筑评价标识项目）。

2010年11月8日～11日，在合肥举办了"中欧建筑节能培训和法国公司技术产品研讨会"会议。

2010年10月，安徽省住房和城乡建设厅组织安徽省科学研究设计院等科研院联合开展"安徽省绿色建筑政策和技术体系研究"课题，并列入住房和城乡建设部2010年科学技术项目计划。

2010年7月，芜湖市、黄山市、南陵县成功列入全国可再生能源建筑应用示范城市。

2010年1月，国务院正式批准实施《皖江城市带承接产业转移示范区规划》，标志着皖江城市带承接产业转移示范区建设正式纳入国家发展战略。

2009年10月，合肥市、铜陵市、利辛县成功列入国家级可再生能源建筑应用示范城市和示范县。

2009 年 8 月，江森自控芜湖工厂通过 LEED-NC 银级认证，成为本省第一个 LEED 认证项目。

2007 年 12 月，安徽省建设厅发布《安徽省建筑节能专项规划》。

作者： 刘兰 叶长青 郭峥（安徽省绿色建筑协会）

7 福建省绿色建筑总体情况简介

7 General situation of green building in Fujian

7.1 建筑业总体情况

据统计，福建省前三季度完成建筑业总产值 3583 亿元，同比增长 24.4%，增幅比去年同期增加 2.1 个百分点。工程施工合同累计 8086 亿元，同比增长 22.9%，其中新签工程施工合同额 4390 亿元，同比增长 38.7%，增幅比去年同期增加 32.1 个百分点。房屋建筑施工面积 4.235 亿 m^2，同比增长 16.4%。其中新开工面积 1.414 亿 m^2，同比增长 20.9%，房屋建筑竣工面积 7165 万 m^2，同比增长 20.5%。

7.2 绿色建筑总体情况

2013 年，福建省共完成绿色建筑评价项目 9 项，面积共计 138 万 m^2，其中：公共建筑 4 项，居住建筑 5 项；获得绿色建筑设计阶段标识 8 项，运行阶段标识 1 项；一星级标识 5 项，二星级标识两项，三星级两项；两个住宅项目通过评审、公示。

7.3 相关政策制定与落实

为积极落实住房和城乡建设部加快推动绿色建筑发展的方针，并结合福建省实际情况，福建省住房和城乡建设厅、省发展改革委、省经贸委联合制订了《福建省绿色建筑行动实施方案》，福建省人民政府办公厅印发了《关于转发福建省绿色建筑行动实施方案的通知》（闽政办〔2013〕129 号），《方案》要求全省城镇新建建筑严格落实强制性节能标准，“十二五”期间完成新建绿色建筑 1000 万 m^2，新增可再生能源建筑应用面积 3000 万 m^2，到 2015 年末，全省 20%的城镇新建建筑达到绿色建筑标准要求；到 2020 年末，40%的城镇新建建筑达到绿色建筑标准要求。《方案》指出从 2014 年起，政府投资的公益性项目、大型公共建筑（指建筑面积 2 万 m^2 以上的公共建筑）、10 万 m^2 以上的住宅小区以及厦门、福州、泉州等市财政性投资的保障性住房全面执行绿色建筑标准。

7.4 绿色建筑标准和科研情况

7.4.1 完善绿色建筑相关标准

（1）广泛收集和整理来自省内各科研院所、设计单位、施工单位、评审机构等单位在实施和开展绿色建筑工作时存在的问题与建议，并已经着手对《福建省绿色建筑评价标准》（DBJ/T 13—118—2010）的修订工作。

（2）将《福建省绿色建筑设计标准》、《福建省绿色建筑检测及运营技术规程》、《福建省绿色办公建筑评价标准》、《福建省绿色工业建筑评价标准》、《福建省绿色商店建筑评价标准》、《福建省绿色校园评价标准》等绿色建筑相关标准列入福建省地方标准编制计划，并组织相关单位开展研究编制工作，为福建省绿色建筑的合理设计、检测、运营管理和适宜技术的推广应用提供有利条件。

7.4.2 推进绿色建筑科研工作

（1）开展福建省科技重大专项研究。福建省科技重大专项《建筑节能改造技术的研究与研发》于 2013 年 10 月通过验收。目前课题部分研究成果已经在全省开始推广应用。

（2）开展福建省绿色建筑重点实验室建设工作。实验室在建设期间，围绕绿色建筑开展多个领域的研究，取得了系列具有自主知识产权和实用价值的研究成果：承担国家级科研项目 2 项，省部级项目 13 项，发表论文 48 篇，其中 EI 收录 2 篇，获得省部级科技奖励 4 项，授权发明专利 1 项，实用新型专利 8 项，完成国家行业和地方标准 9 项，举办了国内外学术会议 5 次，与近 70 家企业开展合作研究和成果转化应用。2013 年 5 月该项目通过验收。

7.5 绿色建筑大事记

（1）2013 年 6 月 18 日至 20 日，福建省人民政府与住房和城乡建设部在福州成功联合举办了“第七届海峡绿色建筑与建筑节能博览会”，福建绿委会和福建省海峡绿色建筑发展中心积极协助组委会成功举办了“第四届热带亚热带地区绿色建筑联盟大会暨海峡绿色建筑与建筑节能研讨会”，广泛开展了绿色建筑技术交流和实地项目考察等活动，效果良好。

（2）2013 年 10 月 16 日，南平市顺利通过财政部、国家发展改革委的评审，入选国家节能减排财政政策综合示范城市，成为全国第二批十个示范城市之一。在2014～2016年综合示范期内，中央财政将在产业低碳、交通清洁、建筑绿色、服务业集约、污染物减量、可再生能源和新能源利用等六大领域，从支持节能减排和可再生能源发展的现有政策中优先予以支持，对现有政策没有覆盖的项目给予综合奖励。这一政策含金量高，支持力度大，为南平市创建全国绿色发展示范区，加快推进绿色发展示范项目建设提供了有力支撑。

作者：梁章旋　陈黄平　胡达明（福建省土木建筑学会绿色建筑专业委员会）

8 山东省绿色建筑总体情况简介

8 General situation of green building in Shandong

8.1 建筑业总体情况

8.1.1 新建建筑节能

各地积极推行建筑节能全过程管理机制，节能设计标准得到较好落实。1～10月份，全省县城以上城市规划区新建建筑设计阶段建筑节能标准执行率保持100%，施工阶段达98%以上，节能建筑竣工面积达到6000万m^2左右。

8.1.2 既有居住建筑供热计量及节能改造

2013年山东省承担改造任务1742万m^2，截至10月底，全省共完成节能改造项目1316.8万m^2（三项综合改造875.51万m^2，热计量及围护结构改造38.38万m^2，热计量及供热管网改造382.68万m^2，热计量改造38.38万m^2），完成比例75.6%，正在施工量976.39万m^2（三项综合改造846.91万m^2，热计量及围护结构改造22.05万m^2，热计量及供热管网改造106.03万m^2，热计量改造1.4万m^2）。

8.1.3 公共建筑节能监管体系建设和节能改造

截至10月底，有366栋公共建筑已实现上传数据，7个市监测平台通过省级验收；完成公共建筑节能改造173.1万m^2，正在施工119.47万m^2；36栋公共建筑已完成用能分项计量监测改造，还有182栋正在改造施工；组织专家对今年立项的省级“节约型校园”、“节约型医院”试点示范项目的实施方案进行了审查。

8.1.4 可再生能源建筑应用

截至10月底，全省已完工太阳能光热建筑一体化应用项目820个，建筑面积2269.68万m^2，完成全省任务量的133.5%，环比上个月增加了203.12万

m^2。2012年度获批19个光伏项目，总装机容量48.48MW；有17个光电项目进行了省级验收，装机容量38.43MW，占总获批装机容量的79.3%。

8.1.5 建筑工业化发展

山东建筑大学等单位开展了山东省建筑工业化课题研究，全面分析了山东省的发展现状，研究提出了总体思路、任务目标和政策措施，并草拟了《关于大力推进我省建筑工业化发展的实施意见》。济南市2012年被住房和城乡建设部批准成为全国第三个住宅产业化综合试点城市。山东省现有海尔、力诺瑞特、万华集团等八个国家住宅产业化示范基地和70多家构配件生产企业，建筑工业化技术体系主要包括装配式钢筋混凝土预制结构、装配式钢结构和轻钢结构等多种结构形式，各类构配件生产能力达到380万m^2。

8.2 绿色建筑总体情况

2013年，山东省通过绿色建筑评价标识认证的项目共计46项，总建筑面积达638万m^2（不含青岛项目及国家评审项目），其中公共建筑项目9项，总建筑面积达57万m^2（不含青岛项目及国家评审项目）。截至2013年11月，山东省累计通过绿色建筑评价标识认证的项目达97项，总建筑面积达1155万m^2（不含青岛项目及国家评审项目），其中公建项目20项，总建筑面积达116万m^2（不含青岛项目及国家评审项目）；住宅建筑项目77项，总建筑面积达1039万m^2（不含青岛项目及国家评审项目）。

2013年通过山东省绿色建筑评价标识管理办公室认证的项目共计37项，总建筑面积达638万m^2，其中公建项目6项，总建筑面积达57万m^2；住宅项目31项，总建筑面积达581万m^2。目前，临沂、潍坊、枣庄、威海等城市的30多个项目正在积极准备材料，计划于2013年12月进行评审。

8.3 发展绿色建筑的政策法规情况

（1）《山东省民用建筑节能条例》

2012年11月29日，省人大审议通过《山东省民用建筑节能条例》，于2013年3月1日正式施行。《条例》第七条规定：城镇新区应当按照绿色、生态、低碳理念进行规划设计，集中连片发展绿色建筑。国家机关办公建筑、学校、医院等政府投资的公益性建筑应当执行绿色建筑标准。

（2）《关于大力推进绿色建筑行动的实施意见》（鲁政发〔2013〕10号）

2013年4月，省住房和城乡建设厅会同省发展改革、经济与信息化、财政等部门，提请省政府印发了《关于大力推进绿色建筑行动的实施意见》，在全国第一个以省级政府名义出台政策性文件，文件中提出：到 2015 年，城镇新建建筑强制性节能标准执行率设计阶段达到 100%、施工阶段达到 99%以上；累计建成绿色建筑 5000 万 m^2 以上，当年 20%以上的城镇新建建筑达到绿色建筑标准。自 2014 年起，政府投资或以政府投资为主的机关办公建筑、公益性建筑、保障性住房，以及单体面积 2 万 m^2 以上的公共建筑，全面执行绿色建筑标准。鼓励房地产开发项目执行绿色建筑标准。组织实施省级绿色生态示范城区建设，积极争创国家绿色生态示范城区，集中连片发展绿色建筑。

（3）《山东省省级建筑节能与绿色建筑发展专项资金管理办法》（鲁财建［2013］22 号）

2013 年 3 月省财政厅、住房和城乡建设厅印发了《山东省省级建筑节能与绿色建筑发展专项资金管理办法》（鲁财建［2013］22 号），对一、二、三星级绿色建筑项目，每平方米分别给予 15 元、30 元和 50 元补助；启动省级绿色生态示范城区建设，每个示范区的补助基准为 1000 万元。2013 年度共有 32 个单体绿色建筑项目和 4 个绿色生态示范城区项目获得补助资金。

（4）《山东省“十二五”绿色建筑与绿色生态城区发展规划》

目前，省厅正在起草《山东省“十二五”绿色建筑与绿色生态城区发展规划》，征求意见稿也已发给全省各地有关部门、人员，正式文件将在近期出台。

（5）各市情况

全省 17 市都出台了促进绿色建筑发展的文件，成立了相应的组织领导机构。淄博、枣庄、济宁、菏泽等市以政府名义出台文件，淄博市还在全省率先成立了市长为组长、分管副市长为副组长、多个部门一把手为成员的绿色建筑发展领导小组，并在全省第一个出台了配套奖励政策，根据项目星级同样给予每平方米 15 元、30 元和 50 元补助，支持力度大，效果明显。青岛、枣庄、菏泽等市也出台了地方财政激励政策，形成了中央、省、市三级配套衔接的激励机制。

8.4 绿色建筑标准和科研情况

序号	立项来源	项目名称	项目承担单位
1	墙改革新科研计划	山东省绿色建筑设计标准	山东省建筑科学研究院
2	墙改革新科研计划	山东省绿色建筑评价标准	山东省建筑科学研究院
3	墙改革新科研计划	山东省绿色农房建设技术导则	山东省建设科技中心 山东建筑大学
4	墙改革新科研计划	淄博市绿色建筑设计导则	淄博市建筑设计研究院
5	墙改革新科研计划	基于山东地域特点的建筑遮阳绿色技术研究	山东建筑大学

续表

序号	立项来源	项目名称	项目承担单位
6	墙改革新科研计划	基于绿色建筑理念下的新型外包钢混凝土组合结构体系的关键技术研究	山东建筑大学
7	墙改革新科研计划	新型索拱钢结构在绿色建筑中节材技术及设计方法研究	山东建筑大学
8	墙改革新科研计划	潍坊农村地区绿色住宅建筑技术策略和应用	潍坊绿源建筑节能咨询服务有限公司
9	墙改革新科研计划	德州市绿色建筑发展战略研究	德州市墙体材料推广办公室办公室

8.5 绿色建筑大事记

2009 年 7 月 8 日，山东省成立“山东省绿色建筑委员会”和“绿色建筑评价标识专家委员会”。

2010 年 1 月 26 日，住房城乡建设厅组织山东省第一批“山东省一二星级绿色建筑评价标识技术培训会”，共有 27 人参加培训并考核合格。

2011 年 1 月 7 日，山东省住房和城乡建设厅、专家委员会召开山东省“绿色建筑设计评价标识项目试评会”，试评项目为“中国石油大学国家大学科技园‘生态谷’12 号楼”。

2011 年 11 月 11 日，省住房和城乡建设厅委托省建科院组建成立“山东省绿色建筑评价标识管理办公室”。

2011 年 11 月 8 日，省住房和城乡建设厅发布《关于印发山东省绿色建筑评价标识工作流程的通知》(鲁建节科字［2011］29 号)。

2011 年 12 月，省住房和城乡建设厅印发《关于积极促进绿色建筑发展的意见》(鲁建发［2011］19 号)。

2012 年 1 月 4 日，省住房和城乡建设厅发布山东省《绿色建筑评价标准》DBJ/T14－082－2012。

2012 年 4 月 26～27 日，省住房和城乡建设厅组织山东省第二批“一二星级绿色建筑标识评审专家培训会”，共有 106 人参加培训并考核合格。

2012 年 7、8 月，潍坊、淄博、德州、济南、烟台分别组织各地市房地产开发单位、设计院、管理部门有关管理和技术人员进行绿色建筑评价技术培训，人数共计 1100 余人。

2012 年 8 月，省绿委会专家分别在济南、淄博对 1000 余名注册建筑师进行绿色建筑评价技术培训。

2012 年 10 月，省住房和城乡建设厅在济南举办“山东省首届绿色建筑与建筑节能高层论坛暨新技术与产品博览会”。

2012年11月29日，省人大审议通过《山东省民用建筑节能条例》，于2013年3月1日正式施行。

2013年3月省财政厅、住房建设厅印发《山东省省级建筑节能与绿色建筑发展专项资金管理办法》(鲁财建［2013］22号)。

2013年4月，省厅会同省发展改革、经济与信息化、财政等部门，提请省政府印发《关于大力推进绿色建筑行动的实施意见》(鲁政发〔2013〕10号)。

作者：李明海　韩亚伟（山东省绿色建筑专业委员会）

9 湖北省绿色建筑总体情况简介

9 General Situation of green building in Hubei

9.1 建筑业总体情况

湖北省建筑业总产值、本年新签合同额、房屋施工面积及房屋竣工面积均保持平稳增长。2013 年前三季度，湖北省在建项目 2567 个，总建筑面积为 6472.94 万 m^2，其中居住建筑 1853 个，建筑面积为 4216.28 万 m^2，公共建筑 828 个，建筑面积为 1202.93 万 m^2。已竣工项目 2500 个，总建筑面积 4583.53 万 m^2，其中居住建筑 1719 个，建筑面积为 3612.09 万 m^2，公共建筑 783 个，建筑面积为 970.79 万 m^2。

9.2 绿色建筑总体情况

2013 年 1～11 月，湖北省通过绿色建筑评价标识认证的项目共计 31 项，总建筑面积达 331 万 m^2，其中公建项目 11 项，总建筑面积达 81.73 万 m^2，住宅项目 20 项，总建筑面积达 249.27 万 m^2。截至 2013 年 11 月，湖北省累计通过绿色建筑评价标识认证的项目达 65 项，总建筑面积达 690.07 万 m^2，其中公建项目 24 项，总建筑面积达 165.68 万 m^2，住宅项目 41 项，总建筑面积达 524.39 万 m^2。

2013 年，通过湖北省绿色建筑评价标识专家委员会评审认证的项目共计 25 项，总建筑面积达 230.23 万 m^2，其中公建项目 8 项，总建筑面积达 51.8 万 m^2，住宅项目 17 项，总建筑面积达 178.43 万 m^2。

9.3 发展绿色建筑的政策法规情况

(1) 湖北省住房和城乡建设厅会同省发展改革委员会起草了《湖北省绿色建筑行动实施方案》(以下简称《实施方案》)，省人民政府办公厅于 2013 年 8 月下发了《关于印发湖北省绿色建筑行动实施方案的通知》(鄂政办发 [2013] 59 号)。《实施方案》中明确了湖北省“十二五”期间绿色建筑发展的主要目标、重点任务和保障措施，力争在“十二五”期间新建绿色建筑 1000 万 m^2 以上，完成既有建筑改造 600 万 m^2，可再生能源建筑应用达 5000 万 m^2，到 2015 年末，全省城镇新建建筑 20%以上达到绿色建筑标准。为确保绿色建筑行动顺利开展，湖北省住房和城乡建设厅以湖北省建筑节能与墙材革新领导小组名义印发了《关于贯彻落实〈湖北省绿色建筑行动方案〉的通知》（鄂建墙办［2013］6 号），通知要求各市、州、直管市、林区政府和省建筑节能与墙材革新领导小组各成员单位提高认识，明确责任，统筹协调，加快推进绿色建筑发展，各级政府要依据《实施方案》在 2013 年内制定和颁布本地区的绿色建筑实施计划。通知还按照《实施方案》内容制定了《贯彻落实〈湖北省绿色建筑行动方案〉工作任务分工表》，将每项重点任务分解为具体工作任务，并明确责任单位和完成时限，进一步加大了《实施方案》的贯彻力度。

（2）2013 年 3 月，武汉市城乡建设委员会印发了《关于推进绿色建筑发展的实施方案及 2013 年重点工作的通知》（武城建［2013］65 号），提出从 2013 年 7 月 1 日开始，政府投资的国家机关、学校、医院、博物馆、科技馆、体育馆等建筑，保障性住房，单体建筑面积超过 2 万 m^2 的机场、车站、宾馆、饭店、商场、写字楼等大型公共建筑应全面执行绿色建筑标准。到“十二五”期末，30%的新建建筑应达到绿色建筑标准要求，年度新建绿色建筑将达 1000 万 m^2。同时提出“十二五”期间新增可再生能源建筑应用面积 1800 万 m^2，形成年替代常规能源约 10 万吨标煤，减少排放二氧化碳 24 万吨的目标，还提出了绿色文明施工和商品混凝土搅拌站绿色生产发展目标。

（3）2013 年 7 月，湖北省住房和城乡建设厅组织有关单位编制了湖北省地方标准《低能耗居住建筑节能设计标准》DB 42/T 559—2013，并于 2013 年 10 月 1 日起实施。本标准适用于湖北省新建、改建和扩建的低能耗居住建筑的建筑节能设计。该标准实施后，湖北省新建居住建筑的节能率将达到 65%以上。为更好的贯彻执行该标准，省住房和城乡建设厅还印发了《关于实施湖北省地方标准〈低能耗居住建筑节能设计标准〉的通知》（鄂建文［2013］110 号），明确了该标准的实施步骤及具体执行要求，有力地推动了湖北省居住建筑节能水平的提高。

9.4 绿色建筑标准和科研情况

9.4.1 绿色建筑标准

编制了武汉市地方规定《武汉市绿色建筑基本技术规定》。本规定以达到现行国家标准《绿色建筑评价标准》GB 50378—2006 一星级要求为基础，兼顾标准修订的相关要求，本着“因地制宜”和“控制增量成本”的原则，综合考虑设计与运行两个阶段，并根据《武汉市绿色建筑管理办法》的要求，将相关技术要求纳入现行工程建设管理程序的主要环节，充分考虑可操作性，并尽量同时满足国家绿色建筑评价标识的备案要求。

9.4.2 科研情况

1. 开展了《绿色建筑评价标识认证信息化》研究。该项目是一个面向绿色建筑从业人员，以绿色建筑评价标识认证为中心的网络平台，旨在使绿标申报工作实现“信息化流程、在线化操作、规范化管理”。平台依托一个高效运转的系统，衔接申报单位、评审机构和评审专家的工作，实现项目在线申报、在线评审、在线管理和团队在线管理等功能，将绿标认证方法提升到一个崭新的水平，为绿色建筑认证工作实现全面而轻松的管理信息化提供坚实的基础平台。平台全面助力绿色建筑评价标识的申报、评审工作，积极引导、鼓励更多的建筑向绿色建筑迈进，从而推动地方及全国绿色建筑健康有序地发展。

2. 开展了《应对气候变化的绿色建筑发展策略研究》。该课题在绿色建筑节能设计的基础上，将绿色建筑评估纳入到城市范围的生态评估系统中，从而进行综合的环境影响评价分析。绿色建筑评估的是个体建筑环境表现，包含能源消耗、温室气体排放、建筑材料污染等。而通过城市范围的生态评估，可以预测环境质量的动态变化，评价重点主要集中在两个方面，一是从自然条件方面考虑建筑的生态适宜度，二是从区域环境容量方面考虑其发展的承载力，从而了解城市的生态潜力和发展制约因素。

3. 开展了《绿色施工及绿色施工评价系统研究》。该课题通过分析研究绿色施工工地的施工过程，按照分项工程的施工顺序，找出绿色施工当中存在的一些并不符合绿色施工含义的因素，然后在每个分项工程中按照找出的因素把具体的施工技术措施进场改进，最后研究建立绿色施工的评价模型，对每个工程施工的绿色程度进行分级定位。

4. 开展了《宜昌市绿色建筑设计技术规定》研究与编制。该课题将结合宜昌市绿色建筑应用水平、发展现状和技术、产品应用情况，研究提出适宜于宜昌市绿色建筑规模化推广的技术路线和应用技术，同时依据绿色建筑相关规范、专项技术研究成果和可利用技术产品，并结合宜昌市实际情况，编制宜昌市绿色建筑设计技术规定，内容包括总则、术语、基本规定、前期策划、场地与室外环境、建筑设计与室内环境、结构与材料、暖通空调设计、给排水与水资源、电气与智能控制、可再生能源、本规定用词说明以及技术规定条文说明等。

5. 开展了《绿色建筑效果后评估与调研》的研究，做好绿色建筑实施效果的调研工作是对绿色建筑实施质量的一个调查，为了更好的控制目前绿色建筑的质量提供依据。

9.5 绿色建筑大事记

2013年度，省住房和城乡建设厅共召开了七次湖北省绿色建筑评价标识评审会，对29个项目进行了评审。

2013年3月18日，“2013第六届武汉国际绿色建筑产品与市政技术设施展览会”在武汉国际会展中心开幕。本次展会以“低碳、节能、健康、舒适”为主题，展示产品涉及建筑节能材料、保温墙材、节能门窗、玻璃幕墙、供热暖通、空调热泵、绿色照明、市政亮化及低碳装饰材料等多个领域。

2013年4月1日～3日，省绿色建筑与节能专业委员会组织省内的相关专家参加第九届国际绿色建筑与建筑节能大会暨新技术与产品博览会。

2013年4月1日，省绿色建筑与节能专业委员会在北京参加了夏热冬冷地区绿色建筑联盟工作会议，会议决定第四届夏热冬冷地区绿色建筑联盟大会于2014年在湖北召开，由省绿委会承办。

2013年8月29日，省人民政府办公厅印发了《湖北省绿色建筑行动实施方案》。

2013年9月25日～29日，《湖北省低能耗居住建筑节能设计标准》培训班在汉举行。培训班对《标准》逐条进行权威解读，各市、州、直管市、林区住建委（建设局）设计科（处）、节能办、质监站技术骨干，各图审机构节能审查人员，以及中央在鄂设计院、省直设计院和市州骨干设计院相关技术人员共300余人参加了培训。

2013年10月25日～26日，省绿色建筑与节能专业委员会组织省内相关人员赴重庆参加第三届夏热冬冷地区绿色建筑联盟大会。

作者：丁 云 李 振 唐小虎（湖北省土木建筑学会绿色建筑与节能专业委员会）

10　陕西省绿色建筑总体情况简介

10　General Situation of green building in Shaanxi

10.1　建筑业总体情况

2012年陕西省建筑业发展取得显著成绩，截至2012年12月建筑业总产值达3540.75亿元，同比增长21.5％；我省建筑企业共实现房屋施工面积16881.54万m^2，同比增长21.2%；全省房屋竣工面积5386.66万m^2（不含劳务分包企业），房屋建筑面积竣工率31.6%（不含务分包企业）；我省建筑企业共签订合同总额6544.54亿元，同比增长7.9%，总量占全国2%；我省具有建筑业资质等级的建筑施工企业1343个。

10.2　绿色建筑总体情况

2010年至2013年陕西省通过评审的绿色建筑评价标识项目共计60项，总建筑面积达569.25万m^2，其中公建项目31项，住宅项目28项，工业项目1项。2013年取得国家绿色建筑评价标识7项（陕西省建筑节能协会提供技术咨询服务的3项），建筑面积50万m^2。其中：公共建筑6项，住宅建筑1项；二星级项目2个，一星级项目5个。

10.3　绿色建筑机构情况

2010年7月根据住房和城乡建设部《绿色建筑评价标识管理办法（试行）》（建科［2007］206号）和《一、二星级绿色建筑评价标识管理办法（试行）》（建科［2009］109号）文件，陕西省住房和城乡建设厅制订了《陕西省绿色建筑评价标识工作实施方案》，明确陕西省住房和城乡建设厅建筑节能与科技处作为绿色建筑评价标识工作的管理部门，省建筑节能与墙体材料改革办公室作为绿色建筑评价标识工作日常管理机构，负责受理项目申报，以及组织评审工作，并成立了绿色建筑标识评审委员会。专家委员会成员由规划、建筑设计、结构、暖通、给排水、电气、建材、建筑物理等相关技术人员共计69人组成。

一、二星级绿色建筑评价标识由陕西省住房和城乡建设厅审定。三星级绿色建筑评价标识由陕西省住房和城乡建设厅审核，报住房和城乡建设部评定。

10.4 发展绿色建筑的政策法规

(1) 2010年，陕西省城乡和住房建设厅印发《关于开展绿色建筑评价标识工作的通知》[2010] 150号、《陕西省绿色建筑评价标识工作实施方案》。

(2) 2011年3月18日，陕西省城乡和住房建设厅印发《关于推进绿色建筑工作的通知》(陕建发 [2011] 54号)。

(3) 2012年7月，陕西省财政厅、城乡和住房建设厅联合印发《关于加快推进我省绿色建筑工作的通知》陕财办建 [2012] 231号。

(4) 2013年8月，陕西省人民政府办公厅印发《陕西省绿色建筑行动实施方案》[陕政办发〔2013〕68号]。

(5) 2013年12月，陕西省十二届人大常委会第六次会议表决通过了《西安市民用建筑节能条例》，并批准该《条例》从2014年3月1日起施行。

10.5 绿色建筑标准和科研情况

1.2010年6月，陕西省住房和城乡建设厅印发《陕西省绿色建筑评价标准实施细则》(试行)。

2.2013年，按照国办发1号文的要求以及陕西省政府绿色建筑行动实施方案的要求，陕西省住房和城乡建设厅逐步完善绿色建筑标准体系，主编及参编的项目有《西安市民用建筑太阳能光伏系统应用技术规范》、《陕西省可再生能源建筑应用项目验收规程》、《西安市农村居住建筑节能技术规范》等。

3. 参与《绿色建筑检测技术标准》、《绿色商店建筑评价标准》、《民用建筑能耗标准》、《建筑给排水与采暖工程施工质量验收规范》(修订) 等国家级标准规范的编制。

4. 参与国家“十二五”科技支撑计划项目《西北地区村镇建筑炊事和采暖用能设备能效提高关键技术研究》、《建筑垃圾再生混凝土耐久性关键技术研究》等课题研究工作。

5.2013年10月，对《陕西省公共建筑绿色设计标准 (征求意见稿)》、《陕西省居住建筑绿色设计标准》(征求意见稿)、《陕西省绿色生态居住小区建设评价标准》(征求意见稿)、《陕西省可再生能源建筑应用项目验收规程》(征求意见稿)、《陕西省雨水回收利用技术规程》(征求意见稿) 等5项工程建设标准征求意见。

作者：常瑞凤（陕西省建筑节能协会）

11　深圳市绿色建筑总体情况简介

11　General Situation of green building in Shenzhen

11.1　建筑业总体情况

2012 年，深圳市 GDP 为 12950 亿元，增长 10%。其中建筑业总产值 2087 亿元，增长 7.5%，增加值 382 亿元，占 GDP 比重为 2.9%。房屋建筑施工面积 9732 万 m^2，增长 17%。

完成南科大校园一期工程建设，轨道交通三期 7、9、11 号线 BT 项目全面实施，新疆塔县人民医院落成，全面完成援疆三个试点项目建设。对 826 个市管项目及全市其他项目实施质量安全监管，未发生较大及以上建设工程质量安全事故。共获得 11 个国家级质量奖项，其中鲁班奖 6 个，占全省总数的 3/4，国家优质工程奖 5 个，另有 21 个项目被评为省双优工地，19 个项目获省优良样板工地，共有 48 家建筑装饰企业入选全国百强，是我市建市以来获得国家级工程奖项最多的一年。

11.2　绿色建筑总体情况

近年来，深圳市委市政府深入贯彻落实科学发展观，牢固树立绿色低碳发展理念，紧紧抓住开展国家建筑节能和绿色建筑各类城市级和城区级试点示范工作的契机，早起步、早规划、早实施，扎实推进绿色建筑与建筑节能工作，成效显著，被住房和城乡建设部誉为“绿色先锋”城市。2012 年 3 月，深圳市荣获住房和城乡建设部、中国城市科学研究会颁发的中国首个绿色建筑实践奖——城市科学奖。

截至 2013 年前三个季度，深圳全市绿色建筑建设项目已达 120 个，已建和在建绿色建筑总建筑面积达 1383 万 m^2；已有 89 个项目获绿色建筑评价标识、总建筑面积 978 万 m^2，其中 13 个项目获得国家三星级（最高等级）绿色建筑评价标识、总建筑面积 102 万 m^2，建科大楼、华侨城体育中心、南海意库等 3 个项目获全国绿色建筑创新奖一等奖，深圳市成为目前国内绿色建筑建设规模、建设密度最大和获绿色建筑评价标识项目、绿色建筑创新奖数量最多的城市之一。

另外，深圳市新建节能建筑面积累计已达 7949 万 m^2，太阳能热水建筑应用面积 1473 万 m^2、太阳能光电装机容量 46.8WM，建有 6 个绿色生态园区和 4 个建筑废弃物综合利用项目，建筑废弃物资源化率达 35%；2012 年底，深圳市在国内率先开创性地启动开展建筑碳交易试点。全市新建建筑综合节能总量累计已达 330.2 万吨标准煤，相当于节省用电 102 亿度，减排二氧化碳 853.4 万 t，建筑综合节能减排对全社会的节能贡献率已超过 30%。

深圳市推进绿色建筑与建筑节能工作的主要成效，集中体现在“四个国内率先”上。

一是国内率先探索建立建筑节能减排制度体系。深圳在全国最早出台建筑节能条例、建筑废弃物减排与利用条例等地方性法规，建立涵盖可研立项、规划设计、施工验收、运营维护等全过程的建筑节能减排制度体系；2013 年 7 月 19 日，许勤市长签署市政府第 253 令正式发布《深圳市绿色建筑促进办法》，8 月 20 日开始施行，在国内率先以政府立法的形式要求新建建筑全面推行绿色建筑标准，为实现建筑节能与绿色建筑的全面发展提供有力的法制保障。

二是国内率先全面推进绿色节能建筑建设。在国内率先推进全部保障性住房、政府投资项目 100%按绿色建筑标准建设，率先推进绿色建筑规模化、区域化发展。2013 年初，许勤市长在《政府工作报告》中就提出，所有新开工建设项目在全国率先 100%推行绿色建筑标准；为落实这一决策要求，5 月 22 日，市住房和建设局会同市发展改革、规划国土部门联合下发《关于新开工房屋建筑项目全面推行绿色建筑标准的通知》（深建字〔2013〕134 号），实现了建筑节能向绿色建筑全面转变的新跨越。

三是国内率先集中开展建筑节能和绿色建筑试点示范。深圳机关办公建筑和大型公共建筑节能监管体系建设、可再生能源建筑应用、工程建设标准综合实施、公共建筑节能改造、建筑废弃物减排与利用等各专项领域的工作先后被纳入国家首批或首个城市级试点示范。光明新区被确定为国家首个绿色建筑示范城区和首批绿色生态城区，深圳坪地国际低碳城被列为中欧可持续城镇化合作项目。

四是国内率先培育发展绿色节能建筑相关产业。深圳绿色节能建筑相关技术研发、应用走在全国前列，培育了一批绿色建筑设计咨询、绿色建材、建筑工业化等知识密集型产业，涌现出深圳建科院、拓日、达实智能等一批知名绿色建筑咨询与节能服务企业。目前，全市绿色建筑与建筑节能、减排相关产业年产值约 1200 亿元，规模和效益居全国前列，正努力推动实现相关绿色发展产业化突破。

11.3 发展绿色建筑的政策法规情况

(1)《深圳市绿色建筑促进办法》（深圳市人民政府令第 253 号）

《深圳市绿色建筑促进办法》（以下简称《办法》）经深圳市政府五届八十八次常务会议审议通过，自2013年8月20日起施行。《办法》主要围绕全面推行绿色建筑标准；从建设项目的立项到竣工验收，都将绿色建筑标准的执行情况纳入各部门的日常监管；健全绿色建筑技术规范和评价标识体系；完善促进绿色建筑发展的激励措施等四个方面内容进行了立法规范。

（2）《深圳市住房和建设局 深圳市发展和改革委员会 深圳市规划和国土资源委员会关于新开工房屋建筑项目全面推行绿色建筑标准的通知》（深建字〔2013〕134号）

2013年5月22日，深圳市住房和建设局会同市发展改革、规划国土部门联合下发《关于新开工房屋建筑项目全面推行绿色建筑标准的通知》（深建字〔2013〕134号），《通知》要求未按照绿色建筑标准进行项目立项、规划和设计的，不予办理投资计划、规划许可和施工许可等有关审批手续。实现了深圳市建筑节能向绿色建筑全面转变的新跨越。

（3）关于深圳市公共建筑空调温度控制标准执行情况检查的通报（深建节能〔2013〕135号）

深圳市住房和建设局于2013年8月份在全市范围内开展了公共建筑空调温度控制标准执行情况的检查。

11.4 绿色建筑标准和科研情况

（1）印发《深圳市绿色建筑设计组合建议方案》（深建节能〔2013〕129号）

深圳市住房和建设局委托深圳市建设科技促进中心编制了《深圳市绿色建筑设计组合建议方案》（以下简称《方案》）。《方案》为建议性指引，仅供参考，不做强制要求。《方案》有较强的地域性，经济上较容易实现。

（2）编制《建筑物温室气体排放的核查规范及指南》

深圳市建设科技促进中心、深圳市建筑科学研究院有限公司联合编制了《建筑物温室气体排放的量化和报告规范及指南》和《建筑物温室气体排放核查规范及指南》（以下简称《指南》）。《指南》以ISO 14064－1：2006《温室气体 第1部分 组织层次上对温室气体排放和清除的量化和报告的规范及指南》和ISO 14064－3：2006《温室气体 第3部分：温室气体声明审定与核查的规范及指南》为基础，结合深圳实际情况，对建筑物温室气体排放的量化和报告的适用范围、原则、流程、边界和报告期的确定、计算排放量、数据质量管理及报告作出了详细规定，同时对建筑温室气体排放的核查原则、核查流程、核查程序、核查内容及核查报告提出了具体要求。

11.5 绿色建筑大事记

2013年4月1日，深圳市组团参加第九届国际绿色建筑与建筑节能大会暨新技术与产品博览会。在本届绿博会，深圳展区重点展示了2012年住房和城乡建设部赋予深圳的“5+2”示范点的发展与建设情况。深圳市委常委，常务副市长吕锐锋在开幕式上以“建筑垃圾‘变废为宝’的深圳实践”为主题讲演；住房和城乡建设部向深圳光明新区颁发了“国家绿色生态示范城区”奖。

2013年3月，受深圳市住建局委托，深圳市绿色建筑协会与副会长单位市建设科技促进中心联合开展《深圳绿色建筑案例选编》编制工作。该《案例选编》汇集了深圳市获得国家和深圳绿色建筑评价标识的72个项目。

2013年5月10日，全市住房和建设系统工作会议在深圳市民中心隆重举行。

2013年6月8日，深圳市绿色建筑协会组织10余位会员单位代表赴香港参加中国绿建委主办的“两岸三地绿色建筑研讨会（香港站）”。

2013年6月14日，深圳市委书记王荣先后到国家级绿色建筑示范城区“光明新区”和绿色建筑运营三星级示范项目“建科大楼”，实地考察绿色节能建筑发展情况。

2013年6月23日，由深圳市住房和建设局主办、深圳市建设科技促进中心和深圳市绿色建筑协会联合承办的“建设绿色城市，打造美丽深圳”节能宣传周活动在莲花山隆重举行。活动通过宣传展板、发放宣传资料、现场咨询等形式，向市民普及绿色建筑政策法规、节能减排使用技术和生活节能窍门，提高公众对绿色建筑的认知度，传播绿色生活理念。

2013年6月17～18日，国家发改委、住房和城乡建设部、深圳市政府联合主办的“国际低碳城论坛”在深圳龙岗举办。本届论坛为期两天，包括低碳发展论坛、深圳碳排放权交易启动仪式、展示展览、国际合作和重大项目签约仪式、深圳国际低碳城创意大赛五个部分。

2013年6月19～20日，深圳市绿色建筑协会组织近20位行业和会员代表出席在福州召开的“第四届热带及亚热带绿色建筑联盟大会暨海峡绿色建筑与建筑节能研讨会”，中国绿建委副主任、深圳市绿色建筑协会会长叶青在大会开幕式上致辞。

2013年6月26日，深圳市召开全市绿色建筑与建筑节能工作会议，市长许勤强调，要深入贯彻落实党的十八大关于推进生态文明建设和习近平总书记视察广东深圳讲话精神，精心打造一批体现深圳城市特质的绿色建筑、绿色园区和绿色城区，掌握一批具有国际竞争力的核心技术，通过加强国际合作等举措培育一批龙头企业、知名品牌，努力使深圳成为具有国际影响力的绿色建筑之城。

2013年8月15～23日，由中国城科会生态城市专业委员会主办，深圳市绿色建筑协会、中国绿色建筑与节能（香港）委员会、深圳市建筑科学研究有限公司联合承办的“第三届全国绿色生态城市青年夏令营”在深圳和香港两地举行。

2013年9月26日，深圳市绿色建筑协会组织开展党的群众路线教育实践活动——“绿色建筑大家谈”。

2013年9月27日，“首届中国（深圳）新材料绿色发展论坛暨绿色建材‘大家谈’座谈会”活动在深圳会展中心举办，论坛主题为“新材料·新绿色·新机遇”。

2013年10月14～19日，深圳市举办“2013年深圳市绿色建筑法规政策及标准规范培训”，参加人数达2000余人次，活动期间为最新获得绿色建筑设计标识的15个颁发证书。

2013年11月9日，“中国一太平洋岛国经济发展合作论坛暨2013中国国际绿色创新技术产品展”在广州开幕。深圳市市长许勤应邀出席开幕式，并在随后举行的绿色创新发展大会上介绍深圳绿色低碳发展的实践及成效。

2013年11月16～21日，在“中国国际高新技术成果交易会”上，首次推出“绿色建筑展区”。展区面积近3000m^2，分为成果展（政策、实践）、绿色之家（产品及技术集成）、企业展（企业独立参展）三大板块。

2013年11月19日，在华沙气候变化大会中国角“低碳中国行”主题边会上，深圳市副市长唐杰作“深圳低碳城市发展与实践”主题演讲，向国际社会展示了深圳致力于建设低碳发展城市的决心与行动。

作者：谢东[1]　叶青[2]　王向昱[2]（1. 深圳市建设科技促进中心；2. 深圳市绿色建筑协会）

第五篇 实践篇

2013年，我国绿色建筑持续快速发展，获得绿色建筑评价标识的项目数量已经超过千项大关，建筑面积逾1亿m^2，绿色建筑技术水平不断提高。本篇从2013年获得绿色建筑设计标识和运行标识的项目中筛选出8个项目进行较为详细的介绍，其中包括1个住宅建筑、6个公共建筑和1个工业建筑，项目所在地涉及了夏热冬冷、夏热冬暖和寒冷地区，建筑类型包含了住宅、办公楼、博览建筑及学校园区建筑群等。同时，作为绿色建筑从单体向城区发展的体现，本篇还选择了3个“绿色生态城区”相关的项目案例进行介绍，其中两个项目被评为住建部绿色生态城区的示范项目并取得了相应的财政补贴。

本篇所选获得绿色建筑标识的8个项目，或是运营项目，或是获得了2013年绿色建筑创新奖的项目。项目选取目的为：选取的公共建筑类项目之一为习近平总书记视察过的博览类绿色建筑——北京中关村国家自主创新示范区展示中心，以体现国家领导人对生态环保的重视；住宅建筑类项目选取了被动技术运用较多的秦皇岛“在水一方”住宅小区，以充分体现被动式技术优先的理念；首次选取了整体通过标识评价的学校园区群体建筑——廊坊万达学院一期工程，以展示群体绿色建筑的风貌；工业建筑类选取了我国首个取得绿色工业建筑运行标识的项目——南京天加空调设备有限公司的空调生产基地，这是我国绿色建筑标识的一次突破。

本篇的绿色建筑案例除了对选用的绿色建筑技术进行论述以外，重点突出了运营效果的总结分析，以展示绿色建筑投入使用后实际的使用效果。希望通过本篇内容，使读者了解绿色建筑投入使用后的运营情况，同时，希望本篇内容可以促进绿色建筑运营水平的不断提高。

Part Ⅴ Engineering Practice

In 2013, green building maintains fast development and green building technologies are continuously improved, with over one thousand projects having obtained green building labels and building area reaching over 100 million square meters. This part introduces in detail eight projects which have obtained 2013 green building design labeling and operation labeling, including one residential building, six public buildings and one industrial building. The locations of these projects cover hot summer and cold winter climate zone, hot summer and warm winter climate zone, and cold climate zone. The building types cover residential housing, offices, exhibition buildings, campus buildings and so on. Meanwhile, to demonstrate the development trend from single green building to green ecological urban areas, this part introduces three projects of green ecological urban areas, among which two are awarded as MOHURD demonstration projects of green ecological urban areas with financial subsidies.

The eight projects with green building labels are either operation projects or projects awarded with 2013 Innovation Prize for Green Building. The purposes for choosing these projects are as follows. One of the six public buildings is the ZhongGuanCun Exhibition Center, a green exhibition building visited by General Secretary Xi Jinping, which shows that the Chinese leaders have attached great importance to ecological and environmental protection. For the residential building, this part chooses ZaiShuiYiFang residential community in Qinhuangdao which has employed comparatively more passive technologies to fully embody the idea of giving priority to passive technologies. For the first time, this book introduces the first phase of Langfang Wanda Institute which has obtained evaluation label for the whole campus complex buildings to show the features of green complex buildings. For the industrial building, this part chooses the manufacturing base of Nanjing TICA Air-conditioning Co., Ltd., the first project having obtained operation label for green industrial building in China, which is a breakthrough for the green building labeling history in China.

The case study in this part not only demonstrates green building technologies but also summarizes and analyzes their operation results, so as to showcase the actual performance of green building after being put into use. It is hoped that through this part, readers may get knowledge of the operation results of green building and the operation level of green building may be greatly improved.

1　北京中关村国家自主创新示范区展示中心（东区展示中心）

【三星级运行标识—博览建筑】

1　Zhongguancun Exhibition Center in Beijing (East zone)

【Operation，★★★，exhibition building】

1.1　工程基本情况介绍

中关村国家自主创新示范区展示中心位于海淀公园东北角（图 5-1-1），示范区项目包括东区展示中心和西区会议中心两部分，总用地面积为 5.94 万 m^2，总建筑面积为 4.749 万 m^2，绿地率为 18.01%，建筑密度为 38.69%，透水地面面积比为 41.8%。东区展示中心的总建筑面积为 26236 m^2，建筑高度为 14m，地上 1 层（局部 2 层），地下 1 层。地上主要功能为展示、交易、洽谈、管理保障用房等，地下主要为物业、设备用房及停车场等。东区展示中心于 2011 年 10 月正式投入运营，单位建筑面积总能耗为 107.06kWh/（m^2·a），其中光伏发电占总电耗比例为 0.96%，可再生能源产生的热水比例为 100%，节能率达 72.36%。每年非传统水源利用率为 49.17%，可再循环材料利用率达 10.88%。

2009 年 3 月 13 日，国务院批复建设中关村国家自主创新示范区。2010 年 4 月，中关村国家自主创新示范展示中心被列为北京市政府重点工程。2011 年 12 月，本项目获得了绿色建筑三星级设计标识。2013 年 5 月，本项目顺利通过绿色建筑三星级运行标识的认证。2013 年 9 月 30 日，习近平等中共中央政治局同志集体来到中关村国家自主创新示范区展示中心，以实施创新驱动发展战略为题举行第九次集体学习。

图 5-1-1　项目整体鸟瞰图

1.2 绿色建筑技术路线

东区展示中心采用以被动式节能为主、主动式节能为辅的方式。在建筑设计方面优先采用被动式节能，通过建筑的布局和构造等方式使其对人造建筑环境和建筑设备的要求最小化，充分降低建筑的空调、照明等负荷需求。机电设计方面采用主动式节能手段，通过采用高性能机电设备，提高机电设备使用效率，建筑能源需求由可再生能源提供，降低对常规能源的消耗。景观设计通过植物绿化固碳和透水铺装等手段创造宜人的舒适微气候环境。

1.2.1 建筑设计

(1) 建筑造型

本项目建筑形体规整，主要朝向为南北向，幕墙可开启面积比例达到23.2%，同时屋顶设置电动可开启天窗，利用展厅高大空间产生热压通风（图5-1-2）。通过CFD软件模拟分析，室内主要功能空间整体换气次数分别达到5.14次/h和6.11次/h。

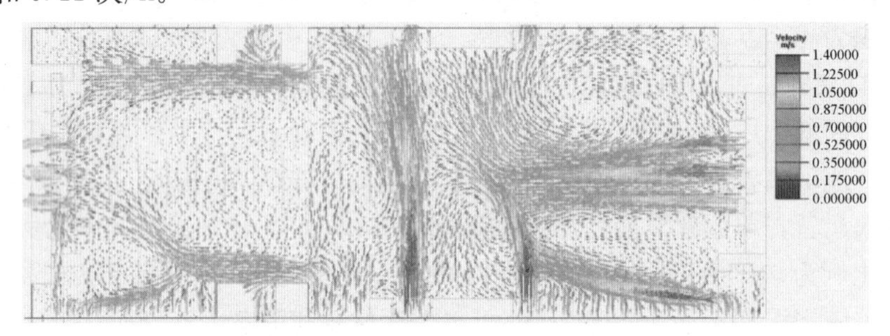

图5-1-2 展示中心距地1m高度的自然通风流场分布图

(2) 自然采光

本项目屋面结合建筑整体造型设计了采光天窗（图5-1-3），采光天窗面积占屋顶总面积的17%。展示中心整体主要功能空间约有99.13%的采光系数达到《建筑采光设计标准》GB 50033—2001相关功能房间最小采光系数的要求。

图5-1-3 屋顶采光天窗

地下1层的空调机房等设有窗井与窗户，与外界连通，引入自然光，同时地下车库安装有5套导光筒（图5-1-4），地下1层约有 538.9m² 的照度大于 75lx，占地下 1 层主要功能空间的 9.84 %。

图 5-1-4 地下车库导光筒

(3) 钢结构

地上跨度屋盖采用预应力钢桁架，室内局部夹层采用钢框架结构（图 5-1-5)。钢结构采用 Q345 和 Q235 低合金高强度钢材，螺栓为 S10.9 级高强度摩擦型连接。钢结构自重轻、强度高，减少了施工砂、石、灰的用量，缩短施工周期；建筑物拆除时，钢材料可以再用或降解。

图 5-1-5 展示中心钢结构施工现场

(4) 高保温围护结构

项目外围护墙采用 200mm 厚普通轻集料混凝土砌块，保温材料为 80mm 厚的石墨聚苯板；屋面保温采用 100mm 厚超细玻璃丝棉毡加 50mm 厚离心玻璃棉；建筑东、西向采用断桥铝合金中空玻璃幕墙；南、北向及屋顶采用 Low-E 真空玻璃。

(5) 电动外遮阳

项目南向设有可调节的电动金属百叶遮阳（图 5-1-6)。遮阳控制方式采用电动与手动相结合的方式，根据室内的照度合理进行百叶的角度调节，最大限度地改善室内光环境质量。

图 5-1-6 电动外遮阳

1.2.2　机电设计

（1）光伏发电

本工程的光伏发电系统（图 5-1-7）专供展示中心地下车库照明，负荷容量 40kW。光伏系统与电网之间的自动切换开关选用自投自复方式，白天由太阳能发电，晚间用市电。

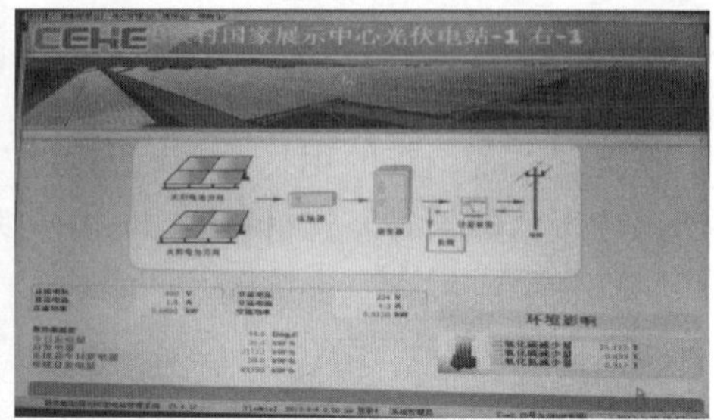

图 5-1-7　光伏发电系统

（2）水源热泵

本项目空调冷热源选用 2 台部分热回收型水源热泵机组，以地表水为冷热源，供冷时省去了冷却水塔，避免了冷却塔的噪声、霉菌污染及水耗。机组的夏季制冷工况 COP 值达到 6.07。水源热泵在夏季时可利用冷凝水的废热制取生活热水，每年产生热水量 2112m^3/a。

（3）排风热回收

新风机组设置新风系统均设置热回收装置（图 5-1-8），热回收效率不低于 60％，在办公室、贵宾室等利用排风对新风进行预热（预冷），过渡季开启旁通，保证室内空气品质。

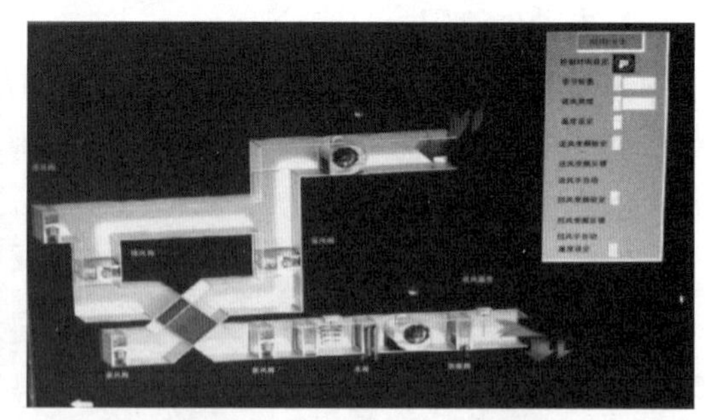

图 5-1-8　排风热回收系统

（4）非传统水源利用

本项目采用“速分＋MBR”的工艺对污废水进行处理，中水用于室内冲厕、室外绿地灌溉、道路浇洒等处（图 5-1-9）。同时，屋面雨水进行收集利用，经过

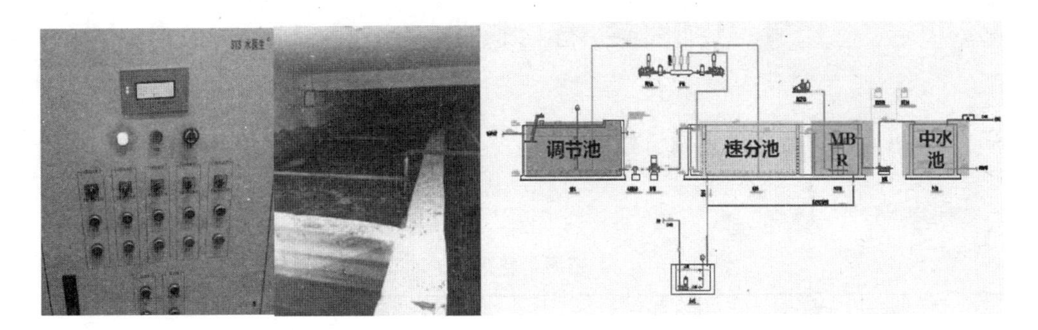

图 5-1-9　中水站及处理工艺

初期雨水弃流池，排入两座 PP 模块一体化雨水利用构筑物，雨水经过滤后回用于绿化喷灌和道路浇洒。

(5) 建筑智能化

本工程的空调、通风自动控制系统采用 DDC 系统实现自动控制（图 5-1-10），在展厅设置室内空气质量 CO_2 浓度监测，根据 CO_2 浓度调节新风阀可加大新风量运行，改善室内环境。

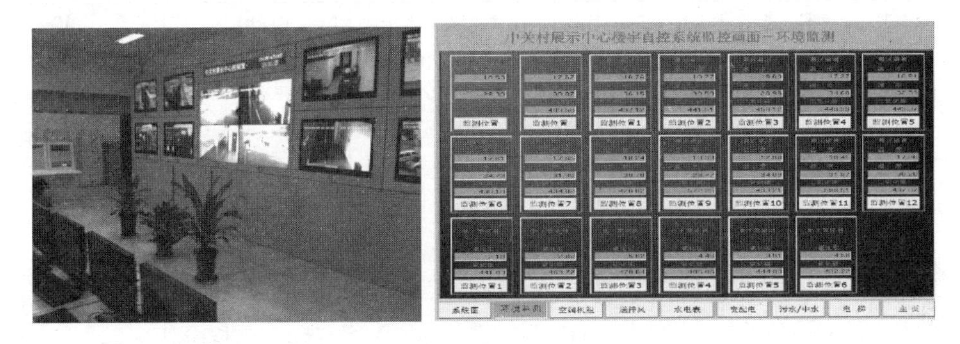

图 5-1-10　智能监控室及室内环境监测系统

1.2.3　景观设计

(1) 场地绿化

本项目场地绿化采用乔、灌木、草的复层绿化，室外灌溉采用 HUNTER 的地埋旋转喷头和地埋散射喷头进行微喷灌。

(2) 透水铺装

本项目人行广场全部采用透水砖铺装，车行道路采用高性能透水混凝土路面，路面空隙率达到 15%～25%，有效增加雨水入渗。

1.3 运 行 效 果 分 析

1.3.1 项目所在地资源价格

详见表 5-1-1。

资源价格表 **表 5-1-1**

项目物业费	73.69 元/m^2
当地自来水价格	6.21 元/m^3
当地电价	0.7995 元/kWh
当地燃气价格	3.23 元/m^3

1.3.2 用能效果

建筑运行能耗值见表 5-1-2。

建筑运行能耗综合用表（单位：kWh） **表 5-1-2**

	1月	2月	3月	4月	5月	6月	7月	8月	9月	10月	11月	12月	全年	电费/元
总用电量	342781	338737	236412	118816	140318	184237	248105	227866	131631	106797	336688	396469	2808857	2245681
水源热泵	102812	95185	40293	640	3359	27122	50641	50584	9996	3248	120982	123164	628026	
空调水泵	96136	87793	53123	712	2170	27305	42888	51659	20606	5916	71416	96587	556311	
空调风机	47435	45731	9981	211	7832	10405	15822	14092	2627	565	20694	54163	229558	
照明	29950	28057	31030	24975	25716	25049	27720	26554	25790	26385	27109	29224	327559	
设备	21436	39690	55059	40890	46506	37946	46898	44786	34650	33574	47219	41920	490574	
特殊	45012	42281	46926	51388	54735	56410	64136	40191	37962	37109	49268	51411	576829	

本项目空调系统能耗（包括水源热泵、空调水泵、空调风机能耗）最大，空调能耗占整个展示中心总能耗的 50%，照明能耗比例为 12%，设备能耗（包括电梯、控制室、展位、配变电室等用电）的比例为 17%，特殊用电（包括中水机房、弱电、信息中心（USP）、太阳能室、LED 屏幕、安检、消防、电动排烟、景观用电）比例为 21%。如图 5-1-11 所示。除去特殊能耗，中关村展示中心年实际单位面积能耗为 85.08kWh/m^2，是参考建筑单位面积能耗的 75.75%，

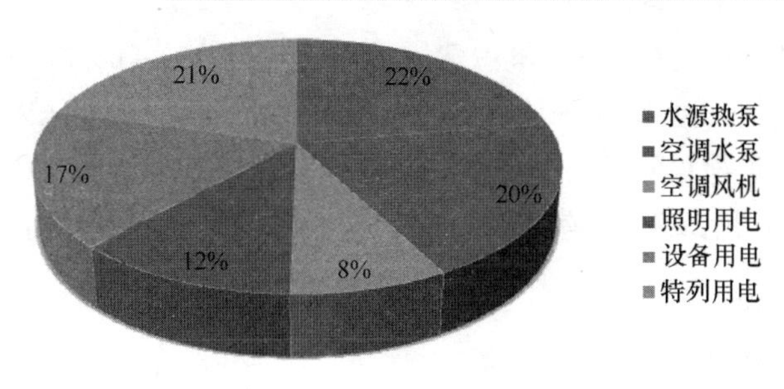

图 5-1-11 建筑能耗比例

整体节能率达到 72.36%。

供暖期，1 月～4 月的空调能耗逐渐下降，11 月～12 月的空调能耗逐渐上升。冬季为防止管道冻坏，空调常处于 24 小时工作状态，因此供暖能耗较大；空调期，5 月～7 月的空调能耗逐渐升高，7、8 月份的空调制冷能耗达到最大，8 月～9 月的空调能耗又逐渐下降；过渡期，4 月～5 月和 9 月～10 月份的空调能耗为全年最小值（图 5-1-12）；全年的照明较稳定；设备能耗随人员使用率有所波动。

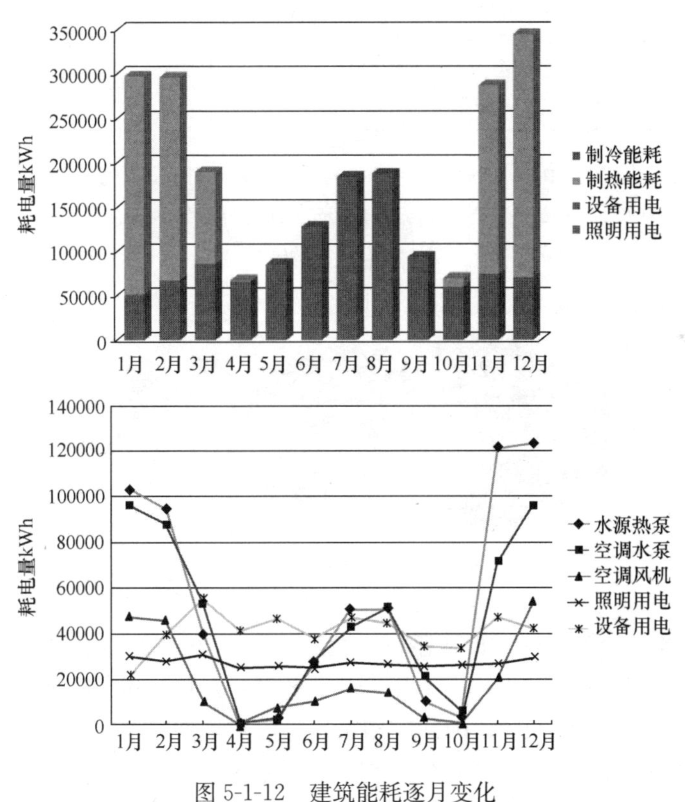

图 5-1-12 建筑能耗逐月变化

与参照建筑相比，本项目每年可节省电量 71.46 万 kWh，其中光伏系统年发电量为26958kWh，光伏发电量占建筑总能耗比例为0.96%，可节省一部分的电量，因此每年项目可节省总计74.16万kWh的电量。发1kWh的电量需要350g标准煤，则本项目每年可节约标煤259.57t。按每吨煤产生2.66t的CO_2计算，则每年可减少二氧化碳排放量690.45t，折算到单位面积减排量为25.61kg/m^2。

1.3.3 用水效果

建筑水资源消耗见表5-1-3。

建筑水资源消耗综合用表 **表5-1-3**

中水处理规模			140 m^3/d		运行时间(月)			12个月		投资成本		65.8万元		
人工费（元/m^3）			0.18元/m^3		药剂费(元/m^3)			0.02元/m^3		电费(元/m^3)		0.74元/m^3		
	1月	2月	3月	4月	5月	6月	7月	8月	9月	10月	11月	12月	全年	费用/元
中水量/t	140.7	163.5	199.8	202.2	214.6	169.3	207.4	216.9	225.9	242.4	185.6	160.3	2328.6	2188.9
自来水/t	297.8	329.1	384.3	344.6	368.7	344.6	505.9	556.6	460	387.9	389.7	367	4736.15	29411.5

经过对全年用水量记录和统计分析，本项目年总用水量为4736.15t，其中用于室内冲厕的中水用量为2328.6t，非传统水源利用率为49.17%。冲厕用水量最大，占总用水量的49.17%，盥洗用水比例为25.33%，空调补水的比例为14.44%，室外绿化灌溉的水量比例为11.07%。如图5-1-13所示。

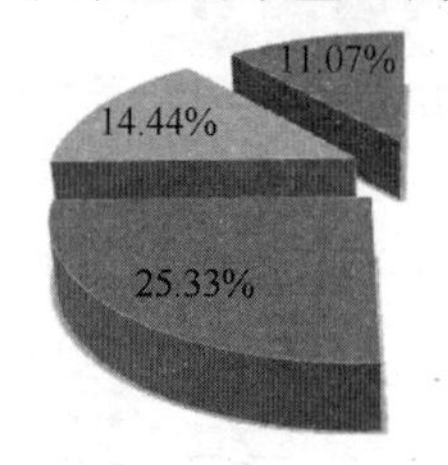

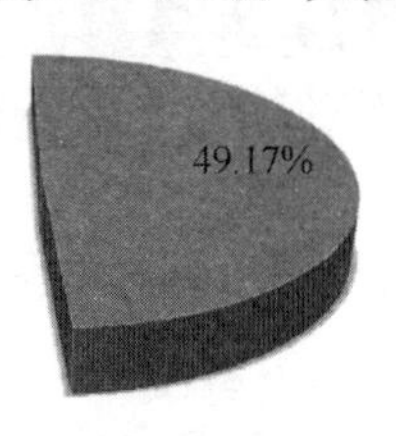

图5-1-13 用水分类比例

由于7、8月份为植物生长旺盛季，室外绿化灌溉的水量较大；4、5、10月份为过渡季，空调补水量很小；室内冲厕水量与展示中心使用人数呈正比关系，3～5月份和8～10月份期间室内冲厕用水量较大。如图5-1-14所示。

本项目年实际用水量比设计阶段计算的用水量较少，主要原因是展示中心不对公众开放，使用人数和频率较设计值小，因此展厅的用水量不大。绿化灌溉采用了微喷灌技术，绿化灌溉的节水效果较好。工程运行数据统计见表5-1-4。

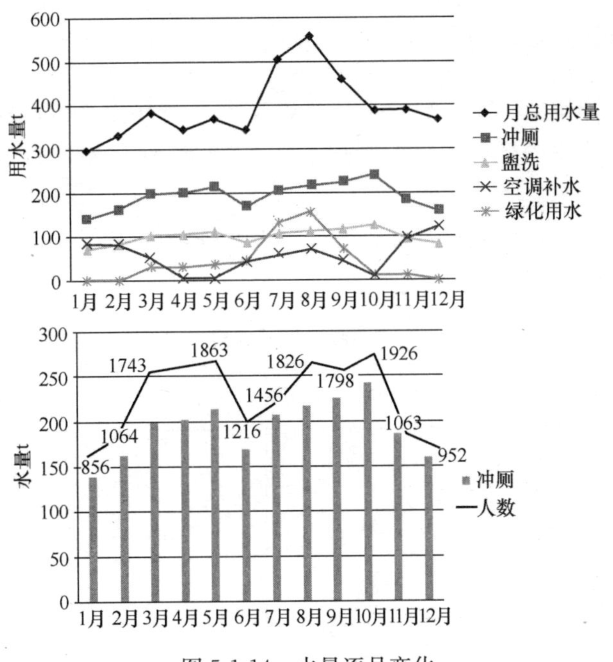

图 5-1-14 水量逐月变化

本工程运行数据统计表 **表 5-1-4**

类别		实际运营数据	评论
节能	综合节能率	72.36%	高于《北京市公共建筑节能设计标准》节能率50%的要求
	单位建筑面积能耗	107.06kWh/(m²·a)	全年能耗水平较同类建筑低 10.7%
	单位建筑面积能耗(除特殊用电)	85.08kWh/(m²·a)	占能耗模拟参考建筑的单位面积能耗比例为 75.75%
	单位建筑面积空调能耗	53.89kWh/(m²·a)	全年空调能耗水平较同类建筑低 10.18%
	单位建筑面积照明插座能耗	12.48kWh/(m²·a)	全年办公照明插座能耗水平较同类办公建筑低 40%
	光伏年发电量	2.7 万 kWh	占全年用电比例 0.96%，低于《绿色建筑评价标准》2%的要求
	水源热泵制冷制热	制冷量 1590kW， 制热量 1628kW	提供展示中心全部空调冷热负荷
节水	非传统水源利用率	49.17%	高于《绿色建筑评价标准》优选项 40%的要求

1.3.4　室内环境效果

(1)室内游离甲醛、苯、氨、氡和TVOC等空气污染物浓度符合现行国家标准《民用建筑工程室内环境污染控制规范》GB 50325中的有关规定，经现场实测均未超标。

(2)对展示中心各房间进行抽取检测室内背景噪声(表5-1-5)，均满足办公室的允许噪声级在关窗状态下不大于45dB(A)。

室内噪声测试结果　　**表5-1-5**

<table>
<tr><th>测试地点</th><th>测试值 dB(A)</th><th>申报值 dB(A)</th><th>评价结果</th></tr>
<tr><td>物业办公室(展B1-02A)</td><td>37</td><td rowspan="5">≤45</td><td>合格</td></tr>
<tr><td>物业办公室(展B1-02C)</td><td>41</td><td>合格</td></tr>
<tr><td>办公室211</td><td>36</td><td>合格</td></tr>
<tr><td>办公室213</td><td>35</td><td>合格</td></tr>
<tr><td>一层展厅</td><td>39</td><td>合格</td></tr>
</table>

(3)室内照明和照度检测值见表5-1-6。

照度测试结果　　**表5-1-6**

房间类型	照度值(lx)		照明功率密度(W/m^2)	
	实际值	标准值	实际值	现行值
展厅	218	200	6.45	—
办公室213	288	300	7.8	11
地下车库	68	75	1.93	—

(4)室内环境满意度调查情况：经物业对来访参观人员进行调查，95%以上的受访人员对展示中心绿色建筑的运营效果比较满意。

1.4　成本增量决算分析

本项目绿色建筑增量成本分析见表5-1-7。

本项目绿色建筑增量成本表 **表 5-1-7**

单位面积增量成本：387.19 元/ m^2

绿色建筑可节约的运行费用(万元/年)：70.87

绿色建筑关键技术	单价	应用量		应用面积 (m^2)	增量成本 (万元)	备注
透水铺装	50 元/m^2	500	m^2	500	2.50	无补贴
真空玻璃幕墙	1050 元/m^2	682.42	m^2	26236	71.65	无补贴
真空玻璃天窗	876 元/m^2	724	m^2	26236	63.4224	无补贴
可调节外遮阳	800 元/m^2	2000	m^2	26236	160.00	无补贴
水源热泵系统	100 元/m^2	17636	m^2	17636	176.636	无补贴
排风热回收	8 m^3/h	7400	m^3	26236	5.92	无补贴
中水处理系统	65.8 万元/套	1	套	26236	65.80	无补贴
雨水系统	26.3 万元/套	1	套	26236	26.3	无补贴
空气质量监控系统	50 万元/套	1	套	17636	50.00	无补贴
光伏	45 元/W	40	kW	8600	180.00	无补贴
绿色照明	15 元/m^2	21000	m^2	21000	31.50	无补贴
导光筒	7000 元/套	3	套	80	2.10	无补贴
智能化系统	180 万元/套	1	套	26236	180.00	无补贴
合计 (万元)					1015.83	

1.5 问题及建议

1.5.1 用能问题

本项目地下停车库的照明全天开启，停车率较低时，物业没有对照明按照设计时分区进行控制，造成照明能耗浪费。

空调负荷较低时，物业只对水源热泵机组进行台数控制，而循环水泵仍是全部开启，循环水泵能耗偏大，造成浪费。

经对物业指导培训后，基本能实现设计时的操作要求，节省了能耗。

1.5.2 用水问题

雨水收集系统应用较差，一是由于雨水收集系统设备设置在地下，受 2012 年 7 月北京市暴雨影响，雨水系统出现了一定故障，因此全年雨水收集设备暂未使用，场地绿化用水使用市政自来水；二是雨水收集系统的造价较高，而年降雨量较少，加上投药、维护等运行成本费用，投资回收期长达 20 多年，经济性较差。

自建中水站运行维护较困难，中水机房的 MBR 膜经过一段时间运行后集聚的污泥较多，但膜的清理工作物业人员并不熟悉，维护不及时，造成膜堵塞清理滞后的现象。同时中水处理过程产生大量异味，需特别注意通风换气。建议甲方与厂家签订定期清理合同，或者对物业管理人员进行专业培训，保证中水站长期正常的运行。

1.5.3 物业管理问题

绿色建筑运营水平不高的原因源于长期以来的“重建轻管”的传统观念。运营阶段，由于物业管理水平有限，缺乏有效的运营能力，物业对各种设备及系统的掌握程度不高，维护较差，往往达不到预期的目标。

部分运营数据是由物业人员定期手写进行记录，没有集中上传到监控室进行存档，容易造成误写。建议在对智能化招投标时明确各系统记录数据的监控、上传和存档功能，确保运营阶段能全部电子存档，提供可靠的数据来源。

绿色建筑运行成本尚缺少数据积累，比如中水站日常的运行维护成本、光伏发电维护成本等。尚未分析在节能减排、节省运行费等实现目标的过程，到底哪种绿色技术的贡献率最大，获得的收益难以按每一项措施进行微观分列或宏观效果评价。

综上所述，物业服务企业应从低技术含量、劳动密集型向技术型、服务创新型转变，在保证服务质量的基础上，积极参与建筑节能运行，学习各种新技术的使用方法，减少建筑运行阶段各种资源的消耗，减少污染物排放。

1.6 总 结

中关村国家自主创新示范区展示中心以“科技创新示范”为出发点，为中关村新技术、新产品的展示、发布、交易洽谈提供服务，展示中关村形象、宣传中关村创新创业文化。展示中心采用中关村企业自主创新的环保节能技术，如真空玻璃幕墙、光伏发电、中水回用、可调外遮阳等，从节地、节能、节水、节材、室内环境和运营管理等方面严格按照绿色三星建筑标准进行设计、施工和运营，实现了低排放、低能耗、全智能绿色管理。当世界的目光看向北京，当自主创新的科技成果闪耀世界，中关村国家自主创新示范区展示中心将绿色建筑科技和创新科技展示融为一体，全面落实绿色建筑的新理念，迎接低碳建筑的新未来。

作者：周海珠 王雯翡 惠超微 黄雅娴 付 旺（中国建筑科学研究院天津分院）

2 北京凯晨世贸中心项目

【三星级运行标识—办公建筑】

2 Chemsunny World Trade Center project in Beijing

【Operation，★★★，office building】

2.1 项目基本情况介绍

北京凯晨世贸中心项目位于北京市西城区复兴门内长安街南侧，实景图见图5-2-1，集合了西长安街、金融街和西单三大商圈的优势，被称为"政金交汇"之地，尽享三大圈的便利与资源，地理位置得天独厚。北京凯晨世贸中心由中间两个玻璃中庭和四个玻璃连桥相连接的三栋相互平行的独立写字楼构成。项目总建筑面积 19.42 万 m^2，其中地下面积 6.23 万 m^2，2006 年底竣工，2007 年初投入使用。2013 年 11 月参加国家绿色建筑建三星级运行标识评审。

图 5-2-1 项目实景图

2.2 项目绿色改造工作

凯晨世贸中心项目投入运营已近 7 年，项目根据运营情况，不断进行改进。2009 年将项目地下一层的职工食堂及自助高级餐厅的灯具都改为节能灯具。2010 年进一步将功能间的灯具改造为节能灯具；在建筑入口外侧添加自动感应门，双层门的设计减少了大厦的冷风侵入能耗；同时将租户冷却水水泵改成变频。凯晨世贸中心经过这两次改造为大厦节能做出了一定贡献，大厦内租户满意度提升。2011

年对项目进行了综合全面的节能评价诊断，2012 年对大厦进行了整体的节能改造，包括：离心式制冷机组改为变频机组、增加智能化设备监控平台、设置室内二氧化碳检测系统、水景补水与自建中水系统相连、太阳能热水利用等。

2.3 项目绿色技术介绍及实施效果

2.3.1 双层呼吸式幕墙

(1)技术介绍

项目建筑外立面采用双层呼吸式玻璃幕墙(图 5-2-2)。幕墙由尺寸为 1.5m×1.95m 的玻璃幕墙单元组成，每块独立的幕墙单元包括三部分：外层夹胶玻璃，厚度为(8+0.76PVB+6)mm；中间空气层，设有活动遮阳百叶，宽度为 170mm；内层中空玻璃，厚度为(6+9A+6)mm。其中外层夹胶玻璃不可开启，但玻璃上下两侧都设有带滤网的通风换气装置；内层中空玻璃下部有下悬式可开启窗。

(2)实施效果

夏季内侧中空玻璃关闭，空气从外侧夹胶玻璃下端的进风口进入中间空气层，经阳光照射，空气升温，膨胀上升，形成负压，产生热烟囱效应将热气流带升到顶部的排风口排出，带走空气层内的热量，从而降低空气层内空气与室内空气的温差，达到隔热降温的作用。过渡季节开启内侧中空玻璃，外部空气通过外侧夹胶玻璃下方的带过滤网的通风口进入室内，达到通风换气，促进自然通风的目的。冬季由于有两层玻璃幕墙的保护，增加了外围护结构的保温性能，从而降低了室内的热负荷。

图 5-2-2 双层呼吸式幕墙实景图

2.3.2 建筑节能

(1)技术介绍

本项目冷源选用四台容量为 3870kW 的离心式冷水机组和一台容量为

1060kW 的螺杆式冷水机组；经 2012 年节能改造后，四台离心式机组中两台改为变频机组。离心式制冷机组螺杆式制冷机组见图 5-2-3。

图 5-2-3 离心式制冷机组螺杆式制冷机组

(2)实施效果

项目通过节能改造后，节能效果明显，经过实际运行情况统计(2012 年 9 月～2013 年 8 月)，目前项目单位面积能耗 144.74kWh/(m^2·a)。实际运行数据分析与自身去年同期能耗相比：2013 年 1～8 月，凯晨世贸中心总用电量 1368.42 万 kWh，同比减少电量 136.46 万 kWh，降幅 9.07%。同期总用热量约 1.37 万 GJ，较去年同期同比减少 1141GJ，降幅 8.02%。

2.3.3 太阳能系统

(1)技术介绍

本项目集热器布置在建筑屋顶西南侧，共布置集热器 40 组，单组集热面积 3.56 ㎡，每组集热器由 24 支 ϕ58～1800mm 的真空集热管组成。根据现场场地基本情况，集热器向南摆放。本项目中设计太阳能集热器为多排连续摆放，所以不存在前后排遮挡问题。太阳能热水集热板见图 5-2-4，太阳能热水机房见图5-2-5。

图 5-2-4 太阳能热水集热板

图 5-2-5 太阳能热水机房

(2)实施效果

项目太阳能系统2013年7月通过竣工验收并正式运行，由生活热水实际运行记录，项目7月2日～10月18日实际生活热水总量为4552m^3；由太阳能系统实际运行数据可得出，同期实际产水总量为735m^3。则太阳能热水量占总用水量的比例为16.15%。

2.3.4 中水系统

(1)技术介绍

建筑中水原水为洗浴排水及公共卫生间的洗手盆排水，中水处理机房(图5-2-6)位于大楼内地下四层，用于冲洗地下室及中楼公共卫生间的坐便器、室外景观补水及绿化浇洒用水。

图5-2-6 中水机房

本项目处理中水方案采用的是生物处理技术与物化处理技术相结合，生物技术以MBR法为主体的处理工艺。从洗浴排水及公共卫生间的洗手盆排水，通过独立污水管网收集，经过格栅槽及机械格栅去除较大漂浮物后自流入调节池，消减部分污染负荷，通过毛发收集池过滤毛发，再通过污水提升泵将调节后的水打至MBR反应池，难降解的物质在此中充分反应、降解，使污泥与水分离彻底。

(2)实施效果

中系统投入运行后可减轻项目公共用水费用。该中水处理装置运行费用主要包括：用电费、人工费、药剂费，中水运行费用为1.19元/m^3。本项目年产中水量为9420m^3/a，设备处理能力10m^3/h，可得中水系统每年运行942h，中水系统一年运行250天，即每天运行3.77h，物业自来水费5.5元/m^3，则每年可节约水费51810元，中水系统投资回收期约为19年。

2.3.5 结构体系优化

(1)技术介绍

项目塔楼部分在三至五层、九至十四层的连接体以及与连桥相连的框架梁柱采用了劲性柱。劲性柱承载能力强，抗震性、防腐性、耐火性较好，可以增加房屋使用面积、提高房间使用率，减少混凝土、钢筋的用量，增强了工程的抗震能力。项目南北立面共采用了4块单层索网玻璃幕墙，总面积4320m^2。索网中的各个悬索均为轴向受拉构件，可充分利用钢材的强度，当采用高强度材料时，可以大大减轻结构自重；施工方便，结构简洁，无空间遮挡通透性好等效果。项目地上塔楼楼板采用无粘结部分预应力钢筋混凝土技术，该技术在使用荷载作用下，容易做到挠度和裂缝的控制，减少预应力构件的反拱度。

(2)实施效果

项目采用了结构体系优化，设计阶段采用资源消耗和环境影响小的建筑结构体系。施工过程中，施工单位按照设计的结论严格施工，确实实现了节约用钢量、减少环境影响的效果。

2.3.6 采光中庭

(1)技术介绍

本项目在建筑南北立面中庭处设置透光性强的超白玻璃幕墙，并在中庭屋顶处设置采光天窗，这些措施对室内自然采光起到了很好的促进效果。塔楼围护结构采用双层玻璃幕墙夹百叶活动外遮阳，遮阳百叶的设置有效防止了室内眩光。采光中庭见图5-2-7。

图5-2-7 采光中庭

(2)实施效果

项目挑空大堂立面上采用透光性能强的超白玻璃，在两处挑空大堂屋顶处各设置面积为974.16m^{2}的采光天窗，塔楼部分外墙皆采用双层玻璃幕墙，这些措施对建筑内部自然采光起到了很好的促进作用。

2.3.7 空气质量浓度监测

(1)技术介绍

本项目在三栋塔楼的开敞办公区及地下一层的会议室内设置二氧化碳监控设

备(图 5-2-8)，每层南北两侧各设置一个探头，探头安装在办公区空调回风口处。测得的二氧化碳数据与新风系统联动，当室内二氧化碳浓度超标时增加新风量。本项目在地下车库设有带一氧化碳检测探头的诱导风机，当检测浓度达到限值时，诱导风机开启，增大地下车库的通风量。

图 5-2-8 空气质量浓度监测探头

(2)实施效果

办公区、会议室二氧化碳监控设备和地下车库一氧化碳监控设备，利于项目室内整体空气质量提升，保证了人体的舒适性，提高了项目使用人员的监控指数。

2.4 运 行 效 果 分 析

经过凯晨世贸中心七年多的运营实践，项目运性效果分析如下。

2.4.1 项目所在地资源价格(表 5-2-1)

2.4.2 节能效果(表 5-2-2)

2.4.3 节水效果(表 5-2-3、表 5-2-4)

项目所在地资源价格表 **表 5-2-1**

项目户数/业主数量	29 户	项目入住率	100%
项目建筑面积	194203m²	项目物业费	30 元/月/m²
当地自来水价格	5.6 元/m³	当地中水价格	1.2 元/m³
当地燃气价格	3.23 元/m³	当地采暖价格	55.56 元/GJ
当地电价(峰/谷)	不满 1kV 为 0.7810 元/kWh、1～10kV 为 0.7660 元/kWh 、10～20kV 为 0.7590 元/kWh、20～35kV 为 0.7510 元/kWh、35～110kV 为 0.7360 元/kWh、110～220kV 及以上为 0.7210 元/kWh		

建筑运行能耗综合用表 **表 5-2-2**

项目	2012/09	2012/10	2012/11	2012/12	2013/01	2013/02	2013/03	2013/04	2013/05	2013/06	2013/07	2013/08	全年	缴纳费用
总天然气用量（m^3）	5183	4026	5683	5586	5396	5753	5080	5149	4824	4251	5036	5508	61475	燃气费：19.86 万元
采暖用天然气量（m^3）	—	—	—	—	—	—	—	—	—	—	—	—	—	
厨房用天然气量（m^3）	5183	4026	5683	5586	5396	5753	5080	5149	4824	4251	5036	5508	61475	
其他用途天然气量（m^3）	—	—	—	—	—	—	—	—	—	—	—	—	—	
总用电量（kWh）	2255100	1689300	1679700	1614900	1676100	1719700	1345100	1521800	1601900	1871500	1830500	2117600	20923200	电费：1993.67 万元（项目 2013 年 1 月起分项计量）
照明用电量（kWh）	—	—	—	—	760793.2	616238.1	719516.6	689428.4	680847.2	552988.6	640823.1	613397.4	760793.2	
空调用电量（kWh）	—	—	—	—	200795	139897	141030	123908	356596	423072	671697	640137	200795	
动力用电量（kWh）	—	—	—	—	55437.6	42691.5	54671.4	67956.1	70063.5	62934.1	87969.7	86412.2	55437.6	
其他用电量（kWh）	—	—	—	—	108410	82150.9	132082	181613	187947	115744	129398	134954	108410	
总用热量（GJ）	248.4	221.8	2193.8	4922.3	6548.5	4456.4	1734	197.1	285.1	250.5	198.6	199.2	21455.7	其他费用：119.21 万元

建筑中水利用系统消耗综合用表 **表 5-2-3**

中水处理规模（m^3/d）	100	运行时间（月）	全年	投资成本（万元）	77.2
人工费（元/m^3）	0.3	药剂费（元/m^3）	0.064	电费（元/m^3）	0.52

时间	2012/09	2012/10	2012/11	2012/12	2013/01	2013/02	2013/03	2013/04	2013/05	2013/06	2013/07	2013/08	全年	缴纳费用
中水回用量（m^3）	752	561	744	745	924	549	737	1002	843	652	1043	868	9420	1.13 万元

建筑自来水系统消耗用表 **表 5-2-4**

时间	2012/09	2012/10	2012/11	2012/12	2013/01	2013/02	2013/03	2013/04	2013/05	2013/06	2013/07	2013/08	全年	缴纳费用
自来水耗水量（m^3）	13975	10613	8527	8856	10602	9103	8854	9312	11068	10756	10529	17860	130055	72.83 万元

2.4.4 能耗水耗分析

截至2014年2月，根据回访北京凯晨世贸中心的能耗数据，2013年电耗为105.10kWh/(m^2·a)，相比于2012年电耗114.77kWh/(m^2·a)降低了9.66kWh/(m^2·a)。其中插座及室内照明用电占48.7%，冷水机组及空调用电占21.13%。如图5-2-9所示。

因本项目定位为长安街高档写字楼，2006年底竣工，2007年初投入使用，且建设时间较早，单位建筑能耗为141.56kWh/(m^2·a)，能耗在节能改造前较大。该能耗包含建筑电能耗及单位转换后的市政热源能耗和天然气能耗，计算时间为节能改造前（即2012年9月至2012年12月）和节能改造后（即2013年1月至2013年8月）12个月的总和。

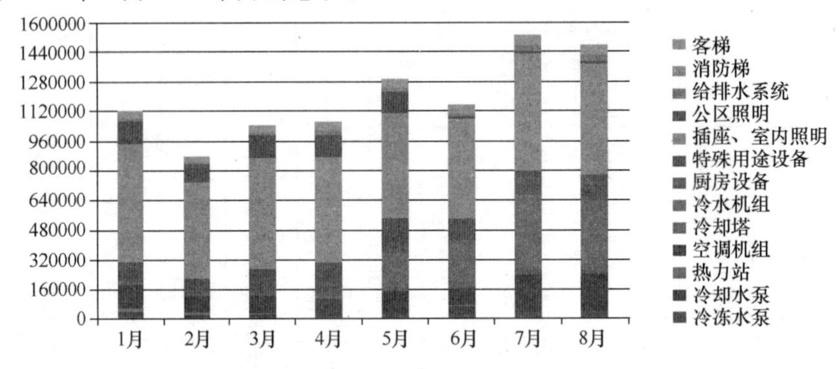

图5-2-9 北京凯晨世贸中心节能改造后各分项用电量分析图（单位：kW·h）

同时，对建筑节水情况进行分析如下：北京凯晨世贸中心2012年9月～2013年8月总用水量130055m^3，较去年同期同比减少用量3568m^3，降幅2.67%。如图5-2-10所示。

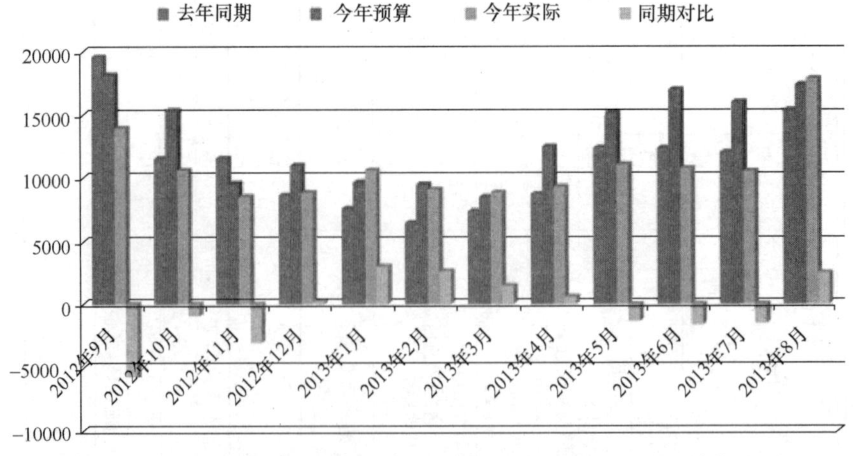

图5-2-10 北京凯晨世贸中心总用水量相比去年同期对比表（单位：m^3）

2.4.5 投入运营后室内环境效果

室内污染物浓度检测：项目投入使用后，在2013年即进行了室内污染物浓度检查，检测结果符合绿色建筑标准的要求（表5-2-5）。

室内污染物浓度检测值表 表5-2-5

房间类型	氨 (mg/m³)	氡 (Bq/m³)	甲醛 (mg/m³)	苯 (mg/m³)	TVOC (mg/m³)	污染物浓度是否超标
中座1103开放办公区	0.06	25	0.03	0.06	0.4	否
中座1103复印室	0.08	39	0.02	0.04	0.2	否
中座1103会议室	0.07	31	0.02	0.04	0.4	否
中座6层北侧开放办公区	0.07	30	0.03	0.06	0.4	否
中座租售楼接待中心开放办公区	0.07	23	0.04	0.06	0.3	否
中座小会议室	0.06	36	0.03	0.04	0.3	否
东座1105综合管理部	0.06	18	0.03	0.06	0.4	否
东座1109会议室12	0.07	28	0.03	0.05	0.5	否
东座6层亿利资源开发区	0.08	33	0.07	0.04	0.4	否
东座6层渤海开放办公区	0.08	34	0.03	0.06	0.3	否
东座6层洽谈室1	0.08	41	0.03	0.07	0.2	否
西座6层会议室	0.06	45	0.04	0.07	0.5	否
西座6层西侧开放办公区	0.05	42	0.03	0.06	0.4	否
西座6层205行政部	0.06	30	0.04	0.05	0.3	否
西座6层地下一层餐厅	0.06	20	0.05	0.03	0.4	否

室内噪声检测值：项目选取多个典型房间进行背景噪声的检测，其检测结果见表5-2-6，均符合绿色建筑标准的要求。

室内背景噪声检测值表（昼间） 表5-2-6

房间类型	标准值 (dB)	测试值 (dB)	房间类型	标准值 (dB)	测试值 (dB)
中座1103	45	44.5	东座G层大厅	45	44.9
中座11层副总经理办公室	45	39.7	东座1105	45	43.2
中座复印室	45	38.5	东座11层单人办公室	45	41.8
中座1109小会议室	45	44.2	东座11层会议室	45	44.2
中座1116大会议室	45	43.6	东座6层多人办公室	45	44.5
中座11层电梯间	45	44.7	东座6层前台	45	44.6
中座8层前台	45	43.3	东座1层渤海银行会议室3	45	43.4
中座8层多功厅	45	43.8	东座1层渤海银行办公室	45	44.6
中座6层培训教室	45	43.5	西座1101第四贵宾室	45	32.7
中座6层走廊	45	43.3	西座1010办公室	45	43.8
中座6层办公室	45	44.1	西座10层副总经理办公室	45	39.5
中座1层物业办公室	45	43.8	西座605办公室	45	44.9
东座G层渤海银行前台	45	44.5	西座105办公室	45	44.6

2.5 总　　结

北京凯晨世贸中心在方案确定时就将多项绿色节能技术纳入项目方案中，在绿色节能建筑领域处于领跑地位，为北京市乃至全国的绿色建筑起到了很好的示范作用。北京凯晨世贸中心一直在绿色节能建筑的道路上不断探索，不断改进和引进各种绿色节能技术，相信在未来的绿色建筑节能的道路上，北京凯晨世贸中心也将继续保持行业中绿色建筑实施的领先地位。

作者：冯　伟　杨丽珠　孙大明　邵文晞（中国建筑科学研究院上海分院）

3　深圳南海意库 3 号楼项目

【三星级运行标识—办公建筑】

3　Building 3 of Nanhai Ecool project in Shenzhen

【Operation，★★★，office building】

3.1　项　目　概　况

本项目位于深圳市蛇口太子路原三洋厂区，建于 20 世纪 80 年代初期，见证了蛇口作为中国改革开放发源地的传奇历史。原厂区由 6 栋四层工业厂房构成，占地面积 44125m²，总建筑面积 95815m²，每栋建筑面积 15969m²。其中 3 号厂房改造属于整个三洋厂区改造的首个项目，并更名为蛇口南海意库 3 号楼（原为三洋 3 号厂房），期望它成为代表新世纪创意产业的科技园区的示范性绿色建筑项目。改造前后分别如图 5-3-1 和图 5-3-2 所示。

图 5-3-1　原三洋 3 号厂房

图 5-3-2　改造后南海意库 3 号楼

本项目获得了全国绿色建筑创新奖一等奖、国家绿色建筑标识三星奖。项目关键评价指标情况详见表 5-3-1。

项目关键评价指标情况　　表 5-3-1

建筑面积（万 m²）	2.50	非传统水量（m³/a）	11057.00
地下建筑面积（m²）	2953.20	用水总量（m³/a）	26579
地下建筑面积与建筑占地面积比（%）	49.71	非传统水源利用率（%）	41.20
透水地面面积比（%）	25.89	建筑材料总重量（t）	21986.90
建筑总能耗（MJ/a）	4299778.80	可再循环材料重量（t）	2263.20
单位面积能耗（kWh/（m²·a））	83.54	可再循环材料利用率（%）	10.30
建筑用电量（万 kWh/a）	208.86	可再生能源产生的热水量（m³/a）	1641
可再生能源发电量（万 kWh/a）	2.79	建筑生活热水量（m³/a）	1641
节能率（%）	73.50	可再生能源产生的热水比例（%）	100.00

3.2 项目绿色技术策略

本项目按照因地制宜、被动式建筑技术优先的原则，注重绿色建筑技术的运用，选用适宜、成熟技术，避免高新技术的简单堆砌。注重协调旧建筑与城市的关系，并体现对历史的延续和尊重，尽量保留和利用已有的外墙墙体、设备和设施，减少拆除量，减少建筑垃圾的产生，达到材料资源重复利用、节能减排、保护环境的目的。

3 号厂房采用钢筋混凝土框架结构，柱网 6.6×6.6，横向 5 跨、纵向 16 跨。3 号厂房原结构设计没有考虑抗震设防，所有框架柱箍筋均不能满足现行抗震规范的要求，整个框架柱抗剪能力较弱，采用了碳纤维加固。同时为了增加结构的刚度和抗倒塌能力，本着安全经济及方便施工的原则，在整个建筑内部沿水平方向增设一定数量的剪力墙。

原有的厂房大多以服装电子印刷为使用功能，市政配套要求低，电力负荷小，改造后作为商场写字楼则电力负荷将增大 4～5 倍，因此采用了大量的绿色建筑技术对其改造。此外，南海意库 3 号楼在节能、节材、节水、环保方面做了许多尝试，综合各单项节能技术亮点，集成创新。南海意库 3 号楼采用的绿色建筑技术包括：温湿度独立控制空调系统、以地源热泵作为辅助热源的太阳能光热系统、太阳能光伏发电系统、太阳能拔风烟囱、雨污水人工湿地处理回用、建筑外围护节能构造、地板和顶棚辐射制冷、无机房节能电梯、高效节水器具、室外渗水地面、建筑遮阳系统、节能光控系统、屋面绿化等。

3.2.1 自然通风和采光

旧厂房进深大，自然通风和采光效果较差。改造过程中，将旧厂房中部 2～4 层的楼板凿除，作为通风和采光中庭，并在屋面设置 6 个玻璃“拔风”烟囱。在中庭玻璃屋面布置太阳能光电板，既能起到遮阳效果，又能利用太阳能发电，详见图 5-3-3～图 5-3-5。

图 5-3-3 中庭自然通风设计

图 5-3-4 建筑中庭

图 5-3-5 玻璃屋面遮阳

3.2.2 建筑外遮阳

本项目南向采用水平外遮阳，东向利用附近已有建筑和室外高大乔木遮阳；西向采用活动外遮阳和垂直绿化遮阳（图 5-3-6）。降低太阳辐射的影响，提高建筑舒适性，减少空调运行能耗。

图 5-3-6 活动外遮阳和垂直绿化

3.2.3 温湿度独立控制空调系统

本项目空调系统采用温湿度独立控制空调系统，这是中国南方地区第一次大规模应用温湿度独立控制空调系统，在国际上也属于首创。温湿度独立控制空调系统是本项目改造的一个亮点。

温湿度独立控制空调系统中，采用温度与湿度两套独立的控制系统，分别控制、调节室内的温度与湿度。处理显热的系统由高温冷源、消除余热末端装置组成；处理潜热（湿度）的系统由溶液调湿新风处理机组（图 5-3-7）、送风末端装置组成。室内安装有温度和湿度传感器，对室内温、湿度进行自动调节。室内另设独立的控制器，可以对空调末端进行手动调节。

本项目高温冷水机组采用 1 台磁悬浮变频多机头离心式冷水机组（图 5-3-8），名义制冷量 893kW，输入功率 107kW，额定 COP 为 8.35；冷水机组配置四台并联的磁悬浮离心式压缩机，每台压缩机的转速可以在 10000～50000r/min 内变频调节。独立承担除湿任务的新风系统采用了 9 台热泵式溶液调湿新风机组，总计新风量 46000m^3/h。

图 5-3-7　热泵式溶液调湿新风机组

图 5-3-8　磁悬浮变频多机头离心式冷水机组

经实测，空调能耗约 31.6kWh/（m^2·a）。与传统空调制冷设备比较，采用温湿度独立控制空调系统的节能率可达 20%左右。还具有如下特点：

（1）用盐溶液除湿，其功能为除湿、除尘、消杀空气病毒。

（2）干式风机盘管，没有霉菌，空气干净。

（3）新风量大，并充分利用送风温差进行全热回收。

（4）利用空调余热进行盐溶液再生：盐溶液吸收空气中水分后，浓度降低；利用热泵冷凝端放热，加热盐溶液，蒸发脱水使之再生。而热泵蒸发端吸热，冷却室外新风，达到除湿降温的目的。

3.2.4　可再生能源利用

本项目屋面设太阳能光热系统。系统采用 82 m^2 太阳能光热板，每天提供 400 人就餐的洗涤用热水和 30 人的淋浴热水。如图 5-3-9 所示。系统辅助热源为地源热泵系统，全年稳定提供热水。

本项目中庭屋面设太阳能光电系统。中庭屋面太阳能方阵占地约 281m^2，安装优化角度为 20°，包括 216 块 175Wp 太阳能电池板，共计 37.8kWp。同时设置 PV-LED 太阳能照明系统。太阳能发电系统产生的电力用于地下车库照明（图 5-3-10）、消防疏散楼梯间照明、卫生间排风扇动力、电力自行车充电等。

图 5-3-9 太阳能光电系统和热水系统

图 5-3-10 地下车库 PV-LED 光伏照明系统

3.2.5 非传统水源利用

雨水收集系统，通过屋面雨水经虹吸排水系统收集后分三路排至室外渗透井，渗透井设有水平渗透管沟，雨水经渗透管沟回渗地下，补充地下水；回渗不及的多余雨水排至收集池（100m^3，雨水收集池溢流水排至市政雨水管），经过滤、消毒后存储进地下室中水箱，经变频给水装置加压后供至冲厕用水、冷却塔补水，地面及道路冲洗等。

项目中水收集利用系统主要是利用卫生间冲厕污水、厨房生活污水，各层淋浴排水、盥洗排水等优质杂排水处理设计规模为 12 m^3/d；各层冲厕排水、食堂排水处理设计规模为 15 m^3/d。上述污水源分别经过化粪池、隔油池前期处理后进入人工湿地（图 5-3-11），污水 经过微生物降解处理后汇入中水收集池（容积 100m^3）经过次氯酸钙杀毒后用于各层冲厕、绿化浇灌、冲洗车库地面和道路等。

南海意库 3 号楼设计了两处人工湿地，分别收集和处理生活污水和生活废水，其处理能力分别为 15t/日和 50t/日。年节水量近万吨，运行成本为 0.2 元/t。节水率达到 60%，节水措施使每年节水 10000 余 m^3。是深圳市第一个人工湿地处理杂用水回用到厕所的项目，本项目实现了生活污水零排放，中水全回用的目的。

图 5-3-11 人工湿地

3.2.6 其他绿色建筑技术

本项目采用的其他绿色建筑技术包括：建筑围护结构节能改造、建筑废弃物利用、透水地面、高效节水器具、节水灌溉、屋顶绿化、地下室自然采光、室内空气质量监控系统、无机房节能电梯等。

3.3 运行效果分析

3.3.1 项目所在地资源价格

项目所在地资源价格，详见表 5-3-2。

项目所在地资源价格 **表 5-3-2**

项目名称	南海意库 3 号楼	当地中水价格：	无中水
项目户数/业主数量	1	当地自来水价格：	4.55 元/t
项目建筑面积	2.5 万	当地电价（峰/平/谷）	1.1 元
项目入住率	100%	当地燃气价格	4.2 元/m^3
项目物业费	自用	当地采暖价格	无采暖

3.3.2 项目耗能统计

本项目 2012 年 8 月～2013 年 7 月总用电量为 2088614kWh，包括：空调用电量、照明用电量、电梯用电量、公共和其他用电量，具体数据详见表 5-3-3。

3.3.3 项目用水统计

本项目 2012 年全年总用水量为 26431m^3，其中自来水用水量为 26431m^3，中水和雨水用水量为 10878m^3，非传统水源利用率达到 41.2%。具体数据详见表 5-3-4～表 5-3-6。

2012年8月～2013年7月建筑运行能耗综合用表 表5-3-3

时间	8月	9月	10月	11月	12月	1月	2月	3月	4月	5月	6月	7月	合计
总用电量(kWh)	206412	198687	153264	168278	157066	152205	140107	163508	145189	167802	189431	202665	2088614
空调用电量(kWh)	113931.19	94649.96	61054.75	59443.15	38156.45	32271.45	37310.83	49246.59	53875.76	81747.59	99266.22	109698.62	569815.2
照明用电量(kWh)	52200	53900	48300	55600	48700	48600	41700	43000	50000	44900	48800	49400	507229.2
电梯用电量(kWh)	1176	1183	1177	1330	1315	1334	1091	1155	1314	1155	1275	1314	70510
公共、其他用电量(kWh)	39104.81	49954.04	42732.25	51904.85	68894.55	69999.55	60005.17	70106.41	39999.24	39999.41	40089.78	42252.38	46829

2012年8月～2013年7月建筑自来水系统消耗用表 表5-3-4

	8月	9月	10月	11月	12月	1月	2月	3月	4月	5月	6月	7月	全年	缴纳费用
自来水耗水量	1145	1280	1244	1083	1327	1482	1206	1497	1401	1491	1194	1203	15553	70766.15

2012年8月～2013年7月建筑雨水利用系统消耗综合用表 表5-3-5

雨水处理规模(m³/d)	100	运行时间(月)	12	投资成本(万元)	15
人工费(元/m³)	0.2	药剂费(元/m³)	0.2	电费(元/m³)	0.1

	8月	9月	10月	11月	12月	1月	2月	3月	4月	5月	6月	7月	全年
处理水量	35	57	143	550	780	983	1176	1277	791	311	82	66	6251
雨水利用量	30	45	163	272	429	584	578	727	437	180	62	58	3565

2012年8月～2013年7月建筑中水利用系统消耗综合用表 表5-3-6

中水处理规模(m³/d)	27	运行时间(月)	12	投资成本(万元)	33
人工费(元/m³)	0.5	药剂费(元/m³)	0.3	电费(元/m³)	0.5

	8月	9月	10月	11月	12月	1月	2月	3月	4月	5月	6月	7月	全年	缴纳费用
处理水量	726	660	790	726	710	645	550	560	600	635	715	750	8067	10487.1
中水回用量	660	594	720	660	643	585	496	505	542	576	650	682	7313	

3.4 项 目 总 结

3.4.1 综合效益分析

南海意库3号楼的绿色改造，实现了绿色建筑，实现了改造建筑材料再利用和减排的双重目的。针对项目最终能耗值、水耗值进行较为详细的分析，结果详见表5-3-7。

本项目运行数据统计表 **表5-3-7**

类别		实际运营数据
节能	综合节能率	73.5%
	单位建筑面积能耗	83.47kWh/(m^2·a)
	单位建筑面积空调能耗	33.19kWh/(m^2·a)
	单位建筑面积照明插座能耗	23.58kWh/(m^2·a)
	光伏年发电量	2.79万kWh
节水	非传统水源利用率	41.2%

3.4.2 经济效益分析

成本数据统计见表5-3-8。

本项目成本数据统计表 **表5-3-8**

项目	数值
项目建筑面积(m^2)	25023.90
工程总投资(万元)	11142.84
为实现绿色建筑而增加的初投资成本(万元)	863.44
单位面积增量成本(元/m^2)	345.05

本项目单位建筑能耗仅为83.47kWh/(m^2·a)，按深圳地区甲级写字楼约160kWh/(m^2·a)的平均单位建筑能耗计算，每年可以节电约190万kWh。如果电费以1.00元/kWh计算，每年可以节约电费190多万元。项目通过应用中水回用等措施，非传统水源利用率达到41.2%。每年节水约10900m^3，年节约运营成本约3.26万元左右。综合应用绿色技术，项目可在5年内收回绿色增量成本。

作者：陈佳明　林武生　强斌(招商局地产控股股份有限公司)

4 重庆中冶赛迪大厦项目

【二星级运行标识—办公建筑】

4 Cisdi Mansion project in Chongqing

【Operation，★★，office building】

4.1 项目基本情况介绍

中冶赛迪大厦是中冶赛迪工程技术股份有限公司的办公设计大楼，主要功能设有办公、会议、展示厅、康体中心、餐厅、车库等内容(图 5-4-1)。项目总用地面积 4571.3m^2，总建筑面积约 6.3 万 m^2，地下 3 层，地上 23 层，建筑高度 96.6m。2013 年 3 月中冶赛迪大厦通过国家绿色建筑二星级运行评价标识评审。

图 5-4-1 中冶赛迪大厦实景图

4.2 采用技术体系及特色

4.2.1 双层玻璃幕墙

项目围护结构采用廊道、外循环呼吸式玻璃幕墙，外层玻璃采用钢化玻璃，内层玻璃采用低辐射 Low-E 中空玻璃，中间形成 600mm 热通道，整个系统能自然通风、换气，减少热辐射。双层玻璃幕墙热通道内设置活动遮阳百叶，以电机带动遮阳卷帘的升降和帘片旋转，从而调节进入室内的太阳辐射幕墙和室内自然采光(图 5-4-2)。幕墙气密性等级不低于标准规定的 3 级，有效防止噪声以及空气污染。玻璃幕墙反射比均不大于 0.3，避免了幕墙光污染。

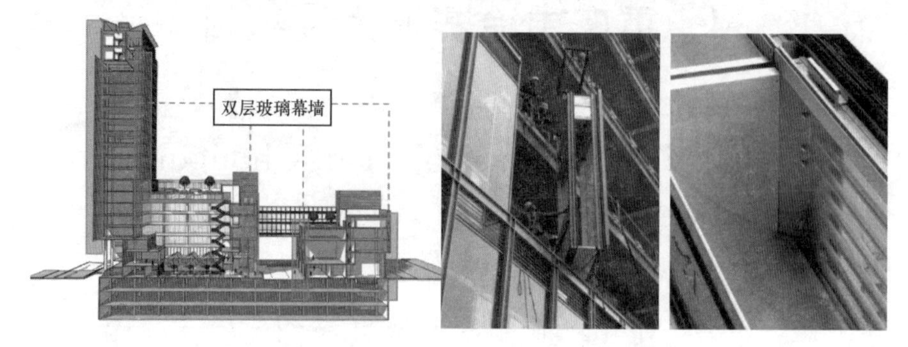

图 5-4-2 中冶赛迪大厦双层玻璃幕墙图

经过 2 年的运行实践证明，双层玻璃幕墙对维持建筑内良好的室内环境起到了很好的作用。

(1)隔声降噪：凭着双层玻璃幕墙特有的隔声性能，能够有效地维持办公楼内的工作的正常、高效运转。

(2)降低室内空调负荷：双层玻璃幕墙利用玻璃的通风隔热性能。夏季双层玻璃幕墙内利用空气间层的气体流动，带走间层空气腔中的热量，使得内层玻璃长年保持低温，从而降低了室内的空气负荷。根据测量，内层 Low-E 玻璃的表面温度能够比室外温度低 3～4℃。冬季，关闭内部窗户，在空气间层内形成温室效应，起到了提升内层玻璃温度的目的，从而降低室内空气的供热负荷。

4.2.2 屋顶绿化

项目裙房及中庭屋顶布置一系列的屋顶花园供员工享用，既节约用地，又符合可持续发展的方针。屋顶设置庭院式屋顶花园，植物选择为适宜当地气候和土壤的重庆地区乡土植物，减少城市热岛效应，屋顶对所有的员工开放，为员工提供高品质的活动空间。如图 5-4-3 所示。

图 5-4-3 屋顶绿化实景图

4.2.3 自然通风和自然采光

项目建筑北高南低的建筑造型保证了每位员工有自然采光的需求，都可以观赏户外风景。办公室标准空间宽度一般控制在 12m 以下，以保证有充分的自然采光和良好的自然通风系统。建筑体量与建筑的朝向及基地规划相呼应，建筑体量最高处面向广场，然后逐渐降低，西侧 12 层，东侧 8 层，南侧 6 层，将最矮的建筑置于南侧，可保证花园和办公区域有充足的阳光。

通过模拟显示，项目主要功能房间 97.43%的面积达到采光系数要求。

项目室外风速小于 5m/s，建筑夏季及过渡季节主立面与主导风向呈近 90°夹角，建筑前后可形成大于 3Pa 的压差，有利于室内自然通风；并且建筑群通过合理的布局与设计，建筑内中庭与建筑间通道可形成一定的通风效果，为创造舒适的建筑微气候环境创造了条件；小进深的办公室设计有利于室内自然通风。如图 5-4-4～图 5-4-7 所示。

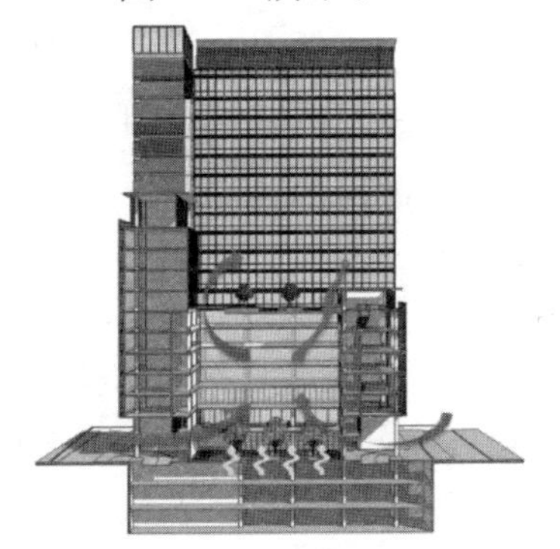
图 5-4-4　通风中庭示意图

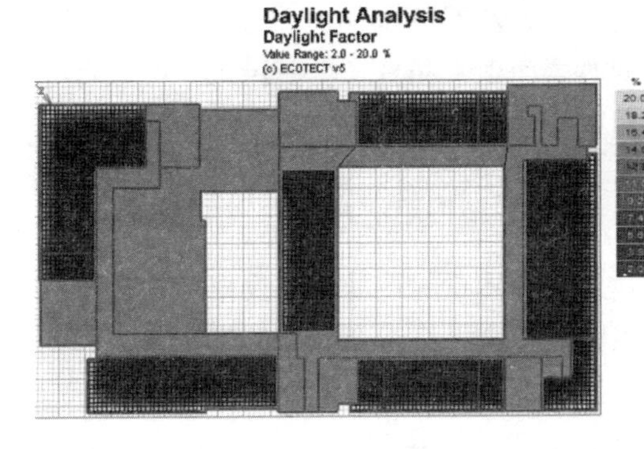

图 5-4-5　室内采光模拟图

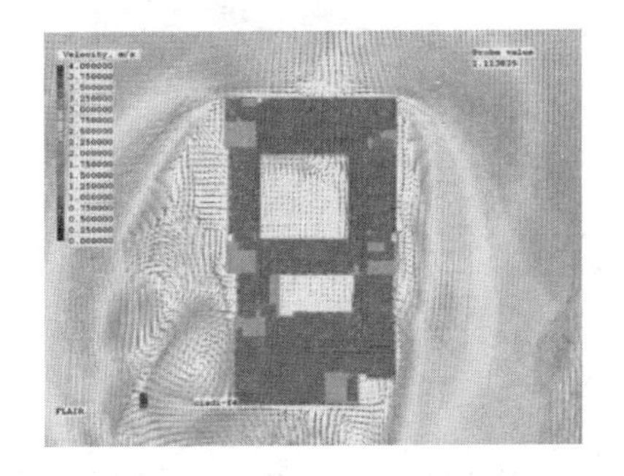
图 5-4-6　项目自然通风模拟图 1

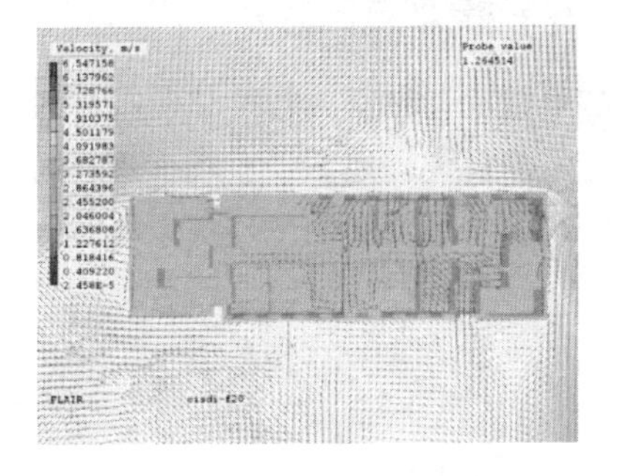
图 5-4-7　项目自然通风模拟图 2

4.2.4 节能、可调空调形式

综合考虑节能与经济性的要求，本项目采用 VRV 空调系统＋新风空调方式；餐厅及中庭部分采用风冷热泵系统。结合公司实际运行情况，办公室部分，由于公司职员加班较多，VRV 空调使用要求极灵活，有利于系统的独立控制。空调系统采用新风排风热回收，热效率 60%以上，起到环保节能、降低运行费用的作用。

4.2.5 照明及电气节能

照明是建筑节能的重要环节，中冶赛迪大厦项目中全部采用节能型灯具，采用可调光型开关，降低无功能耗。楼梯间采用声、光双控节能照明灯。各房间或场所的照明功率密度值不高于《建筑照明设计标准》GB 50034 规定的目标值。

建筑中对各项用电回路实行分项计量，将建筑用电系统按空调采暖、照明系统、室内设备、综合服务、特殊区域、外供电功能、消防等用途分类。

4.2.6 节水系统

所有洁具及配件采用节水型产品，并积极利用非传统水源，包括雨水和中水，回收屋面雨水和日常生活污水，中水日处理规模为 240m^3/d。经处理后的出水水质达到相关规范要求，主要用于楼内冲厕及室外绿地浇灌。

4.2.7 钢结构的应用

建筑结构体系的设计，不仅仅考虑建筑的功能需求，同时兼顾其回收利用问题，以降低建筑在全寿命周期的碳排量。因此，本建筑采用钢结构框架作为主体结构，取代了常用的钢筋混凝土，在提供灵活多变的室内使用空间的基础上，降低建筑碳排量。

4.2.8 智能监控系统

本项目设有完整的智能化监控系统，具有功能完备的信息网络系统。包括能耗综合监控系统、地下停车场管理系统、火灾自动报警系统、门禁系统、能耗监控及设备管理系统、电子巡更系统等。

4.3 运营后绿色建筑技术落实情况

中冶赛迪大厦格外强调项目的运营管理，由赛迪物业进行项目的运营管理，赛迪物业拥有 ISO 9001—2008 质量管理体系认证证书和 ISO 14001：2004 环境管理体系认证证书，在运营中制定了专项《赛迪大厦节能降耗方案》以实现项目的节能减排，并与设计积极沟通，使得每项绿色建筑技术均得到了有效地利用。

并且运营管理物业团队对项目的绿色建筑技术进行分析，挖掘项目的节能潜力，在运营之初，仅2011年一年，中冶赛迪大厦节能降耗工作取得了较好成果，能源消耗同比2010年下降了12%，节约能耗费用50余万元，并进行逐年改善。

(1)加强能耗系统的监控。尤其作为能耗最高的用电设备—空调系统，耗电量占大厦总耗电量的40%，在保证业主舒适的前提下，将大厦冬季的使用温度远程设定为20度，夏季设定为26度。由于受到朝向、空间、出风位置等因素的影响，个别区域出现了较大温差，针对此情况，对此类区域进采取了单独管理的方式。

(2)加强中水系统的利用。首先在雨季，加强对雨水收集系统的调整和处理，增强雨水收集量，确保雨水回收利用率；对水质、水量、特别是对污水处理效果加强检查并适时调整，以达到提高污水利用率的目的；同时加强了对污水处理系统进行管控，此外对卫生间马桶水箱水位和小便池的冲水时间进行调整，充分地缓解大厦雨水和污水不够用的情况。实施证明项目全年卫生间马桶、小便池以及绿化用水基本上未使用市政供水。

(3)制定能耗月报制度。在每年初项目部建立能耗情况月报制度，按月对大厦能源消耗情况进行同比环比分析，对发现的异常现象，及时查找原因，制定措施。

4.4 运行效果分析

经过中冶赛迪大厦两年多的运营实践证实，项目运性效果分析如下。

4.4.1 项目所在地资源价格(表5-4-1)

4.4.2 节能效果(表5-4-2)

4.4.3 节水效果(表5-4-3，表5-4-4)

资源价格表　　表5-4-1

项目名称	中冶赛迪大厦	项目地点	重庆北部新区金童路1号
项目户数/业主数量	1200	项目入住率	100%
项目建筑面积	62896.2m^2	项目物业费	7元/m^2/月
当地自来水价格	4.55元/m^3	当地燃气价格	2.66元/m^3
当地电价	0.82元/kWh		

建筑运行能耗综合用表　　表 5-4-2

	1月	2月	3月	4月	5月	6月	7月	8月	9月	10月	11月	12月	全年	缴纳费用
总天然气用量(m^3)	10307	11307	9736	8463	7563	7150	3590	5170	6785	7689	8290	9256	95306	燃气费用 253514 元
厨房用天然气量(m^3)	6589	6983	5864	5354	4897	4625	2450	3256	3986	4568	6542	6489	61603	
锅炉用途天然气量(m^3)	3718	4324	3872	3109	2666	2525	1140	1914	2799	3121	1748	2767	33703	
总用电量(kWh)	363221	312920	304801	297404	314997	348941	389401	412078	365708	275645	296886	331679	4013682	电费：3291219 元
照明用电量(kWh)	124024	97607	122293	104324	84584	84701	88236	85092	82114	79253	91416	91094	1134738	
空调用电量(kWh)	128933	119895	72418	72638	92583	130125	154129	170405	140379	84835	92187	116508	1375036	
动力用电量(kWh)	85565	77522	88929	99765	115179	111886	121951	128132	120329	93329	94985	104694	1242266	
其他用电量(kWh)	24699	17896	21161	20677	22651	22229	25085	28449	22886	18228	18298	19383	261642	

建筑中水利用系统消耗综合用表　　表 5-4-3

中水处理规模(m^3/d)	240	运行时间(月)	12	投资成本(万元)	250
人工费（元/m^3）		药剂费（元/m^3）	500	电费（元/m^3）	16

	1月	2月	3月	4月	5月	6月	7月	8月	9月	10月	11月	12月	全年	缴纳费用
处理水量	727	794	791	826	883	902	984	989	912	834	824	824	10290	123840

建筑自来水系统消耗用表　　表 5-4-4

	1月	2月	3月	4月	5月	6月	7月	8月	9月	10月	11月	12月	全年	缴纳费用
自来水耗水量	1207	1229	1284	1239	1284	1241	1312	1261	1289	1276	1245	1216	15084	68632.2

4.4.4 能耗水耗分析

经过以上的数据分析，在全年能耗中，中冶赛迪大厦单位建筑能耗为63.71kWh/(m^2·a)，远低于常规办公楼能耗的平均值。其中空调是主要的用能环节，空调的年能耗站到全年总用电量的34.26%，其次是动力设备占到30.95%，之后为照明用电占到28.27%。如图5-4-8所示。

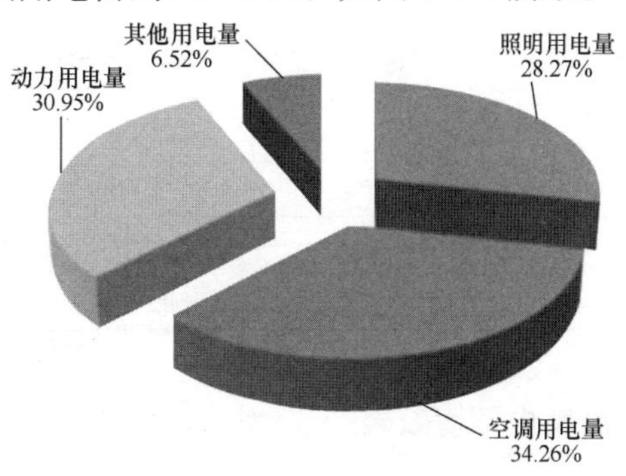

图5-4-8 中冶赛迪大厦全年能耗分析图

(1) 空调的节能是重点，强化空调的运营管理，尤其注重空调的启停和温度控制，加强物业巡查和远程管理，避免无人时开空调，和空调温度不节能。

(2) 动力设备的用能中，目前中冶赛迪大厦中所选用的办公设备和动力均远高于国家要求的能效水平，设备本身节能空间不大，但强调下班关闭电脑等设备的行为节能仍具有一定的潜力。

(3) 照明用能中，下一步可改进的工作在于将项目中的普通灯具更换为LED等。

同时，中冶赛迪大厦在过去2年的运行中强调了中水系统的使用，在建筑全年用水中，中水已占到总用水量的41%（图5-4-9），并在实际运营中，中水的使用已经覆盖了全部的道路冲洗、浇灌和冲厕使用，中水系统得到了很好的应用。在下一步节水措施中，强调厨房节水是重要的步骤，通过节水洁具和对厨房管理制度的加强，减少厨房的市政自来水用量是关键。运行数据统计见表5-4-5。

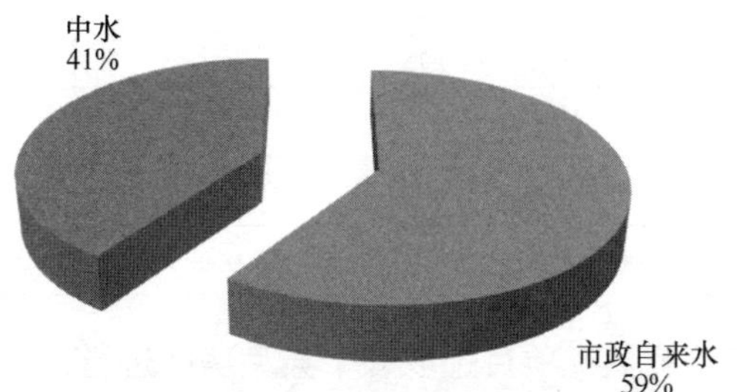

图5-4-9 中冶赛迪大厦全年用水分析图

本工程运行数据统计表 表 5-4-5

类别		实际运营数据	评价
节能	综合节能率	75.96%	高于《绿色建筑评价标准》，建筑全年采暖和空调设计能耗相当于《公共建筑节能设计标准》规定值的 80%的要求
	单位建筑面积能耗	63.71 kWh/(m^2·a)	全年能耗水平较同类建筑低 29%
	单位建筑面积空调能耗	21.8 kWh/(m^2·a)	全年空调能耗水平较同类建筑低 50%
	单位建筑面积照明插座能耗	18 kWh/(m^2·a)	全年办公照明插座能耗水平较同类办公建筑低 30%
节水	非传统水源利用率	40.55 %	高于《绿色建筑评价标准》优选项 40%的要求

4.4.5 投入运营后室内环境效果

室内污染物浓度检测：项目投入使用后，在 2011 年即进行了室内污染物浓度检查，检测结果符合绿色建筑标准的要求。

室内噪声检测值：项目选取多个典型房间进行背景噪声的检测，其检测结果见表 5-4-6，均符合绿色建筑标准的要求。

室内噪声检测值 表 5-4-6

序号	房间名称	背景噪声平均值 L_a (dB)	噪声平均值 L_a (dB)
1	一层技术支持部用房	32	43.7
2	一层数据中心	38.9	44.8
3	一层中庭	45	45
4	二层展示厅	33.4	33.4
5	二层报告厅	28.6	43.7
6	五层办公室	31.5	44.6
7	六层阅览室	39.9	39.9
8	八层办公室	33.8	41.6
9	十二层办公室	33.8	41.6
10	二十三层 40 人会议室	31.4	44.6
11	二十三层贵宾接待室	32.0	39.1

室内照明和照度检测值：项目选取多个典型房间进行照度的检测，其检测结果见表 5-4-7，均符合绿色建筑标准的要求。

室内照度检测值表　　5-4-7

序号	房间名称	检测区域	照度平均值 E (lx)
1	一层技术支持部用房	作业面	276.1
4	二层展示厅	地面	188.8
6	五层办公室	作业面	475.8
7	六层阅览室	作业面	322.3
9	十二层办公室	作业面	340.0

室内环境满意度调查情况：项目随机选取了10名办公人员，进行口头和书面调研，结果显示，办公人员对项目的室内环境普遍满意，对所使用的绿色建筑技术也表示认可，满意率在90%以上。

4.4.6 投入运营后绿建技术使用效果

根据前文所述，由于设计和物业团队的共同努力，绿色建筑技术在投入使用后反应较好，没有出现更改设计或者废弃使用的情况。

4.4.7 成本增量决算分析

根据决算的绿色建筑增量成本，项目增量投资如表5-4-8所示。

项目增量投资表　　表5-4-8

实现绿建采取的措施	单价	标准建筑采用的常规技术和产品	单价	应用量	应用面积 (m^2)	增量成本（元）	每平方米增量成本（元/m^2）
屋顶绿化	500元/m^2	无	/	/	1000	250000	4
幕墙保温隔热	350元/m^2	无	/	/	26510	6627500	105
能耗分项计量	150000元/套	无	/	/	3	450000	7
幕墙通风换气装置	100元/m^2	无	/	/	26510	2651000	42
排风热回收	8000元/套	无	/	/	34	272000	4
绿色照明	3000元/套	无	/	/	40	100000	2
中水系统	4000元/套	无	/	/	240	912666	14
用水计量水表	150元/套	无	/	/	38	5700	0
室内空气质量监控系统	2500元/套	无	/	/	40	100000	2
可调外遮阳系统	350元/m^2	无	/	/	26510	9278500	147
可调空调末端	430元/m^2	无	/	/	30000	900000	14
智能化系统	50万元/套	无	/	/	1	4500000	71
合计						25597366	406

4.4.8 经验与问题

绿色建筑想要成功实践，依赖于设计团队对绿色建筑技术的了解，必须因地制宜，选择气候适宜性的建筑，同时绿色建筑技术必须实现建筑一体化，是建筑艺术性和技术性的融合，技术必须要建立在美学基础上。反对生搬硬套的技术强行用到建筑上。

绿色建筑设计成功后，在运营中设计人员必须与物业管理人员保持沟通，在物业入驻之初就必须明确项目所使用的绿色建筑技术，以及其运营的重点和要点，让物业了解绿色建筑技术，并学会使用绿色建筑技术。

强化激励机制，将项目的运营能耗、节能减排目标、绿色建筑的使用情况与物业管理的绩效挂钩，确保项目的能耗逐年优化。

4.5 结　　论

通过设计和运营的共同努力，赛迪大厦基本都实现了设计之初的绿色建筑目标，非传统水源占总用水量的40.55％，97.43％的面积满足自然采光的要求，建筑全年采暖和空调设计能耗不高于重庆市《公共建筑节能设计标准》规定值的75.96％等绿色建筑目标。

作者：吴泽玲（中冶赛迪建筑市政设计有限公司）

5　上海崇明陈家镇生态办公示范建筑

【三星级运行标识—办公建筑】

5　Eco-office demonstration building in Chenjiazhen, Chongming, Shanghai

【Operation, ★★★, office building】

5.1　项　目　概　况

本项目位于上海市崇明县陈家镇，占地面积 8502.6m²，建筑面积 5117m²（图 5-5-1）。本工程主体结构为三层，钢筋混凝土框架结构。建筑单体由三个体块组成，中间体块为入口门庭和共享休息区以及交通空间，接近正南北方向；左右两侧的体块主要为办公功能，与基地朝向一致，同时东西两端为设备等辅助用房。

图 5-5-1　崇明陈家镇生态办公示范楼

项目进行了一系列绿色建筑技术的集成示范，在节地与室外环境、节能与能源利用、节水与水资源利用、节材与材料资源利用、室内环境质量和运营管理等六大指标体系方面全面达到三星级绿色建筑的技术要求。

本项目已于 2012 年获得国家绿色建筑三星级运行评价标识，2012 年通过“绿色建筑示范工程”验收评审，2013 年荣获全国绿色建筑创新奖一等奖。项目在自然通风与建筑一体化、风光复合发电系统、适宜的土壤源与地表水热泵系统、改善室内环境质量的智能化控制系统及适宜的水处理技术等方面具有创新性。项目的实施提高了建筑室内环境质量、营造出与自然环境和谐的景观环境，有效地降低了建筑运行能耗，节水效果显著。

5.2 绿色建筑实施策略

5.2.1 项目总体技术定位和目标

项目结合崇明生态岛的建设定位，研究建立了自然和谐舒适环境技术、气候适应型建筑节能技术、复合型空气调节技术、太阳能和风能协同利用技术、自适应环境调控技术和资源高效循环利用技术的关键技术集成体系，并在5100m^{2}的生态办公示范建筑中实现关键技术与建筑的一体化集成应用，实现项目建筑综合节能75%、可再生能源利用率占建筑使用能耗的50%、再生资源利用率大于60%、舒适高效的室内环境质量的整体技术目标，将该示范建筑打造成为一个低能耗、低排放、与自然“零”距离的生态办公楼，形成“超低能耗、超低排放、自然通风、地热利用、风光互补、智能调控、资源循环、舒适环境”八大技术亮点。

5.2.2 项目的创新性

本项目在以下几个方面具有创新性：

（1）综合技术指标。本项目根据崇明本地的特点，实现建筑采暖空调能耗为普通建筑的25%，可再生能源利用率占建筑使用能耗的50%，可再生资源利用率达到60%，室内综合环境达到健康舒适指标。项目综合集成应用了自然和谐舒适环境技术、气候适应型建筑节能技术、复合型空气调节技术、太阳能和风能协同利用技术、自适应环境调控技术和资源高效循环利用技术，并将以上技术集成在一幢示范建筑中。

（2）自然和谐舒适环境技术。采用自然通风模拟评估技术，将通风塔和导风墙与建筑进行一体化设计，测试结果表明可显著增强自然通风效果，为崇明生态建筑的自然通风设计提供设计指导。首次采用个性化送风技术与室内家具进行整体设计，测试结果表明比传统的送风方式显著提高室人员呼吸区的室内空气品质，为推广该技术提供设计依据。

（3）气候适应型建筑节能技术。根据夏热冬冷地区的气候环境特点，通过综合分析围护结构各部件对能耗的影响和效果，优化外窗、墙体、屋面等的热工性能参数，建立了经济适用的围护结构节能综合技术。示范建筑的综合节能率达到75%，运行能耗结果表明满足设计目标要求。

（4）复合型空气调节技术。空调系统的冷热源采用地热资源，因地制宜的最优化的建筑复合冷热源系统设计，室内末端部分采用了辐射末端系统和个性化送风系统，系统运行节能效果明显。

（5）太阳能和风能协同利用技术。75kW的太阳能光伏发电系统和50kW的风力发电系统与建筑进行了一体化设计应用，采用并网和离网两种系统形式，并可实时监测可再生能源发电量，为今后应用可再生能源提供数据基础和技术依据。

（6）自适应环境调控技术。项目集成了自然通风控制系统、自然采光和照明联动控制系统、可再生能源监测、能耗分项实时监测系统等于一体，实现了监管控一体的智能环境信息平台。

（7）水资源高效循环利用技术。首次在上海地区应用了生态排水系统，相比传统节水器具，可实现节水率70%以上，采用的中水回用技术，每年可减排939t污水量。

（8）景观绿化环境改善技术。通过树种群落的搭配、乔木灌木的结合，营造低养护的生态林，并在室外景观绿化带合理建设生物通道，从而培育和完善生物的多样性，并在室外大面积铺设透水混凝土路面，最大限度地涵养地下水源。

5.2.3 自然通风技术

本项目通过模拟优化分析后采用自然通风塔和导风墙等措施提高建筑的自然通风效果，结合智能控制系统对通风塔的百叶进行智能控制，从而提高室内的通风效果。

为了加强热压作用引起的自然通风，在屋顶上增设了具有竖向“烟囱效应”的通风塔（图5-5-2），增加自然通风效果；由于建筑本体内部空间分成东西两部分，彼此相对独立，因此，通风塔在东西两个区域分别设立两个通风塔。二楼的空间通过设置在三楼通风塔下方的公共休息平台与通风塔连接，增加了通透性和自然通风效果。同时在建筑四周设置一些看似随意的墙体，其实却具有导流作用，改变室外主导风向，更好地将自然风引入室内，达到提高室内热环境和空气质量的效果。图5-5-3为导风墙实景照片。

图5-5-2 自然通风塔

图5-5-3 导风墙

为了能充分发挥通风塔的拔风效果，增加建筑室内各区域的流通性、通透性，室内各水平区域和垂直区域之间增加了可控的通风井与通风百叶的设计。这些百叶装置都可以通过人工控制其开关，达到过渡季节的通透以及空调季节的相对封闭。

5.2.4 气候适应性围护结构节能技术

本项目的围护结构节能设计策略主要是根据该办公示范楼的综合节能目标，对办公楼的外墙、屋面、窗墙比、外窗和外遮阳进行综合的节能计算分析，并同时考虑经济成本的因素，从而得出最优化的围护结构节能措施，而不是追求单一指标如外墙或外窗的传热系数做到最低。通过建筑综合节能评估分析，选取了适宜的外墙、屋面等的传热系数，并对南向的窗墙比进行控制。

通过模拟分析确定后的围护结构节能方案，包括建筑外墙采用50EPS外保温，混凝土空心砌块作填充墙，建筑屋面采用50XPS外保温，建筑南、东、西外窗采用双银低辐射中空玻璃与隔热型铝型材，综合传热系数为2.5W/(m^2·℃)，玻璃遮阳系数为0.5，可见光透射比为0.45。

可调节的外遮阳系统是类似崇明这样夏热冬冷地区建筑围护结构节能最有力的措施之一，综合考虑节能和自然采光等需求，建筑南立面设置横向金属遮阳百叶体系，其中南面采用电动控制，东西设固定金属遮阳百叶。

5.2.5 复合型空气调节技术

冷热源采用土壤源辅助地表水源调峰的方式，对冬夏不平衡的峰值部分，采用地表水源作为调峰部分。考虑地区气候、工程示范特点，为保证系统运行稳定可靠，除三楼东区作为示范展示区采用辐射末端外，均采用风机盘管加新风系统。

项目应用了个性化送风系统，按照对技术效果与外观效果的综合需求，提出了个性化送风与室内装饰装修一体化的设计思路，除出风参数的技术要求设计以外，更多的考虑了个性化风口设计与茶几的有机结合，避免了传统个性化送风外观与应用场所（会客厅）不协调的问题。

5.2.6 太阳能光电和风电利用

从崇明办公示范楼的负荷需求来看，夏季的太阳能资源丰富与用电负荷的需求匹配性较好，而风能的利用则弥补了太阳能在夜间无法提供电能的缺陷。保证并匹配了用电负荷的需求。

本项目设计太阳能光伏发电系统75kW，且为并网式发电系统。系统包括太阳能光电板和逆变控制器等。对该系统进行了现场测试，其中太阳能光伏发电系统的综合效率达到 9.8%，2011 全年累计监测发电量达到 75920kWh。

项目采用离网型风力发电系统，风机采用水平轴式风机。设计容量 50kW，配备标准的 2V/1000Ah 的铅酸蓄电池 480 节，50kVA 逆变器一台，泄荷电阻柜一台，并带有市电自动切换功能，当风速不大并且蓄电池馈电时，离网逆变器会自动切换到市电。

5.2.7 资源高效循环利用技术

根据崇明的气候特征，结合周边场址特征，收集建筑屋面雨水同时对办公建筑的中水进行处理回用，以达到综合统筹利用各种水资源的目的。办公建筑的污水就地处理后达标排放，处理后的水质满足相关水质标准。收集屋面雨水并回用于景观补水，汇水面积约为 $800m^2$，每次的雨量收集约为 $14.5m^3$，收集后的雨水用于景观补水。采用了一体化的膜生物反应器处理建筑中水，设计水量按用水量的 80% 来收集并处理，日处理水量为 3.6t/d，实现自动化控制运行管理方便。

在项目中采用了生态排水系统，其基本原理是以负压为驱动力来进行污水的抽吸与输送。由于本项目位于崇明县陈家镇，项目所在区域无污水管道，需要对建筑中的污水进行集中处置后排放，这是该系统能在该建筑中应用的先决条件。同时项目周边是农田，这为后期系统应用后粪尿的处置提供了便利，这是该系统能在建筑中示范应用的优势。

5.3 实际运营效果

5.3.1 技术效果测试与评估

在项目的运行过程中，对项目中应用的相关技术进行了跟踪测试和评价（表 5-5-1～表 5-5-6）。

（1）通风塔的实施效果评价：经过模拟计算及实际测试验证可知，陈家镇办公楼各主要活动区域在自然通风条件下，局部换气次数达到 12～20 次/h，室内自然通风良好。其中对通风塔的自然通风的效果测试表明，其独立作用可以引起自然通风的增加幅度达到 28.2%，自然通风效果良好。

（2）个性化送风系统：经过正常运行工况下的现场测试与软件的模拟分析，测试和模拟结果表明，个性化通风房间中 10 个人体呼吸区域的局部通风效率分别大于通常情况下置换通风的通风效率，远大于传统混合通风的通风效率，表明该个性化空调系统的性能较好。

（3）能耗分项计量：项目采用了能耗分项计量系统，经统计，本项目空调系统能耗 187440kWh，占比为 44%，照明插座用电为 119280kWh，占比为 28%，一楼展厅的照明插座用电就近 85200kWh，占建筑总能耗的 20%；动力用电约为 25560kWh，占比为 6%，特殊用电为 8520kWh，占比为 2%。

项目所在地资源价格 **表 5-5-1**

项目名称	崇明生态办公建筑
项目地点	上海市崇明县陈家镇东滩大道 1688 号
项目户数/业主数量	1
项目建筑面积	0.51 万 m^2
项目入住率	100%
项目物业费	50 万/年
当地中水价格	/
当地自来水价格	3.67
当地电价（峰/平/谷）	1.167/0.71/0.35

（4）生态排水系统：项目采用源分离技术实现最大程度的节水，负压冲厕实现冲厕耗水仅 0.3～1.2L，节水效果非常显著。

（5）雨污水集中处理系统：本项目采用膜-生物反应器（MBR）处理建筑污水，处理过程无二次污染，处理后的中水用于绿化浇灌和道路浇洒，非传统水源利用率达到 42.9%。

（6）本地化材料和可再循环材料利用：项目所用的混凝土全部为预拌混凝土，其中 500km 以内建筑材料总重量约为 9397.49t，全楼建筑材料总重量约为 9678.49t，500km 以内建筑材料比例为 97%。钢筋、钢材、幕墙和木门等可再循环材料总重量 1056.95t，可再循环建筑材料比例达到 10.92%。

（7）太阳能光伏发电系统：项目应用 75kW 太阳能光伏发电系统，2011 全年累计发电量达到 75920kWh。

（8）智能监控系统：智能化监控系统可对室内环境质量、空调系统和可再生能源发电进行监测，室内环境质量控制包括对自然通风和活动外遮阳的控制、室内照明和遮阳的联动控制，空调系统的监测可以对地源热泵空调系统的运行状况和耗电量等进行实时监测，并对太阳能和风力发电系统的发电量进行监测，同时本项目对建筑的能耗进行分项计量。

建筑运行能耗综合用表 表 5-5-2

	1月	2月	3月	4月	5月	6月	7月	8月	9月	10月	11月	12月	全年	缴纳费用
总用电量(kWh)	54600	40800	40200	15000	15600	31800	58800	65400	37200	15600	14400	36600	426000	电费：
照明用电量(kWh)	15288	11424	11256	4200	4368	8904	16464	18312	10416	4368	4032	10248	119280	
空调用电量(kWh)	24024	17952	17688	6600	6864	13992	25872	28776	16368	6864	6336	16104	187440	
动力用电量(kWh)	3276	2448	2412	900	936	1908	3528	3924	2232	936	864	2196	25560	
其他用电量(kWh)	12012	8976	8844	3300	3432	6996	12936	14388	8184	3432	3168	8052	93720	

建筑雨水利用系统消耗综合用表 表 5-5-3

雨水处理规模(m^3/d)	14.5	运行时间(月)	12	投资成本(万元)	80
人工费(元/m^3)	/	药剂费(元/m^3)	/	电费(元/m^3)	/

	1月	2月	3月	4月	5月	6月	7月	8月	9月	10月	11月	12月	全年
处理水量	88	70	102	125	121	113	116	110	93	66	76	78	1158
雨水利用量	83.6	66.5	96.9	118.75	114.95	107.35	110.2	104.5	88.35	62.7	72.2	74.1	1100.1

建筑中水利用系统消耗综合用表 表 5-5-4

中水处理规模(m^3/d)	3.6	运行时间(月)	12	投资成本(万元)	60
人工费(元/m^3)	/	药剂费(元/m^3)	/	电费(元/m^3)	2.4

	1月	2月	3月	4月	5月	6月	7月	8月	9月	10月	11月	12月	全年	缴纳费用
处理水量	15	9	32	109	73	70	46	99	51	75	51	50	680	/
中水回用量	15	9	32	109	73	70	46	99	51	75	51	50	680	

建筑自来水系统消耗用表 表 5-5-5

	1月	2月	3月	4月	5月	6月	7月	8月	9月	10月	11月	12月	全年	缴纳费用
自来水耗水量	38	37	52	120	79	83	68	125	72	85	74	72	905	3321

本工程运行数据统计表 表 5-5-6

类别		实际运营数据	评论
节能	综合节能率	—	建筑综合节能率达到75%(设计能耗值)
	单位建筑面积能耗	83.2 kWh/(m^2·a)	
	单位建筑面积空调能耗	36.6 kWh/(m^2·a)	
	单位建筑面积照明插座能耗	23.3 kWh/(m^2·a)	
	光伏年发电量	7.6万kWh	占建筑全年用电量的比例约17.8%
节水	非传统水源利用率	42.9%	高于优选项非传统水源利用率40%的要求

5.3.2 室内环境质量测试

对崇明陈家镇办公楼的室内环境进行了现场测试，结合实测结果来评价大楼实际的运行水平和舒适性现状。在室内空气质量方面，根据《室内空气质量标准》对室内的空气质量进行测试，从总体上看，开放式办公区域虽然空间相对较大，但所采用的家具建材的释放水平较总经理办公室等个人办公室来的高。室内空气质量总体在合格范围内。在室内热舒适方面，过渡季节的工况下，温度为25.4～26.6℃，平均温度25.8℃，满足过渡季节室内温度的要求。在室内声环境方面，办公区的背景噪声为32～42dB，办公楼内主要功能区域的背景噪声较低，声环境满足办公环境要求。在室内光环境方面，陈家镇办公楼人工照明的光环境由照度指标来评价，经过夜间测试，公共区域内的平均照度达到812 lx，远大于办公场所的照度标准限值300 lx，照明效果良好。

5.3.3 围护结构系统测试

对项目外墙节能构造实施现场实体钻芯检验，根据外墙构造设计资料，共抽取了3个检验点，分别位于东、西、北各立面。

根据测试情况，该建筑外墙采用了EPS外墙外保温系统，保温层设计厚度为50mm，现场测试厚度分别为49mm、48mm和49mm，平均厚度为49mm。

通过分析，实测芯样厚度的平均值(49mm)达到设计厚度的95%(47.5mm)及以上且最小值(48mm)不低于设计厚度的90%(45mm)时，因此可判定保温层厚度符合设计要求。

5.3.4 太阳能光伏发电系统测试评估

根据原建设部《可再生能源建筑应用示范项目测评导则》以及《光伏系统性能监测、测量、数据交换和分析导则》GB/T 20513—2006，本次测试选择典型天气，主要对太阳能建筑应用光伏电源系统的光电转换效率进行测试。

本项目中光伏发电系统计算所得结果见表5-5-7。

检测结果数据　　　　表 5-5-7

检测参数	检测结果
平均气温（℃）	26.0
平均环境风速（m/s）	0.6
检测时段总辐射量（kWh/m^2）	1.6
检测时段总发电量（kWh）	89.4
系统效率（%）	9.8

5.4 总结体会

本项目遵循了可持续建筑的发展理念，并且在绿色建筑具体技术的应用方面充分考虑了地域特征。在绿色建筑技术集成方面，项目在自然通风与建筑一体化、风光复合发电系统、适宜的土壤源与地表水热泵系统、改善室内环境质量的智能化控制系统及适宜的水处理技术等具有创新性。项目的实施提高了建筑室内环境质量、营造出与自然环境和谐的景观环境，有效地降低了建筑运行能耗，节水效果显著。

在项目中应用的绿色建筑技术，如采用通风塔、导风墙等自然通风技术的集成利用，使得该生态办公楼不仅与自然环境相协调，而且保留了江南水乡建筑的优点。相关的测试结果表明，崇明陈家镇办公楼自然通风效果显著，技术实施路线可行有效，具有良好的推广应用价值。在个性化送风技术方面，提出了设计阶段个性化送风末端与装饰装修一体化设计，验收试运营阶段现场边界参数测试与模拟相结合的技术实施路线。测试与模拟结果表明，个性化送风达到并超越了传统混合式通风以及置换式通风的通风性能参数，技术实施路线在办公楼的个性化送风的推广应用上具有较高的借鉴价值。

在项目中应用的生态排水系统有效地解决了排水的经济性和环保要求，适合在我国小城镇建设中加以推广应用该技术，实现最大程度的节水，并利用负压节水厕具与负压排水联用实现污水源头控制以及污水的资源化利用，做到了污水零排放。

作者：韩继红[1]　安　宇[1]　陆一[2]（1 上海市建筑科学研究院，2 上海陈家镇建设发展有限公司）

6　秦皇岛“在水一方”住宅小区

【三星级运行标识—住宅建筑】

6　“ZaiShuiYiFang” residential community in Qinhuangdao

【Operation，★★★，residential building】

6.1　工程背景及概况

秦皇岛“在水一方”项目地处秦皇岛市海港区西部，位于和平大街以南、西港路以西、汤河以东、滨河路以北。

“在水一方”住宅小区总占地 56 万 m^2，总建筑面积 150 万 m^2，有多层、高层、别墅区和公建组成。公建配套有幼儿园、小学、中学、商业场所、社区医院、活动中心等。工程总投资 45 亿元。

“在水一方”住宅小区在规划设计之初，即认真贯彻执行节约资源和保护环境的国家技术经济政策，推行可持续发展，以节约能源、保护环境、改善建筑功能与质量为目标、以市场为导向，以科技进步为动力，通过对绿色建筑技术的实践与应用，倾力打造健康、舒适、节能、环保的健康住宅小区。

图 5-6-1　秦皇岛“在水一方”A 区实景照片

取得绿色建筑运行二星标识的 A 区用地面积 17.81 万 m^2，建筑面积 57.332 万 m^2。建筑结构形式为框架剪力墙结构。2011 年 11 月 20 日通过住房和城乡建设部绿色建筑示范工程验收，2012 年 12 月 5 日获得住房和城乡建设部绿色建筑评价标识二星级运行阶段标识。

各项指标见表 5-6-1。

本项目各项指标　　**表 5-6-1**

指　标	单　位	填报数据
用地面积	万 m^2	17.81

续表

指　　标	单　　位	填报数据
建筑总面积	万 m^2	57.332
地下建筑面积	m^2	99841
地下面积比	%	17.5
透水地面面积比	%	63.22
人均用地面积	m^2/人	11.97
建筑总能耗	MJ/a	56.25×10^6
单位面积能耗	kWh/m^2·a	33
节能率	%	65
可再生热水量	m^3/a	160700
建筑生活热水量	m^3/a	321400
可再生能源产生热水比例	%	50
非传统水量	m^3/d	830
用水总量	m^3/d	2678.4
非传统水源利用率	%	30.98
建筑材料总重量	t	537110
可再循环材料重量	t	60290
可再循环材料利用率	%	11.22
可再利用材料重量	t	60290
可再利用材料使用率	%	11.22
绿地率	%	32.9
容积率		2.79

6.2 采用技术体系及特色

6.2.1 采取的技术路线

(1) 建筑结构的保温隔热节能措施（技术）；

(2) 门窗的节能措施；

(3) 节水技术（节水器具、绿化喷灌）；

(4) 雨水利用；

(5) 中水处理利用；

(6) 高层建筑太阳能热水一体化；

(7) 地下车库太阳能光导照明；

(8) 太阳能路灯；

(9) 其他节电措施（绿色变电室）感应灯，光控、声控开关，装饰灯，道路照明，公共场所、地下车库用 LED 节能灯具。

6.2.2 设计阶段采用的主要绿色建筑技术及特点

（1）居住建筑节能设计

在进行建筑设计时，超出国家规定的建筑节能率50%的节能设计标准，按65%节能标准设计住宅。

为达到65%节能设计标准，外墙采用外保温隔热技术，大幅度提高外墙保温隔热性能，既满足隔热保温要求，又便于施工，节约能源开支。

屋面保温隔热采用115mm厚聚苯乙烯保温技术，屋面传热系数$K \leqslant 0.45W/(m^2 \cdot K)$。

门窗节能采用优质断桥铝门窗+三玻两中空玻璃，具有保温、严密性好、隔音等特点，整窗传热系数$K \leqslant 2.4W/(m^2 \cdot K)$。如图5-6-2、图5-6-3所示。

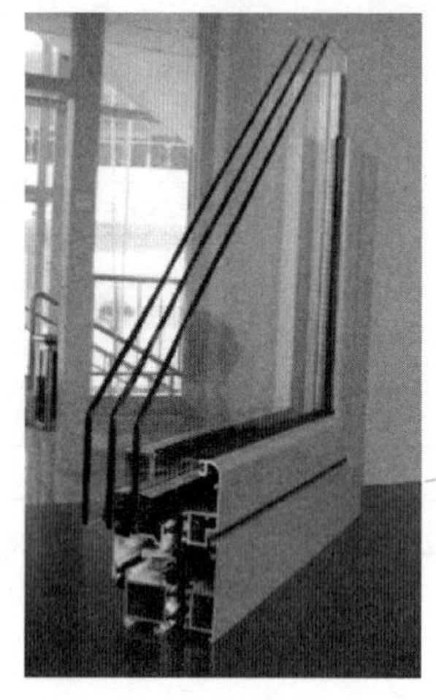

图5-6-2 三玻两中空玻璃

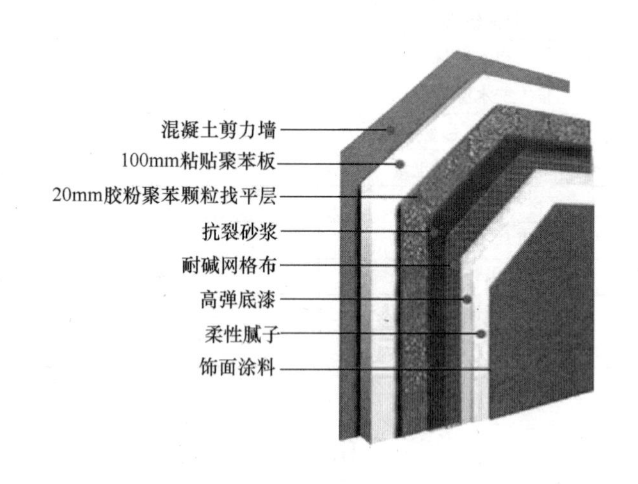

图5-6-3 外墙保温做法示意图

（2）高层建筑太阳能热水一体化设计

在规划及建筑单体及户型设计时，考虑每户设一组独立的太阳能热水器，充分考虑南立面每户的日照及南立面避免凸凹，互相遮挡日照影响太阳能效果，南立面要平整（图5-6-4）。每户太阳能集热器面积根据系统的日平均用水量和用水温度确定，通过计算得出本小区一户的太阳能集热器的理想集热面积为$2.948m^2$。太阳能集热器的实际集热面积为$1.47m^2$时，太阳能热水系统的保证率约为50%。水箱容积为80L，室内水箱安装位置与户型结合，设在阳台侧墙上，住户装修时可结合橱柜等装饰，既不影响热水器使用效果，又美观大方。

（3）中水处理技术

小区内独立自建地下中水处理站（图5-6-5），将小区所有的生活污水入中水站处理，处理水质达到《城市污水再生利用城市杂用水水质》（GB/T 18920—

2002）标准，日处理水量 200m³。处理后中水通过小区及室内独立中水管网用于住户室内冲厕及道路冲洗，目前由物业公司进行日常管理和维修，并配套建设化验室，每周检测水质，确保水质安全。

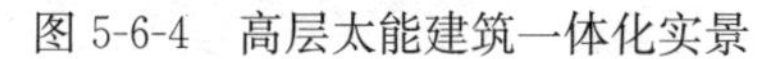

图 5-6-4 高层太能建筑一体化实景

图 5-6-5 中水站实景照片

中水处理站采用生化处理技术，充分考虑中水利用的效果、用水量、运行管理费用等因素，经过水量平衡计算，收集 A 区污水，经过处理后的中水可供整个“在水一方”小区住户室内冲厕及道路冲洗。

（4）雨水利用

①水间接利用——下凹式绿地。绿地的雨水渗透至地下含水层，补充地下水，削减洪峰流量。绿地是一种天然的渗透设施，分布广泛。下凹式绿地是在绿地建设时，使绿地高程低于周围地面一定的高程，以利于周边的雨水径流的汇入(图 5-6-6)。下凹式绿地透水性能良好，建设成本与常规绿地相近，可减少绿化用水并改善城市环境，对雨水中的一些污染物具有较强的截留和净化作用。因此，在绿地规划设计时应充分考虑建设下凹式绿地，以增加雨水渗透量。下凹式绿地的下凹深度一般 5～10cm 为宜。

图 5-6-6 小区下凹式渗透绿地

②雨水收集利用。收集屋面、路面的雨水，用于补充景观水、绿化灌溉、洗车及道路浇洒。

③利用渗水砖进行雨水渗透。

④屋顶雨水收集系统。将建筑物的屋顶雨水利用设在外墙的雨水管进行收集，汇集至室外绿地及地下雨水收集池。地下收集池设在中水站中水池左侧。

⑤人工湖雨水收集系统。C区中心为人工景观湖，景观湖周围建筑屋面的雨水可流入景观湖（图5-6-7）。

⑥采用微灌、喷灌技术（图5-6-8），节约用水30%。

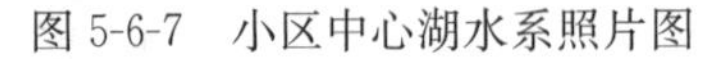

图5-6-7 小区中心湖水系照片图

图5-6-8 微灌、喷灌实景

（5）地下车库太阳能光导照明

自然光光导照明系统通过采光装置聚集室外的自然光线并导入系统内部，再经过特殊制作的导光装置强化与高效传输后，由系统底部的漫射装置把自然光线均匀导入到室内需要光线的地方（图5-6-9）；从黎明到黄昏，甚至是阴天或雨天，该照明系统导入室内的光线仍然十分充足。

图5-6-9 “在水一方”车库光导照明实物照片

（6）太阳能路灯

局部安装太阳能路灯，节约小区照明用电。

（7）节能电梯与公共区域节能灯具

A 区共设置 110 部电梯，全部选用通力 KONE 3000S Mini Space 小机房乘客电梯。通力秉承“节能、环保”的产品开发理念，采用当今世界先进的能源再生理论，基于双 PWM 控制的能量回馈原理，将电梯运行中的势能有效转化为电能以回馈电网，极大地减少对电源的谐波污染，实现能源的再生利用。

6.2.3 面临的问题：

（1）维护管理问题；

（2）中水处理费用及设备更新维护费用问题；

（3）供热节能无权管理热力公司，供热能耗浪费问题；

（4）用户行为节能难于管理，需加大宣传工作的问题。

6.3 运营后绿建技术落实情况

以上绿色建筑技术全部落实，整个绿建设计的内容全部建成并投入运营。太阳能热水于 2011 年经过辽宁省建研院实地研究、现场检测全部装好使用。中水处理系统当年正常运行，绿化喷灌正常使用。

在运行阶段向业主不间断进行跟踪回访，业主反映效果良好。无论是可再生能源的利用还是中水、雨水利用，业主不但享受到了绿色建筑带来的经济实惠，同时小区室外夏天温湿的舒适环境和优美的绿化环境也给大家带来了身体上和视觉上的享受。“在水一方”项目的成功经验非常值得在业内推广。

6.4 运行效果分析

经过 5 年的实际运营，整体运行效果良好，有显著的节能效果，获得了一定的经济效益和社会效益。

6.4.1 项目所在地资源价格（表 5-6-2）

资源价格表 **表 5-6-2**

项目名称	秦皇岛住宅小区 A 区
项目地点	
项目户数/业主数量	5295 户，16944 人
项目建筑面积	57.33 万 m^2
项目入住率	84.7%

续表

项目物业费	1 元/m²
当地中水价格	1.70 元/t
当地自来水价格	居民用水 3.60 元/t，公共用水 6.4 元/t
当地电价（峰/平/谷）	0.52 元/度(峰:1.17 元/kWh,平:0.76 元/kWh,谷:0.32 元/kWh)
当地燃气价格	2.38 元/m³
当地采暖价格	6.97 元/m²/月

6.4.2 节能效果（表 5-6-3）

建筑运行能耗综合用表 **表 5-6-3**

月 份	1	2	3	4	5	6	7	8	9	10	11	12	全年	缴费
厨房用天然气量（万 m³）	2.52	2.8	2.3	2.35	2.23	2.31	2.1	1.9	2.2	2.26	2.4	2.5	27.87	
照明用电量(万 kWh)	64.7	67.8	64.2	64.5	63.8	65.0	68.1	67.7	65.4	64.7	64.6	65.1	785.6	
动力用电量(万 kWh)	12.75	13.8	11.7	11.55	13.8	12.9	13.6	14.1	12.3	12.75	13.35	14.4	157.05	

6.4.3 节水效果（表 5-6-4～表 5-6-6）

建筑雨水利用系统消耗综合用表 **表 5-6-4**

雨水处理规模（m³/d）	800m³	运行时间（月）	6 个月	投资成本（万元）	20
人工费（元/m³）	0.08 元/m³	药剂费（元/m³）	0.001 元/m³	电费（元/m³）	0.17 元/m³

月份	1	2	3	4	5	6	7	8	9	10	11	12	全年
处理水量（t）					460	520	400	500	480				2360
雨水利用量（t）					400	500	480	300	480	200			2360

建筑中水利用系统消耗综合用表 **表 5-6-5**

中水处理规模（m³/d）	2000m³/天	运行时间（月）	12 个月	投资成本（万元）	946.96
人工费（元/m³）	0.22 元/m³	药剂费（元/m³）	0.009 元/m³	电费（元/m³）	1.27 元/m³

续表

月份	1	2	3	4	5	6	7	8	9	10	11	12	全年	缴费
处理水量（万 t）	1.38	1.31	1.35	1.36	1.30	1.29	1.24	1.25	1.3	1.31	1.37	1.38	15.84	
回用量（万 t）	1.38	1.31	1.35	1.36	1.30	1.29	1.24	1.25	1.3	1.31	1.37	1.38	15.84	

建筑自来水系统消耗用表（万元） **表 5-6-6**

月份	1	2	3	4	5	6	7	8	9	10	11	12	全年	缴费
耗水量	5.29	5.73	5.3	5.42	5.28	5.4	5.88	6.2	5.92	5.81	5.4	5.31	66.94	240.984

6.4.4 能耗、水耗分析

如图 5-6-10、图 5-6-11 所示。

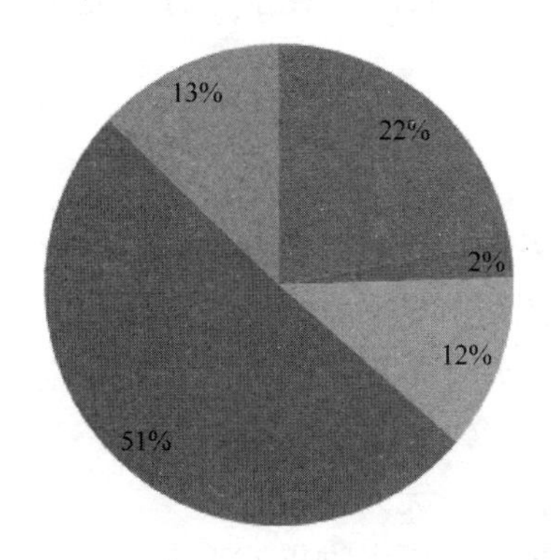

图 5-6-10 能耗分析图

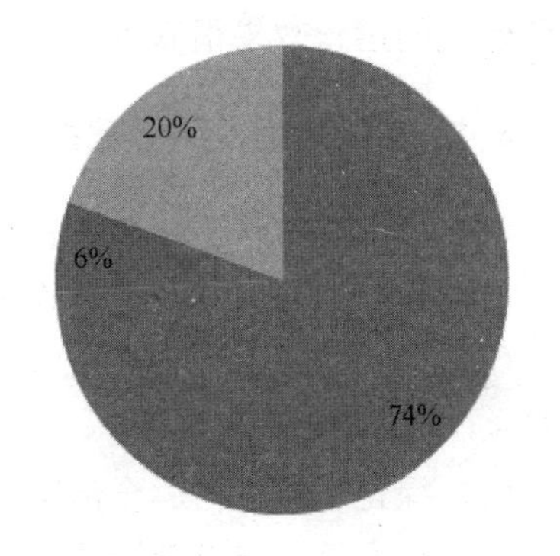

图 5-6-11 水耗分析图

本工程运行数据统计见表 5-6-7。

本工程运行数据统计表 **表 5-6-7**

类别		实际运营数据
节能	综合节能率	65%
	单位建筑面积能耗	33Wh/（m^2·a）
	单位建筑面积照明插座能耗	13.7kWh/（m^2·a）
节水	非传统水源利用率	26%

6.4.5 投入运营后室内环境效果

（1）室内污染物浓度检测值：

甲醛含量：0.02～0.032mg/m^3，低于国家标准0.08mg/m^3。

氨含量：0.02～0.09mg/m^3，低于国家标准0.2mg/m^3。

苯含量：0.006～0.021mg/m^3，低于国家标准0.09mg/m^3。

TVOC含量：0.02～0.14mg/m^3，低于国家标准0.5mg/m^3。

氡含量：24.6～28.1mg/m^3，低于国家标准200mg/m^3。

（2）室内噪声检测值：低于国家标准（表5-6-8）。

噪声现状监测统计评价结果［单位：dB（A）］　　表5-6-8

	标准值（4类区域）		实测值	
	昼	夜	昼	夜
卧室	45	35	42	30
起居室	45	35	43	30

（3）室内照明和照度检测值：由于户内灯具全部由住户自行安装，无法统计。

（4）室内环境满意度调查情况：经物业入户调查，“在水一方”业主对小区绿色建筑的运营效果很满意。

6.4.6 投入运营后绿建技术使用效果

（1）太阳能热水器分户设置独立运行，各户运行效果良好，维修量很低；

（2）太阳能路灯、地下车库太阳能光导照明节电明显，维修量低；

（3）中水处理系统全天正常运行，专人负责，每周化验一次水质，定时系统消毒；

（4）绿化喷灌运营后全部正常使用，无损坏，无人工灌溉；

（5）雨水透水砖出现渗透慢、局部堵塞现象，雨水收集池正常运行，一年清理一次雨水收集池。

6.4.7 成本增量决算分析

绿色建筑增量成本为52061162元，合90.8元/m^2，节约运行费用4104800元/年。详见表5-6-9。

成本增量决算分析　　表5-6-9

为实现绿色建筑而采取的关键技术/产品名称	单价（元）	应用量	应用面积（m^2）	增量成本（元）
太阳能热水	60		473480	28408800.00

续表

为实现绿色建筑 而采取的关键技术/产品名称	单价 （元）	应用量	应用面积 （m²）	增量成本 （元）
下凹渗透绿地	208.23	1400m²		291522.00
渗透沟	80	1796m		143680.00
湿地净化系统	350	608m²		212800.00
渗透井	12000	6个		72000.00
蓄水池	400	500m³		200000.00
渗水地面	31	45700m²		1416700.00
透水停车地面	31	3000m²		93000.00
中水利用	22		473480	9469600.00
施工环境综合控制	0.5		573320	286660
其他	20		573320	11466400
合计				52061162.00

小区实际节约费用统计：84.7%入住率，共节约213.75万元/年。费用明细如下：

（1）太阳能热水系统：每户节约用电60kWh/月，已入住居民4484户，使用太阳能户数为3952户，小区每年节约用电3952×60×12=284.5万kWh，节约费用147.96万元。

（2）太阳能光导照明：年耗节电量按平均白天10小时计算，安装光导照明后车库可关闭80%日光灯，节电量为20.6×80%=16.48万度，节约电费16.48×0.85=14.01万元。详见表5-6-10。

太阳能光导照明节电表 **表5-6-10**

序号	车库号	面积 （m²）	光导规格	数量 （套）	电光源功率 （日光灯）	数量 （盏）	电装容量 （kW）	年耗电量 （节电量万度）
1	1-3	7917.7	STG1000	20	1×36	404	14.5	5.3
2	1-4	9809	EVGC450	30	2×36	413	29.7	10.8
3	1-6	6587	EVGC450	41	2×36	172	12.38	4.5
合计		24313.7		91		989	56.58	20.6

（3）中水利用：每年小区利用中水冲厕15.84万m³，节约自来水15.84万m³，节约费用15.84×（3.6－1.7）=30.096万元。

（4）雨水利用：每年采用微灌技术实际绿化用雨水2360m³，比传统节约用水708m³，景观湖收集雨水6500×0.65×5×50%=10563m³，节约自来水10563万m³，节约费用（10563+2360+708）×6.4=8.72万元。

(5) 节能电梯：A 区 110 部电梯采用同步电动机，功率 11kW，比传统使用的三项一部电动机节电约 35%，每年一部电梯节电 1387 度，工节点 15.25 万 kWh，节约电费 12.96 万元。

(6) 节约采暖费：小区已经安装热计量表，采用节能技术后采暖能耗下降，由于以前按照面积收费，此费用暂时无法统计。

6.4.8 经验与问题

(1) 高层建筑太阳能热水一体化：使用效果好，受用户欢迎；但有些低层用户冬季存在遮挡问题；有些部位建筑与太阳能集热器未能完美结合。

(2) 自建中水处理站节水效果好，用户可接受；存在住户长期无人居住坐便器内中水水质变质问题，在用户手册中需强调对中水使用的注意事项；冬季水源温度降低会造成生物菌死亡，影响中水处理效果；在中水站管理自动控制方面考虑的不够周全，不能真正做到自动化管理。

(3) 地下车库光导照明节电效果好；注意光导井施工质量，加强防水。

(4) 雨水渗透和收集及绿化灌溉节水明显。

(5) 采用三玻两中空门窗节能效果好，用户满意。

6.4.9 今后项目建议

(1) 中水处理尽量应用膜技术，要确保水质；

(2) 雨水储水池要加大，增加分散雨水地下储水量；

(3) 太阳能热水器水箱尽量加大；

(4) 加大绿色建筑宣传力度和对企业的奖励机制；

(5) 存在公共事业单位及社会对绿色建筑认识严重不足的问题。

由于职能部门存在垄断现象，公共事业企业（自来水、热力、污水、电力等管理和实施部门）有许多规定，且这些单位不了解绿色建筑，由他们设计建设的换热站及外网存在不节能现象，在申报绿色建筑时往往由于职能部门问题有些项不达标。加快推广绿色建筑的实施，不是一个企业、一个部门能够做到的，需要整个社会共同完成，这不是一句口号、几个文件就能完成的。首先各职能部门能够意识到绿色建筑的真实含义，达到绿色建筑的标准要求，能够从社会大局出发，能够在实际工作中支持企业的发展，绿色建筑才能得到实施和推广。

作者：王臻　刘洋（秦皇岛五兴房地产有限公司）

7　廊坊万达学院一期工程

【三星级运行标识—学校园区建筑群】

7　The first phase of the project of Wanda Institute in Langfang

【Operation，★★★，school zone campus building】

7.1　工程背景及概况

万达学院项目位于廊坊经济技术开发区，东侧为梨园路，南侧、西侧为规划路，北侧为花园道（图 5-7-1）。项目用地面积 13.3 万 m^2，建筑面积 13.1 万 m^2，一期工程部分主要包括教学楼、行政办公楼、体育馆、学员宿舍、教职工宿舍、一期餐厅、商业信息研究中心等多栋单体在内共计 4.8 万 m^2 的建筑面积（图 5-7-2）。

图 5-7-1　规划图

图 5-7-2　外景图

本项目一期工程部分于 2011 年 11 月 11 日竣工并投入使用，已运行两年有余。期间，于 2011 年 12 月 9 日获得绿色建筑设计标识三星级，于 2013 年 1 月 30 日获得绿色建筑标识三星级，于 2013 年 5 月 20 日获得 2013 年度全国绿色建筑创新一等奖，是截止到目前全国首个学校园区建筑群整体通过设计三星和运行三星双认证并获得绿色建筑创新一等奖的项目。其关键指标情况如表 5-7-1 所示。

关键指标情况统计表　　　　**表 5-7-1**

指　　标	单　　位	数据（2012 年度）
申报建筑面积	万 m^2	4.82
容积率		0.71

续表

指　　标	单　　位	数据（2012年度）
透水地面面积比	%	47.79
建筑单位面积能耗	kWh/(m^2·a)	80.52
节能率	%	63.29
可再生能源产生的热水比例	%	33.94
非传统水源利用率	%	44.44
可再循环材料利用率	%	10.44

7.2 采用技术体系及特色

7.2.1 绿色理念

在学院中实施绿色建筑有利于学员的健康和学习效率，有利于培养具有可持续发展观念的公民，可降低学院的日常运作成本。然而学院作为非营利组织，没有强大的经济基础采用高精尖的绿色建筑技术和设备，因此本项目绿色建筑设计中，以“展示绿色建筑技术，传播绿色环保理念”为基本原则，以低成本、被动式技术为主，将工作重点放在建筑全寿命周期的设计优化和技术落实上。

7.2.2 解决问题

万达学院从节地与室外环境、节能与能源利用、节水与水资源利用、节材与材料资源利用、室内环境质量、运营管理六大评价指标体系出发，重点解决用地指标、室外环境、公共交通、景观绿化、透水地面、地下空间利用、建筑本体节能设计、高效能设备和系统、节能高效照明、能量回收系统、可再生能源利用、水系统合理规划、高效节水措施、非传统水源利用、绿化节水灌溉、雨水入渗积蓄、建筑本体节材设计、预拌混凝土利用、高强度钢使用、可再循环材料使用、土建装修一体化设计施工、加强日照、天然采光、自然通风、围护结构保温隔热设计、室温控制、可调节外遮阳、智能化系统应用、建筑设备系统高效运营等技术问题，力求成为一所绿色生态的学校园区建筑群。

7.2.3 技术路线

在学院的方案策划和规划设计过程中，严格遵循“四节一保，全面推进，不可偏废”的绿色建筑设计理念，采用“被动优先，主动优化”的绿色建筑技术路线，从节地、节能、节水、节材和环境保护等多方面综合考量，运用多项绿色建筑技术：包括室外环境营造技术、排风热回收系统、建筑整体节能、太阳能热水系统、非传统水源利用、3R 材料使用、自然通风、天然采光等，在因地制宜的基础上选择实现绿色建筑三星认证的关键技术，达到 1+1 大于 2 的目的。

(1) 室外环境营造

万达学院一期工程选择适宜廊坊地区气候和土壤条件的近 80 种乡土植物，采用滞尘除噪型包含乔灌草在内的复层绿化，形成室外透水地面面积 47978m^2，透水地面面积比达到 47.8%。除此之外，本项目的园区绿化还可以起到隔声降噪、改善场地声环境的作用。

来自道路车辆的交通噪声，通过围墙采用隔声墙，边界设置 10m 绿化带等措施，减少噪声量约 10dB (A)。经现场检测，本项目室外环境噪声昼间、夜间均满足 1 类噪声限值要求。

(2) 太阳能热水系统

廊坊地区太阳能资源丰富，全市年平均日照时数在 2660h 左右，每年 5～6 月日照时数最多，具有较大的开发利用价值。

如图 5-7-3 示，本项目热水热源采用太阳能集热器作为主要热源，所提供的生活热水用于男女浴室淋浴和体育馆换热使用，混水采用集中冷、热水混水方式。热水系统采用循环方式，设在热水回水管上的电磁阀（定时、定温）自动控制。太阳能热水箱的冷水进水管上装设水处理装置。根据实际用水分项计量统计结果可知，学院 2012 年度全年生活热水消耗量为 38710t/a，全年太阳能热水产水量 13140t/a，故园区整体太阳能热水利用率为 33.9%。

图 5-7-3 太阳能集热器实景图

(3) 建筑整体节能

万达学院一期工程项目通过采用围护结构优化、新风显热回收、提高冷源效率、冷冻水大温差、水泵变频调节等建筑节能技术，建筑全年采暖空调能耗从 350.4 万 kWh 降低到 229.0 万 kWh，可实现采暖空调系统节能率达到 34.6%。本项目地标参照建筑全年累计照明能耗为 177.9 万 kWh，通过大面积采用节能灯具后，实际设计建筑全年累计照明能耗为 148.6 万 kWh，可实现照明系统节能率达到 16.5%。综上得出地标参照建筑、实际设计建筑全年累计的采暖空调和照明总能耗如表 5-7-2 所示，即实际设计建筑的全年总能耗为地标参照建筑的 71.5%。

地标参照建筑与实际设计建筑能耗统计表 **表 5-7-2**

建筑分项能耗	单位	地标参照建筑	实际设计建筑
全年采暖能耗	万 kWh	114.4	69.9
全年空调能耗	万 kWh	236.0	159.1
全年照明能耗	万 kWh	177.9	148.6
全年总能耗	万 kWh	528.3	377.6
能耗比例	%	100	71.5

（4）非传统水源利用

廊坊经济技术开发区周边无市政中水供给，本项目从节水角度出发，经全面技术经济比较后，最终确定收集建筑优质杂排水到园区中水处理站经 MBR 膜生物反应器处理达标后回用于室内冲厕、绿化浇洒、道路冲洗、景观补水等，图 5-7-4为本项目的中水系统实景图。

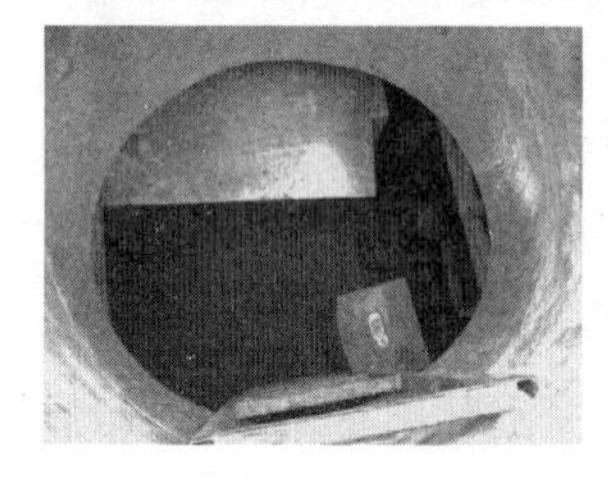

图 5-7-4 中水系统实景图

（5）3R 材料使用

本项目施工过程中，在保证安全和不污染环境的情况下，综合考虑建筑造价后尽量采用高强度钢，尽量多地使用可再循环材料，尽可能地减小建筑材料对资源和环境的影响。根据工程决算材料清单统计结果可知，学院一期工程所有单体钢筋总用量 4332.8t，其中三级钢用量 3350.6t，使得高强钢使用率达到 77.3%；所用建筑材料总量 93057.9t，其中使用可再循环材料共计 9715.2t，使得本项目可再循环材料使用率达到 10.4%，节材效果显著，可再循环材料用量比例统计如图 5-7-5 所示。

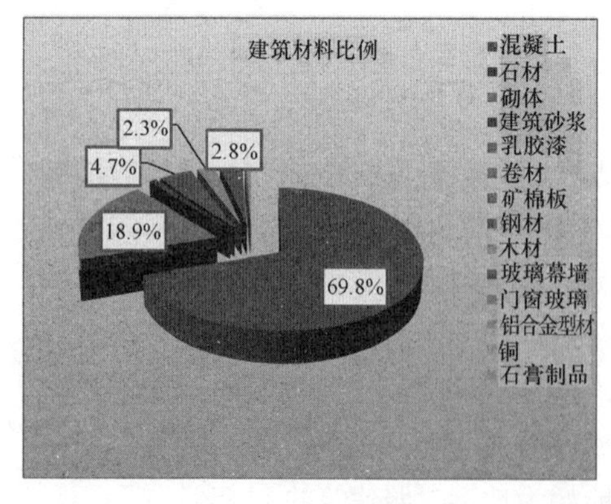

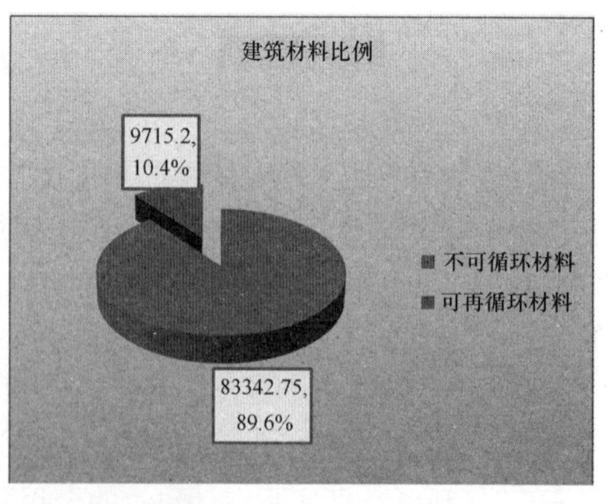

图 5-7-5 可再循环材料用量比例统计图

（6）自然通风

廊坊地区夏季主导风向为东偏南（SE），平均风速 2.2m/s；冬季主导风向为西北偏北（NNW），平均风速 2.7m/s。本项目园区内建筑整体朝向为东南-西北向，略偏离正南-正北向 7.38°，可有效地避开冬季主导风向、促进夏季和过渡季自然通风。其中，教学楼中心位置设有中庭，屋面采光顶可开启（图 5-7-6），可起到拔风中庭的作用；行政楼北部位置设有中庭，屋面采光顶可开启（图 5-7-7），且建筑外窗可开启面积比例达到 47%；学员宿舍、教职工宿舍、食堂等单体可开启外窗面积较大，且建筑内部无大进深房间，可保证其主要功能房间整体换气次数不低于 2 次/h。

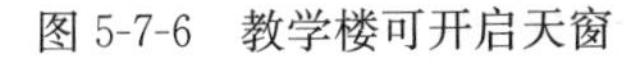

图 5-7-6　教学楼可开启天窗

图 5-7-7　行政楼可开启天窗

运行后根据建筑实际情况，采用模拟软件 CONTAMW 进行测算，模拟测算结果如下：在纯热压通风情况下，教学楼内部整体换气次数可达到 5.3 次/h；在风压通风情况下，行政楼内部整体换气次数可达到 29.1 次/h，学员宿舍内部整体换气次数可达到 11.1 次/h，教职工宿舍内部整体换气次数可达到 10.7 次/h，食堂内部整体换气次数可达到 14.4 次/h，自然通风换气效果良好。

（7）天然采光

天然采光与人工照明都可以在一定程度上满足室内照度要求，但两者在室内舒适度及建筑节能性上存在着很大差别。万达学院一期工程项目除信息中心外，各单体立面均设有大面积的玻璃外窗及玻璃幕墙，其中教学楼和行政楼的顶部设置采光顶，以通过利用天然采光满足室内照度要求，减少了照明能耗和空调能耗。

运行后根据建筑实际情况，采用模拟软件 ECOTECT 进行测算分析，其光学分析模型和各单体（部分楼层）天然采光系数分布状态如图 5-7-8 所示，经模拟测算得到在外窗可见光透过率为 66.6%的情况下，园区整体满足采光规范要求值的主要功能区面积比达到 88.5%，且能满足天然采光系数≥2%的要求，室内主要功能空间面积比可达到 80.0%。

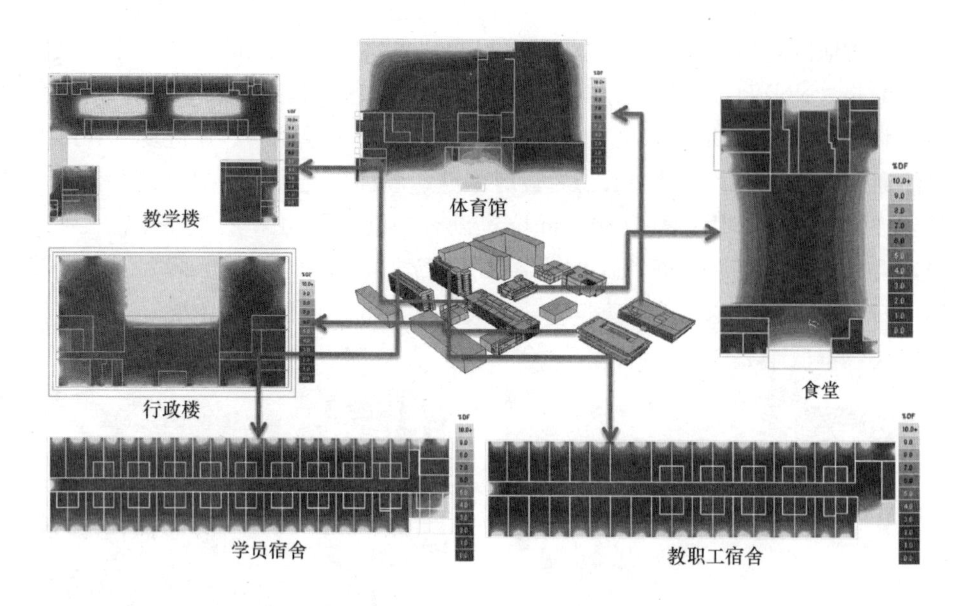

图 5-7-8　光学分析模型及部分楼层天然采光系数分布状态图

7.3　运营后绿建技术落实情况

在学院的施工调试过程中，严格执行学院“严谨治学、实事求是”的精神，按照绿色三星要求，将规划设计阶段欲采用的各项绿色建筑技术措施全部落实；并在项目的运行管理过程中，制订了较为完善的资源管理激励机制，在能耗管理平台和较为完善的BA系统平台的技术支持下，学院定期进行能源资源和设备节能高效运行情况的自检，定期对物业管理人员进行技术培训，不断提高人员技术水平；学院长期对工作人员和学员开展多种形式的节能减排宣传工作，不断提高工作人员和学员的节能减排意识。

本项目智能化系统建设遵循“简单、实用”的基本原则，不追求系统的高度完善和全方位覆盖，而是以简单、实用、可靠为建设目标。根据本项目使用特点和运营管理需求，主要设置了能耗分项计量系统和设备自动监控系统等，且运行状态良好。

如图 5-7-9 所示，能耗分项计量系统能够实时跟踪监测建筑的空调、照明、电梯、餐饮等设备的用能状况，及时发现用能漏洞，以实现对用能系统的节约运行管理。设备自动监控系统能够对室内的温度、湿度和 CO_2 浓度进行长期监控与预测，并将所有信号远传至楼宇自控管理中心，以指导机电设备的运行和建筑的运营管理，如图 5-7-10 所示。

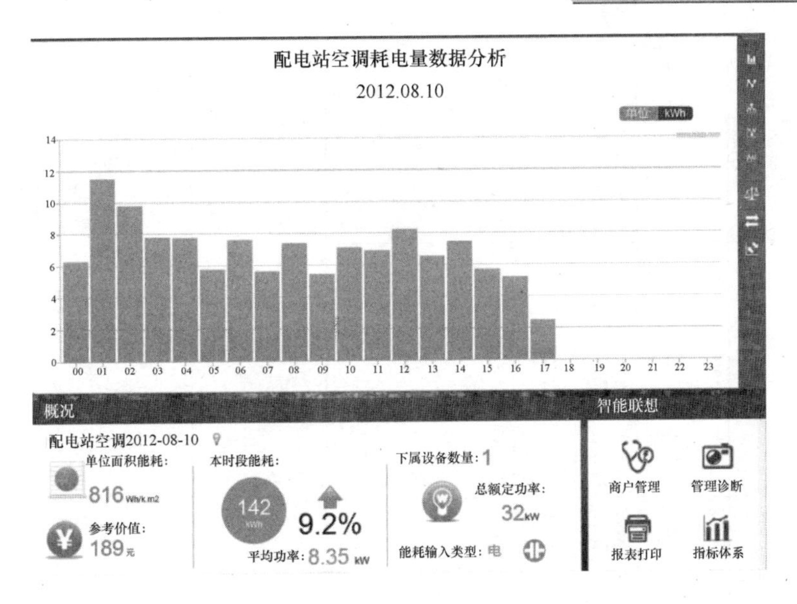

图 5-7-9 能耗分项计量系统现场图

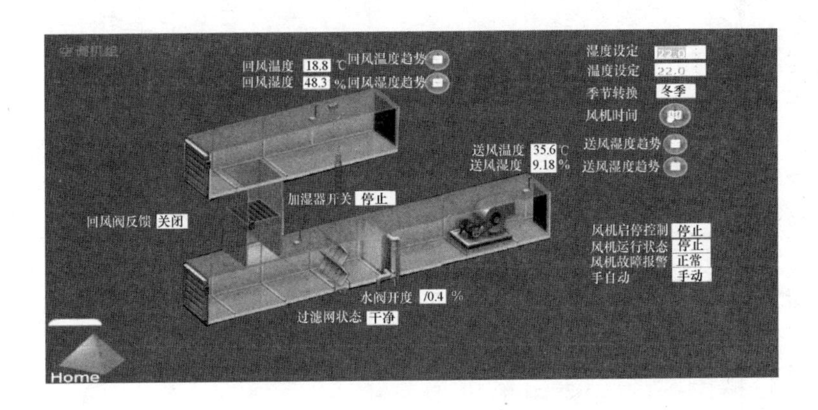

图 5-7-10 设备自动监控系统现场图

7.4 运行效果分析

7.4.1 项目所在地资源价格

项目所在廊坊市当地无市政中水，自来水价格为 5.2 元/m^3，电价峰时 1.1367 元/kWh、平时 0.7063 元/kWh、谷时 0.2997 元/kWh，燃气价和采暖价分别为 3.03 元/m^3 和 214 元/t。

7.4.2　节能效果（表 5-7-3）

建筑 2012 年度运行能耗综合用表　　表 5-7-3

	1月	2月	3月	4月	5月	6月	7月	8月	9月	10月	11月	12月	全年	缴纳费用
总天然气用量(m^3)	6993	6304	5675	6161	6089	2719	3617	2953	7168	8500	7342	6296	69817	燃气费：211546 元
锅炉用天然气量(m^3)	4288	3872	3351	3703	4254	562	984	1008	4299	5230	4948	4266	40765	
厨房用天然气量(m^3)	2705	2432	2324	2458	1835	2157	2633	1945	2869	3270	2394	2030	29052	
总用电量(kWh)	350274	317158	223949	173623	333584	389570	473027	608580	168821	198472	311019	330694	3878771	电费：2973010 元
空调采暖用电量(kWh)	40549	35678	46497	42481	156889	221446	281595	409226	37949	37334	47938	44207	1401789	
照明用电量(kWh)	142649	127895	71461	46128	68838	63933	76851	80898	45943	61682	116082	129366	1031725	
室内设备用电量(kWh)	116902	104810	58563	37802	56413	52393	62980	66296	37651	50549	95130	106016	845504	
动力用电量(kWh)	25888	25008	24735	24426	27266	27672	28035	27467	24716	24986	24934	25444	310578	
其他用电量(kWh)（包括实验室、信息机房、厨房、专家公寓等）	24286	23767	22693	22786	24179	24127	23565	24693	22561	23921	26934	25661	289175	
蒸汽用量(t)	2396	2595	1432									1661	2602	蒸汽费：2286804 元

7.4.3　节水效果(表 5-7-4、表 5-7-5)

建筑 2012 年度中水利用系统消耗综合用表　　表 5-7-4

中水处理规模(m^3/d)	160			运行时间(月)					12		投资成本(万元)		127.5
人工费(元/m^3)				药剂费(元/m^3)							电费(元/m^3)		1.4
	1月	2月	3月	4月	5月	6月	7月	8月	9月	10月	11月	12月	全年	缴纳费用
处理水量(m^3)	1924	1686	1926	1785	2452	2514	2439	3918	3663	3653	2635	3215	31810	70769 元
中水回用量(m^3)	2671	2023	1915	1874	2647	3109	2885	4314	4471	4308	3635	3169	37021	

建筑 2012 年度自来水系统消耗用表　　表 5-7-5

	1月	2月	3月	4月	5月	6月	7月	8月	9月	10月	11月	12月	全年	缴纳费用
自来水耗水量(m^3)	3026	2320	2078	3277	3522	3706	3469	5747	4999	5472	4493	4168	46277	240640 元

7.4.4 能耗水耗分析

如表 5-7-3 所示，根据实际用电分项计量统计结果可知，学院 2012 年度全年综合总能耗为 387.9 万 kWh，为地标参照建筑的 73.4%，节能效果显著。其中，空调采暖（冷站）用电量为 140.2 万 kWh，占学院总用电量的 36%；其次是照明用电和室内设备（空调采暖末端）用电，分别占到 27%和 22%；另外就是动力用电和其他用电，也达到 8%和 7%的用电比例（图 5-7-11）。

如表 5-7-4 和表 5-7-5 所示，根据实际用水分项计量统计结果可知，学院 2012 年度全年综合总水耗为 83298m³，全年中水回用量 37021m³，故本项目园区整体非传统水源利用率可达到 44.4%，节水效果显著。

表 5-7-6 所示为本工程 2012 年度全年运行能耗水耗统计表，由于本项目是一座教育类园区型综合建筑群，其各单体建筑功能较为复杂，并无权威的同类建筑能耗数据可比，因此表 5-7-6 中的各条评论均是在实际运营数据同表 5-7-2 中地标参照建筑各项能耗数据对比结果的基础上得到的，后续逐年的能耗指标及节能策略的制定也都会参考表 5-7-2。图 5-7-12 为本工程 2012 年度全年缴纳的各项费用及其比例分析图，可以看出，电费是学院经费的主要开支，约 297.3 万元，占据 51%的比例，是节省运营成本的主要渠道。

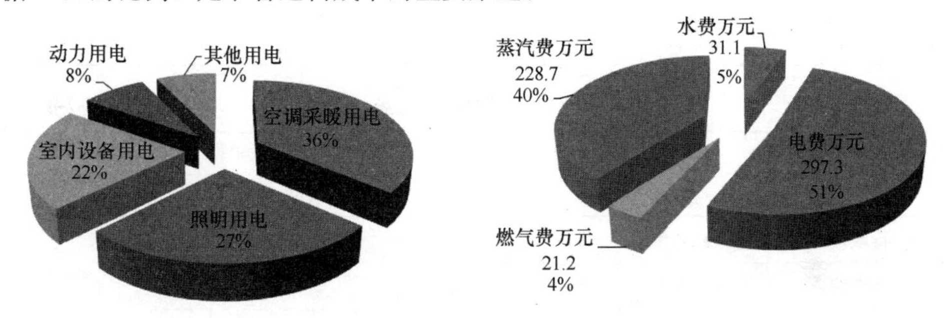

图 5-7-11 2012 年度各项用电量比例分析图　　图 5-7-12 2012 年度缴纳各项费用比例分析图

本工程 2012 年度运行数据统计表 **表 5-7-6**

类别		实际运营数据	评论
节能	综合节能率	63.3%	远高于《绿色建筑评价标准》优选项 80%的要求
	单位建筑面积能耗	80.5kWh/（m²·a）	全年能耗水平较同类建筑低 26.6%
	单位建筑面积空调采暖能耗	46.6kWh/（m²·a）	全年空调采暖能耗水平较同类建筑低 35.9%
	单位建筑面积照明插座能耗	21.4kWh/（m²·a）	全年照明插座能耗水平较同类建筑低 42.0%
节水	非传统水源利用率	44.4%	远高于《绿色建筑评价标准》优选项 40%的要求

7.4.5 投入运营后室内环境效果

本项目在设计阶段，优化了照明系统的设计，合理选用节能灯具；在施工阶段，严格把控各原材料及设备的选用；在运营阶段，制定完善的管理制度并严格执行。由于设计阶段的绿色建筑技术在运营阶段全部落实，且运行良好、管理到位，因此本项目的室内污染物浓度、室内背景噪声和室内照明指标等的检测结果均符合国家相关标准规定，如表5-7-7～表5-7-9所示，各建筑单体主要功能房间室内环境状况良好，有利于建筑内部人员的学习和工作。经过对园区内长期工作人员和短期培训人员进行不定期的室内环境满意度调查，调查结果显示：绝大部分的人对室内的声、光、热、空气质量及舒适性持满意态度，满意率在98%以上。

室内污染物浓度检测情况统计表 **表5-7-7**

检测对象	测点个数	检测结果	标准限值	是否超标
甲醛	12	0.04mg/m³	≤0.12mg/m³	否
苯	12	0.02mg/m³	≤0.09mg/m³	否
氨	12	0.15mg/m³	≤0.50mg/m³	否
氡	20	21.4Bq/m³	≤400Bq/m³	否
TVOC	12	0.58mg/m³	≤0.60mg/m³	否

室内背景噪声检测情况统计表 **表5-7-8**

检测对象	检测结果［dB（A）］		标准限值［dB（A）］	
	昼间	夜间	昼间	夜间
行政楼	32.2	25.4	≤45	≤45
体育馆	29.9	25.7	≤40	≤40
餐厅	36.1	27.5	≤50	≤50
学员宿舍	23.2	22.1	≤40	≤35
教学楼	33.2	25.6	≤45	≤45

室内照明指标检测情况统计表 **表5-7-9**

检测对象	照明功率密度（W/m²）		照度（lx）		统一眩光值		一般显色指数	
	检测结果	标准限值	检测结果	标准限值	检测结果	标准限值	检测结果	标准限值
行政楼大会议室	8.71	≤9	303	≥300	19	≤19	80	≥80
行政楼开敞办公	8.01	≤9	319	≥300	19	≤19	80	≥80
食堂大包间	10.89	≤11	354	≥200	22	≤22	80	≥80

续表

检测对象	照明功率密度（W/m²）		照度（lx）		统一眩光值		一般显色指数	
	检测结果	标准限值	检测结果	标准限值	检测结果	标准限值	检测结果	标准限值
食堂就餐区	9.73	≤11	303	≥200	22	≤22	80	≥80
教学楼小教室	7.92	≤9	317	≥300	19	≤19	80	≥80
教学楼大教室	7.64	≤9	319	≥300	19	≤19	80	≥80
信息中心监控室	7.63	≤9	323	≥300	22	≤22	80	≥80
体育馆台球室	10.55	≤11	325	≥300	22	≤22	65	≥65
学院宿舍大堂	10.12	≤13	306	≥300	—	—	80	≥80
教职工宿舍大堂	10.98	≤13	318	≥300	—	—	80	≥80

7.5 效 益 分 析

廊坊万达学院一期工程部分为实现绿色建筑而采取的关键技术及其各部分组成比例见表5-7-10，经成本核算本项目单位面积总增量成本为140.8元/m²，与我国现阶段统计所得的三星级公建绿色建筑平均增量成本163.2元/m²相比，要低出13.7%。另外，经学院后勤工程部对2012年度的节能经费进行结算，共节省水、电及人工管理费约289.15万元，由此算得为实现绿色建筑三星级而产生的总增量成本的静态回收期还不足两年半，经济效益显著。

同时，本项目通过对建筑围护结构热工性能的优化、排风热回收系统的设置、高效能设备和系统的采用，以及利用节能灯降低照明功率密度等建筑节能措施后，经测算其2012年度全年的节能量为140.4万kWh，CO_2排放减量约866.1t，SO_2排放减量约5.4t，NO_x排放减量约1.5t，环境效益显著。

万达学院一期工程增量成本决算　　表5-7-10

单位面积增量成本（元/m²）：140.8

绿色建筑可节约的运行费用（万元/年）：289.15

实现绿建采取的措施	单价	标准建筑采用的常规技术和产品	单价	应用量	应用面积（m²）	增量成本（万元）	备注
透水铺装	500元/m²	无	/	/	2561	128.05	
排风热回收	4.25元/m³	无	/	58000m³	/	24.65	
太阳能热水	2000元/m²	无	/	/	1040	208	
节水灌溉	51.8万元/套	无	/	1套	/	51.8	
中水处理	127.5万元/套	无	/	1套	/	127.5	
可调节外遮阳	400元/m²	无	/	/	3150	126	
空气质量监控	2500元/套	无	/	49套	/	12.25	
合　计						678.25	

7.6 经 验 总 结

孔子曰："习礼大树下，授课杏林旁"，廊坊万达学院积极倡导"绿色建筑"理念，运用科学手段推进建筑节能降耗，探索与自然和谐共处、可持续发展的绿色建筑模式，带头做资源节约型、环境友好型校园。本项目采用的绿色建筑设计方案均经过充分论证，而非新材料、新技术不合理的堆砌，同时，注重各种有效数据的收集、整理、保存，使之成为可应用、可借鉴、可推广、可复制的绿色学校园区建筑。

万达学院利用自身设计、建造、运营一体化的优势，使节能工作在每个环节都得以贯彻执行、相互促进，并在建筑的全寿命周期内研究实用且具推广意义的绿色生态技术，以提高社会效益、经济效益和环境效益，达到节约资源，有效利用能源，保护环境，实现可持续发展的目标。同时，努力通过绿色建筑设计实践与运营管理，跟踪和积累科研数据，使绿色建筑科研成果更完善，更具有实用意义，推动廊坊市绿色建筑实践迈上新台阶。

作者：孙多斌[1] 李晓锋[2] 何平[1] 吕建光[1] 冯莹莹[2] 陈娜[2] 王珏[1] 白新亮[1]（1. 万达商业地产公司；2. 清华大学建筑学院）

8　南京天加中央空调产业制造基地

【三星级运行标识—工业建筑】

8　Manufacturing base of Nanjing TICA Air-conditioning Co., Ltd.

【Operation, ★★★, industrial building】

8.1　案　例　概　况

南京天加空调设备有限公司的空调生产基地，坐落于南京市经济技术开发区，生产基地的厂区规划总面积168100m^2，以生产厂房为核心。天加生产厂房的建筑占地面积5.16万m^2，建筑面积5.41万m^2，是一座局部二层的大型联合厂房（图5-8-1）。该厂房是进行绿色工业建筑评价申报的主体建筑，而评价时整体性指标所着眼的范围则是整个生产基地厂区。与之对应的关键性指标列于表5-8-1中。

图5-8-1　南京天加中央空调产业制造基地厂房

绿色工业建筑关键性评价指标　　　　**表5-8-1**

关键性评价指标		单　位	数　据
整体指标	容积率	%	1.73
	透水地面面积比	%	34.01
	绿地率	%	14.11
	建筑系数	%	58.75
单体建筑指标	申报主体建筑面积	万m^2	5.41
	建筑总能耗	MJ/a	96466835
	单位建筑面积综合建筑能耗	kWh/（m^2·a）	5.39
	万元工业增加值能耗	tce/万元	0.097
	建筑用电量	万kWh/a	652.60
	用水总量	m^3/a	44582
	产品单位产量综合工业建筑耗水量	m^3/套	0.20
	水的重复利用率	%	98.67
	可再循环材料种类	项	4

该生产基地经过技术讨论、专家评审和现场勘验，于2012年11月获得了规划设计阶段的评价认可，2013年10月获得了运行管理阶段的评价认可，成为在目前评价体系下，我国和行业内的首家获得认可的将绿色技术落实于实际运行的三星级绿色工业建筑。

在评价中，绿色工业建筑对各个星级水平提出了技术满足率的要求。而实际项目是否在技术上满足要求，则由相应技术领域的专家组进行讨论具体评定。在该案例中，各个方面被专家认可实现的技术条目，在数量上反应于表5-8-2中。

南京天加中央空调产业制造基地运行管理阶段评价情况　　表5-8-2

条目类型	技术类型	总数	不参评	不达标	达标	三星要求
一般项	可持续发展的建设场地	12	2	0	10	5
	节能与能源利用	9	2	1	6	4
	节水与水资源利用	8	1	2	5	5
	节材与材料资源利用	6	1	1	4	4
	室外环境与污染物控制	5	0	0	5	4
	室内环境与职业健康	2	0	0	2	2
	运行管理	5	0	0	5	4
优选项	所有	20	9	3	8	6

从上表可以看出，该案例在绿色工业建筑中常见的一般项技术条目上，各方面的满足比例都较高，而优选项的满足率并不高。从这个已经在运行中的生产工厂来看，将技术难度要求不高的一般项技术落实于现实是可行的。而技术难度相对较高的优选项技术，存在着根据具体条件进行因地制宜选取的过程，对于一个工厂来说，面面俱到的高、新技术堆砌在实际中是不可取的。

绿色工业建筑评价体系从资源节约、环境友好和高效运行这三个角度来观察工业建筑。从总体来看，在室外和室内这两个体现环境友好的方面，主要是要做到符合环境保护和安全卫生的要求和规定，在技术层面的发挥余地不大。从评价体系的优选项技术条文数量上就可以看出，室外环境、室内环境和运行管理三个方面，优选项技术数目共计仅有2条。而真正体现了绿色技术应用的是与场地、能源、水和建材相关的“四节”方面，不同行业不同类型的建筑能够结合自身特点，将评价条文的要求呈现出多种形式。本文也将紧扣“四节”内容，重点针对资源有效利用来分析绿色技术在实际运行的工业建筑中的选取和发挥。

8.2 实际绿色建筑技术分析

8.2.1 选址与场地利用

在工厂的场地方面，绿色技术要求规划、选址和总图设计方面的规定性项目需要全部满足。其中的总图设计是目前国内厂区设计中不太重视的一个方面，一般厂房的建设受实际条件限制，或者设计简单而较少针对生产物流、安全和整体布局做科学分析和合理安排。除去那些必须满足的控制项因素，能够在节地方面使工业建筑受益的技术集中于土地利用、物流组织和绿化，而这三个因素分别体现在建筑所在的工业厂区的规划、运转和养护三个环节；能够在这三个方面进行土地统筹使用、便捷物流人流组织和园区绿化养护的项目，就可以在可持续发展的建设场地方面体现较高水平的绿色建筑技术。本案例在可持续发展的建设场地方面所应用的技术项目见表 5-8-3。

本案例在可持续发展的建设场地方面所应用的技术项目　　表 5-8-3

考察角度	控制项	一般项	优选项
城市工业规划	4.1.1 规划要求		
	4.1.2 政府审批		
厂址选择	4.2.1 无破坏选址		
	4.2.2 安全性选址		
废弃场地的利用		4.3.1 旧建筑利用○	4.3.2 荒废地利用○
			4.3.3 废料场开发○
总图规划与节地	4.4.1 用地指标	4.4.3 联合厂房	4.4.7 指标节约
	4.4.2 总图布置	4.4.4 计划用地	4.4.8 透水地面
		4.4.5 土方平衡	
		4.4.6 水灾防护	
物流运输与交通		4.5.1 运输条件	
		4.5.2 本地运输	
		4.5.3 铁路交通○	
		4.5.4 内部物流	
		4.5.5 公共通勤车	
绿化		4.6.1 厂区绿化率	
		4.6.2 物种适应	

注：○表示技术不适用于该案例，×表示技术未体现于该案例。

8.2.2 节能与能源利用

可以应用于工业建筑的节能技术，是从减少消耗、设备性能、热回收和可再生能源利用这四个角度来考虑的，其中的重点是工业建筑节能手段，可用的技术众多，可以在不同的建筑中有选择的利用。本案例所应用的相关技术见表 5-8-4。

本案例在节能与能源利用方面所应用的技术项目　　　　表 5-8-4

考察角度	控制项	一般项	优选项
工业建筑能耗指标	5.1.1 基本节能	5.1.2 先进节能	5.1.3 领先节能
工业建筑节能	5.2.1 公用设备性能	5.2.6 全新风	5.2.11 高性能设备×
	5.2.2 设备按需设置	5.2.7 采光照明	5.2.12 局部空调
	5.2.3 照明功率密度	5.2.8 节能自控	5.2.13 参数调节○
	5.2.4 供配电系统	5.2.9 红外辐射采暖○	
	5.2.5 围护结构	5.2.10 自然通风	
热回收		5.3.1 工艺余热回收	5.3.2 暖通余热回收○
能源气液回收		5.4.1 气体回收○	
		5.4.2 凝结水回收×	
可再生能源			5.5.1 水源地源热泵○
			5.5.2 蒸发冷却空调○
			4.5.3 太阳能热水○
			5.5.4 太阳能发电×
			5.5.5 风能○

注：○表示技术不适用于该案例，×表示技术未体现于该案例。

在所有以能源节约利用为目的的建筑设计、技术方案和设备选择中，比较关键的有以下几条。

（1）被动式节能的建筑形式

自然通风、自然采光和围护结构热工性能，是被动节能设计的要素。这些由建筑形式决定的要素，在工业建筑节能中占有重要地位，也是实现绿色节能技术的基础，需要在初步设计阶段就加以考虑。在案例中，厂房实际采用了无动力风机诱导和大面积开窗确保了自然通风。在形式上采用了锯齿形坡屋顶的设计，这种老式生产厂房常用的做法不同于目前大多数标准化厂房所应用的双面缓坡屋顶，建造结构上相对繁杂，却可以更有效地利用屋面天窗和舷窗使自然采光效果优化。

（2）生产余热余冷利用

针对生产工艺过程来选用适宜性节能措施，是所有主动式节能设计的根本原则。生产性厂房内往往有工艺余热产生，利用这些余热是工业建筑的特有节能优势。在案例建筑中，主要在两项技术上有所体现。

第一项技术是通过热能热水机组吸收空气压缩机的余热，提供生活热水供给厂区内其他建筑使用。这一技术对于大多数制造类工业厂房来说都是适用的。空气压缩机这样的公用设备是比较普遍的。

压缩机热能热水机组，将压缩空气过程中产生的高温循环油（和高温压缩气体）引入机组内，进行热交换予以利用。两热源热能被热能热水机充分吸收，同时压缩机得以降温。空压机余热利用的换热效率为67.2%，满足厂内办公楼和餐厅部分的大部分热水需求。同时回气降温提高了空压机的运行效率，实现空压机的经济运转。安装热回收系统后，空压机的排气温度可以降低10℃左右，提高4%～5%的产气量。

第二项技术是结合厂房内工艺生产自身的特点做出的设计。厂房内有一条冷水机组/热泵生产组装线，这条装配线的最末端是在线检测系统，即对组装成型的冷源设备进行性能测试，这一过程中产品将产生一定量的冷水。这些冷水被储存到冷水水池，并作为冷源直接提供给厂房内的送风末端，通过喷口对部分装备线进行工位送风。经过温度场速度场模拟和现场测试，该措施能够较大幅度改善送风工位上工人的热感觉，有明显的节能效果。

（3）关于可再生能源利用

可再生能源利用，是绿色工业建筑鼓励采用的优选项技术。但可再生能源利用往往存在各种局限性，需要结合负荷特点、地区条件和气候环境认真进行设计。地源热泵的热源分布和热平衡、蒸发冷却空调的室外空气环境、太阳能发电的产品全寿命周期污染以及风能的不稳定性等，这些因素往往非常制约相应技术的应用，不应该在工业建筑中为了追求评分而盲目堆砌。同时，技术的替代和补充性也是需要考虑的，比如在一个应该用了废热产生足够热水的建筑中，再增加太阳能热水系统就会带来额外的建设管理成本，与绿色理念背道而驰。

8.2.3 节水与水资源利用

绿色工业建筑评价所要求的技术，首先是保证取水水质、用水畅通和污水处理安全。可发挥的技术项目包括废水收集、有用物质回收、重复用水和减少水用量，基本需要结合建筑内的工艺环节进行考虑。本案例所应用的相关技术项目见表5-8-5。

本案例在节水与水资源利用方面所应用的技术项目　　表5-8-5

考察角度	控制项	一般项	优选项
工业建筑耗水量指标	6.1.1　基本节水	6.1.2　先进节水	6.1.3　领先节水

续表

考察角度	控制项	一般项	优选项
给水工程	6.2.1　地下安全取水○		
	6.2.2　给水水质		
	6.2.3　用水安全		
排水工程	6.3.1　排水区域规划	6.3.3　废水分类收集	
	6.3.2　污水处理安全	6.3.4　排水能力	
有用物质回收利用	6.4.1　基本回收○	6.4.2　先进回收○	6.4.3　领先回收○
水资源利用	6.5.1　基本重复用水	6.5.2　先进重复用水	6.5.4　领先重复用水
		6.5.3　一水多用×	
节水		6.6.1　非传统水源×	
		6.6.2　节水器具	

注：○表示技术不适用于该案例，×表示技术未体现于该案例。

与民用建筑不同的是，在工业建筑中，水的使用环节往往受工艺的制约较大。废水分类、有用物质回收、重复用水等都需要结合生产环节进行设计。在本案例中，钣金喷涂线耗水是生产用水的重要组成部分，在喷涂线方案设计时，针对用水采取了无磷脱脂剂的工艺，这样可以保证喷水循环使用，提高整个厂房用水的重复利用率。

对于绿色民用建筑，如果不应用雨水积蓄或者再生水等技术，很难达到2星级以上的水准。相对于民用建筑，因为与工艺环节相关的技术节水量往往比较巨大，因此对非传统水的利用要求并不高。同时，工业园区中涉及的用水器具较多，因而在节水器具方面拥有更大的选择余地。除了盥洗、洁具和绿地浇灌相关器具之外，污废水处理装置和生产工艺环节都可以选用国家推荐的节水型设备。

8.2.4　节材与建材利用

从建材角度来看待绿色工业建筑，主要是控制建材质量、优选高性能建材和提高材料利用效率。

与民用建筑相比，现代工业建筑在厂房建设的时候，更多的采用标准化厂房或在标准化厂房基础上加入独特设计而形成的特色化厂房。这些厂房具有更好的条件来优化体形系数，更有可能应用钢框架等资材节约型结构，更方便地利用工厂化预制构件。本案例所应用的相关技术项目见表5-8-6。

本案例在节材与材料资源利用方面所应用的技术项目　　表 5-8-6

考察角度	控制项	一般项	优选项
建筑材料的使用	7.1.1　有害物含量	7.1.2　高强材料	
		7.1.3　预制构件	
		7.1.4　就近取材	
建筑材料的再利用		7.2.1　旧建材利用○	7.2.4　可循环比例
		7.2.2　废弃物建材×	
		7.2.3　可循环种类	

注：○表示技术不适用于该案例，×表示技术未体现于该案例。

这些特点也决定了工业建筑可以应用的可循环材料重量比例可以比民用建筑高。在本案例中，仅计大宗使用的土建材料，钢筋、钢结构和门窗等可循环材料，在重量上占据的比例就达到 14.7%（图 5-8-2）。这个数值对于民用建筑，尤其住宅来说，是比较难以达到的。

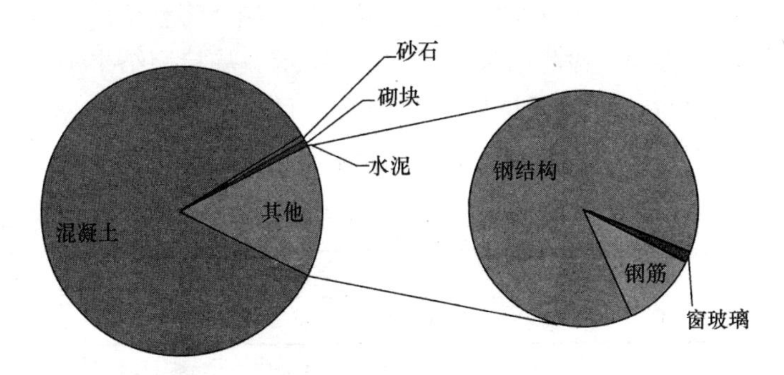

图 5-8-2　案例建筑中可循环材料重量比例

8.3 运 行 效 果

8.3.1　能源利用

（1）能耗统计分析

本文选取了 2012 年作为绿色工业建筑运行考察期，建筑在考察期内耗费在工艺生产（动力）、生产辅助（实验检测）和建筑维护（照明、空调和办公设备）方面的能源形式，包括电、天然气和蒸汽。将这些能耗折合为标准煤，可以看到该厂房能耗的能源结构和用向情况，如图 5-8-3 所示。

运行中的案例证明，节能技术的应用可以在运行管理阶段为工厂带来实际的

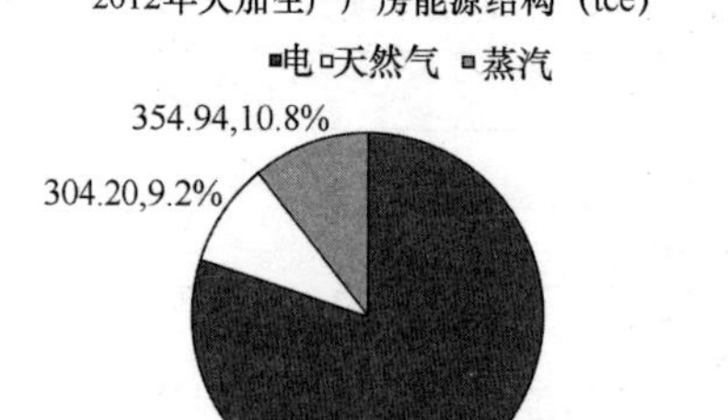

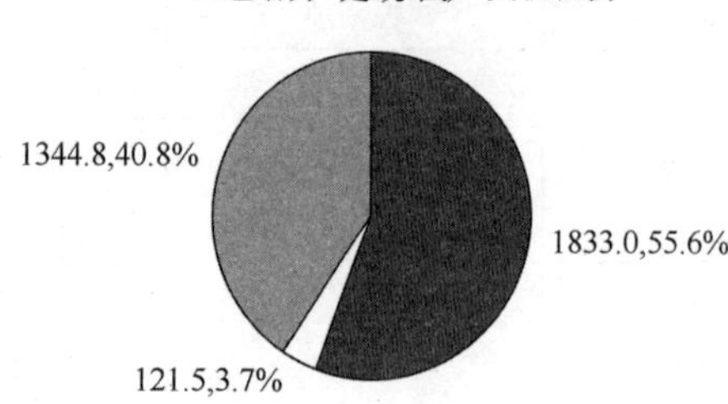

图 5-8-3 天加生产厂房能源结构和能耗分项统计

效益。根据该案例一年的电力燃气和蒸汽消耗，全年单位建筑面积的综合建筑能耗(厂房内照明、空调和管理办公)为 2.24kgce/(m^2 • a)；而厂房内工业生产的能耗为 33.86kgce/(m^2 • a)，实验检测的能耗为 24.84kgce/(m^2 • a)。维持建筑环境付出的能耗被降到一个较低的水平。

（2）照度和照明功率密度检测

在实际运行中进行了照度和照明功率密度的检测，将整个厂房区域按功能分为 5 个检测区域，得到的检测结果如表 5-8-7 所示。从检测结果来看，所有主要功能区域的灯光设置，可以保证照度达到设计目标，照明功率密度也满足 GB 50034—2004 中对工厂空间要求的折算目标值。

照度和照明功率密度检测结果 **表 5-8-7**

区 域	照度（lx）		照明功率密度（W/m^2）			判定
	检测结果	标准要求	检测结果	目标要求	折算标准	
加工区	310	≥300	6.5	≤11	≤11.4	合格
资材库	130	≥100	5.2	≤4	≤5.2	合格
成品库	146	≥100	5.6	≤4	≤5.8	合格
实验室	326	≥300	8.3	≤9	≤9.8	合格
二楼办公区	423	≥300	8.3	≤9	≤12.7	合格

8.3.2 水源利用

根据 2012 年生产运行的鲜水统计结果，2012 年单位产品取水量（包括厂房内实验、生产、生活用水和厂房周边绿地用水）为 0.204t/套，单位工业增加值消耗鲜水量为 1.318t/万元。

本案例中未设计和实现雨水回收利用和中水再生利用等非传统水源，对节水的主动措施主要体现在工艺生产过程部分用水和空调用水的循环使用，即喷涂线钣金件预处理喷水循环和冷却塔冷却用水循环，整个厂房内使用的重复用水率达到98.7%。厂房用水分项统计如图5-8-4所示。

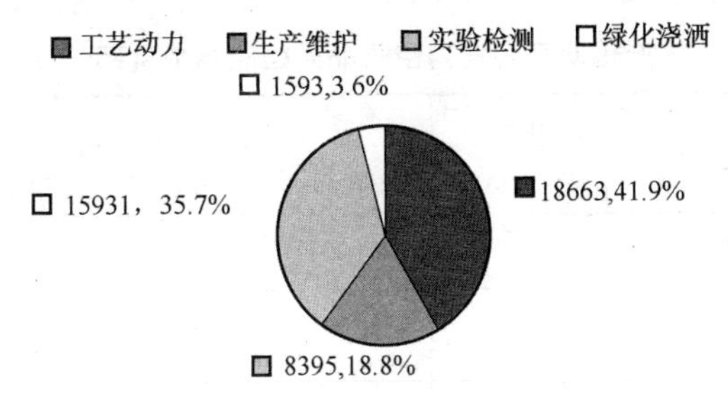

图5-8-4 厂房用水分项统计

8.3.3 室内环境质量和健康卫生

在前述的技术手段保证下，进入运行阶段项目的运行结果，首先体现在室内环境质量上。

(1) 室内热环境检测

在夏季正常生产日下午，对厂房内空气温度、湿度、风速进行了检测；按着设备热量散发程度将全厂房分为7个区域，各个区域内的空气热环境参数均符合《工业企业设计卫生标准》GBZ 1的要求，使工人受高温因素的危害降低。检测结果见表5-8-8。

厂房内温度、湿度和风速检测结果 **表5-8-8**

	分区特点	温度（℃）	RH（%）	风速（m/s）
1区	发泡区，高温	32.1	54.3	2.8
2区	展板区，常温	31.7	53.5	2.1
3区	冲片区，高温	32.6	51.6	2.7
4区	商用机区，常温	32.2	51.0	2.2
5区	商用成品，高温	32.8	48.8	2.5
6区	主机区，常温	31.5	52.4	1.8
7区	钣金喷涂，高温	32.9	47.4	2.8
GBZ1限值		≤33	—	1.5～3

(2) 室内污染物浓度检测值

厂房内的办公室、控制室和值班室等生产辅助房间，是有人员长期驻留进行办公的空间，同时室内办公桌椅等家具较多，做过更加深度的装修。这些空间需要额外注意空气品质，包括以限制装修材料和办公家具的有害物含量以及保证新风量供给等措施进行控制。实际的检测结果（包括氡、甲醛、苯、氨、TVOC浓度）见表5-8-9，表明厂房内辅助生产空间的空气质量符合GB 50325—2010规定的要求。

生产辅助房间室内空气品质检测结果（部分） 表 5-8-9

检测项目	甲醛 (mg/m³)	氨 (mg/m³)	氡 (Bq/m³)	苯 (mg/m³)	TVOC (mg/m³)
敞开式办公区（北）	0.08	<0.1	20	0.02	0.6
收货办公室（东南）	0.07	<0.1	17	<0.01	0.1
配电房办公室	0.08	<0.1	19	<0.01	0.2
生产部物料办公室（东南）	0.08	<0.1	20	0.01	0.3
GB 50325—2010 标准限量	≤0.1	≤0.2	≤400	≤0.09	≤0.6

（3）自然采光系数检测

厂房在建筑形式上重点考虑了自然采光，除了侧面的窗体，建筑在顶板上安置了采光板，尤其结合锯齿形坡屋面设计，在锯齿部位的舷窗进一步增加了采光面积。即使是阴天昼间的下午，生产厂房内未开人工照明时的照度情况依然可以保证生产正常进行。检测方同样在阴天日对建筑室内自然采光系数进行了测量，得到的结果优于建筑采光设计标准的要求。

8.4 主要技术的经济性估算

8.4.1 节能量分析

（1）厂房照明、空调和办公用电

可以认为，锯齿形屋面结构、屋面侧窗和余冷回收与工位送风等措施，都与节能相关。被动的建筑采光手段可以减少日常开灯时间约 4 小时，节约 20%。余冷回收的空调措施减少了用来制冷的冷源能耗，这部分能耗占整个空调部分能耗的 80%左右。根据针对项目进行的节能分析，在厂房办公用电中，空调、照明和办公设备的用电比例分别约为 15%、50%和 35%。按着上述节约比例，综合节能量约为 42%。

天加生产厂房每年的照明、空调和办公用电 29.2 万度，按着综合节电量 42%计，相当于比常规的手段每年节约了 21.1 万度。按着工业用电平均每度 1.00 元计算，每年节约电费约 21 万元，对于锯齿形屋面结构、屋面侧窗和余冷回收与工位送风的总初投资增量（共计约 231 万元）来说，静态回收期在 11 年左右。

这些节能手段虽然在回收周期上都比较长，但如自然采光和自然通风等手段，它们可以为员工营造更良好健康的室内工作环境。因生产型动力设备的存在，厂房的照明、空调和办公用电在总电耗中的比例仅占3.6%，建筑用电的节约量在全厂用电总量中是很有限的。

(2) 空压机余热利用

空压机余热利用的换热效率为67.2%，配置空压机2用1备，按186kW功率运行，相比热效率90%的燃油锅炉，每年在热水方面节约费用27.3万元，在空气产量方面节约费用1.3万元，总计每年节约28.6万元。值得一提的是设备本身投资是低于常规基准做法的。

8.4.2 节水量分析

天加生产厂房内，工艺用水主要为喷涂线前处理、实验和检测。喷涂线与实验部分的冷却塔采用了循环给水。厂房内的生活用水器具均为节水器具，包括节水型的水龙头和冲厕阀门等，按照节水器具的一般水平，可以节约生活用水量20%左右。所以厂房办公用水的约每年8400t，比不采用节水器具已经节约了每年2100t。按水费（以及排水费用）4元/t合计，每年节约运行费用8400元，静态回收周期为4.8年。

8.4.3 节材量分析

厂房的材料节约方面，首先体现在采用了高强度钢结构。但因设计时直接考虑了使用高强度钢，未与普通钢结构进行材料用量比较，这部分的节材效果并不明确。按材料强度进行经验性考虑，认为钢材用量节约了10%。

除了主结构，建筑还采用了高耐久性的屋面和墙面板。使用传统镀锌板，在室外环境下，使用年限约为10～15年；而使用镀铝锌板可以达到15～25年。在建筑设计年限的50年中。前者需要更换3次，而后者仅需更换1次，相当于节材50%。虽然材料的价格上前者较后者要高约50%，综合来说，到厂房第一次更换外面板时（25年）即可收回成本。

建筑还采用了大量工厂批量生产或者预制的构件，采用了商品混凝土，根据经验，这些能够减少现场下料、切割和搅拌等加工带来的损失，节约用材10%左右。

8.4.4 小结

就节能、节水和节材三个方面来说，天加生产厂房的节约效果和静态回收期估计如表5-8-10所示。可以看出，本项目因为节水方面的投资较低，未专门投入附加的再生水设备和雨水蓄积利用设备，所以与节能和建材都相关的被动式建筑形式成为了建筑经济效益的关键。

绿色建筑经济效益小结　　　　表 5-8-10

技术类型	关键性绿色建筑技术/设备	基准建筑技术	初投资增量（万元）	运行节约量	运行节约费用（万元）	静态回收期（年）
节能	锯齿形屋面结构	坡屋面	179.52	20%照明	21.1	11.0
	屋面侧窗	无屋面侧窗	19.42			
	余冷回收空调	分体空调	32.00	80%空调		
	空压余热机	燃油锅炉	−4.00	—	28.6	—
节水	节水器具	普通用水器具	4.00	20%水量	0.8	4.8
节材	镀铝锌面板	镀锌板	32.48	50%板材	—	25.0
	预制建材	现场加工建材	—	10%建材	—	—
总计			263.4	—	50.5	5.2

表 5-8-10 中，并未将预制建筑构件和预拌混凝土所节约的建材量计算入内（土建与钢结构的合同额中，材料费用约为 2750 万元）。原因是这部分的节约量（10%）属经验统计量，本项目并未对此做预算方案比较。

总体来说，实现此运行的绿色工业建筑，采用的被动建筑技术增量占主要部分，整体投资综合静态回收期为 5.2 年。

8.5 总　　结

绿色建筑技术发挥的根本出发点，是结合空间功能特点对资源进行综合高效的利用，满足空间功能。工业建筑中有人员常驻的辅助生产空间，偏重室内环境要求，对绿色建筑技术的发挥与民用建筑是一致的。

结合不同的工业建筑内的工艺流程进行场地规划、方案设计、设备选择和管理组织，是工业建筑的重点。工艺环节所需消耗和流失的能源、水资源往往是大量的，而且会贯穿整个运行周期。在这一环节提高利用率或者回收回用，要比从建筑本身来考虑节约资材的绿色建筑技术更加有效。

作者：曹国光[1]　周向阳[2]（1　中国建筑科学研究院建筑环境与节能研究院；2　南京天加空调设备有限公司）

9 天津中新天津生态城

【住房和城乡建设部绿色生态城区】

9 Sino-Singapore Tianjing Eco-city

【Green eco-city】

中新天津生态城是中国、新加坡两国政府战略性合作项目，是继苏州工业园之后两国合作的新亮点。生态城的建设显示了中新两国政府应对全球气候变化、加强环境保护、节约资源和能源的决心，为建设资源节约型、环境友好型社会的提供了积极的探索和典型示范。

9.1 总 体 情 况

9.1.1 区位条件

中新天津生态城（以下简称天津生态城）位于国家发展的重要战略区域——天津滨海新区，地处滨海新区北部，毗邻天津经济技术开发区和天津港，东临渤海，西至蓟运河，南至永定新河入海口，北至规划的津汉快速路，总面积约30km^2。距天津机场和天津港15km，京津高铁、津滨城际轻轨和京津塘、京津、津滨、沿海、唐津、津晋等多条高速公路从周边穿过，交通十分便利，区位优势明显，能源供应保障条件较好。

生态城范围用地现状三分之一为盐田，三分之一为水面，三分之一为荒滩，土壤盐渍化程度高，属于水质性缺水地区。在较差的自然条件下高标准建设生态城，进一步提升了生态城建设的示范意义。

9.1.2 气候条件

天津生态城的气候属于大陆性半湿润季风气候，四季特征分明。春季多风，干旱少雨；夏季炎热，雨水集中；秋季天高气爽；冬季寒冷，干燥少雪。年平均气温12.5℃，最高气温39.9℃，最低气温－18.3℃。年平均降雨量602.9mm，降水多集中在7、8月份，占全年降水量的60％。年蒸发量为1750～1840mm，是降水量的3倍左右。每年1～3月份西北风最多；4～6月份以南风居多；从7月份开始到9月份东风最多；10～12月份，西北风、西南风最多。年平均日照时数为2898.8小时，平均日照百分率为64.7%。

9.1.3 发展目标和定位

天津生态城总体规划确定的城市发展目标是：建设科学发展、社会和谐、生态文明的示范区；建设资源节约型、环境友好型社会的示范区；创新城市发展模式的示范区。发展定位是：综合性的生态环保、节能减排、绿色建筑、循环经济等技术创新和应用推广的平台；国家级生态环保培训推广中心；现代高科技生态型产业基地；“资源节约型、环境友好型”宜居示范的国际化新城；参与国际生态环境建设的交流展示窗口。

截至2013年6月，生态城落户企业突破千家，吸引投资超过750亿元，初步形成了以楼宇经济、知识经济为特色的产业聚集效应。

9.1.4 文化特色

天津生态城致力于探索一条产业可持续发展新路，确立了以文化创意、节能环保、信息技术等为主导产业发展方向，大力发展低投入、低消耗、低排放、高知识含量、高附加值的现代服务业，规划建设了国家动漫园、国家影视园、科技产业园、信息产业园和环保产业园五个产业园区。同时，重视保护物质文化遗产和非物质文化遗产，历史文化与现代文化相互交融，塑造地域特色和文化品位。

9.2 绿色生态城区内涵

9.2.1 指标的建立及落实

为了统一思想、明确生态城建设发展的目标，天津生态城在规划编制之前，借鉴新加坡等先进国家和地区的成功经验，结合选址区域的实际，按照科学性和可操作性相结合、定性与定量相结合、特色与共性相结合、可达性与前瞻性相结合的原则，制定了国际上第一套完整的指标体系，于2008年1月31日，经天津生态城联合工作委员会审议通过，并于同年9月由住房和城乡建设部批准实施。该指标体系包含生态环境健康、社会和谐进步、经济蓬勃高效和区域协调融合四个方面，共22项控制性指标和4项引导性指标。如表5-9-1所示。

中新天津生态城指标体系　　表5-9-1

控制性指标						
生态环境健康	指标层	序号	二级指标	单位	指标值	时限
	自然环境良好	1	区内环境空气质量	天数	好于等于二级标准的天数≥310天/年（相当于全年的85%）	即日开始

续表

控制性指标						
	指标层	序号	二级指标	单位	指标值	时限
生态环境健康	自然环境良好	1	区内环境空气质量	天数	SO_2 和 NO_x 好于等于一级标准的天数≥155 天/年（相当于达到二级标准天数的 50%）	即日开始
					达到《环境空气质量标准》GB 3095—1996	2013 年
		2	区内地表水环境质量		达到《地表水环境质量标准》GB 3838—2002 现行标准 IV 类水体水质要求	2020 年
		3	水喉水达标率	%	100	即日开始
		4	功能区噪声达标率	%	100	即日开始
		5	单位 GDP 碳排放强度	t-C/百万美元	150	即日开始
		6	自然湿地净损失		0	即日开始
	人工环境协调	7	绿色建筑比例	%	100	即日开始
		8	本地植物指数		≥0.7	即日开始
		9	人均公共绿地	m^2/人	≥12	2013 年
社会和谐进步	生活模式健康	10	日人均生活耗水量	L/人·日	≤120	2013 年
		11	日人均垃圾产生量	kg/人·日	≤0.8	2013 年
		12	绿色出行所占比例	%	≥30	2013 年前
					≥90	2020 年
	基础设施完善	13	垃圾回收利用率	%	≥60	2013 年
		14	步行 500m 范围内有免费文体设施的居住区比例	%	100	2013 年
		15	危废与生活垃圾（无害化）处理率	%	100	即日开始
		16	无障碍设施率	%	100	即日开始
		17	市政管网普及率	%	100	2013 年
	管理机制健全	18	经济适用房、廉租房占本区住宅总量的比例	%	≥20	2013 年

续表

控制性指标

	指标层	序号	二级指标	单位	指标值	时限
经济蓬勃高效	经济发展持续	19	可再生能源使用率	%	≥20	2020年
		20	非传统水资源利用率	%	≥50	2020年
	科技创新活跃	21	每万劳动力中R&D科学家和工程师全时当量	人·年	≥50	2020年
	就业综合平衡	22	就业住房平衡指数	%	≥50	2013年

引导性指标

	指标层	序号	二级指标	指标描述
区域协调融合	自然生态协调	1	生态安全健康、绿色消费、低碳运行	考虑区域环境承载力，并从资源、能源的合理利用角度出发，保持区域生态一体化格局，强化生态安全，建立健全区域生态保障体系
	区域政策协调	2	创新政策先行、联合治污政策到位	积极参与并推动区域合作，贯彻公共服务均等化原则；实行分类管理的区域政策，保障区域政策的协调一致。建立区域性政策制度，保证周边区域的环境改善
	社会文化协调	3	河口文化特征突出	城市规划和建筑设计延续历史，传承文化，突出特色，保护民族、文化遗产和风景名胜资源；安全生产和社会治安均有保障
	区域经济协调	4	循环产业互补	健全市场机制，打破行政区划的局限，带动周边地区合理发展，促进区域职能分工合理、市场有序，经济发展水平相对均衡，职住比平衡

截至2013年6月底，22项控制性指标中，全部7项低关联性指标和部分多关联性指标已基本实现，其他多关联性和复杂关联性指标已形成了良好基础。

9.2.2 绿色建筑管理

生态城在发展绿色建筑方面与国内其他区域有以下两点很大的不同之处：

（1）管理模式不同，国内其他区域属于自愿式评价，由开发企业主导，而生态城是强制性和全覆盖，由管委会主导。生态城将绿色建筑的管理纳入规划建设管理程序之中。在《中华人民共和国城乡规划法》规定的选址意见书、建设用地规划许可证、建设工程规划许可证（简称“一书两证”）的基础上，在不增加审批流程的前提下，加入绿色建筑评价内容，确保将能耗和碳排放要求层层落实到位。

天津生态城为实现绿色建筑100％的目标，制定了《天津生态城绿色建筑管理暂行规定》（以下简称《规定》），自2010年9月1日起实施，要求生态城所有建筑工程项目的规划、设计施工、运营管理及评价等阶段的活动按照《规定》执行。在规划设计、绿色施工、运营管理、绿色建筑评价等环节制定控制要求，覆盖绿色建筑建设全过程。这种完善的审批评价环节，能够确保生态城内的建设项目，按照立项之初确定的绿色建筑目标步步推进，保证了项目设计方案是绿色的，施工图是绿色的，施工是绿色，竣工更是绿色的，有效避免了在其他区域常见的设计方案是绿色建筑而竣工后面目全非的问题。规划管理流程如图5-9-1所示

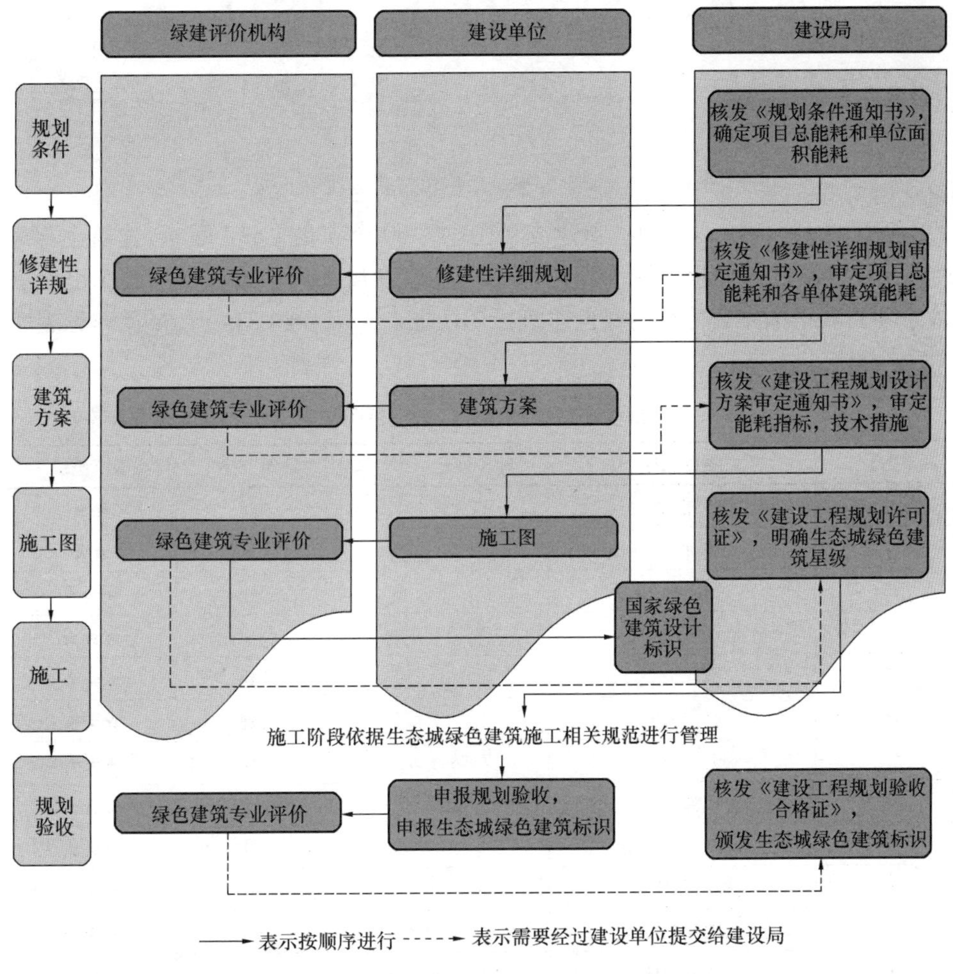

图5-9-1　天津生态城绿色建筑规划管理流程

(2) 绿色建筑标准创新。生态城在国家绿色建筑评价标准的基础上，增加了能耗水耗等定量化要求。这种指标保证了生态城内的绿色建筑是真正的节能建筑，而不仅仅是一个分数合格的绿色建筑。同时，这个绿色建筑的能耗要求，又与城市总体的用能指标相衔接，并且是依据城市总的节能减排要求确定的。这样，就确保了随着生态城绿色建筑的不断建设发展，生态城整体的节能减排目标也在逐步实现（图 5-9-2）。

图 5-9-2 天津生态城绿色建筑获奖项目证书

截至 2013 年 12 月，生态城建成和在建的 90 个项目、527 万 m^2 建筑全部通过了绿色建筑设计评价。成为国内绿色建筑建设最为集中的区域。其中已经有 32 个项目获得国家高等级的绿色建筑标识认证，总面积约 244 万 m^2，详见表 5-9-2。

天津生态城绿色建筑标识项目明细表 **表 5-9-2**

序号	项目名称	建筑面积（m^2）	建筑类型	国家星级
1	二号能源站	4，346.05	公建	★★
2	动漫园社区中心	16，581.00	公建	★★
3	国际学校	23，519.00	公建	★★★
4	低碳体验中心	12，878.46	公建	★★★
5	服务中心	12，100.00	公建	★★★
6	研发大厦	66，438.16	公建	★★★
7	健身中心	7，844.53	公建	★★★
8	城管中心	5，200.00	公建	★★★
9	研发大厦二期	42，030.00	公建	★★★
10	标准办公楼	83，666.00	公建	★★★
11	创智大厦	42，680.00	公建	★★★
12	公安大楼	24，580.00	公建	★★★

续表

序号	项目名称	建筑面积（m^2）	建筑类型	国家星级
13	环卫之家	5，770.00	公建	★★★
14	公屋展示中心	3，467.00	公建	★★★
15	商业街	79，592.00	公建	★★★
16	动漫园动漫大厦	79，596.00	公建	★★★
17	天房住宅	95，701.33	居建	★★
18	吉宝住宅	241，232.00	居建	★★
19	世茂住宅	179，943.00	居建	★★
20	红树湾二期	69，700.00	居建	★★
21	蓝领公寓	134，230.00	居建	★★
22	美利丰荣鑫园	74，766.83	居建	★★
23	10a 地块住宅	157，518.00	居建	★★★
24	景杉二期	63，497.30	居建	★★★
25	万科（一期）	65，179.71	居建	★★★
26	万通（一期）	71，271.07	居建	★★★
27	远雄 7#	162，049.83	居建	★★★
28	世茂 22#	236，001.00	居建	★★★
29	动漫园南苑（一期）	107，095.23	居建	★★★
30	美林园	178，867.00	居建	★★★
31	公屋 1A	39，679.91	居建	★★★
32	公屋 1B	55，717.00	居建	★★★
	合计	2，442，737.41		

9.2.3 城区废弃物和污水的处理手段

（1）城区废弃物

城区废弃物处理是城市管理难题，也是资源循环利用的重要领域。天津生态城借鉴国内外先进理念和技术，按照“减量化、再利用、资源化”的原则，积极探索实施“源头减量—分类收运—集中处理—资源再生”的垃圾管理新模式，建立了以居民一次分类为基础、专业公司二次分拣为补充、政府部门监管鼓励为保障的工作机制，构建了垃圾全过程管理体系，垃圾分类收集率 100%，资源化利用率 60%。此外还采取了垃圾分流分类的管理、垃圾减量分类、垃圾气力输送等措施。住房和城乡建设部多次到生态城考察，支持生态城建设“全国垃圾分类试点城市”。

（2）城区污水处理

天津生态城建设之初，立即启动了水处理中心和污水管网系统建设，于2010年10月投入运营。污水厂主要收集处理生态城及周边区域污水，日处理能力为10万t/天，出水水质标准为一级B。2013年6月，启动水处理中心水质提升工程，预计2014年竣工投入使用，届时出水水质标准将提高到一级A。

同时，采用雨污分流方式，生态城规划建设五个污水收集系统，已建成南部南侧、南部北侧和东北部三个污水收集系统。2013年污水收集量为4万t/天，正在完善其他污水管网，预计2014～2015年污水处理规模将达到6～7万t/日。

9.2.4 绿色交通的简况

为实现绿色交通，生态城采用TOD模式的紧凑型空间布局，即为“以公共交通为导向的区域开发模式”实施土地混合利用。采取双棋盘路网格局，规划建设“轨道交通、城内公交骨干线、公交支线”构成的三级公交服务体系和覆盖全区的慢行交通系统，实现“人车分离、机非分离、动静分离”，在绿色交通系统构建方面做出了积极探索，努力实现公共交通分担比例54%、自行车分担10%、步行分担24%和出租车分担2%的目标，并确保2020年绿色交通比例达到90%。

9.2.5 城区能源供需及碳排放目标控制

（1）区域能源供需

①能源需求预测

在符合生态城总体规划、城市定位和用能特点的基础上，生态城管委会组织了相关单位对生态城的总体能耗和相关指标进行了专题研究和计算。在终端能耗的计算和预测上采用标准规定、能耗统计和模拟计算相结合的方法。经测算，生态城到2020年的终端能源需求测算结果为252241万kWh/年（按终端热量法核算），即9081TJ/年，310221tce/年。

②可再生能源利用规划与应用

天津生态城根据可再生能源利用率达到20%以上的指标要求，结合本地资源条件，制定了可再生能源利用专项规划，可再生能源利用率达到20.42%。并在可再生能源的具体应用方面采用了以地热能、太阳能、风能及生物能的可再生能源利用体系。

③全过程的城市能源管理

生态城还通过建立能源管理平台，借助能耗分项计量设备，实时收集建筑能耗数据，对建筑能耗情况进行分析，并可以对建筑不同的用能系统进行智能控制。起到了减少人力成本、降低建筑运行能耗的作用。

（2）区域碳排放目标控制

生态城全面推进节能减排，通过采用各类可再生能源系统，可节约一次能源耗量总计约 7.08 万 tce/年。减排二氧化碳 17.3 万 t/年；减排二氧化硫 1417t/年；减排氮氧化物 2833t/年；减排烟尘 708t/年。为生态城单位 GDP 碳排放强度不高于 150t-C/百万美元的目标提供了有效的保障了。

9.2.6 城区水资源的利用及保护

天津生态城以节水为核心，注重水资源的优化配置和循环利用，建立广泛的雨水收集和污水回用系统，实施污水集中处理和污水资源化利用工程，多渠道开发利用再生水和淡化海水等非常规水源，提高非传统水源使用比例。建立科学合理的供水结构，实行分质供水，减少对传统水资源的需求。建立水体循环利用体系，加强水生态修复与重建，合理收集利用雨水，加强地表水源涵养，建设良好的水生态环境。

与此同时，生态城大力推广节水型产品，保护城区水资源。设定定额指标，建立梯度用水价格机制，有效降低建筑用水量。实行节水型产品准入制度，制定《生态城节水型产品推荐名录》，所有建筑使用节水型水龙头、便器、厨浴设施。

此外，生态城的建设还致力于对水体的修复，对蓟运河故道自南向北分段实施改造，通过河道清淤、湿地保护、水体治理、堤岸整治和植物净化，在形成城市景观的同时，消除了水体富营养化，逐步改善了水质，恢复了水体功能。2011年，蓟运河故道示范段顺利完工。

9.2.7 智能化城区的建设

新型城镇化离不开信息化的支撑，信息化与城镇化必将融合发展。天津生态城按照“面向服务、统筹规划、统一建设、资源共享”的思路，制定了智能城市建设总体框架，建设了信息高速网络、公共数据中心、资源共享平台、视频监测系统等公共性、基础性工程，规划了“一站式”服务企业和居民平台，积极探索智能城市建设新模式，2013 年初，以高分被住房和城乡建设部评为首批国家智慧城市一类试点城市。

智能城市需要强大的硬件环境支撑，天津生态城适度超前、统一建设了通讯基础网络、公共数据中心、视频监测平台、呼叫中心等，形成了信息化基础条件。其中，实现了千兆光纤到楼、百兆到户、十兆到桌面和建成区域 wifi 与 3G 网络全覆盖。并且，按照统筹规划、统一建设、分期实施、综合服务的原则，摈弃传统城市多头建设、各自独立的建设模式，采取一套公共视频监测系统。

不仅如此，天津生态城从建区伊始即鲜明提出，信息资源是城市公共资源，任何部门或单位不得以任何理由拒绝信息共享服务，坚决打破“信息孤岛”，在此基础上，启动建设地理信息、数据交互、用户认证、移动应用等公共服务平台，提供统一共享的数据应用服务。

9.2.8 社会建设以人为本

天津生态城按照“一切从百姓出发、一切为百姓着想、一切为百姓服务”的原则，坚持公共财政优先保障民生、惠及民生的理念，确立公共服务均衡布局，不断提升居民幸福指数。主要采取的具体措施如下：

（1）建立新型社区管理体制

生态城依托规范化的三级居住模式，从三个层面创新社区管理体制：一是缩小街道层面管辖范围，借鉴新加坡经验，在15000户、大约3万人的范围设置生态社区，在生态社区设立新型政府基层组织“分区事务署”，负责基层事务和综合管理。生态城管委会各职能部门向“分区事务署”派驻人员，提供贴近居民的管理服务。二是在生态城层面创设社区理事会，统辖各居委会和其他社区组织。三是组合治理主体，将生态城管委会各职能部门、分区事务署和社区自治组织等治理主体结合在生态社区层面。

（2）推动公共服务均等

按照公共服务均等化的总体思路，生态城制定了以房籍为基础的公平、无差别的公共服务方案，为生态城居民提供均等的社会服务。同时按照梯次递进和权利义务对等的思路，构建外来人口转换为本地市民的路线图，为生态城的开发建设做出贡献。具备城市生活能力的外来人口取得“城市居民权”，将公共服务及社会保障扩展到新市民，使所有在生态城居住的人，在教育、卫生、文化、社区服务等领域能享受到同等服务。

（3）实行综合化养老服务

生态城借鉴新加坡及发达国家先进的养老理念，积极探索新型养老服务模式。2012年，合资公司引入新加坡良好的养老理念和先进经验，启动建设亲老社区。2013年，生态城确定采取养老综合体发展思路，在中部片区规划建设一个综合性的养老服务综合园区，设计有老年公寓、度假酒店、银龄会所、老年医院、老年康体保健中心、老年产业研发中心等功能，为老年人提供一站式、现代化的全方位服务。

（4）公屋建设：圆百姓安居梦

生态城借鉴新加坡组屋和中国经济适用房的模式和经验，按照保障性住房达到20%的指标要求，坚持均衡布局、市场运作的理念，建立了公开透明、封闭循环的管理体系，创造了保障性住房规划、建设、管理新模式，形成了以公屋为主体的住房保障体系。全区规划建设公屋2万余套，总建筑面积约150万m^2，首期500余套公屋已投入使用，为中低收入家庭提供了坚实的住房保障。

9.2.9 绿色产业：突破传统发展模式

天津生态城致力于探索一条产业可持续发展新路，确立了以文化创意、节能环保、信息技术等为主导产业发展方向，大力发展低投入、低消耗、低排放、高知识含量、高附加值的现代服务业，规划建设了国家动漫园、国家影视园、科技产业园、信息产业园和环保产业园五个产业园区。至2013年6月，落户企业突破千家，吸引投资超过750亿元，初步形成了以楼宇经济、知识经济为特色的产业聚集效应。

9.3 绿色生态城区行之有效的特色管理体制

天津生态城利用滨海新区全国综合配套改革试验区和国际合作项目的优势，以建设服务型政府为目标，结合自身特点，初步建立了行之有效的特色管理体制，主要如下：

（1）统一的行政管理

2008年1月，天津市委市政府批准成立中新天津生态城管理委员会，代表天津市统一负责生态城开发建设管理。2008年9月，天津市政府颁布了《中新天津生态城管理规定》，授权管委会代表市政府对本辖区实施统一的行政管理。

（2）人才汇聚机制

生态城成立了人才工作领导小组，负责全面统筹、协调和管理生态城的人才引进、培养、奖励和服务工作。编制了《天津生态城中长期人才发展规划》，明确人才工作战略目标；出台了《天津生态城人才引进、培养与奖励的暂行规定》及《天津生态城吸引紧缺急需人才意见》，创新人才政策，优化工作环境，探索建立"人才特区"、人才管理改革试验区，增强了对人才的向心力，着力打造人才高地。

（3）创新财政体制

天津市赋予了生态城管委会独立的财政管辖权。2008年3月，生态城管委会成立财政局。7月，天津市下发《关于天津生态城项目税费和市政公用设施大配套费返还政策的复函》和《关于天津生态城税收征管分工和收入归属问题的通知》，明确生态城财税体制和财政收入收缴、入库、返还方式，对于生态城区域内产生的税收地方留成部分、行政事业性收费和土地出让金政府收益，全部留成生态城用于环境治理和开发建设。11月，市国税局、地税局在生态城设立税务所。2010年，新区国库成立，替代天津市国库收缴生态城财政收入并按比例返还。

9.4 经验与问题

9.4.1 生态城建设指导经验

生态城历经5年的实践证明，必须坚持“环境、资源、经济、社会”可持续发展，坚定不移地走绿色发展道路，锐意改革，大胆创新，勇于实践，引进消化吸收并创造生态建设理念、技术和文化，才能完成生态城市建设的光荣使命。同时，总结出了生态城成功建设的十个可以借鉴的基本指导经验：

(1) 坚持绿色、低碳、循环发展理念，不断丰富生态城市的内涵。

(2) 坚持走中新合作、互利共赢之路，始终凝聚双方智慧和力量。

(3) 坚持市场化开发体制，不断深化市场经济体制。

(4) 坚持指标引领，不断完善城市规划、建设、运营、量化管理新模式。

(5) 坚持生态优先理念，努力营造有吸引力的人居环境。

(6) 坚持现代服务业发展方向，努力探索一条可持续发展的产业化道路。

(7) 坚持集约、节约、循环利用资源，不断强化节地、节水、节能、节材等生态城市特征。

(8) 坚持广泛应用经济适用的生态技术，不断提升生态技术的支撑能力。

(9) 坚持以人为本，让广大居民充分分享生态城市建设成果。

(10) 坚持改革创新，夯实绿色发展制度保障。

9.4.2 存在问题

当然，在生态城建设过程中也发现了一些问题。如：现行的《绿色建筑评价标准》其技术条文较为笼统，没有详细的实施细则。这一方面虽然可以鼓励设计人员发挥想象力，通过不同的方式实现绿色建筑的目标；另一方面却造成了一些不利因素，例如寒冷气候区和夏热冬暖气候区实现同样星级的绿色建筑其选用的技术是不同的，如果硬套条文的话，容易造成技术堆砌的现象。同时，因为缺少不同气候区绿色建筑技术和绿色建筑星级的对应关系，开发单位在建设之初对项目绿色建筑定位缺少参考标准，容易造成投资方面的困惑。

在增量成本方面，目前绿色建筑增量成本的计算方法是建立于项目统计的基础上的，因项目个体间差异比较大，这种方法存在很多不合理的地方，其对项目如何控制绿色建筑增量成本意义不大。

针对上述问题，天津生态城合资公司及天津生态城绿色建筑研究院目前正在对不同气候区的绿色建筑适宜技术进行研究，使技术、成本及绿色建筑星级之间建立一种联系。力求在项目建设之初即对不同星级绿色建筑的技术选择、增量成本控制提供参考和有效指导。

通过对天津生态城案例的介绍，我们希望能让人们认识到：生态城的建设应结合自身的特点，它不能简单地复制。因此不同的地方建设生态城还必须从自身的现状出发。但是，一个生态城市的基本经验是可以复制推广的，这也是天津生态城建设的初衷和理想。从目前来看，天津生态城已朝“我们理想中的生态城”的方向迈出了一大步，它将可能会成为世界上第一个真正意义上的生态城。

作者：孙晓峰[1] 戚建强[2] 王文成[2]（1. 天津生态城管理委员会；2. 天津生态城绿色建筑研究院有限公司）

10　无锡太湖新城国家绿色生态城区

【住房和城乡建设部绿色生态城区】

10　"Taihu New City" national green eco-city in Wuxi

【Green eco-city】

10.1　总　体　情　况

10.1.1　区位条件

太湖新城位于无锡市区南部，东起京杭大运河，西邻梅梁湖，南依太湖，北至梁塘河，总面积约 150km²。交通便捷，环境优美。东距无锡机场约 1km，北距老城区约 6km。太湖新城的中心区东至京杭大运河和华谊路，西至蠡湖大道，南临太湖，北至梁塘河，总面积为 62km²。如图 5-10-1，图 5-10-2 所示。

图 5-10-1　无锡太湖新城区位图

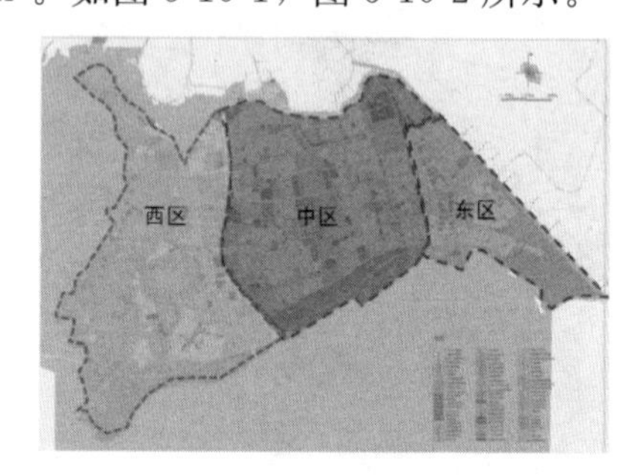

图5-10-2　无锡太湖新城中心区示意图

10.1.2　气候条件

无锡市属北亚热带湿润区，受季风环流影响，形成的气候特点是四季分明，气候温和，雨水充沛，日照充足，无霜期长。

10.1.3　经济概况

无锡是东部经济重镇、制造业基地、工业城市、中国民营企业之都、中国优秀旅游城市之一、福布斯大陆最佳商业城市。2012年无锡完成地区生产总值7568.15亿元，位于全国第九；人均地区生产总值（按常住人口计算）达到11.74万元，位于江苏省第一。

10.1.4 文化特色

无锡是中国吴文化的发祥地、中国民族工商业的发祥地、中国乡镇企业的发祥地。无锡太湖新城重点发展文化创意产业，建设包括华莱坞国家数字电影产业园、巡塘老街保护性开发、兰桂坊文化特色商业街等极具文化特色的项目。

10.1.5 总平面图

无锡太湖新城的功能定位为行政商务中心、金融商务中心、文化创意中心和居住休闲中心，实现经济、生态、人文和生活的和谐发展。其土地利用规划如图5-10-3所示。

图5-10-3 无锡太湖新城土地利用规划图

10.2 绿色生态城区内涵

10.2.1 指标内涵

无锡太湖新城制定了包括150km²示范区以及2.4km²核心区在内的两套指标体系，全面推进绿色生态城区建设。

《无锡太湖新城—国家低碳生态城示范区规划指标体系（2010～2020）》在总体生态战略和宏观指标体系框架的基础上，对重点指标进行了分解和计算，围绕城市功能、绿色交通、能源与资源、生态环境、绿色建筑、社会和谐六个方面确定了太湖新城—国家低碳生态城示范区的规划指标体系（图5-10-4）。

《无锡中瑞低碳生态城建设指标体系及实施导则（2010～2020）》包含可持续城市功能、可持续绿色交通、可持续能源利用、可持续水资源利用、可持续固废处理、可持续生态环境、可持续建筑设计七大类指标，细分为26小类、47项指标。

10.2.2 绿色建筑

无锡市太湖新城绿色生态城区新建绿色建筑目标为：示范区内所有新建建筑均应按照《绿色建筑评价标准》GB/T 50378的要求进行建设，70%应通过国家绿色建筑一星级认证，20%应通过绿色建筑二星级认证，10%应通过绿色建筑三星级认证。

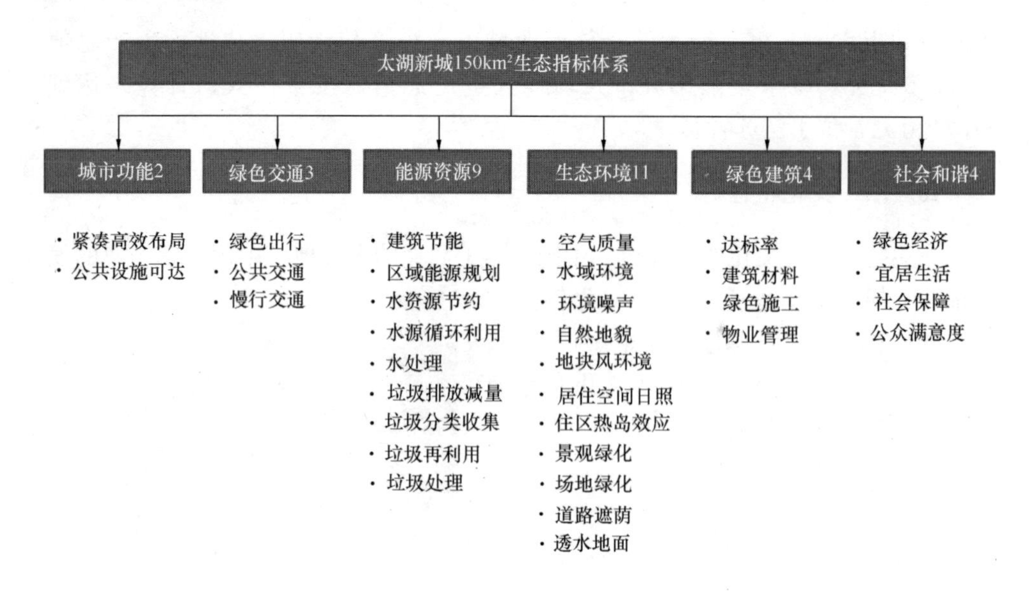

图 5-10-4 无锡太湖新城生态指标体系

目前，示范区已经获得绿色建筑认证的项目 12 个，总面积 116.6 万 m²，示范区绿色建筑标识项目明细如表 5-10-1 所示。

无锡太湖新城绿色建筑标识项目明细表 **表 5-10-1**

序号	项目名称	项目类型	建筑面积（万 m²）	绿建星级	节能率（%）	非传统水源利用率（%）
1	朗诗太湖绿珺花园 6、8、9 号楼	住宅	6.1	三星	72	20
2	无锡市新城小学	公建	3.20	二星	61.9	40.74
3	高浪路南侧苏宁地块 C 块	住宅	15.00	二星	72.9	5.97
4	无锡太湖新城北国投资大厦	公建	6.71	一星	50	2.21
5	无锡太湖新城昌兴国际金融大厦	公建	6.79	一星	51.40	2.21
6	无锡太湖新城报业大厦	公建	7.02	一星	51.18	1.68
7	无锡太湖新城合力大厦	公建	6.94	一星	50.59	2.3
8	无锡太湖新城农行无锡分行	公建	6.72	一星	50.5	2.58
9	无锡太湖新城无锡农村商业银行大厦	公建	7.10	一星	50.63	2.38
10	无锡太湖新城汇宸金融大厦	公建	6.77	一星	50.36	4.94
11	无锡太湖新城三房巷大厦	公建	6.29	一星	52.54	1.67
12	无锡太湖新城嘉业国际城项目	公建	37.93	一星	65.05	1.06
已建成项目合计			116.6			

10.2.3 城区废弃物和污水的处理手段

（1）城区废弃物处理

无锡太湖新城积极尝试建设真空垃圾输送系统。真空垃圾输送系统是一种高效、卫生的垃圾收集方式，即利用环保型抽风机制造负压气流，通过预先埋设在地下的真空管道网络，将从住宅、厨房、建筑楼层、小区园区或公共设置点等多种投放站点投入的垃圾输送至垃圾收集站，实施气、固分离，再经过压缩、过滤、净化、除臭等一系列处理，最后被“打包”送出服务区域，运至垃圾处理厂。如图 5-10-5 所示。

无锡太湖新城真空管道垃圾收集系统方案设计为一套分类收集系统，其收集站位置设于中瑞低碳生态城中心位置即贡湖大道和清源路路口（图 5-10-6）。系统主要包括：中央收集站、公共管网、物业管网等三部分；其中中央收集站包括：集装箱大厅、风机室、控制室、配电室、除尘室等设备房间；公共管网包括：各地块以外的垃圾水平输送管道、检修口、道路沿线室外投放口、室外进气阀和分段阀；今后开发的各地块小区内物业管网则包括：地块内垃圾输送管道、检修口、屋顶排风过滤系统、阀门室、室内或室外投放口和室外进气阀等。

图 5-10-5　真空垃圾输送系统

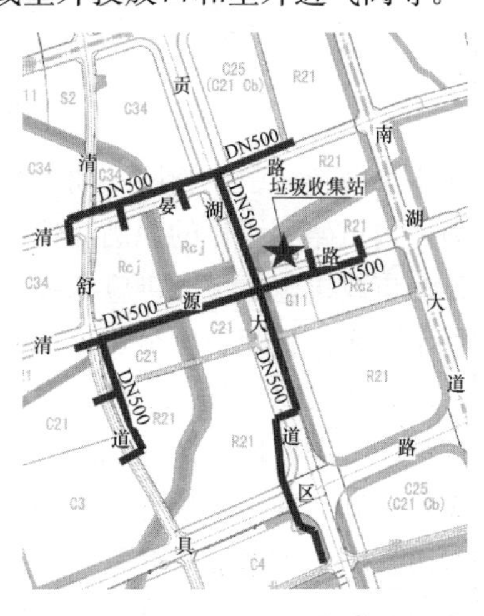

图 5-10-6　真空垃圾管规划总平面图

无锡太湖新城真空垃圾收集公共管网南北主通道分别为贡湖大道、清舒道，东西主通道为清晏路和清源路。垃圾收集主管全段采用 DN500 钢管，沿途根据地块功能预留地块接入支管和室外投放口，并根据相关技术要求在管道上设置检修井和阀门井。室外投放口及管道阀门所用电缆线及气动管线均通过若干 PE 软套管沿主管走向平行敷设。垃圾收集公共管网规划总长 3180m。

（2）城区污水处理

无锡太湖新城在示范区内积极大规模推广市政再生水利用技术。

无锡太湖新城市政再生水管网一期工程正在积极建设中，服务范围为尚贤河西侧吴都路北侧地块、尚贤河西侧吴都路南侧地块、尚贤河东侧吴都路北侧地块、尚贤河东侧吴都路南侧地块，总面积 26km^2（图 5-10-7）。一期工程管网长度 42.3km，总投资约 7800 万元。

图 5-10-7 无锡太湖新城中水管网布置图

无锡太湖新城中水管网一期工程中水主要用于市政道路和绿化的浇洒冲洗、建设地块内道路和绿化的浇洒冲洗、地块内公共厕所的日常冲洗。

作为市政再生水水源供应源头，无锡太湖新城范围内目前拥有一座污水处理厂，位于无锡市太湖新城吴都路与菱湖大道东南侧。规划设计建设总规模 40 万 t/日，目前已完成一期、二期工程，日处理污水规模为 15 万 t/日，主要收集无锡市区域南太湖新城片区 127km^2 内的生活污水及部分工业废水。

无锡太湖新城污水处理厂采用改良 A/A/O 除磷脱氮生物处理工艺，2008 年在升级改造工程中增加了微絮凝深度处理工艺，即机械混合池＋V 型滤池过滤，该工艺节省改造资金，降低运行费用，处理效果稳定可靠。改造后的工艺还增加了化学除磷措施，保证了出水总磷和悬浮物的稳定达标排放。2009 年二期扩建工程采用了目前国际比较先进的生物池工艺优化精确曝气控制系统（图 5-10-8）。现无锡太湖厂出水水质远高于《城镇污水处理厂污染物排放标准》（GB 18918—2002）中的规定的一级 A 排放标准，达到国家再生水利用标准。

图 5-10-8 无锡太湖新城中水处理厂水处理工艺

10.2.4 绿色交通的简况

无锡太湖新城编制了《太湖新城慢行系统规划》，确立了“公交+慢行”为主体的交通系统，大力发展以轨道、中运量系统、常规公交为主的公共交通，以及以自行车、步行为主的慢行交通，慢行交通主要承担公交接驳、短距离出行以及健身休闲的功能。

根据规划，无锡太湖新城绿色出行比例将达到80%，其中公交出行（轨道交通、快速公交和常规公交）比例达到35%，慢行交通出行（自行车、步行）比例达到45%，小汽车交通出行比例不大于20%。

公交系统的出行比例将达35%，轨道和常规公交各占40%，保证换乘距离不大于100m的零换乘比例达15%；300m范围内的公交站台覆盖率达95%以上，500m范围内覆盖率达100%；保证公交平均车速达20km/h以上。此外，还将推广使用清洁能源的交通工具，购置可再生能源充电站、加气站、新型燃料等清洁能源的节能环保型公交车辆并配置相关加油站。

慢性交通系统的出行比例将达45%以上，在以居民上下班为主导的道路和以骑自行车、步行等交通休闲为主导的道路设置混合慢行车道；在滨河、环太湖、环山沿线建设独立慢行道。同时大力建设机动车—非机动车的换成枢纽设施和自行车租赁系统（图5-10-9，图5-10-10）。

图5-10-9 无锡太湖新城自行车租赁系统

10.2.5 城区能源供需及碳排放分析

（1）区域能源供需

无锡太湖新城编制完成了《无锡太湖城能源规划》，通过调研诊断太湖新城建筑能源需求和可再生能源资源的情况，对无锡太湖新城中心区能源需求和可再生能源资源进行预测评估，制定出可再生能源利用规划方案及地块指标、能源中心规划方案以及规划实施在政策机制、资金来源、监管措施等多个保障措施。

①能源需求预测

无锡太湖城能源规划借助精确化的能耗模拟分析软件和GIS地理信息平台，

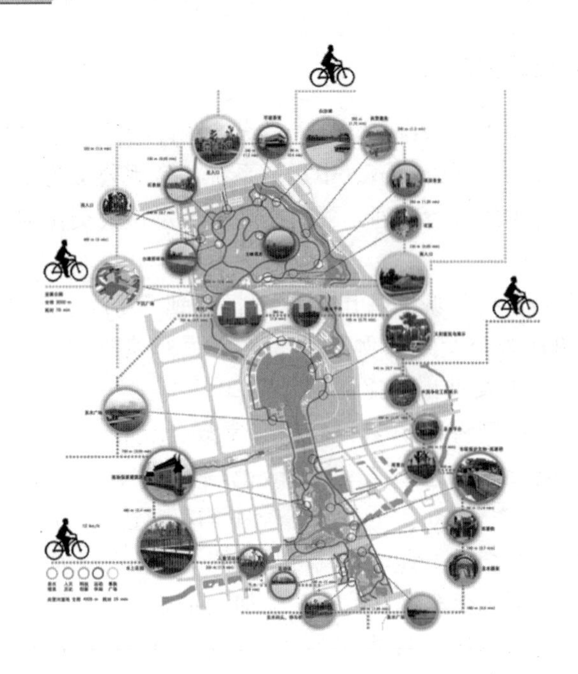

图 5-10-10　无锡太湖新城休闲健身廊道规划

对地块的各类建筑能源需求的空间分布进行准确模拟预测，实现建筑冷、热、电、燃气、生活热水各类能源负荷需求及能源总量的供需平衡（图 5-10-11）。

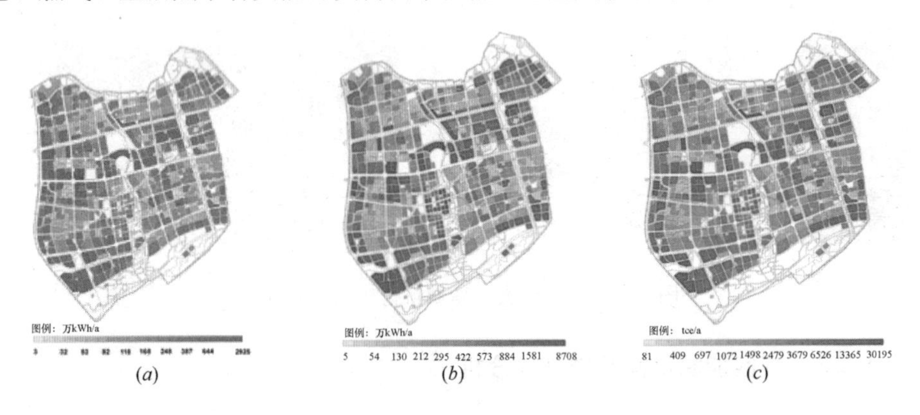

图 5-10-11　无锡太湖城建筑年能源消耗空间分布

(a) 采暖耗热量空间分布；(b) 空调耗冷量空间分布；(c) 全年总能耗

②可再生能源资源评估

在对区域内太阳能、浅层地能、生物质能、风能等可再生能源资源评估和常规电力、燃气等能源评估的基础上，提出地块内可再生能源规划利用方案，按地块分解可再生能源利用指标，并进行经济及环境、社会效益分析（图 5-10-12）。

③可再生能源利用规划与优化

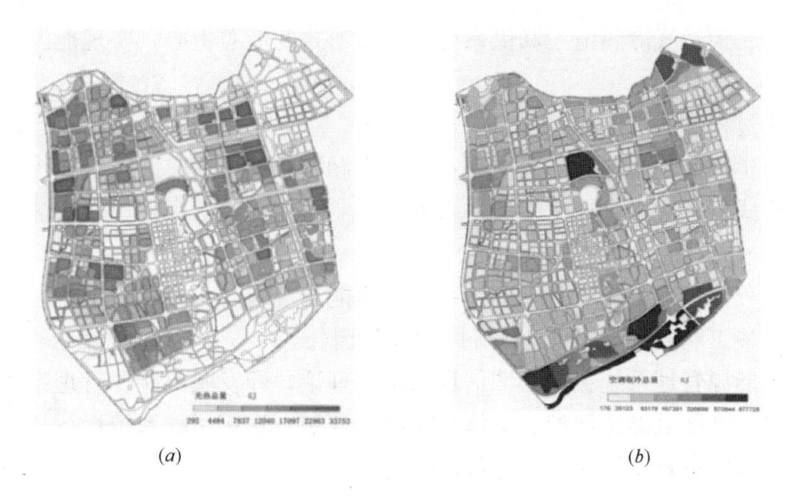

(*a*) (*b*)

图 5-10-12 无锡太湖城太阳能及浅层地热能潜力空间分布

(*a*) 太阳能资源潜力空间分布；(*b*) 土壤浅层地热能潜力空间分布

通过对各地块能源需求预测与可再生能源资源评估，结合可再生能源转换系统性能特点，分析各建设用地可再生能源实际供应与能源需求之间的匹配程度与特征，建立可再生能源工程应用可行性判定准则，从而将可再生能源利用目标科学分解纳入地块控制性指标（图 5-10-13）。

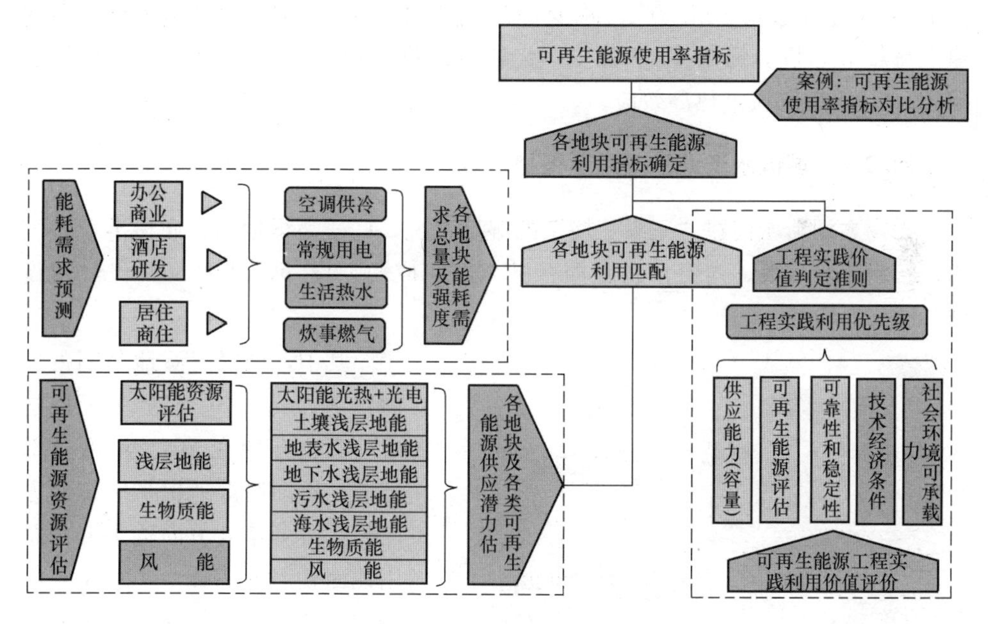

图 5-10-13 可再生能源利用规划流程

④高效的能源梯级利用系统

针对中央商务区、中瑞低碳生态城等高密度区域，建立了以污水源热泵集中供冷供热、天然气冷热电三联供系统等多种形式的能源中心，实现能源高效梯级利用。

⑤全过程的城市能源管理

可再生能源利用指标纳入控规：无锡太湖城能源规划突破传统城市能源规划和管理模式，首次将可再生能源引入地块控制性指标内，实现了城市能源建设和管理的新模式。

全过程管理机制：完善管理体系，构建能源规划与实施从“项目立项阶段至建设工程竣工验收”10个阶段全过程管理机制。

城市能源管理系统：基于“信息城市”理论，开发城市能源管理系统，可逐步实现对城市区域能源调控、单体建筑能耗控制、建筑用能系统运行，建筑可再生能源运行等进行多层次、全方位的管理。

(2) 区域碳排放情况

无锡太湖新城落实10.2%的可再生能源利用率，采用太阳能光伏、太阳能光热和热泵系统等，每年减少用电量约4.96亿度电，节省电费2.73亿元，减少城市电力设备初投资8.7亿元；增加可再生能源利用投资约人民币44.8亿元，动态回收期18.6年。

无锡太湖新城内可再生能源规划的实施，可每年节省电力折算标煤17.0万t，减少CO_2排放量42.1万t，减少COD排放1050t；同时，区域内的绿色节能建筑每年节电折算标煤54.7万t，减少CO_2排放量135万t，减少COD排放8338t；显著缓解城市热岛效应。

10.2.6 城区水资源的利用及保护

无锡太湖新城构建“三纵三横”的湿地系统，三横为梁塘河、庙桥港及贡湖湾；三纵为长广溪、尚贤河及蠡河；已全部完成规划设计，其中60%已经建设(图5-10-14)。

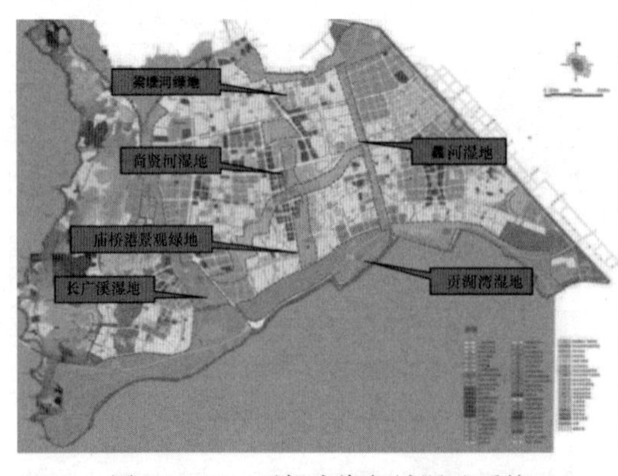

图5-10-14 无锡太湖新城湿地系统

其中，尚贤河湿地公园占地面积197hm，一、二、三期已建成，四、五期在2013年内全部建成。贡湖湾湿地保护区东西方向长6km，南北方向宽1km，总用地面积约为6km^2。2013年内建成一至四期，2014年基本建成五期。

大规模湿地系统的建设，能够有效缓解热岛效应，提高建筑的节能效益。同时，能够减轻城市雨水处理系统的负荷，利用植物吸附灰尘，有效改善空气品质。湿地系统还可以改善城市的景观，增加公共或私人的绿色空间，丰富城市物种的多样性。

10.2.7 数字城区的网络建设及投资效益分析

作为全国首批智慧城市试点示范城市，无锡积极进行智慧城市建设。截至2012年底，无锡全市信息基础设施建设投资超过20亿元，全市3G基站达到6756个，移动电话用户数914.8万户，3G移动电话用户数242.3万户。宽带用户数152.4万户，千人国际互联网用户数达到990户，超额完成了率先基本实现现代化的年度目标。无线wifi热点数5392个，并在市区公共区域开通了29个无线热点区域，220个AP点供市民免费体验，wifi流量已经超过3G网络数据流量。

10.2.8 城区的绿色人文建设

宣传展示无锡太湖新城领先的低碳规划理念、一流的生态技术应用和全面的规划建设进展，主要方式包括宣传推广、国际合作、生态体验、公众参与等方面。

（1）整体宣传推广

就无锡太湖新城的推广方案进行整体策划，包括推广目标、推广方式、推广策略、推广体系，编制整体推广策划报告书。主要形式包括媒体文宣、专题研讨、学术论坛、现场工作会等。

（2）国际合作

进一步加强无锡太湖新城与国际机构之间的合作，探索中外合作的新模式，在基础设施的建设、高新技术的应用、管理模式的创新等方面更好地借鉴国际先进做法。

（3）生态体验

策划生态城体验方案，梳理确定生态主要节点，研究确定主要节点的展示方向、展示内容，提出生态城的生产、生活、和生态的模式。

（4）管理创新

重视生态城的管理体制创新，做到建设管理并重。以示范项目为引领，从生态环境、绿色经济、城市管理、和谐社会等方面，全面开展管理支撑体系，建立起适应国家低碳生态示范城市要求的机制保障体系，最终形成具有无锡特色的绿色发展模式。

（5）公众参与

在生态城的建设与管理过程中，提倡公众参与理念、推动公众参与实践是必不可少的内容。首先，策划并制定市民及游客教育体系，针对不同受众提供可供选择的教育方式，制定寓教于游的参观流线，教育内容既全面又突出重点，宣传低碳生态的生产生活方式。其次，编制相关市民手册，内容可包括生态城理念，指标体系介绍，公众职责等。

10.2.9 经济与产业的发展考虑

无锡太湖新城东区（华谊路以东，高浪路以南），以太湖国际科技园为载体，规划建设成为科技型国际化新城区和高度集聚的自主创新研发创业园区。西区（蠡湖大道以西），以山水城旅游度假区、科教产业园为载体，规划建设成为科教高地、生态绿肺，打造产学研一体化示范区及旅游度假休闲基地。中心区（华谊路以西、蠡湖大道以东）是整个太湖新城最为重要的组成部分，重点打造行政、商务和居住三项功能，规划建设成为生态宜居区、商务大都会、无锡新核心。

10.3 绿色生态城区的政策法规落实及长效体制、组织措施

10.3.1 组织领导

为了深入推进无锡太湖新城生态文明建设，进一步加快推进无锡太湖新城“江苏省绿色建筑节能和绿色建筑示范区”和“国家绿色生态城区”的低碳生态建设，成立无锡太湖新城绿色生态领导小组（图 5-10-15）。领导小组负责示范区内低碳生态城市建设战略及规划研究，制定促进机制和优惠政策，开展区域内土地集约利用整合，负责统筹安排示范区建筑节能配套资金。

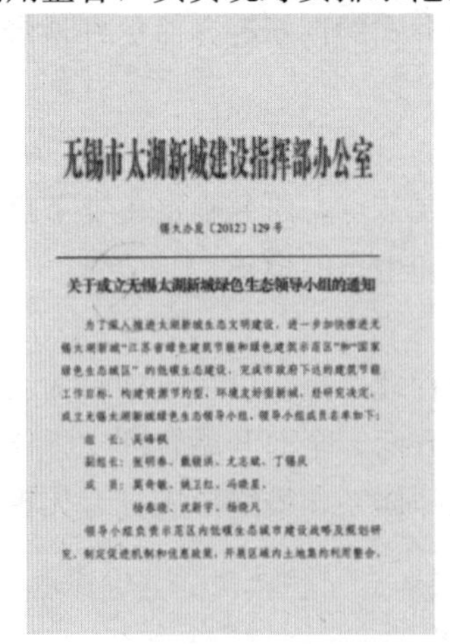

无锡市太湖新城建设指挥部办公室

锡太办发〔2012〕129号

关于成立无锡太湖新城绿色生态领导小组的通知

[illegible]

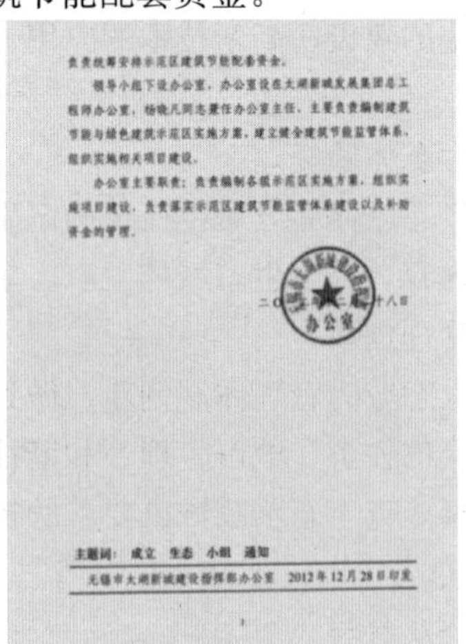

[illegible]

主题词：成立 生态 小组 通知

无锡市太湖新城建设指挥部办公室 2012年12月28日印发

图 5-10-15 无锡太湖新城绿色生态领导小组成立文件

领导小组实行例会制度，定期召开示范区生态建设方面的专题工作会议，由太湖新城相关管理部门共同参加，讨论中瑞低碳生态城示范区建设过程中的问题和难点，同时邀请外部专家对生态城建设过程中的关键问题进行专题讨论。

10.3.2 政策制定

为了落实示范区各项建设要求，无锡市政府、市建设局以及无锡太湖新城建设指挥部办公室及时出台了包括无锡太湖新城生态城条例、示范区引导资金使用管理办法、项目管理办法以及其他与示范区建设有关的管理规定，以及保障示范区建设的配套政策法规。

10.3.3 技术保障

无锡太湖新城建设指挥部办公室与深圳市建筑科学研究院股份有限公司合作成立了无锡太湖低碳生态工程技术中心，明确技术中心主要作为太湖新城绿色生态城市、生态城区、绿色建筑、可再生能源建筑应用的技术管理部门，行使生态城市、绿色建筑规划建设运行全过程技术管理职能，协助政府相关审批部门提供绿色建筑、低碳生态指标专篇审查意见等职责。

10.4 经验与问题

10.4.1 生态城建设经验

（1）规划引领

无锡太湖新城共编制完成《无锡市太湖新城生态规划》、《中瑞生态城总体规划》两个生态城规划，形成《无锡太湖新城国家低碳生态城示范区规划指标体系及实施导则（2010～2020）》、《无锡中瑞低碳生态城建设指标体系及实施导则（2010～2020）》两个规划指标体系，并对《太湖新城控制性详细规划生态指标更新》、《中瑞低碳生态城控制性详细规划修编》进行了两次控规修编，同时还完成了能源、电网、燃气、生态水系、给水、污水、中水、雨水、慢行系统、环卫设施等十多项生态专项规划。专项规划的编制全面引导了生态城的建设。

（2）生态基础设施先行建设

无锡太湖新城积极建设包括人工湿地、市政再生水管网、污水处理厂、真空垃圾收集管网、追日太阳能电站、慢行交通系统等生态基础设施，保证了生态规划有效落地及绿色建筑项目的规模化、低成本实施。

（3）组织保障措施有力

无锡太湖新城成立以无锡市政府秘书长为组长的绿色生态领导小组，进行低碳生态城市建设战略及规划研究，制定促进机制和优惠政策，采取例会制度高效推进示范区建设。

（4）资金激励

依托江苏省建筑节能和绿色建筑专项引导资金、国家绿色生态城区奖励资金以及地方配套资金，进行绿色建筑、生态基础设施项目补贴，从经济层面推进项目建设。

10.4.2 存在问题

总体来说，政府、城市管理者以及开发商的绿色生态意识还比较薄弱，绿色建筑项目的全过程管理体制还不甚健全。今后需要从目前引导性、强制性的绿色生态建设转变为自觉、自愿的建设。

作者：尤志斌[1] 杨晓凡[1] 贺启滨[2] 白明宇[2] 李雨桐[2]（1. 无锡太湖新城建设指挥部办公室；2. 深圳市建筑科学研究院股份有限公司）

11 天津解放南路（新梅江）生态城区

【既有城区绿色生态改造】

11 Jiefang south road (New Meijiang) eco-city in Tianjin

【Green ecological retrofitting of existing city】

在当今资源紧张、环境恶化的大背景下，大规模拆旧城、建新城的城市开发模式无疑使这一危机加剧。随着可持续发展理念的深入人心，城市规划应有不同于以往的思维。

天津作为国际港口城市和北方经济中心，生态城市建设已成为城市规划的主要方向和追求目标。天津市委、市政府通过了以生态城市建设为核心的《美丽天津建设纲要》，其中。作为天津城市“十二五”规划的重点区域，解放南路地区（又称新梅江）是继中新天津生态城之后天津重点建设的又一个生态城区。

2012 年 12 月，解放南路地区生态专项规划获得政府批复。生态规划遵循可持续开发理念，根据城区总体规划定位，结合现状条件，兼顾新区建设和既有区域改造，确定了在人口密集的中心城区建设绿色、健康、智慧生态城区的目标，将生态策略融入城区功能、土地、能源、交通、水资源、建筑、废弃物、信息化等城市建设的各个方面，建立了生态指标体系，以及与之相适应的生态规划实施导则，为本区域的生态建设提供引导。

本区域的生态开发不仅使整体区域的生态环境和建筑品质得到提升，也将带动周边区域的绿色生态发展，绿色建筑规模化效应也将逐步凸显。2013 年 11 月，天津解放南路（新梅江）地区被国家发改委列为中欧城镇化合作项目，遵循生态规划原则，中欧双方将在老住宅和旧厂房的绿色化改造以及智慧城区建设方面进行合作，使该区域成为城市既有区域开发与改造并存的生态建设实践典范。

11.1 区　域　概　况

解放南路地区位于天津市河西区东南部的海河西岸，周边邻近天津市文化中心、行政中心、会展中心、梅江居住区、天钢柳林城市副中心等重要地区，区位优势明显（图 5-11-1）。

规划用地东至微山路、南至外环线、西至解放南路、北至海河，南北长约

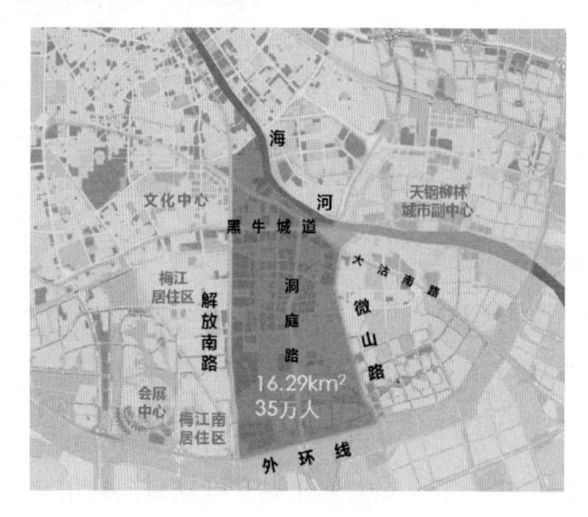

图 5-11-1 区域位置图

6.5km，东西宽约 2.5km，规划用地总面积 16.29km²，规划人口 35 万人。

区域原貌包括工业厂房、商贸和仓储用地、既有居住区、河道水系和其他废弃场地。见证了天津工业发展史的轧钢一厂、市电机总厂、渤海无线电厂等老工业厂房都散布在本区域内，原址内也有即将搬迁的陈塘庄热电厂、建于 1953 年的陈塘庄支线铁路、20 世纪 80 年代初兴建的小海地居住区以及近年形成的珠江装饰城、环渤海汽配城等（图 5-11-2）。

与国内外其他生态城市案例相比，解放南路地区总体规划以居住和公共设施用地为主，是开发与改造并存的生态城区建设案例，可借鉴的此类生态城市案例和经验不多。

图 5-11-2 区域现状

11.2　生态本底条件

天津地处我国北方寒冷地区，为季风性气候。四季分明：春季干旱多风，夏季炎热多雨，秋季冷暖适中，冬季寒冷干燥。全年平均气温约为12℃，其中7月平均温度28℃，1月平均温度－2℃，采暖期为每年的11月15日至次年3月15日，制冷期一般为6月上旬至9月中旬。天津市区全年降水量较少且分配不均，平均降水量为550mm左右，平均降水日数为64～72天，主要集中在6～8月，占全年降水总量的75％。天津地区主要受季风环流影响，风向随季节变化明显：冬季盛行西北风，夏季盛行东南风，春、秋季节以西南风或东南风为主，全年主导风向为西南风。一年中春季大风日数最多，平均风速最大，冬季次之，夏季平均风速最小。区域北依海河，南靠卫津河，中部有复兴河和长泰河，区域内河道水系较为丰富，但基本属于劣Ⅳ类水体，水质较差。

可再生能源条件方面：本地区属于太阳能资源较丰富的二类地区，总辐射接近6000MJ/m²，可利用天数约200天。同时，地热能资源也十分丰富。本区域地处王兰庄地热田，根据深层地热评估报告，共可设置地热井6对，其中明化镇组地热井2对，馆陶组、奥陶系、寒武系、雾迷山组地热井各1对。本地区不但深层地热资源丰富，而且浅层地能资源条件也较为良好，处于地埋管地源热泵较适宜区（图5-11-3）。

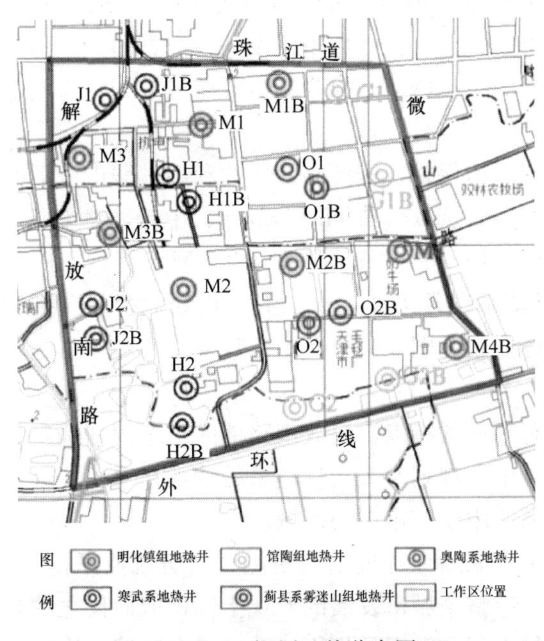

图5-11-3　深层地热分布图

虽然可再生能源资源条件较好，但对于如此大规模的开发建设，呈现出总量不足、应用条件受限等问题。因此本区域生态本底条件并不优越，加之开发强度高，人口密度大等因素，生态目标的实现具有一定挑战性。

11.3　总体规划布局

解放南路地区总体规划布局呈现“两区、三轴、四节点”。两区——即北部陈塘商务区，南部新梅江起步区；三轴——即解放南路迎宾轴，中央都市绿洲生态轴和滨水走廊TOD轴；四节点——即结合现状，将产业功能与公园相融合形成的四个特色功能区域。区域总体规划定位为生态型的生活社区，创意型的办公街区，专业型的商贸园区和园林型的迎宾大道。总建筑规模1978万m^2，其中新建建筑规模1617万m^2，保留建筑361万m^2。计划用10～15年时间完成整体开发建设。

11.4　绿色生态城区指标体系

11.4.1　指标体系

解放南路地区生态规划遵循可持续开发理念，根据城区总体规划定位，结合现状条件，将生态策略融入城区功能、土地资源、能源、水资源、建筑、废弃物、交通、绿化与景观、信息化等城市建设的各个方面。生态规划目标确定为建设绿色、健康、智慧的生态城区，成为城市既有区域开发与改造并存的生态建设实践典范。

生态规划以实现环境保护、资源高效集约利用、城市生活健康舒适以及市民生活便捷高效为出发点，选取瑞典Hammarby、中新天津生态城等国内外生态城市的指标体系进行类比，并参照英国BREEAM、美国LEED、新加坡Green Mark绿色建筑标准体系以及天津“十二五”规划“智慧”指标等，构建解放南路地区生态规划指标体系（图5-11-4、图5-11-5）。

（1）指标特点

根据城市中既有区域的特点，解放南路地区生态规划确定了生态策略，规划格局力求尊重现状，生态规划及其指标体系的特点在于：

①生态指标体系适用于城市中心区域。

指标体系中避免选取诸如环境空气质量、住房就业平衡指数、单位GDP能耗和碳排放强度等对应整个城市发展的宏观指标，取而代之的是适合于城市中心区中一个区域开发的中观和微观的指标。并通过在区域、街坊、建筑三个层面上

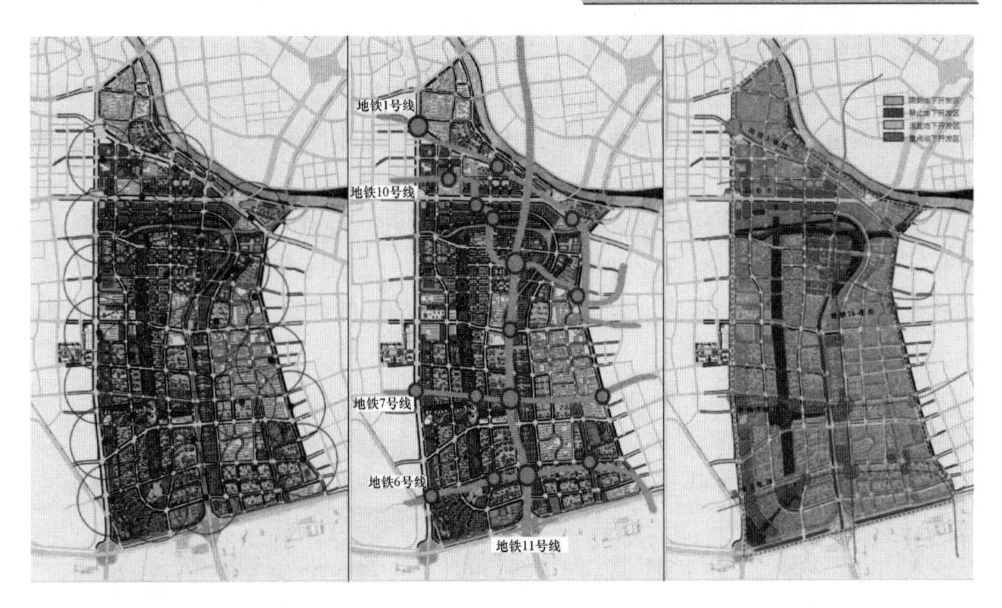

图 5-11-4 公交、轨道交通站点及地下空间规划指标示意

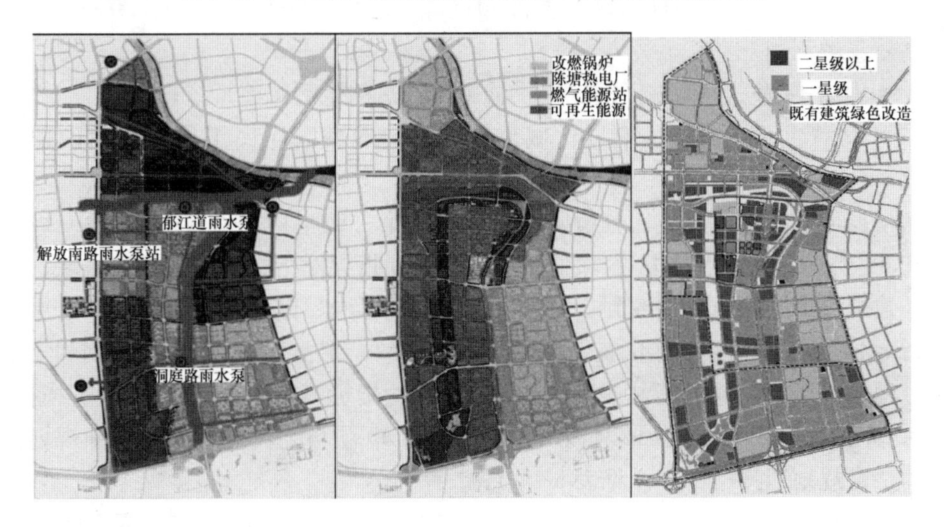

图 5-11-5 雨水、清洁能源利用及绿色建筑规划指标示意

的控制，使中观和微观指标有效衔接，提高可操作性。

②指标体系兼顾新建区域生态开发和既有区域绿色改造。

新建建筑全部满足国家绿色建筑标准，既有建筑全部实施绿色化改造。这是本区域生态规划的重点。主要分为两个方面的工作：一是对具有历史文化价值，反映我国工业时代痕迹的历史遗存进行改造再利用，减少城市垃圾及新开工量，降低环境污染，包括以下内容：基于建筑全年采暖能耗的建筑围护结构绿色改造；基于系统经济性、可实施性与室内环境舒适性等因素的既有公共建筑空调系统改造，建筑照明绿色改造，以及建筑绿色改造中能耗监测系统建立。二是加大对现存居住建筑的绿色改造，包括建筑围护结构改造、区域采暖系统改造、照明系统升级改造、场地雨水管理改造等，注重恢复传统邻里街区文化氛围，提升城市居住生活记忆功能（参见表 5-11-1 中指标 15、16）。

保留陈塘庄热电厂冷却塔、铁轨、渤海无线电厂等具有一定工业建成历史、能够反映天津工业发展、在工业建筑设计上具有一定代表性的建筑物、构筑物，通过改造转换为创意园区内文化、商业、办公等类型的建筑（参见表 5-11-1 中指标 46）。

③在生态环保基础上融入了宜居、智慧内容。

解放南路生态指标体系由四个方面内容构成（图 5-11-6）：

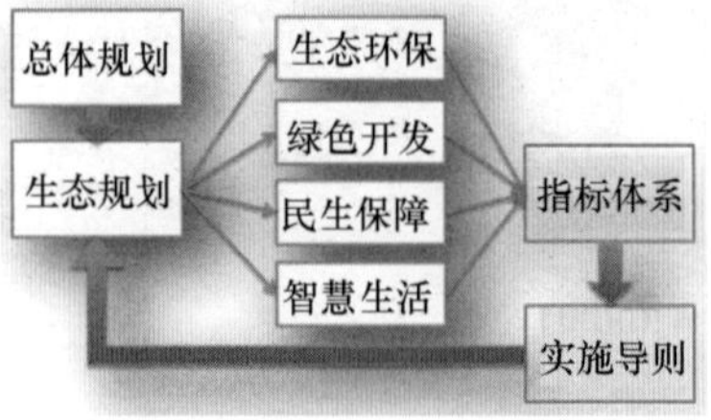

图 5-11-6 生态规划研究路线

- 生态环保——保护环境，实现城市、人与自然的和谐共生；
- 绿色开发——实现城区内能源和资源的高效集约利用；
- 民生保障——为城区居民提供健康、舒适的生活保障系统；
- 智慧生活——通过信息化城市管理，实现城区居民工作与生活的便捷高效。

根据生态指标体系类比分析，确立了与 4 个一级指标相对应的 17 项二级指标和 62 项三级指标，其中 56 项量化指标和 6 项指导性指标，并通过在区域、街坊、建筑三个层面的分别控制，增强指标体系在不同层面的可操作性。三个层面的指标相互联系、各有侧重。指标涵盖范围从整体到局部，具有指导规划和实施全过程的作用。62 项指标中分别有 17 项独创性指标，22 项既有区域改造指标、31 项绿色建筑相关指标、15 项投资增量指标、33 项与上位规划及各专项规划衔接的整合规划衔接指标。详见表 5-11-1。

表 5-11-1

一级指标	二级指标	三级指标	控制层次		
			区域（既有）	街坊	建筑
生态环保	自然环境	1 本地植物指数	≥70%	≥70%	≥70%
		2 绿地率	≥40%（≥31%）	≥40%	住宅≥40% 公建≥35%
		3 人均公园绿地面积	≥12m^2（≥9m^2）	≥1.5m^2	—
		4 住区与公共绿地复层绿化比例	≥90%	≥90%	—
		5 河道绿化比例	100%（100%）	—	—
		6 水体水质达标率	100%	100%	—

续表

一级指标	二级指标	三级指标	控制层次		
			区域（既有）	街坊	建筑
生态环保	人工环境	7 施工过程环保措施采用率	100%（100%）	100%	100%
		8 污水处理率	100%（100%）	100%	100%
		9 固体废物收集率	100%（100%）	100%	100%
		10 环境噪声达标率	100%	100%	100%
		11 危废及生活垃圾无害处理率	100%（100%）	100%	100%
		12 市政管网覆盖率	100%（100%）	100%	100%
绿色开发	集约开发	13 人均建设用地面积	≤70m²	≤100m²	低层≤43m² 多层≤28m² 中高层≤24m² 高层≤15m²
		14 合理开发利用地下空间	G	G	G
	绿色建筑	15 新建绿色建筑比例	100% （二星级以上 30%）	—	—
		16 既有建筑绿色改造比例	—（100%）	—	—
	能源低碳	17 清洁能源使用率	100%（100%）	100%	100%
		18 能源分类分项计量比例	100%	100%	100%
	水资源利用	19 日人均生活用水量	≤100L（≤120L）	≤100L	≤100L
		20 雨水入渗与收集利用率	≥50%（≥50%）	≥50%	≥20%
		21 非传统水源利用率	≥50%（≥50%）	≥40%	办公≥60% 住宅≥30%
		22 景观设计节水率	≥75%	≥50%	≥50%
		23 节水灌溉比例	100%	100%	100%
		24 用水计量率	100%（100%）	100%	100%
	用材低碳	25 本地材料比例	≥75%	≥75%	≥75%
		26 回收、再利用材料比例	G	G	G
		27 使用可循环材料比例	—	—	≥10%
		28 建筑土建与装修一体化	G	G	G
	绿色交通	29 慢行系统覆盖率	≥80%	100%	100%
		30 快慢行系统衔接	G	G	G
		31 自行车停车位设置比例	≥15%	≥15%	≥15%
		32 混合动力车加气站/电动车充电站设置比例	≥6%	—	—
		33 低排放及节能汽车停车位比例	≥6%	≥6%	≥6%

续表

一级指标	二级指标	三级指标	控制层次		
			区域（既有）	街坊	建筑
民生保障	健康环境	34 建筑满足日照、采光要求比例	100%	100%	—
		35 水喉水质达标率	100%（100%）	100%	100%
		36 生活垃圾收集间隔	⩽24h（⩽24h）	⩽24h	⩽24h
	便捷宜居	37 居住小区500m步行距离内公共服务、文体设施比例	100%	100%	—
		38 学校1000m范围内居民区覆盖比例	—	⩾80%	⩾80%
		39 500m公交站点覆盖率	—	⩾80%	⩾80%
		40 轨道交通站点800m步行距离比例	—	⩾60%	⩾60%
		41 无障碍设计比例	100%	100%	100%
	舒适宜居	42 道路遮荫比例	100%	100%	100%
		43 室外风环境计算机模拟仿真优化设计比例	—	100%	100%
		44 城市热岛效应强度	⩽1.5℃	⩽1.5℃	⩽1.5℃
		45 公共交通站点遮阳避风设施设置比例	100%（100%）	—	—
	人文关怀	46 具有文化历史价值的建筑与景观的保护利用	G	G	G
	混合社区	47 住房多样性指数	⩾40%	⩾40%	—
		48 住区混合开发比例	⩾80%	⩾60%	—
智慧生活	信息化设施	49 用户光纤可接入率	100% —100%	100%	100%
		50 无线网络覆盖率	100% —100%	100%	100%
		51 户均网络接入带宽	住宅⩾100M（100M） 公建⩾1000M（1000M）	住宅⩾100M 公建⩾1000M	住宅⩾100M 公建⩾1000M
		52 平均无线网络接入带宽	⩾5M（5M）	⩾5M	⩾5M
	能源管理	53 公建能耗监测系统覆盖率	100%（100%）	100%	—
		54 景观照明智能化监控管理系统覆盖率	100%	—	—

续表

一级指标	二级指标	三级指标	控制层次		
			区域（既有）	街坊	建筑
智慧生活	能源管理	55 家庭智能电表安装率	100%（100%）	100%	100%
		56 用电信息采集覆盖率	100%	100%	100%
	惠民生活	57 公交站牌电子化率	100%	—	—
		58 社会公共停车场诱导系统覆盖率	100%	—	—
		59 城区交通诱导系统安装率	100%	—	—
		60 住区电梯远程监测率	100%（G）	100%	100%
	安全保障	61 智能视频安全监控	G	G	G
		62 住区安全监控传感器安装率	100%（G）	—	—

（2）生态指标

11.4.2 绿色建筑

生态规划要求区域内1617万m^2的新建建筑100%达到国家绿色建筑标准，其中居住建筑690万m^2，公共建筑927万m^2；规划要求361万m^2的既有建筑100%进行绿色化改造。

位于该地区南部5.76km^2的起步区开发建设业已展开。按照生态规划的要求，起步区通过高效出行、便捷生活、绿色建筑和生态景观四大系统的建设，实现区域生态开发。结合地铁M6号线车站规划商业综合体，同时规划齐全的教育、医疗、商业等配套服务设施。起步区地块住宅按照国家绿色建筑一星级标准设计和建造，在采光、通风、土建工程已全部封顶。坐落于起步区的解放南路社区文体中心即将完工，设计达到国家绿色建筑三星级标准，也是一座零能耗的绿色低碳示范建筑。采用了高性能建筑围护结构、地热低温发电、太阳能光伏发电、温湿度独立调节空调系统、湖水冷却排热、坑道风、雨水入渗与收集、节水灌溉、BIM设计、LED光源、带伺服光导照明、能源分类分项计量、建筑能耗监测和展示系统等绿色建筑技术。目前上述建筑均已经获得国家绿色建筑设计标识。

11.4.3 城区废弃物

区域内固体废物、危险废物及生活垃圾经分类收集、统一外运处置，进行无害处理。其中，生活垃圾收集间隔小于24h。

污水由市政管网收集进入纪庄子污水处理厂进行集中处理，经深度处理达到回用标准，由城市中水管网输送回用，成为城市再生水水源。

11.4.4 绿色交通简况

解放南路地区共设置了1处公交枢纽站、9处公交首末站。区域公交骨干道路包括：中环线、快速环线、解放南路、大沽南路、微山路、珠江道、浯水道。区域内部公交主要道路包括：太湖路、内江路、嘉江道、梅林路。

地铁站点的安排注重了与公交线路及站点的结合。轨道交通规划为五横一纵。包括现状地铁M1线，规划Z1、M10、M7、M6和M11线，其中M6线计划2015年通车，M7、M10、Z1线计划2015年前开工建设。绿色交通规划使区域内500m公交站点覆盖率达到80%，轨道交通站点800m步行距离比例达到60%。

11.4.5 能源供需及碳排放分析

结合解放南路地区开发建设，因地制宜发展新能源和可再生能源，实现能源多元化发展，清洁能源利用率达到100%。起步区正在开采3500m深层地热井三对，利用深层地热资源满足50万m^2居住建筑冬季采暖需求；在太湖路和卫津河两处开放式公园已铺设浅层地源热泵埋管3814口，利用浅层地能满足56万m^2公共建筑供冷、供热需求。经测算，仅起步区利用深层地热和浅层地能等可再生能源为建筑供冷供热，相比常规能源，50年的全生命周期成本（LCC）将减少206171万元，年降低CO_2排放量30110t。

11.4.6 水资源利用及保护

利用现有陈塘庄电厂再生水管道及规划再生水管道，对河道及规划区域内中央绿洲进行补水，并供给生活杂用水和建筑中水。结合道路景观设计设置生态雨水沟（植草沟）；结合中央绿洲设置雨水花园、生态雨水沟、透水铺装地面等；利用雨水补充复兴河、长泰河以及其他景观水体；结合公建、住宅小区景观规划以及建筑单体设计设置雨水花园、透水铺装地面等，减缓城市内涝，并使雨水得到资源化利用。区域内雨水入渗与收集利用率达到50%以上，区域内景观水体通过生态修复的方法使水体水质达标率达到100%。

11.4.7 数字城区的网络建设及投资效益分析

信息化技术对城市可持续发展的引领和支撑作用逐渐显现，“智慧城市”成为生态城市发展的新方向。解放南路生态规划中的智慧生活指标体系包括4个方面共14项指标。其中，要求用户光纤可接入率、无线网络覆盖率、景观照明智能化监控管理系统覆盖率、家庭智能电表安装率、用电信息采集覆盖率、公共建筑能耗监测系统覆盖率、公交站牌电子化率、城区交通诱导系统安装率、住区电梯远程监测率、住区安全监控传感器安装率指标均达到100%。

通过信息化城市管理，实现城区居民生活的安全、便捷和高效。其投资效益分析将与欧盟 Climat-KIC 机构组成联合团队继续深入研究。

11.4.8 绿色人文建设

保留陈塘庄热电厂冷却塔、铁轨、渤海无线电厂等具有一定工业建成历史、能够反映天津工业发展、在工业建筑设计上具有一定代表性的建筑物、构筑物，通过改造转换为创意园区的文化、商业、办公等类型的建筑。

工业遗产保留了城市变革中重要的物质证据，是对传统产业工人历史贡献的纪念和尊重。发掘其丰厚的文化底蕴，可以满足社会对文化资源的需求，具有城市记忆中特殊的历史和情感价值。认定和保存有多重价值和个性特点的工业建筑遗产，更可以形成无法替代的城市特色。其特殊形象成为城市识别的鲜明标志，对维护城市历史风貌具有特殊意义。

11.4.9 绿色生态城区的组织措施及运行控制

为实现高起点规划、高水平建设的要求，天津解放南路地区开发建设指挥部会同市规划局研究决定，在总体规划和城市设计的基础上编制解放南路地区生态专项规划。规划过程中与城市管理部门、城市运营商、开发商等进行了多次沟通和讨论，与市政、交通、景观及地下空间等相关专项规划进行了多层次和全方位对接。各专项规划之间的相互衔接体现了整合规划设计的原则，为指标体系的实施奠定了基础。生态专项规划成果于2012年12月获得天津市规划局批复，绿色生态指标在本区域开发建设中逐步得到实施。而生态规划中的各项要求将推动形成政府主导、设计引领、开发实施、后期检验四位一体的长效机制。

11.5 经验与问题

解放南路地区生态规划方案策划阶段，新加坡裕廊国际和清华大学共同参加了生态规划指标体系框架的讨论，生态专项规划成果的最终形成得到了中国绿色建筑委员会的指导和支持。

规划过程中与城市管理部门、城市运营商、开发商等进行了多次沟通和讨论，与市政、交通、景观及地下空间等相关专项规划进行了多层次和全方位对接。

结合景观专项规划内容，提出本地植物指数、绿地率、人均公共绿地面积、住区与公共绿地复层绿化比例、河道绿化比例、道路遮阴比例、景观设计节水率、景观照明智能化监控管理系统覆盖率等指标。

结合交通专项规划内容，提出慢行系统覆盖率、快慢行系统衔接、自行车停车位设置比例、混合动力车加气站/电动车充电站设置比例、低排放及节能汽车停车位比例等绿色交通指标，500m公交站点覆盖率、轨道交通站点800m步行距离比例等便捷宜居指标，公交站牌电子化率、社会公共停车场诱导系统覆盖率、城区交通诱导系统安装率等指标。

结合地下空间专项规划内容，提出合理开发利用地下空间、轨道交通站点800m步行距离比例等生态指标。

结合市政专项规划内容，提出污水处理率、固体废物收集率、危废及生活垃圾无害处理率、市政管网覆盖率、清洁能源使用率、能源分类分项计量、雨水入渗与收集利用率、生活垃圾收集间隔等指标。

各专项规划之间的相互衔接体现了整合规划设计的原则，为指标体系实施导则的制定奠定了基础，而实施导则的细化则为生态指标提供了落实的方法和手段。

11.6 结　语

城市既有区域再开发而成的生态城区，是当前我国应重点推进、也是未来发展前景最为广阔的生态城市类型。在解放南路生态城区的开发过程中，欧盟正在参与项目的开发建设，并在既有建筑绿色化改造以及数字化城区建设方面进行合作，中欧双方共同努力将这一地区打造为中心城区的生态示范区。

解放南路地区生态规划指标体系的研究扩展了生态理念，为我国城市绿色生态区域指标体系和评价方法的研究做出有益尝试，具有普遍意义。对我国既有城区绿色改造，打造绿色生态城区具有很强的借鉴意义。其生态规划蓝图的实现，将提升市民生活的幸福感和荣耀感，也将成为我国生态城市建设的创新示范。

作者：张津奕　李旭东　芦岩　李宝鑫（天津市建筑设计院）

附录篇

Appendix

附录1　中国绿色建筑委员会简介
Appendix 1　Brief introduction to China Green Building Council

中国城市科学研究会绿色建筑与节能专业委员会（简称：中国绿色建筑委员会，英文名称China Green Building Council，缩写为China GBC）于2008年3月正式成立，是经中国科协批准，民政部登记注册的中国城市科学研究会的分支机构，是研究适合我国国情的绿色建筑与建筑节能的理论与技术集成系统、协助政府推动我国绿色建筑发展的学术团体。成员来自科研、高校、设计、房地产开发、建筑施工、制造业及行业管理部门等企事业单位中从事绿色建筑和建筑节能研究与实践的专家、学者和专业技术人员。

本会的宗旨：坚持科学发展观，促进学术繁荣；面向经济建设，深入研究社会主义市场经济条件下发展绿色建筑与建筑节能的理论与政策，努力创建适应中国国情的绿色建筑与建筑节能的科学体系，提高我国在快速城镇化过程中资源能源利用效率，保障和改善人居环境，积极参与国际学术交流，推动绿色建筑与建筑节能的技术进步，促进绿色建筑科技人才成长，发挥桥梁与纽带作用，为促进我国绿色建筑与建筑节能事业的发展做出贡献。

本会的办会原则：产学研结合、务实创新、服务行业、民主协商。

本会的主要业务范围：从事绿色建筑与节能理论研究，开展学术交流和国际合作，组织专业技术培训，编辑出版专业书刊，开展宣传教育活动，普及绿色建筑的相关知识，为政府主管部门和企业提供咨询服务。

一、中国绿色建筑委员会（以姓氏笔画排序）

主　　任　王有为　中国建筑科学研究院顾问总工
副 主 任　王　俊　中国建筑科学研究院院长
　　　　　王建国　东南大学建筑学院院长
　　　　　毛志兵　中国建筑工程总公司总工程师
　　　　　叶　青　深圳市建筑科学研究院院长
　　　　　江　亿　中国工程院院士，清华大学教授
　　　　　李百战　重庆大学城市建设与环境工程学院院长
　　　　　吴志强　同济大学副校长

张　桦　上海现代建筑设计（集团）有限公司总裁
张燕平　上海市建筑科学研究院院长
林海燕　中国建筑科学研究院副院长
杨　榕　住房和城乡建设部科技产业化发展中心主任
项　勤　杭州市人大常委会副主任、财经委主任
修　龙　中国建筑设计研究院（集团）院长
徐永模　中国建筑材料联合会副会长
涂逢祥　中国建筑业协会建筑节能专业委员会名誉会长
黄　艳　北京市规划委员会主任

副秘书长　王清勤　中国建筑科学研究院院长助理、科技处处长
李　萍　原建设部建筑节能中心副主任
邹燕青　中国建筑节能协会常务副秘书长

主任助理　戈　亮

通讯地址：北京市三里河路 9 号住房和城乡建设部北配楼南楼 214 室100835
电话：010-58934866 88385280　传真：010-88385280
Email：Chinagbc2008@chinagbc. org. cn

二、地方绿色建筑委员会

广西建设科技协会绿色建筑分会

会　长　广西建筑科学研究设计院院长　彭红圃
秘书长　广西建筑科学研究设计院副院长　朱惠英
通讯地址：南宁市北大南路 17 号 530011

深圳市绿色建筑协会

会　长　深圳市建筑科学研究院院长　叶　青
秘书长　王向昱
通讯地址：深圳福田区上步中路 1043 号深勘大厦 1008 室　518028

中国绿色建筑委员会江苏委员会（江苏省建筑节能协会）

主　任　江苏省住房城乡建设厅建筑节能与科研设计处原处长　陈继东
秘书长　江苏省建筑科学研究院院长　刘永刚
通讯地址：南京市江东北路 287 号 B 座　210036

新疆土木建筑学会绿色建筑专业委员会

主　任　新疆建筑科技发展中心主任　刘　劲
秘书长　新疆建筑勘察设计研究院副总工　张洪洲
通讯地址：乌鲁木齐市光明路 26 号建设广场写字楼 8 层　830002

四川省土木建筑学会绿色建筑专业委员会

主　任　　四川省建筑科学研究院建筑节能所　韦延年

秘书长　　四川省建筑科学研究院建筑节能所　刘　超

通讯地址：成都市一环路北三段55号　610081

厦门市土木建筑学会绿色建筑委员会

主　任　　厦门市建设与管理局副局长　林树枝

秘书长　　厦门市建设与管理局高工　胡建勤

通讯地址：福州北大路242号　350001

福建省土木建筑学会绿色建筑与建筑节能专业委员会

主　任　　福建省建筑设计研究院总建筑师　梁章旋

秘书长　　福建省建筑科学研究院绿色建筑与建筑节能研究所所长　黄夏冬

通讯地址：福州市通湖路188号　350001

福州市杨桥中路162号　350025

山东省建设科技协会绿色建筑专业委员会

主　任　　山东省建筑科学研究院院长　李明海

秘书长　　山东省建筑科学研究院科技处长　王　昭

通讯地址：济南市无影山路29号　250031

辽宁省建筑节能环保协会绿色建筑委员会

主　任　　沈阳建筑大学副校长　石铁矛

秘书长　　辽宁省建筑节能环保协会副秘书长　孙　凯

通讯地址：沈阳市和平区太原北街2号综合办公楼C109　110001

天津市城市科学研究会绿色建筑专业委员会

主　任　　天津市城市科学研究会会长　王家瑜

常务副主任　天津市城市科学研究会秘书长　王明浩

秘书长　　天津市城市建设学院副院长　王建廷

通讯地址：　天津市河西区南昌路116号　300203

天津市西青区津静公路　300384

河北省城科会绿色建筑与低碳城市委员会

主　任　　河北工程大学建筑学院院长　刘立钧

常务副主任　河北省城市科学研究会秘书长　路春艳

秘书长　　邯郸市城市科学研究会会长　申有顺

通讯地址：　石家庄市长丰路4号　050051

邯郸市展览南路1号　056002

中国绿色建筑与节能（香港）委员会

主　任　　香港大学建筑学院副院长　刘少瑜

秘书长　　香港大学建筑学院　张智栋

通讯地址：香港薄扶林道 香港大学建筑系纽鲁诗楼

重庆市建筑节能协会绿色建筑专业委员会

主　任　　重庆大学城市建设与环境工程学院院长　李百战

秘书长　　重庆市建筑节能协会秘书长　曹　勇

通讯地址：重庆市沙坪坝　　400045

重庆市渝北区华怡路 23 号　　401147

湖北省土木建筑学会绿色建筑专业委员会

主　任　　湖北省建筑科学研究设计院院长　饶钢

秘书长　　湖北省建筑科学研究设计院所长　唐小虎

通讯地址：武汉市武昌区中南路 16 号　　430071

上海绿色建筑协会

会　长　　上海市人大城建环保委原主任委员　甘忠泽

秘书长　　上海市城乡建设和交通委员会原副主任　许解良

通讯地址：上海市宛平南路 75 号　　200032

安徽省绿色建筑协会

会　长　　安徽省建工集团原总工　李善志

秘书长　　安徽省住建厅建筑节能与科技处处长　刘　兰

通讯地址：合肥市环城南路 28 号　　230001

郑州市城科会绿色建筑专业委员会

主　任　　郑州市城市科学研究会理事长　魏深义

秘书长　　郑州市城市科学研究会秘书长　高玉楼

通讯地址：郑州市淮海西路 10 号 B 楼二楼东　450006

广东省建筑节能协会绿色建筑专业委员会

主　任　　广东省建筑科学研究院副院长　杨仕超

秘书长　　广东省建筑科学研究院节能所所长　吴培浩

通讯地址：广州市先烈东路 212 号　510500

海南省建设科技委绿色建筑委员会

主　任　　海南华磊建筑设计咨询有限公司董事长、高级建筑师　于　瑞

秘书长　　中国建筑科学研究院海南分院总工程师　胡家僖

通讯地址：海口市海甸岛沿江三东路金谷大厦　570208

内蒙古自治区绿色建筑协会

理事长　　内蒙古自治区住房和城乡建设厅厅长　范　勇

秘书长　　内蒙古城市规划市政设计研究院院长　杨永胜

通讯地址：呼和浩特市如意开发区四维路 9 号　010070

陕西省建筑节能协会

会　长　　陕西省住房和城乡建设厅副巡视员　潘正成

秘书长　　陕西省住房和城乡建设厅建筑节能与科技处处长　杨庆康

通讯地址：西安新城大院省政府大楼9楼　　700004

浙江省绿色建筑与建筑节能行业协会

会　长　　浙江省经委派驻建设厅经检组原副组长　段苏明

秘书长　　浙江省建筑科学设计研究院有限公司副总经理　林奕

通讯地址：浙江省杭州市下城区安吉路20号　310006

河南省生态城市与绿色建筑委员会

主　任　河南省城市科学研究会理事长　蒋书铭

秘书长　郑州市城市科学研究会秘书长　高玉楼

通信地址：郑州市淮海西路10号B楼二楼东　　450006

中国建筑绿色建筑与节能委员会

会　长　中国建筑工程总公司总经理　官庆

副会长　中国建筑工程总公司总工程师　毛志兵

秘书长　中国建筑工程总公司科技与设计管理部副总经理　蒋立红

通讯地址：北京市三里河路15号中建大厦A座18楼　　100037

三、绿色建筑青年委员会

主　任　清华大学建筑学院教授　林波荣

副主任　上海市建筑科学研究院新技术事业部所长　杨建荣

　　　　江苏省住房和城乡建设厅科技发展中心　张赟

　　　　哈尔滨工业大学建筑学院副院长　孙澄

　　　　重庆大学城市建设与环境工程学院副教授　李楠

　　　　华东建筑设计研究院有限公司技术中心总师助理　夏麟

秘书长　浙江大学城市学院副教授　田铁威

四、绿色建筑专业学组

绿色工业建筑学组

组　长：中国建筑学会暖通空调分会名誉理事长　吴元炜

副组长：机械工业第六设计研究院总工　刘筑雄

绿色智能学组

组　长：同济大学同科学院电子与信息技术系主任　程大章

副组长：中国建筑科学研究院顾问副总工　方天培

绿色建筑技术学组

组　长：中国建筑科学研究院副院长　林海燕

副组长：重庆大学城市建设与环境工程学院院长　李百战

绿色人文学组

组　长：住房和城乡建设部人事司司长　陈宜明

副组长：厦门市建设与管理局副局长　林树枝

住房和城乡建设部科技与产业化发展中心绿色建筑评价标识管理办公室主任　宋凌

绿色建筑规划设计学组

组　长：上海现代设计集团有限公司总裁　张桦

副组长：深圳市建筑科学研究院院长　叶青

浙江省建筑设计研究院院长　施祖元

绿色建材学组

组　长：中国建筑材料联合会副会长　徐永模

副组长：中国建筑科学研究院建筑材料研究所所长　赵霄龙

上海市建筑科学研究院总工程师　汪维

绿色公共建筑学组

组　长：中国建筑科学研究院建筑环境与节能研究院院长　徐伟

副组长：招商局地产控股股份有限公司副总经理　王立

绿色建筑理论与实践学组

组　长：清华大学建筑学院教授　袁镔

副组长：中国建筑设计研究院国家住宅与居住环境工程技术研究中心主任　仲继寿

华中科技大学建筑与城市规划学院院长　李保峰

绿色产业学组

组　长：住房和城乡建设部科技与产业化发展中心副主任　梁俊强

副组长：深圳市拓日新能源科技股份有限公司董事长　陈五奎

绿色建筑结构学组

组　长：中国建筑科学研究院建筑结构研究所所长　王翠坤

副组长：清华大学土木水利工程学院土木系教授　聂建国

绿色施工学组

组　长：中国土木工程学会咨询工作委员会执行会长　孙振声

副组长：天津建工集团总工程师　胡德均

中国建筑工程总公司总工程师　毛志兵

绿色建筑政策法规学组

组　长：住房和城乡建设部科技与产业化发展中心主任　杨榕
副组长：清华大学工程管理系主任　方东平

绿色校园学组

组　长：同济大学副校长　吴志强
副组长：沈阳建筑大学副校长　石铁矛
苏州大学金螳螂建筑与城市环境学院院长　吴永发

绿色建筑工业化学组

组　长：万科企业股份有限公司执行副总裁　杜晶
副组长：中国建筑科学研究院建筑材料研究所研究员　张仁瑜

绿色建筑检测学组

组　长：国家建筑工程质量监督检测中心总工程师　邸小坛
副组长：广东省建筑科学研究院副院长　杨仕超
上海国研工程检测有限公司总工程师　孙大明

绿色房地产学组

组　长：中海房地产有限公司总建筑师　罗亮
副组长：上海绿地集团总建筑师　胡京
保利房地产集团股份有限公司副总经理　余英

湿地与立体绿化学组

组　长：住房和城乡建设部城市建设司副司长　陈蓁蓁
副组长：世界屋顶绿化协会副主席　张佐双
世界屋顶绿化协会秘书长　王仙民

绿色医院建筑学组

组　长：天津市建筑设计院副院长　刘祖玲
副组长：中国医院协会医院建筑系统研究分会主任委员　于　冬
中国建筑科学研究院环境与节能工程院副院长　邹　瑜

绿色轨道交通建筑学组

组　长：北京城建设计研究总院院长　王汉军
副组长：北京城建设计研究总院总工程师　杨秀仁
中建一局（集团）有限公司副总工程师　黄常波

绿色小城镇学组

组　长：清华大学建筑学院副院长　朱颖心
副组长：中国城科会绿色建筑研究中心主任　李丛笑

绿色物业与运营学组

组　长：天津城市建设学院副院长　王建廷
副组长：新加坡建设局国际开发署署长　许麟济

天津天房物业有限公司董事长　张伟杰

中国建筑科学研究院环境与节能工程院副院长　路　宾

广州粤华物业有限公司董事长、总经理　李健辉

天津市建筑设计院总工程师　刘建华

绿色建筑软件和应用学组

组　长：建研科技股份有限公司总工程师　金新阳

副组长：清华大学教授　张智慧

附录2　中国城市科学研究会绿色建筑研究中心简介

Appendix 2　Brief introduction to CSUS Green Building Research Center

中国城市科学研究会绿色建筑研究中心（CSUS Green Building Research Center，缩写为CSUS-GBRC）成立于2009年7月，是中国城市科学研究会直属的绿色建筑官方授权权威评价机构，同时也是面向市场提供技术服务的综合性技术服务机构。

绿色建筑研究中心主要业务有：经住房和城乡建设部授权，在全国范围内进行一星级、二星级和三星级绿色建筑标识评价，绿色工业建筑标识评价，住房和城乡建设部绿色施工科技示范科技工程评价；绿色建筑标准化研究；绿色建筑课题研究；绿色建筑咨询；绿色建筑技术合作；绿色建筑技术教育培训等。

绿色建筑标识评审方面：共组织开展531个绿色建筑标识的评审工作（包括18个绿色建筑运营项目），在全国率先开展了17个绿色工业建筑标识评审工作（包括2个绿色工业建筑运营项目）、香港地区11个绿色建筑标识的评价工作。

住房和城乡建设部绿色施工科技示范科技工程评价方面：与土木工程学会咨询委员会、中国绿色建筑专业委员会共同组织评审85项绿色施工科技示范工程。

信息化方面：创建绿色建筑在线评审信息化平台，2014年已开始对一星级绿色建筑进行在线网上评审。开发建设了“绿色建筑咨询网”，深入宣传推广绿色建筑。

科研及标准制定方面：参与《绿色建筑评价标准》（GB 50378—2006）修订，《绿色工业建筑评价标准》、《绿色建筑评价标准（香港版）》、《绿色小城镇评价标准》、《绿色建筑检测技术标准》等编制工作；承担住房和城乡建设部、原铁道部的多项课题研究工作；拓展国际学术交流领域，与美国、加拿大、德国、马来西亚、新加坡等绿色建筑评价机构保持密切联系；开展绿色建筑咨询。

培训方面：成功举办11批绿色建筑宣贯培训班。

绿色建筑研究中心依托中国绿色建筑与节能专业委员会、中国建筑科学研究院，有效整合资源，充分发挥有关机构、部门的专家队伍优势和技术支撑作用，按照住房和城乡建设部相关文件要求开展绿色建筑评价工作，确保评价工作的科学性、公正性、公平性，已经成为我国绿色建筑评价工作的重要力量，并将在满足市场需求、规范绿色建筑评价行为、引导绿色建筑实施等方面发挥积极作用。

联系地址：北京市海淀区首体南路9号主语国际7号楼1201室（100048）
电话：010-68720069
传真：010-68722119
E-mail：gbrc@csus-gbrc. org
网址：http：//www. csus-gbrc. org

附录 3　绿色建筑联盟简介

Appendix 3　Brief introduction to Green Building Alliance

1　热带及亚热带地区绿色建筑联盟

为了探讨热带及亚热带地区绿色建筑发展面临的共性问题，推动热带及亚热带地区绿色建筑的快速深入发展，在中国绿色建筑委员会和新加坡绿色建筑协会的倡议下，2010 年 12 月 6 日～7 日，新加坡、马来西亚、印度尼西亚等热带及亚热带地区国家和中国内地及港澳台地区的近 300 名专家、学者汇聚深圳，隆重召开热带及亚热带地区绿色建筑联盟成立大会，并同期举办第一届热带及亚热带地区绿色建筑技术论坛，分享绿色建筑成果和经验。深圳市副市长张文、中国绿色建筑委员会主任王有为、新加坡绿色建筑委员会第一副主席戴礼翔分别致辞，宣告联盟正式成立。中国住房和城乡建设部仇保兴副部长在大会上作专题报告。

第二届热带及亚热带地区绿色建筑联盟大会于 2011 年 9 月 13 日至 16 日在新加坡召开。李百战副主任代表中国绿建委致辞，回顾了热带及亚热带地区绿色建筑委员会联盟成立大会暨第一届绿色建筑技术论坛的精彩时刻，并对本届论坛主办方新加坡绿色建筑委员会表示了感谢。之后与会专家主要围绕热带、亚热带地区绿色建筑设计、遮阳技术、自然通风与湿度控制、立体绿化和建筑碳排放计算等五个主题进行了交流研讨。

第三届热带及亚热带地区绿色建筑联盟大会于 2012 年 7 月 4 日至 6 日在马来西亚首都吉隆坡国际会议中心成功举行。来自马来西亚、中国、新加坡、印度尼西亚绿色建筑委员会和世界绿色建筑委员会的代表，以及这些国家的专家、学者和建筑师、工程师近千人出席大会。本届大会的主题是“自然热带、真正创新”，上午为大会综合论坛，下午分设 5 个分论坛：建筑仿生、热带创新、绿色管理、绿色收益和绿色建筑案例。

第四届热带及亚热带绿色建筑联盟大会暨海峡绿色建筑与建筑节能研讨会于 2013 年 6 月 19 日～20 日在福州召开。本届大会由中国绿色建筑与节能委员会和新加坡绿色建筑委员会主办，由福建省建筑科学研究院为主承办，亚热带地区各兄弟省市绿建委协办，得到了福建省住房和城乡建设厅的大力支持。来自新加坡、马来西亚、中国香港、中国台湾，内地广东、广西、海南、深圳等省市，以及福建省代表近 300 名参加交流会。大会围绕“因地制宜·绿色生态”的主题展开 24 场精彩报告。

2 夏热冬冷地区绿色建筑联盟

2011 年 10 月，在中国绿色建筑与节能委员会的积极倡议和各相关地区的共同响应下，在江苏南京联合成立了“夏热冬冷地区绿色建筑委员会联盟”。该联盟已成为研究探讨相同气候区域绿色建筑共性问题及加强国内国际相关机构和组织交流与合作的重要平台，并将对推动夏热冬冷地区绿色建筑与建筑节能工作的健康发展产生深远的影响。

为着力发挥联盟的作用，深入开展夏热冬冷地区绿色建筑相关研讨交流，更好整合地方资源以形成推广合力，第二届夏热冬冷地区绿色建筑联盟大会于 2012 年 9 月 13 日～14 日在上海举行。此次大会以“研发适宜技术、推进绿色产业、注重运行实效”为主题，展示作为配合会议的实体呈现，将结合优秀案例与运营效果，健康推进夏热冬冷地区建筑节能技术的发展与实际应用。此次大会吸引 600 余位来自政府主管部门、国际国内绿建专家、国内领先科研机构院校知名学者、建筑领域知名企业代表、主流媒体专业人士参会。

2013 年 10 月 25 日，第三届夏热冬冷地区绿色建筑联盟大会在重庆召开。大会邀请了包括英国工程院院士、联合国教科文组织副主席、美国总统顾问、国际著名期刊主编在内的，来自美国、英国、芬兰、日本、丹麦、葡萄牙、新西兰、塞尔维亚、埃及、韩国以及中国香港等近 20 个国家和地区的 100 余位（其中境外专家 40 余位）知名专家、建筑领域知名企业代表，共计 400 余名专家、学者代表出席了本次大会。大会共设“可持续建筑环境”、“生态环境”、“绿色生态城区建设”、“既有建筑绿色改造”和“绿色建筑技术”五个分论坛。第四届夏热冬冷地区绿色建筑联盟大会将于 2014 年在武汉举行，由湖北省绿色建筑专业委员会承办。

3 严寒和寒冷地区绿色建筑联盟

“严寒和寒冷地区绿色建筑联盟”是我国继“热带及亚热带地区绿色建筑联盟”和“夏热冬冷地区绿色建筑联盟”之后成立的第三个区域型绿色建筑联盟。标志着我国绿色建筑发展从南到北进入了全面区域合作的新阶段。

由中国绿色建筑与节能委员会、天津市城乡建设和交通委员会主办，天津市城市科学研究会绿色建筑专业委员会承办的“严寒和寒冷地区绿色建筑联盟成立大会暨第一届严寒寒冷地区绿色建筑技术论坛”于 2012 年 9 月 27 日～28 日在天津市隆重举行。来自国内严寒和寒冷地区 16 个省、市、区和加拿大、英国等国家绿色建筑领域的代表 300 余人参加了大会，共同见证严寒和寒冷地区绿色建筑联盟的成立。

第二届严寒和寒冷地区绿色建筑联盟大会于 2013 年 9 月 23 日在沈阳建筑大学举行，本届大会由沈阳建筑大学和辽宁省绿色建筑专业委员会承办。来自严寒和寒冷地区的天津、北京、内蒙古、陕西、河南、辽宁等省市绿色建筑委员会（协会）代表、科研机构、高等院校、政府主管部门的百余名学者和专业技术人员及沈阳建筑大学的200余名师生代表参加了活动。芬兰国立技术研究中心（VTT）代表团专家也应邀出席大会。大会设两个分论坛：公共机构绿色建造技术理论与实践；北方绿色建筑青年设计师论坛，有十二位国内专业人士和两位芬兰专家在分论坛演讲，研讨内容涉及中国古代绿色建筑观、绿色建筑设计案例、绿色酒店建筑实际运行效果研究、内蒙古和辽宁地区的绿色建筑实践、绿色建筑技术在医院建筑设计中的运用、绿色中小学建设特点、装配式住宅、光伏建筑一体化设计、绿色建筑设计模拟软件应用等。第三届严寒和寒冷地区绿色建筑联盟大会将于2014年在内蒙古举行。

附录4　2013年度标识项目统计表

Appendix 4　List of green building labelling projects in 2013

2013年度设计标识项目统计表

序号	项目类型	项　目　名　称	星级
1	住宅建筑	深圳市莲塘地块罗湖区保障性住房	★
2		深圳市中信领航里程花园	★
3		深圳市龙岗区坂田保障性住房	★
4		深圳市中粮一品澜山花园	★
5		深圳市香蜜苑5栋	★
6		深圳市中洲宝城26区7号楼保障性住房	★
7		深圳市龙岗区2010年保障性住房（葵涌地块）项目	★
8		深圳市天颂雅苑	★
9		深圳市阅景花园	★
10		常州长河花园	★
11		常州聚湖雅苑小区	★
12		昆山花桥国基城邦花园	★
13		绿地连云港观湖一号B3-3地块高层住宅	★
14		盐城新百龙泊湾花苑	★
15		江阴金众香颂里住宅项目（高层区）	★
16		中交南京上坊保障房12号地块	★
17		绿城南京岱山保障房5号、12号和16号地块	★
18		南京保利梧桐语项目	★
19		青岛天泰美家专属服务公寓	★
20		南昌绿地·未来城101-116号楼	★
21		蚌埠万达广场商住用房（1～13号）	★
22		江阴澄地2009-C-100地块5、7号楼住宅项目	★
23		镇江新区光华路小型综合体（A）地块公租房	★
24		常熟龙腾39号地块经济适用房二期项目	★
25		成都万科海悦汇城三期14、15号楼	★
26		成都万科金色领域11～14号楼	★
27		成都万科魅力之城四期42、43号楼	★

续表

序号	项目类型	项　目　名　称	星级
28	住宅建筑	吕梁市泛华盛世小区二期工程 9 号、10 号楼	★
29		南京万晖上坊保障房 8 号地块	★
30		天台・杨帆石梁龙湾小区 55～62 号楼	★
31		天津天保金海岸・喜蜜湾项目（天津港保税区生活区 B01/04 地块）	★
32		济宁太白路万达广场 8 号楼	★
33		上海地产馨越公寓	★
34		上海创新家苑	★
35		上海浦东新区唐镇 1 号区级动迁基地 W18－6 街坊经适房项目	★
36		唐山市学警路保障性住房 A－01、A－02 地块住宅楼	★
37		唐山市女织寨保障性住房 A-02、A-03、A-04 地块住宅楼	★
38		唐山市孙家庄保障性住房 A-01、A-02、A-03、A-04 地块住宅楼	★
39		东莞市万科长安广场二期（5、6 栋）	★
40		东莞市万科金域国际花园一期（1～8 号楼）	★
41		东莞市万科金域松湖一期三标（9～16、29 号楼）	★
42		重庆万科城一、二、三期	★
43		重庆金茂・珑悦北区住宅	★
44		江苏省武进出口加工区便利中心一期 1～2 号楼	★
45		连云港市茗昇花园保障房项目	★
46		平阳蓝田花苑安置房一期、二期项目	★
47		北京市顺新绿色家园 401～413 号楼	★
48		北京市东亚・瑞晶苑	★
49		兰州万达广场住宅 1 号、2 号、3 号楼	★
50		厦门万科・金域华府 A-5 地块（12、13、15-21 号楼）	★
51		广州保利紫林香苑 4、5、11、12 号楼	★
52		银川西夏万达 A 区住宅 1～6 号楼	★
53		桂林市雁山区廉租住房一期	★
54		深圳市永福苑	★
55		深圳市保利上城花园（一期）10 栋	★
56		深圳市金城大第花园项目（除去幼儿园地块）	★
57		深圳市嘉宏湾花园二期	★
58		深圳市龙悦居四期	★
59		深圳市茗语华苑	★
60		深圳市南山建工村保障性住房项目（1-12 栋）	★

续表

序号	项目类型	项 目 名 称	星级
61	住宅建筑	深圳市嘉信蓝海华府项目	★
62		仙居永安花园 1～3、5～10、12、16 号楼	★
63		郑州华润悦府住宅一期 1～4 号楼	★
64		上海嘉定区城北大型经济适用房南块（1、3 号地块）1～12 号楼	★
65		上海嘉定区城北大型经济适用房南块（2、4 号地块）1～11 号楼	★
66		南京汇杰新城保障性住房 1、4、5、7、8、10 号组团住宅楼	★
67		南京岱山西侧保障性住房 8、9、10、11 号组团住宅楼	★
68		西善桥岱山西侧 C 片保障性住房	★
69		西善桥岱山西侧 A 片经济适用住房	★
70		徐州云龙万达广场北区住宅 1-10 号楼	★
71		武汉中央文化区 K4 项目一期 K4-1-1、K4-1-2、K4-1-4、K4-1-5、K4-2-2、K4-2-4 号住宅楼	★
72		杭政储出（2009）53 号地块商品住宅-紫郡东苑 B 区 1 号、3 号、7 号、10 号、13 号、14 号、15 号楼	★
73		万科悦府三期	★
74		东莞长安万达广场住宅区（1～9 号楼）	★
75		淄博创业·齐悦国际花园 N1～N12、N15～N33 号住宅楼	★
76		东莞万科翡丽山二期 20～28 号楼	★
77		惠州星河丹堤花园 E 区南区 E1～E4 栋（7 组团）	★
78		深圳机场值班保障用房	★
79		深圳桃花园 D 区人才公寓	★
80		深圳市观澜安居商品房项目	★
81		深圳市龙岗区 2010 年保障性住房（南约地块）项目	★
82		天津市解放南路地区 40 号地安置商品房	★
83		天津市解放南路地区 22 号地安置商品房	★
84		东莞东城万达广场 C 区 7、8、10、11、13～16、18、19 号楼	★
85		佛山南海万达华府（1～7 号楼）	★
86		长沙金茂梅溪湖住宅一期高层 1～13 号楼	★
87		马鞍山万达广场住宅项目 1～3 号楼	★
88		邵阳金鹏嘉苑二期 10～12 号楼	★
89		淮安中南世纪城一期项目	★
90		南通如东沿海经济开发区生活配套区及公租宿舍楼项目	★
91		盐城柏润花园	★

续表

序号	项目类型	项　目　名　称	星级
92	住宅建筑	郑州保利百合小区1～9号楼	★
93		绿地贵阳伊顿公馆A区A-1～A-7号楼	★
94		福清万达广场B区商住用房（B1～B6号楼）	★
95		荆州万达广场住宅地块（A、B、C区）	★
96		崂山区午山馨苑公共租赁住房东地块住宅项目	★
97		淮安绿地世纪城二期高层住宅	★
98		华润·中央公园三期住宅楼	★
99		齐齐哈尔万达广场住宅	★
100		烟台芝罘万达广场南区B地块E组团住宅	★
101		蚌埠海亮明珠（1～3、5～13、15、16号楼）	★
102		济南省直汉峪住宅区B区1～24、C区1～18、D区1～6号楼	★
103		武汉保利·时代K17地块二区住宅项目	★
104		阳泉市国电满庭春商住一期工程1～3号楼	★
105		阳泉市保晋路棚户区改造工程（盛世新城）一期1、8～10号楼	★
106		青岛嘉凯城·时代城Ⅱ期·东方龙城（H1～H14号楼）	★
107		青岛鸿泰锦园项目	★
108		哈尔滨万达文化旅游城-3号地住宅	★
109		惠州市博罗县双城峰景（一期）	★
110		佛山·绿地尚品花园8、9号楼	★
111		仙居大卫世纪城永乐花园（1～3、5、6号楼）	★
112		仙居大卫世纪城永丰花园（1～3、5、6号楼）	★
113		南昌·绿地学府公馆1～4号楼	★
114		青岛李沧万达广场10-4-2地块（4-1～4-8号住宅楼）	★
115		西双版纳国际旅游度假区住宅1-2期1～45号楼	★
116		深圳市光明锦鸿花园项目	★
117		深圳市宏发上域9号楼项目	★
118		深圳市中信龙盛广场1栋1单元项目	★
119		深圳市东城中心花园一期D栋项目	★
120		深圳市前海保障性住房（龙海家园）项目	★
121		深圳市宏发君域花园3栋C座项目	★
122		深圳市熙璟城豪苑项目	★
123		深圳市荷康花园4号保障性住房项目	★
124		秦皇岛南岭国际社区二、三区1～10、12～33号住宅楼	★

续表

序号	项目类型	项 目 名 称	星级
125	住宅建筑	唐山市边各寨保障性住房 A03 地块 B01～B09 号住宅楼	★
126		保利·茉莉公馆一区 1、2、7、8 号楼住宅项目	★
127		成都华润置地幸福里 2 号地块 1～10 号楼	★
128		温州万科龙湾城市中心区 A02 地块 1、3、5～22 号楼	★
129		常州武进万达广场 D、E、F 区住宅	★
130		南充上海滩花园一区 1～22 号楼	★
131		西安华润·二十四城（1～18 号楼）	★
132		龙岩建发·龙郡 1～3、12 号楼	★
133		济南盛景家园居住组团 A～N 座住宅楼项目	★
134		济南西客站安置一区 10-2 地块 1～8 号住宅楼项目	★
135		天津蓟县新城示范镇 A1 地块 1～8 期住宅项目	★
136		深圳市颂德花园	★
137		深圳市香林世纪华府	★
138		深圳市龙岗区保障性住房（宝龙工业城地块）一期项目	★
139		深圳市龙岗区保障性住房（宝龙工业城地块）二期项目	★
140		深圳市满京华喜悦里华庭一期 4 栋	★
141		安庆凯旋尊邸 1～20 号楼	★
142		合肥中铁滨湖名邸 1～15 号楼	★
143		芜湖绿地镜湖世纪城新里海顿公馆 1～3、5～7、18～21 号楼	★
144		杭州江南御府（杭政储出【2009】22 号地块）	★★
145		厦门市翔安新店镇洋唐居住区保障性安居工程	★★
146		南京宇业·和府奥园	★★
147		太仓水岸华府	★★
148		江阴佳兆业·城市广场三期 1 号～5 号	★★
149		烟台黄金家园 1～5 号楼	★★
150		烟台保利·香榭里公馆 1～18 号楼	★★
151		济宁森泰·御城二期住宅工程	★★
152		淄博正承·PAPK 一期 B 区 2、3、6、10 号楼	★★
153		淄博蓝溪桓公花园 1～11 号楼	★★
154		济宁人文嘉园小区 1～23 号楼	★★
155		宝鸡市城市新天地二期·美墅住宅项目	★★
156		陕西省安康市兴科明珠小区 9 号楼项目	★★
157		湖北十堰千福·上庸 3～6、8～9 号楼	★★

续表

序号	项目类型	项 目 名 称	星级
158	住宅建筑	济源沁园春天 A 区一期	★★
159		商丘汇豪天下	★★
160		洛阳帝都国际（8～10、14、15 号楼）	★★
161		昆明“金色领域小区”一、二期	★★
162		海南华润石梅湾九里一期 B 区公寓	★★
163		呼和浩特巴比伦花园	★★
164		唐山龙泽尚品住宅小区	★★
165		厦门建发·中央湾区 E30 地块（1-8 号）	★★
166		昆山花桥中桥人才公寓	★★
167		西安“华清学府城”二期一阶段项目	★★
168		陕西商南县朝阳馨苑商住楼项目	★★
169		太原市光信·国信嘉园 3-17 号楼	★★
170		朔州市万泉福城小区 1-5 号楼	★★
171		忻州市帝豪世纪花园住宅小区 1-5 号楼	★★
172		长治市世纪名城 1～5 号、7 号、8 号、11～13 号住宅楼	★★
173		运城市绛州·水木清华一期 1-14 号楼	★★
174		运城市新绛盛世家园一期梅园 3 号、5 号、6 号楼，二期兰园 1～3 号、5～8 号楼	★★
175		慈溪诚园一期 R－11 地块（1～10 号楼）	★★
176		青岛福瀛·天麓湖工程	★★
177		武汉市凯乐桂园（一期住区）	★★
178		宜昌市猇亭公租房三号地块项目	★★
179		上海朗诗未来树 1～24 号楼	★★
180		承德市钓鱼台·赏枫庭小区	★★
181		保定市源盛嘉禾小区 A 区 1～3、9～12、17～20、27～29 号楼	★★
182		保定市红山庄园 C1、C2、C5～C7 号住宅楼	★★
183		保定市长城家园住宅小区 A1～A6、B1～B4 号住宅楼	★★
184		衡水市广泰瑞景城 6～9 号楼	★★
185		昆山花桥米筛巷小区	★★
186		苏州中新科技城人才公寓二期	★★
187		万晖南京上坊保障房 1 区住宅	★★
188		北京市东方太阳城三期（A113、A123、A135 号楼）	★★
189		青海省乐都县丽水湾住宅小区二期	★★
190		西宁市新华联广场一期工程	★★

续表

序号	项目类型	项 目 名 称	星级
191	住宅建筑	西宁市萨尔斯堡一期项目	★★
192		西宁市紫恒帝景花苑住宅小区二期（16、17、21、22、30、31、36、37、43、49号楼）	★★
193		西宁市夏都府邸西区项目	★★
194		大连天邦·蓝海悦府一期4-B13楼	★★
195		海口市伊泰·天骄项目1-1号楼～1-5号楼	★★
196		深圳市光明新城整体拆迁统建上楼启动区项目拆迁安置房——万丈坡拆迁安置房	★★
197		深圳市光明新城整体拆迁统建上楼启动区项目拆迁安置房——高新西塘家拆迁安置房	★★
198		嘉善御景湾花园1、2、6、7、8号楼	★★
199		永康市锦绣江南二期项目	★★
200		上海瑞虹新城三期6号地块1～3、5～11号楼	★★
201		上海斜土街道107街坊龙华路1960号地块（南块）高层住宅	★★
202		上海创智天地嘉苑	★★
203		上海新江湾城C4-P2地块2～16号楼	★★
204		苏州工业园区建屋乐龄公寓1-6号住宅楼	★★
205		泰兴惠和佳园	★★
206		中交南京上坊保障房14号地块住宅楼	★★
207		中新天津生态城世茂新城02地块住宅	★★
208		中新天津生态城季景园住宅项目（6号、7号、10号地块）	★★
209		天房中新天津生态城住宅项目（一期）（T-1～T-14、U-1～U-3）	★★
210		常州弘阳上城1～3、5～7、9号楼	★★
211		武汉市永清片区综合开发B13B17住宅项目	★★
212		宁夏中房实业集团玺云台一、二期	★★
213		宁夏中房实业集团东城人家（三期）	★★
214		盐城市盐塘家园（3号，5～10号楼）	★★
215		苏州朗诗·未来街区	★★
216		杭政储出（2009）53号地块商品住宅-紫郡东苑B区11号、12号楼	★★
217		昆山花桥集善路东侧地块住宅项目	★★
218		昆山花桥国际商务城人才公寓（三期）	★★
219		淮安邦德云鼎公寓	★★
220		滨州新河金都住宅小区1～3、12、13、15号楼	★★

续表

序号	项目类型	项 目 名 称	星级
221	住宅建筑	滨州新河金都住宅小区5～11号楼	★★
222		淄博耐材北旺花园1～16号楼	★★
223		东营农业高新技术产业示范区职工保障性住房（南郊花园）一期1～3、5～13、15～18号楼	★★
224		东营农业高新技术产业示范区职工保障性住房（南郊花园）二期1～3、5～13、15～23、25～33、35～38号楼	★★
225		山东德州康博公馆5～8号楼	★★
226		济南舜兴东方项目1～6号住宅楼	★★
227		泰安绿地公馆4-1～4-4、3-1～3-3号楼	★★
228		山东泰安三合御都住宅小区1～86号楼	★★
229		合肥市淮委合肥水利科研基地居住区一期（1～3、5～13、15～21号楼）	★★
230		深圳深房御府（西区）	★★
231		孟州市河阳街道办事处长店中心社区（一期）	★★
232		济源和景花园	★★
233		石家庄岳村旧村改造项目（百岛绿城）G05～G13号楼	★★
234		石家庄军创国富花园住宅小区101～109号住宅楼	★★
235		衡水市靓景名居11、12、14～17号住宅楼	★★
236		南京旭日爱上城7区1～6号楼、10区1～6号楼	★★
237		北京回龙观文化居住区F05区项目4～29号楼	★★
238		上海浦江瑞和城五期25～29号楼	★★
239		上海建发新江湾嘉苑1～7号楼	★★
240		马鞍山御景园居住区41～50号楼	★★
241		绿地合肥滨水花都（1、3～9号楼）	★★
242		承德隆化福地华园小区1～6号住宅楼	★★
243		石家庄迎宾苑小区1～7号住宅楼	★★
244		石家庄燕都紫阁小区1～8号住宅楼	★★
245		衡水丽景华苑小区1～15号楼	★★
246		衡水中景天玺香苑小区2、3、5～12、15～18号住宅楼	★★
247		衡水中通御景小区1～3、5、7～10号住宅楼	★★
248		邢台任县中央公元小区6～10、11～13、15～17号住宅楼	★★
249		鹿泉市北新城村旧村改造工程北区（秀水名邸）1～7号住宅楼	★★
250		邢台任县林庄西部片区改造项目（枫林华府）5、7、9、11、13～18号住宅楼	★★

续表

序号	项目类型	项 目 名 称	星级
251	住宅建筑	常州招商花园城项目一期	★★
252		积水无锡太科园项目（25、26、27、28号楼）	★★
253		昆山嘉景丽都一期	★★
254		昆山佛奥中金棕榈湾花园二期	★★
255		馨港雅居安置小区	★★
256		南京汇杰新城保障性住房03号组团	★★
257		苏州工业园区栖湖名苑高层公寓	★★
258		桂林市临桂新区新城国奥小区	★★
259		福建中节能·美景家园（北山节能示范项目）1～8号项目	★★
260		内蒙古包头万郡·大都城住宅小区（1～15栋）项目	★★
261		昆山周市地块保障性住房（一期）(13、14、25～27号楼)	★★
262		荆州“未来馨居”住宅项目	★★
263		武汉招商·公园1872项目A2地块高层住宅	★★
264		黄石大桥·一品园1～8、12、13号楼	★★
265		荆州市金江宝邸18～23、25～28、30～33号楼	★★
266		石家庄天海·誉天下东王旧村改造（A区）6～9、11～14号住宅楼	★★
267		石家庄天海·誉天下东王旧村改造（B区）2～4号住宅楼	★★
268		定州君悦华府住宅小区1、5、9号住宅楼	★★
269		崂山区午山馨苑公共租赁住房8～14号楼	★★
270		呼和浩特希望加州华府二期1、6、7号住宅楼	★★
271		泗洪半岛国际花园1-10号楼	★★
272		常州金东方颐养园老年公寓一期	★★
273		南昌辉煌家园住宅小区	★★
274		安康宝业御公馆2、3、4、6、8号楼	★★
275		合肥大溪地现代城六期（73～76、79～83、85～90号楼）	★★
276		济南高新区大汉峪村旧村改造工程1～13、15～20号楼	★★
277		济南尚品燕园住宅项目1～10号楼	★★
278		济南中国铁建国际城1～12号住宅楼	★★
279		孝昌中顺新天地二期工程	★★
280		襄阳国色天襄B12号楼	★★
281		襄阳国色天襄C8、C15～C17号楼	★★
282		仙桃满庭春MOMA12、13、15、21号楼	★★
283		运城市鑫地理想城	★★

续表

序号	项目类型	项 目 名 称	星级
284	住宅建筑	大同市紫润芳庭小区 1～3、6、7 号楼	★★
285		洛阳状元府邸（1～6、13～17 号楼）	★★
286		洛阳鹤鸣小区	★★
287		洛阳铁道・龙锦嘉园	★★
288		洛阳岭南春色嘉园	★★
289		洛阳文兴水尚（一期）	★★
290		洛阳香堤雅居（1～3、6～8 号楼）	★★
291		洛阳盛世新天地	★★
292		新乡绿茵河畔	★★
293		南阳内乡菊韵花苑（三期）	★★
294		许昌万象春天（1～11 号楼）	★★
295		苏州石湖天玺 1、2、5、6 号楼	★★
296		南京金帆北苑地块经济适用住房一期	★★
297		盐城市观湖名邸（9～13 号、15～20 号楼）	★★
298		教育教学区学生公寓 AS-4、AS-5 号楼	★★
299		淮安金润城住宅小区	★★
300		天津生态城红树湾二期 8-15 号楼	★★
301		大连保利西山林语 A26～A37、B1～B22、C1、C2、D1～D3 号住宅楼	★★
302		苏州苏地 2011-B-40 地块住宅项目	★★
303		深圳市万科翡逸郡园 C 座保障房项目	★★
304		保定市旧城府河片区改造回迁安置房 B 区 1～9、12 号住宅楼	★★
305		沧州阿尔卡迪亚・芳菲苑一期 1～6 号住宅楼	★★
306		承德和润新城・畅园 1、4、6、7、14～17 号住宅楼	★★
307		邢台水岸绿城居住区（佳洲美地）9～11、14～20、24、27～37、39、42～44、46～52 号住宅楼	★★
308		晋州市绿色家苑 7、8、10～13 号住宅楼	★★
309		孝感中建・国际花园二期	★★
310		随州迎宾花园一期居住建筑项目	★★
311		襄阳车城・连山鼎府一期、二期项目	★★
312		北京城建・琨廷 0053 地块、0061 地块、0062 地块住宅项目	★★
313		北京城建・福临家园 1～5 号住宅楼	★★
314		苏州中海八号公馆项目	★★
315		中新天津生态城 97A 地块建设公寓	★★

续表

序号	项目类型	项 目 名 称	星级
316	住宅建筑	汉中世居·金色蓝镇	★★
317		渭南天久·一品	★★
318		昆明建工新城锦绣园	★★
319		烟台澎湖山庄 1～24 号楼	★★
320		烟台付家 C 地块（桦林·颐和苑）18～40 号楼	★★
321		烟台金潮格林小镇一期项目 17～25 号楼	★★
322		烟台万科大疃项目 6～9 号住宅楼	★★
323		烟台万科假日风景 24、25、35～38、47、48、56～59 号楼	★★
324		济南鲁邦·奥林逸城 A1、A2 地块 1～14 号楼项目	★★
325		济南三庆城市主人 1～13 号住宅楼项目	★★
326		济南贤文旧村居改造南区 1～15 号楼	★★
327		济南中建长清湖小区 B2 地块二期 33～37、39～41、43～48 号项目	★★
328		济南商河豪门又一城项目 58～72 号住宅楼	★★
329		深圳市三科麓湾居 7、9、10 栋	★★
330		淮北首府小区 1～11 号楼	★★
331		昆明市 2012 年大漾田市级统建公共租赁住房项目	★★★
332		广州万科东荟花园三期 A7-A12 栋	★★★
333		厦门万科海沧万科城一期 1 号楼	★★★
334		上海万科地杰国际城 B 街坊 7-14 号楼	★★★
335		无锡魅力之城健康公寓 B8 组团 1-4 号楼	★★★
336		芜湖万科城北区一期（3-9 号楼）	★★★
337		昆明苏家塘“城中村”改造项目（2 号地块）二期（1-8 号楼）	★★★
338		天津万通生态城新新家园住宅项目 12-22 号楼	★★★
339		成都万科金色海蓉三期（1、2 号楼）	★★★
340		威海古陌祥云花园（D1～D13、G1～G13 号楼）	★★★
341		山西晋城铭基凤凰城 16-19 号楼	★★★
342		广西绿色建筑示范小区一期住宅部分（2 号楼、3 号楼、15 号楼）	★★★
343		桂林华御公馆住宅小区	★★★
344		苏州玲珑湾九、十区高层住宅（58～63、65、66 号楼）	★★★
345		天津万科东丽湖万科城赛道南（赏湖苑）项目（1～9 号楼）	★★★
346		天津万科东丽湖万科城五期中心（1～7 号楼）	★★★
347		天津蓟县山水和苑住宅工程 1～24 号楼	★★★
348		北京万橡府 1、2 号楼	★★★

续表

序号	项目类型	项 目 名 称	星级
349	住宅建筑	乌鲁木齐市秀城（1～11 号住宅楼）	★★★
350		香港新界元朗区朗晴邨（前元朗邨）公共租住房屋发展计划	★★★
351		启德第一甲区公共房屋发展—启晴邨	★★★
352		武汉市阳逻开发区花园农民新村	★★★
353		南昌博泰蓝岸香舍一期 2～24 栋	★★★
354		乌兰察布新时代家园住宅小区	★★★
355		扬州恒通・帝景蓝湾花园（江都）1～17 号楼	★★★
356		宁夏银川市玺云台小区 7、11、18、19、23 号住宅楼	★★★
357		上海绿地新江湾名邸 1～6 号楼	★★★
358		无锡朗诗太湖绿珺花园 6、8、9 号楼	★★★
359		西安万科金域华府三期（22～26 号楼）	★★★
360		安徽池州香樟里・那水岸住宅小区 1～13 号楼	★★★
361		天津天蓟・美域新城一期 14、15、20～24 号楼	★★★
362		九江满庭春 MOMA 住宅区 5 号楼	★★★
363		北京市通州区帅府小区二期项目 2～8 号住宅楼	★★★
364	公共建筑	温州龙湾建设大厦	★
365		深圳市中广核大厦	★
366		深圳市宝安区妇幼保健院	★
367		重庆万州万达广场酒店	★
368		重庆万州万达广场购物中心	★
369		花桥国际信息城一期	★
370		南昌绿地・未来城 04-03 地块（218、219、222、223、224 号楼）	★
371		厦门集美万达广场	★
372		哈尔滨哈西万达广场购物中心	★
373		哈尔滨哈西万达广场五星级酒店	★
374		南京紫东国际创意园 A1-A3 科研楼	★
375		淮安大剧院	★
376		常熟市污水处理调度控制中心办公楼	★
377		昆山综合保税区派出所办公楼	★
378		抚顺万达广场购物中心	★
379		无锡惠山万达广场购物中心 3、4、5 号写字楼	★
380		宜兴万达酒店	★
381		宜兴万达广场购物中心	★

续表

序号	项目类型	项目名称	星级
382	公共建筑	晋中市榆次森博幼儿园	★
383		晋中市精神病院门诊住院楼	★
384		长治市城区淮海小学科技楼	★
385		临汾市黄河蛇曲地质博物馆	★
386		潜江市世博湖北馆复建工程	★
387		抚顺万达广场嘉华酒店	★
388		苏州独墅湖网球中心	★
389		北京低碳能源研究所及神华技术创新基地项目科研楼3号（301）、教学楼（302）、神华展厅（304）、职工集体宿舍及配套（305）	★
390		北京市朝阳区西大望路27号住宅及代建公建项目-G1号办公楼和G3号配套公建	★
391		广东省阳江市海陵岛保利皇冠假日酒店	★
392		长春宽城万达广场大商业	★
393		余姚万达广场大商业	★
394		苏州市国土资源局吴中分局业务综合用房	★
395		丹东万达嘉华酒店	★
396		丹东万达广场购物中心	★
397		沈阳奥体万达广场酒店	★
398		沈阳奥体万达广场大商业	★
399		深圳市盐田区综合体育馆项目	★
400		深圳市深业泰然大厦	★
401		深圳市莲塘二小教学综合楼项目	★
402		东莞长安万达广场购物中心	★
403		广西建筑科学研究设计院科研实验楼	★
404		上海融真钢铁国际贸易中心总部商务楼A3、B5楼	★
405		上海新江湾城24－7地块1、2号楼办公开发项目（创智天地科技中心）	★
406		赤峰万达广场商业购物中心	★
407		赤峰万达广场嘉华酒店	★
408		银川万达嘉华酒店	★
409		长白山万达宜必思尚品酒店	★
410		长白山万达智选假日酒店（2号楼）	★
411		长白山万达智选假日酒店（1号楼）	★
412		武汉中央文化区——万达瑞华酒店	★

续表

序号	项目类型	项 目 名 称	星级
413	公共建筑	昆山花桥华道数据办公及附属	★
414		常熟市海虞北路7号海关迁建工程	★
415		昆山蓬朗富春江路幼儿园	★
416		济南绿地中央广场C-1地块A、B、C座商办综合楼	★
417		天津万达文华酒店	★
418		温州牛山国际城市综合体一期工程	★
419		南昌万达中心嘉华酒店	★
420		西安大明宫万达广场商业综合体	★
421		徐州云龙万达广场南区大商业	★
422		金华万达广场嘉华酒店	★
423		武汉中央文化区K3-2地块五星级酒店	★
424		长沙梅溪湖国际新城研发中心一期项目（1～9号楼）	★
425		西北农林科技大学农科大楼	★
426		陕西省榆林市榆林二院迁建项目	★
427		无锡太湖新城报业大厦	★
428		无锡太湖新城昌兴国际金融大厦	★
429		无锡太湖新城合力大厦	★
430		无锡太湖新城嘉业国际城	★
431		无锡太湖新城三房巷大厦	★
432		无锡太湖新城无锡农村商业银行大厦	★
433		无锡太湖新城北国投资大厦	★
434		无锡太湖新城汇宸金融大厦	★
435		无锡太湖新城农行无锡分行	★
436		金华万达广场购物中心	★
437		南京江宁万达广场西区5～7号楼（大商业和甲级写字楼）	★
438		南京江宁万达广场东区8号楼（酒店）	★
439		宝鸡市世苑大厦	★
440		石家庄中铁商务广场	★
441		常州万泽太湖庄园	★
442		国家知识产权局专利局专利审查协作江苏中心配套设施	★
443		南京江宁高新园区兴宁南路小学	★
444		济宁太白路万达广场嘉华酒店	★
445		潍坊万达广场大商业	★

续表

序号	项目类型	项 目 名 称	星级
446	公共建筑	崂山区午山馨苑公共租赁住房公共建筑项目	★
447		常州万泽大厦	★
448		济宁太白路万达广场购物中心	★
449		西安曲江雁翔广场	★
450		盐城科教城创新产业园人才公寓	★
451		重庆东方（国际）广场一期	★
452		长沙开福万达广场C区写字楼（含裙楼）	★
453		佛山南海万达广场写字楼（南1栋、南6栋）	★
454		佛山南海万达广场产权式酒店（南2栋、南3栋、南4栋）	★
455		抚顺·绿地总部1号楼	★
456		沧州市人民医院医专院区门诊病房综合楼	★
457		青岛国际啤酒城改造项目一期工程	★
458		马鞍山万达广场购物中心	★
459		（佛山）南海万达广场大商业	★
460		常州武进万达广场A区购物中心	★
461		常州武进万达广场B区写字楼	★
462		常州武进万达广场C区写字楼及五星级酒店	★
463		西安新一代·伟业国际	★
464		西安金地·湖城大境14号地酒店项目	★
465		西安华联购物广场	★
466		天津于家堡金融区起步区宝风大厦（03-18地块）	★
467		深圳市盐港医院门诊医技综合楼	★
468		深圳市盐田现代产业服务中心一期（区委原址）	★
469		苏州工业园区中新科技大厦	★★
470		镇江新区大港中学体育馆	★★
471		镇江新区金融大厦	★★
472		朗盛（常州）应用实验楼研发大楼	★★
473		长沙市岳麓区实验小学	★★
474		长沙梅溪湖中学	★★
475		湖北钟祥王府大酒店	★★
476		湖北武汉百瑞景艺术中心和运动中心项目	★★
477		南京紫东国际创意园大师村D1-D19项目	★★
478		淮安市绿地广场	★★

续表

序号	项目类型	项 目 名 称	星级
479	公共建筑	淮安市实验小学新城分校（5号、6号楼）	★★
480		沭阳县人民医院	★★
481		沭阳汇峰大饭店工程	★★
482		沭阳南关医院综合楼及辅助楼项目	★★
483		中星扬州B-09B-04地块项目B区—4号商业用房	★★
484		万国数据昆山数据中心	★★
485		太仓科技活动中心	★★
486		大连高新万达广场大商业	★★
487		山西省农业科学院科研创新基地	★★
488		太原市实验中学教学楼节能改造工程	★★
489		阳泉市云泉大厦	★★
490		临汾市新医院	★★
491		镇江行政中心迁建工程	★★
492		扬中市明珠金陵大酒店	★★
493		苏州置地星旺墩商务广场	★★
494		台州湾循环经济产业集聚区甲南大道以北、围一路以西（二期）一行政服务中心1、2号楼	★★
495		天津侯台公园展示中心	★★
496		天津生态城国家动漫产业综合示范园1～8号楼（03地块）	★★
497		青岛国家质检中心基地二期工程	★★
498		广西临桂县人民医院医技住院综合楼	★★
499		广西桂林投资发展商务大厦	★★
500		温州国际会展中心三期展馆	★★
501		沈阳市规划大厦	★★
502		佛山市文化中心项目-佛山档案中心	★★
503		浙江大学西溪校区东一教学楼改造工程	★★
504		舟山国际水产城提升改造工程一期1号商务大楼	★★
505		中海油大厦	★★
506		福建省住房和城乡建设厅直属事业单位社团综合业务用房项目（一期）	★★
507		深圳市太平金融大厦	★★
508		深圳市人才园总承包工程	★★
509		桂林市建设大厦	★★
510		南宁国际互联网专用通道与南宁云计算业务研发中心项目	★★

续表

序号	项目类型	项 目 名 称	星级
511	公共建筑	上海融真钢铁国际贸易中心总部商务楼 B2 楼	★★
512		上海新江湾城 C4-P2 地块 1 号楼	★★
513		虹桥商务区核心区（一期）06 地块 D17 街坊商住楼（酒店）	★★
514		浙江省宁波市象山县大目湾综合服务中心项目	★★
515		昆山文化艺术中心一期	★★
516		武汉汉街万达广场大商业	★★
517		武汉中央文化区——汉秀剧场	★★
518		中南建筑设计院科研设计中心办公楼	★★
519		中共南京市委党校新校区	★★
520		淮安市体育中心（体育馆）	★★
521		淮安翔宇大厦	★★
522		盐城市国际金融服务中心	★★
523		北仑环境监测监控中心	★★
524		湖州太湖旅游度假区梅西 02-24 号地块 1～8 号楼	★★
525		余姚科技创业中心—孵化楼 1 号和科创大厦	★★
526		阳澄湖半岛西半岛旅游集散中心	★★
527		山东德州康博公馆 1～4 号楼	★★
528		青海建设科技大厦	★★
529		淮北矿业（集团）工程建设有限责任公司科技大厦 1 号楼	★★
530		深圳曦城商业中心 A122-0297 地块（北区）曦城会会所	★★
531		石家庄市第二中学综合教学楼	★★
532		衡水市靓景名居 18 号楼	★★
533		天津光合谷温泉度假酒店	★★
534		天津于家堡金融区起步区宝元大厦（03－21 地块）	★★
535		天津于家堡金融区起步区宝团大厦（03－15 地块）	★★
536		天津于家堡金融区起步区宝信大厦（03－26 地块）	★★
537		天津于家堡金融区起步区宝策大厦（03－14 地块）	★★
538		长沙公共资源交易中心	★★
539		昆钢科技大厦	★★
540		上海万荣路 1268 号产业建设项目 A、B 楼	★★
541		天津生态城动漫园社区中心	★★
542		上海市四川中路 110 号普益大楼	★★
543		广西妇女儿童医院	★★

续表

序号	项目类型	项 目 名 称	星级
544	公共建筑	南宁华润中心二期南写字楼	★★
545		合肥安建大厦	★★
546		昆山颠峰服务外包产业园	★★
547		积水无锡太科园公建项目（4号楼）	★★
548		桂林市临桂新区创业大厦	★★
549		建设银行武汉灾备中心	★★
550		呼和浩特万铭总部基地1～6号商业写字楼	★★
551		呼和浩特万铭总部基地7、8号公寓楼	★★
552		江苏省建校图书馆、教育中心、宿舍楼	★★
553		河西滨江青年公园公交场站及配套设施项目	★★
554		成都国际科技节能大厦	★★
555		山东省老年人活动中心	★★
556		恩施大峡谷沐抚女儿寨一期项目	★★
557		阳泉市人民检察院新建“办案、专业技术用房”及“预防职务犯罪、警示教育基地用房”	★★
558		大同绿地世纪城（4号地块）23号幼儿园	★★
559		许昌花都温泉托斯卡纳酒店	★★
560		盐城国投商务楼	★★
561		泰州医药城中试车间三期星光一号综合楼	★★
562		泰州医药城教育教学区图书馆	★★
563		泰州医药城“CMC综合大厦项目”	★★
564		泰州市数据产业园综合楼二期	★★
565		苏州国发·平江大厦	★★
566		重庆保利生态体育公园配套设施（保利皇冠假日酒店）	★★
567		中冶建工集团设计研发大厦	★★
568		中新天津生态城动漫园二号能源站	★★
569		沧州市渤海大厦	★★
570		沧州东塑明珠商贸城（日用品城、大卖场、明珠大厦、服装城）	★★
571		青岛平度市人民医院综合门诊楼	★★
572		西安大兴新区文体中心	★★
573		昆明上海·东盟商务大厦1～3号楼	★★
574		上海迪斯尼乐园配套项目——酒店二	★★
575		烟台莱山区社会服务中心	★★

续表

序号	项目类型	项 目 名 称	星级
576	公共建筑	济南日报报业集团迁建项目	★★
577		天津民园体育场保护利用提升改造工程	★★
578		天津于家堡金融区起步区宝正大厦（03-16 地块）	★★
579		南京中博咨询大厦	★★
580		深圳市海上世界—船尾广场	★★
581		杭州生物医药科技创业基地	★★★
582		武汉市民之家	★★★
583		苏州玲珑湾社区十一区东侧幼儿园	★★★
584		佛山万科广场 1-1 号楼	★★★
585		广州市天河区珠江新城商业、办公楼一幢 B2-10 地块（财富中心）	★★★
586		石家庄华夏商务中心	★★★
587		中国国家博物馆改扩建工程	★★★
588		中新天津生态城国际学校项目	★★★
589		天津泰达园林建设有限公司研发楼	★★★
590		苏州高新区展示馆	★★★
591		苏州镇湖游客咨询服务中心	★★★
592		天津市解放南路地区起步区西区社区文体中心建设工程	★★★
593		贵阳国际生态会议中心	★★★
594		株洲云龙示范区云龙发展中心项目	★★★
595		天津生态城南部片区健身馆	★★★
596		天津生态城公用事业运行维护中心项目	★★★
597		中新天津生态城低碳体验中心项目	★★★
598		中新天津生态城服务中心项目	★★★
599		中新天津生态城起步区科技园研发大厦	★★★
600		中山翠亨新区服务楼	★★★
601		杭州萧山国际机场二期项目二阶段国内航站楼工程	★★★
602		贵阳国际会议展览中心 C 区［C2 201 大厦（观光综合楼）］	★★★
603		贵阳国际会议展览中心酒店区（贵阳中天凯悦酒店）	★★★
604		天津天友办公楼改造项目	★★★
605		工业和信息化部综合办公业务楼	★★★
606		江苏省绿色建筑与生态智慧城区展示中心	★★★
607		厦门中航紫金广场（A 栋办公塔楼、集中商业）	★★★
608		上海张江中区 B-3-6 地块研发楼	★★★

续表

序号	项目类型	项 目 名 称	星级
609	公共建筑	重庆轨道交通大竹林车辆段综合楼	★★★
610		中新天津生态城起步区科技园研发大厦二期	★★★
611		中新天津生态城城市管理服务中心	★★★
612		苏州东沙湖股权投资中心 E01 建筑	★★★
613		北京亚信联创研发中心	★★★
614		上海虹桥商务核心区九号地块 III-D02-07 三湘湘虹广场（办公楼）	★★★
615		上海虹桥新地中心项目 2 号楼	★★★
616		江南嘉捷研发办公楼	★★★
617		博思格建筑系统（西安）有限公司主办公楼	★★★
618		中新生态科技城 DK20100061 地块项目	★★★
619		上海国际航运服务中心西块商办楼项目 13～17 号楼	★★★
620		上海虹桥商务区核心区（一期）06 地块 D19 街坊西区项目 D19 3 号办公楼	★★★
621		大连梁家北沟 A 区科研楼项目（一期 1～3 号楼）	★★★
622		上海市卢湾区第 127 街坊项目（企业天地 3 号商业办公楼）	★★★
623		苏宁易购总部（南京）	★★★
624		苏州工业园区阳澄湖澜廷度假酒店二期	★★★
625		浙江省环境监测监控应急业务用房	★★★
626		溧水至马鞍山高速公路荷叶山服务区	★★★
627		深圳光明高新园区公共服务平台	★★★
628		海门中南集团总部基地办公楼	★★★
629		大同市中级人民法院审判法庭及附属设施工程	★★★
630		天津生态城科技园 003-006 地块办公楼	★★★
631		天津生态城国家动漫产业综合示范园环保产业研发中心 02-02 工程	★★★
632		深圳市福田区环境监测监控基地大楼项目	★★★
633		中新天津生态城公安大楼	★★★
634		青岛中德生态园体验运营中心	★★★
635		上海城建滨江大厦	★★★
636		安阳世贸中心	★★★
637		天津泰达现代服务产业区 MSD 泰达广场 GH 区 H2 低碳示范楼	★★★
638		天津生态城南部片区 7 号地块中学工程教学楼	★★★
639		天津武清杨村旧城改造九十街还迁居住小区项目 43 号配套公建	★★★
640		天津市城市规划设计研究院科研楼工程	★★★

续表

序号	项目类型	项 目 名 称	星级
641	工业建筑	天津永高塑业发展有限公司一期厂房3、4、7号车间	★
642		广州市华德工业有限公司二期工程	★★
643		柳工大型装载机研发制造基地	★★
644		深圳雷柏科技工业厂区厂房	★★
645		杭州江东开发建设投资有限责任公司标准厂房项目	★★
646		一汽大众汽车有限公司佛山工厂	★★★
647		宁夏共享装备数字化铸造工厂示范工程	★★★
648		中煤张家口煤矿机械有限责任公司装备产业园项目	★★★

2013年度运行标识项目统计表

序号	项目类型	项 目 名 称	星级
1	住宅建筑	许昌祥祐家园	★
2		新乡星湖花园（经适房东区7～12、15～17号楼、西区1～3、5～12、15～20号楼、廉租房18～21号楼）	★
3		驻马店置地天中第一城一期（1、2、3A、3B、5、7～12、13A、13B、15、16A、16B、18～21号楼）	★★
4		洛阳中泰世纪花城	★★
5		郑州玫瑰花园	★★
6		郑州高速·奥兰花园	★★
7		陕西省镇安县天坤都市住宅项目	★★
8		商丘汇豪天下（一期1～4、8、9、11～13号楼、综合楼）	★★
9		石家庄荣盛阿尔卡迪亚小区一期3～6、8号住宅楼	★★
10		石家庄荣盛阿尔卡迪亚小区二期11、13～15、17、18号住宅楼	★★
11		石家庄中基礼域小区7、19、20号住宅楼	★★
12		迁安市马兰庄新农村示范区ABC地块1～28号，D地块1～11号，EG地块1～25、27～30号住宅楼	★★
13		保定军校大厦·金顶宝座小区A座、B座住宅楼	★★
14		承德钓鱼台·赏枫庭住宅小区1～4号住宅楼	★★
15		乌鲁木齐华源·博瑞新村	★★
16		乌鲁木齐华源·博雅馨园	★★
17		驻马店置地天中第一城（22～25、27～37、43～46号楼）	★★
18		新乡东辉天下（一期）	★★
19		南阳邓州财富世家（4～12号楼）	★★

续表

序号	项目类型	项 目 名 称	星级
20	住宅建筑	南阳西峡伟城·凤凰城	★★
21		咸阳紫韵东城一期	★★
22		烟台天马相城三期1～11号住宅楼	★★
23		南昌满庭春MOMA住宅区一期项目	★★★
24		北京当代万国城北区住宅1-3、5、7-10号楼	★★★
25	公共建筑	福州仓山万达广场（A区大商业）	★
26		泰州万达广场大商业	★
27		常州新北万达广场B区大商业	★
28		廊坊万达广场A区大商业	★
29		大庆萨尔图万达广场购物中心	★
30		泉州浦西万达广场购物中心	★
31		晋江万达广场购物中心	★
32		沈阳北一路万达广场购物中心	★
33		上海宝山万达广场购物中心	★
34		南昌红谷滩万达广场A区1号商业楼	★
35		郑州二七万达广场购物中心	★
36		青岛李沧万达广场购物中心	★
37		合肥天鹅湖万达广场大商业	★
38		芜湖镜湖万达广场购物中心	★
39		江阴万达广场大商业	★
40		宁德万达广场购物中心	★
41		漳州碧湖万达广场购物中心	★
42		鹤壁市体育馆	★★
43		浙江大学医学院附属妇产科医院科教综合楼	★★
44		重庆中冶赛迪大厦	★★
45		中国人民解放军第九十一中心医院（综合楼、全军精神疾病防治中心楼）	★★
46		许昌迎宾馆	★★
47		中国人民银行西安分行办公楼及附属楼	★★
48		项城市中医院整体迁建项目门诊医技病房综合楼	★★
49		莆田万达广场购物中心	★★
50		中关村国家自主创新示范区展示中心（东区展示中心）	★★★
51		深圳南海意库3号楼	★★★
52		中新天津生态城南部片区第一细胞商业街2号楼	★★★

续表

序号	项目类型	项 目 名 称	星级
53	公共建筑	苏州工业园区档案管理中心大厦	★★★
54		北京凯晨世贸中心	★★★
55	工业建筑	永高股份有限公司台州双浦分厂一期生产用房	★★
56		南京天加中央空调产业制造基地	★★★

附录5　2013年度全国绿色建筑创新奖获奖项目

Appendix 5 List of national green building innovation award projects in 2013

序号	项目名称	主要完成单位	主要完成人	获奖等级
1	上海崇明陈家镇生态办公示范建筑	上海陈家镇建设发展有限公司、上海市建筑科学研究院（集团）有限公司	陆一、韩继红、汪维、安宇、张振飞、梁峻、陈尹文、戎武杰、范宏武、叶剑军、夏洪军、刘智伟、张君瑛、万科	一等奖
2	武汉建设大厦综合改造工程	武汉市城乡建设委员会、中国武汉工程设计产业联盟、武汉卓尔建筑设计有限公司、中信建筑设计研究总院有限公司、武汉地产开发投资集团有限公司、武汉市建筑节能办公室、湖北鸿图绿色建筑技术有限公司、华中科技大学建筑与城市规划学院	金志宏、彭波、陈宏、郑国庆、桂正虎、王凡、胡华莹、张华、许斌、肖钢、孙明、彭波、袁灏、刘向东、郁云涛、李闻多、尹维坊、程大春、黄修林、刘允	一等奖
3	环境国际公约履约大楼	环境保护部环境保护对外合作中心、清华大学建筑学院、中建三局建设工程股份有限公司、北京市建筑设计研究院有限公司	余立风、路斌、林波荣、刘森、陈明、张俊、苏岩、薛志峰、柳建峰、章恋、张永宁、何波、刘加根、赵爱红、王新、周有娣、徐伟、肖娟、梁贵才、王良波	一等奖
4	后勤工程学院绿色建筑示范楼	中国人民解放军后勤工程学院	方振东、胡望社、李子存、沈小东、戴通涌、李蒙、薛明、靳瑞冬、杨国雄、姜利勇、刘滔、鲁建举、刘毅、刘学义、葛为、易斌、吴祥生、吴恬、陈金华、肖益民	一等奖
5	万达学院一期工程（教学楼、行政办公楼、体育馆、学员宿舍、教职工宿舍、一期餐厅、商业信息研究中心）	廊坊万达学苑投资有限公司、清华大学建筑学院	孙多斌、何平、李晓锋、吕建光、冯莹莹、王珏、白新亮、陈娜、王志彬、谭小川	一等奖
6	深圳南海意库3号楼	深圳招商房地产有限公司	胡建新、王晞、强斌、林武生、梁家成、颜永民、彭鸿亮、陈佳明	一等奖

续表

序号	项目名称	主要完成单位	主要完成人	获奖等级
7	中国石油大厦	中国石油大厦管理委员会、北京华昌置业有限公司、中油阳光物业管理有限公司北京分公司	白静中、李子强、郑佰涛、刘清甫、张林勇、乔志谱、高跃明、张松、许世军、方旭阳、高智海、刘亮、崔雪亮、侯庆堂、陈川江、刘昉昳、吴昕南、刘文杰、杜继飞、胡成江	一等奖
8	深圳南山区丽湖中学建设工程	深圳市建筑科学研究院有限公司	袁小宜、牛润卓、田智华、马晓雯、孙延超、胡爱清、赵伟、冯能武、郭士良、陈晨、王毅立、吴志伟、李宏、陈功平、李劲龙	二等奖
9	武汉光谷生态艺术展示中心	武汉花山生态新城投资有限公司、华东建筑设计研究院有限公司、武汉建工第一建筑有限公司	苗欣、杨明、段瑜、张兴祥、李魁山、万嘉凤、童骏、张今彦、陈珏、张亚峰、王小芝、韩倩雯、郑君浩、管时渊、蒋丹丹	二等奖
10	中国海油大厦	中海实业公司、深圳市建筑科学研究院有限公司	刘泉、侯国强、任书平、徐小伟、杨涛、杨宇琦、王陈栋、司敏、杨磊、朱晓军、范清松、周伟群、申宏、曹建伟、高静	二等奖
11	万科中心（万科总部）	深圳市万科房地产有限公司、深圳市建筑科学研究院有限公司、中建三局第一建设工程有限责任公司	陆荣秀、朱志荣、鄢涛、甘生宇、田智华、徐青、朱红涛、丁霞、周明志、朱敏、沈宓、王继东、张海兵、王陈栋、罗瑜	二等奖
12	天津生态城国家动漫产业综合示范园01-01地块动漫大厦	天津生态城动漫园投资开发有限公司、中国建筑科学研究院天津分院、天津市建筑设计院、天津三建建筑工程有限公司	张洁、徐志强、尹波、卓强、刘敏、冯斌、周海珠、刘凤鹏、孙宇、王雯翡、崔志海、惠超微、付旺、李昊、闫静静	二等奖
13	天津万科东丽湖五期二（1～12号楼、49～51号楼）	天津万科房地产有限公司、天津建科建筑节能环境检测有限公司	王靖元、夏明远、孙莅、刘铭博、李胜英、汪磊磊、刘涛	二等奖
14	天津滨海圣光皇冠假日酒店	天津市圣光置业有限公司、中国建筑科学研究院天津分院	翟兆华、尹波、姚松、孙大明、周海珠、叶铭、王雯翡、闫静静、魏慧娇、惠超微、王思光、杨彩霞、贺芳	二等奖
15	济南中建文化城一期工程	山东中建房地产开发有限公司	姜玉强、董光跃、齐杰、惠旭	二等奖
16	苏州工业园综合保税区综合保税大厦	苏州物流中心有限公司、中国建筑科学研究院上海分院	钱赟、邵文晞、邵怡、谢俊杰	二等奖

续表

序号	项目名称	主要完成单位	主要完成人	获奖等级
17	天津京蓟圣光万豪酒店	天津德升酒店管理有限公司、中国建筑科学研究院天津分院	翟兆华、尹波、姚松、孙大明、周海珠、叶铭、王雯翡、闫静静、魏慧娇、惠超微、王思光、杨彩霞、周灵敏	二等奖
18	秦皇岛“在水一方”住宅A区1～13、15、付15、16～33、35、37、39号住宅楼	秦皇岛五兴房地产有限公司、北京高能筑博建筑设计有限公司、秦皇岛市建筑设计院、北京中建建筑设计院有限公司秦皇岛分公司、山东力诺瑞特新能源有限公司、河北省第三建筑工程有限公司	王臻、孙建慧、刘洋、徐楠、王春利、张双喜、李威、周宏伟、杨宗云、张庆生、李琳、刘英华、田勇	二等奖
19	昆山花桥金融服务外包产业园	江苏昆山花桥经济开发区规划建设局、昆山花桥国际商务城资产经营有限公司、江苏省绿色建筑工程技术研究中心、江苏中原建设集团有限公司、上海非同建筑设计有限公司、上海现代建筑装饰环境设计研究院有限公司	曾于祥、徐挺、张建榕、徐水根、龚延风、吕伟娅、张怡、朱琴、张军、季国余、赵明、施道红、丁洋、应博华、封洪峰	二等奖
20	苏州工业园区星海街9号厂房装修改造工程（苏州设计研究院办公楼）	苏州设计研究院股份有限公司、江苏省（赛德）绿色建筑工程技术研究中心、江苏省绿色建筑工程技术研究中心	查金荣、戴雅萍、蔡爽、吴树馨、袁雪芬、钱沛如、陈苏、仇志斌、华亮、夏熔静	二等奖
21	上海市委党校二期工程（教学楼、学员楼）	中国共产党上海市委员会党校、同济大学建筑设计研究院（集团）有限公司	张德旗、徐卫、车学娅、汪铮、陈剑秋、彭璞、谭洪卫、沈雪峰、程大章、仇伟、戚启明、陈琦、王颖、杨玲、王昌	二等奖
22	广州国际体育演艺中心	广州市设计院	郭明卓、胡世强、高玉斌、张伟安、万志勇、万明亮、谭志昆、李觐、肖建平、熊伟、林心关、黄程、贺宇飞、王伟江	二等奖
23	福建省绿色与低能耗建筑综合示范楼	福建省建筑科学研究院	侯伟生、黄夏东、赵士怀、王云新、蔡亚雄、胡达明、陈仕泉、陈国顺、杨淑波	二等奖
24	北京金茂府小学	中化方兴置业（北京）有限公司、中国建筑科学研究院上海分院	徐劲、张璋、仝亚非、赵海军、李俊、邵文晞、张欢、田慧峰	二等奖
25	长阳镇起步区1号地04地块（1～7号楼）及11地块（1～7号楼）	北京中粮万科房地产开发有限公司、中国建筑科学研究院建筑设计院、北京市建筑设计研究院有限公司、北京市住宅建筑设计研究院有限公司	王波、陈兰、郑雪、许荷、侯毓、李建琳、樊则森、杜佩韦、钱嘉宏、杜庆、翟文思、李建树、赵彦革、马涛、徐天	二等奖

续表

序号	项目名称	主要完成单位	主要完成人	获奖等级
26	泰州民俗文化展示中心	泰州市稻河古街区建设有限公司	焦斐虎、陈祖俊	二等奖
27	中关村国家自主创新示范区展示中心(东区展示中心)	中关村国家自主创新示范区展示交易中心、北京国金管理咨询有限公司、中国航空规划建设发展有限公司、中国建筑科学研究院天津分院、中国建筑第二工程局有限公司、北京首欣物业管理有限责任公司	刘政、莘雪林、刘占凤、赵泓、尹波、孙大明、钱元辉、周文、周海珠、李学群、熊启全、肖秋安、金立宏、惠超微、王雯翡	二等奖
28	天津万科锦庐园	天津生态城万宏置业有限公司、天津建科建筑节能环境检测有限公司	王靖元、夏明远、滑伟、王志伦、李胜英、汪磊磊、李文杰	三等奖
29	中关村国家自主创新示范区展示中心(西区会议中心)	中关村国家自主创新示范区展示交易中心、北京国金管理咨询有限公司、中国航空规划建设发展有限公司、中国建筑科学研究院天津分院	刘政、莘雪林、刘占凤、赵泓、尹波、孙大明、钱元辉、周文、周海珠、李学群	三等奖
30	杭州钱江新城南星单元(SC06)D-08地块(勇进中学)项目	杭州市钱江新城建设管理委员会、浙江大学城市学院、杭州市城乡绿色建筑与照明促进中心	扈军、尹序源、龚敏、蔡宏伟、陈松、应小宇、原甲	三等奖
31	虹桥商务区核心区(一期)区域供能能源中心及配套工程	上海虹桥商务区新能源投资发展有限公司、华东建筑设计研究院有限公司、上海建工集团股份有限公司	毛如麟、黄秋平、乐平、赵长义、马伟骏、张欣波、陈珏、陈建平、舒征东、魏炜	三等奖
32	武进出口加工区综合服务大楼	江苏省武进高新技术产业开发区管理委员会规划建设局、江苏武进出口加工区投资建设有限公司、常州滨湖低碳技术管理有限公司	罗文祥、孙春生、诸张益、贺金林、张俊、陆全、施建巍	三等奖
33	福州万科金域花园(1号、2号楼)	福州市万华房地产有限公司	赖泽峰、彭乾	三等奖
34	秦皇岛经济技术开发区数据产业园区——数谷大厦	秦皇岛开发区国有资产经营有限公司、北京普洛泰克环境工程有限公司	周岩、杜少东、周颖、安硕、景小峰、周慧敏	三等奖
35	朗诗无锡绿色街区3、6、7号楼	无锡世合置地有限公司	韩洪丙	三等奖

续表

序号	项目名称	主要完成单位	主要完成人	获奖等级
36	哈尔滨辰能溪树庭院1～3、6、7号楼	黑龙江辰能盛源房地产开发有限公司、中国建筑科学研究院建筑设计院	刘兆新、姜莹、郭汇生、邓体涛、刘江涛、曾宇、裴智超、王黛岚、赵彦革、候毓	三等奖
37	烟台澎湖湾小区8～22号楼	烟台金桥置业有限公司	王文斌、宋立文、于立新	三等奖
38	江阴中华园一期25号、26号楼	江阴中企誉德房地产有限公司	祝俊义、陈宇新、王嘉昌、朱雷、黄翔、程凯	三等奖
39	青岛金茂湾A1-A3、A5-A7、B1-B3、B5-B6号楼	青岛蓝海新港城置业有限公司、中国建筑科学研究院上海分院	杜军、冯伟、杨可、张法刚、张伟	三等奖
40	广州岭南新苑项目C1～C11栋	广州城建开发设计院有限公司	黄玉萍、李光星、李珊珊、曾思玲、黎琨、林景斌、秦丹、陈晓贤、刘子丰、潘琴存	三等奖
41	广西南宁裕丰·荔园	中国建筑科学研究院、广西南宁百益商贸有限公司	赵伟、狄彦强、张宇霞、张志杰、李妍、张振国、郑镔、陈慰汉、覃逢胜、张有智	三等奖
42	常州南夏墅街道卫生院项目	江苏省武进高新技术产业开发区管理委员会规划建设局、常州滨湖低碳技术管理有限公司	罗文祥、孙春生、诸张益、贺金林、陆全、施建巍	三等奖

附录 6　北京市发展绿色建筑推动生态城市建设实施方案

Appendix 6　Implementation plan for developing green building to promote eco-city construction in Beijing

为深入贯彻落实科学发展观，大力推进生态文明建设，推动城乡建设步入绿色、循环、低碳的科学发展轨道，培育节能环保、新能源等新兴产业，建设资源节约型、环境友好型城市，实现美丽北京、永续发展的目标，特制定本实施方案。

一、指导思想

紧紧围绕建设“人文北京、科技北京、绿色北京”和中国特色世界城市的战略部署，树立全寿命期理念，切实转变城乡建设模式和建筑业发展方式，提高资源利用效率，改善群众生产生活条件，从规划设计、标准规范、技术推广、建设运营和产业支撑等方面全面发展绿色建筑。

二、主要目标

绿色建筑是在建筑的全寿命期内，最大限度地节约资源、保护环境和减少污染，为人们提供健康、适用和高效的使用空间，与自然和谐共生的建筑。自 2013 年 6 月 1 日始，新建项目执行绿色建筑标准，并基本达到绿色建筑等级评定一星级以上标准。“十二五”期间，各区县至少创建 10 个绿色生态示范区和 10 个 5 万 m^2 以上的绿色居住区，其中达到绿色建筑等级评定二星级及以上标准的建筑面积占总建筑面积的比例应达到 40％以上。

三、工作重点

（一）全面发展绿色建筑。严格执行北京市《绿色建筑评价标准》、《居住建筑节能设计标准》和将于 7 月 1 日实施的《绿色建筑设计标准》，率先实现居住建筑节能 75％的目标；在土地集约利用、建筑节能、中水利用、雨洪综合管理和材料利用等方面突出本市特点。鼓励把以政府投资为主的公益性建筑（学校、医院等）和公众关注度高、示范效益强的适宜建筑及非政府投资且建筑面积在 2 万 m^2 以上的大型公共建筑，建设成为二星级及以上绿色建筑。分类型分阶段引导推进绿色建筑运行标识认证。

（二）建设绿色生态示范区。自 2013 年 6 月 1 日始，凡新审批的功能区均须由各区县政府和北京经济技术开发区管委会组织编制绿色生态专项规划，由规划部门在控制性详细规划中予以落实。绿色生态专项规划应包含绿色建筑、市政基础设施、能源、绿化、水资源、雨洪综合管理等专项内容，建立能耗、水资源、生态环境等标准，建立包括绿色建筑星级比例、生态环保、绿色交通、可再生能源利用、土地集约利用、再生水利用、垃圾回收利用、建筑垃圾再生产等规划指标体系。已批准正在建设的功能区按照绿色生态理念进行优化。

（三）建设绿色居住区。加强对绿色居住区执行绿色建筑标准情况的监督检查，对规划、设计、施工和运营等环节进行重点监管，绿色居住区内二星级及以上的绿色建筑面积占总建筑面积的比例应达到40%，开发后径流排放量不大于开发前，硬质地面遮阴率不小于50%，垃圾分类收集率为100%等。

（四）推进绿色基础设施建设。加强区域河道治理，建设生态堤岸，强化水环境保护与治理，完善城市雨洪控制与利用，形成水资源循环、高效利用的有机结合体系；建立减量化、资源化和无害化的全过程垃圾处理体系；充分开发利用本地可再生能源，重点应用于城市供热、公共照明和景观照明等领域；结合地下交通、市政管线综合利用，推进城市综合管廊建设，提高市政基础设施精细化管理水平，增强城市综合防灾减灾能力；推动城市能源、水资源智能化管理体系建设，建设垃圾、水和能源等系统集成、资源循环的区域资源管理中心，并在北京科技商务区（TBD）、未来科技城、丽泽金融商务区等区域进行试点。

（五）推动绿色生态镇（村）试点。遵循生产、生活、生态相协调的原则，有关区县政府要制定绿色生态试点镇规划纲要和建设实施方案，明确功能定位和主导产业，因地制宜地提出关于交通、市政基础设施、绿色农房、生态环境等方面的发展目标、发展策略和控制指标。

（六）推广绿色相关产业。尽快形成规划、设计、咨询、施工、运营、物业、认证、计量及绿色建材等相关产业。加快绿色建筑相关技术的研发与推广，研究绿色建筑技术标准规范，加大绿色建筑的技术集成，编制绿色建筑重点技术推广目录，开展并推广工业化建筑示范试点。

（七）加强绿色标识管理。制定本市绿色建筑评价标识指南，完善标识评价管理工作程序，加强绿色建筑评价能力建设，保证评价工作科学、规范、高效。适时开展工业建筑、医院、学校、社区及特殊建筑物的绿色建筑标识评价工作。结合施工图审查，简化一星级绿色建筑设计标识评价程序。

四、保障措施

（一）强化责任落实。完善目标考核机制，将全面发展绿色建筑纳入全市节能减排目标责任体系。绿色建筑项目涉及的建设、设计、审查、施工、监理、运营等单位，要按照绿色建筑标准重点对设计、施工和运营等相关环节进行管理。

（二）建立监管体系。与市固定资产投资审批流程相衔接，将绿色建筑指标要求纳入基本建设流程，健全完善绿色建筑在项目立项、规划许可、土地出让、设计及施工管理、竣工验收、运营维护等全寿命周期的监管体系。

（三）强化政策保障。逐步建立绿色规划、绿色建筑、绿色基础设施、绿色施工、绿色评价等全寿命周期的法规政策。研究制定本市绿色建筑管理相关规范性文件，建立促进绿色建筑发展的体制机制。

（四）财政激励措施。根据国家绿色建筑的相关奖励办法，研究制定本市关于绿色生态示范区和取得运行标识的绿色建筑的配套奖励政策，并根据技术进步、成本变化等情况进行调整。

（五）完善技术体系。制定技术标准，研究编制绿色生态规划指标体系和评价标准，形成完善的标准体系；加强人才培养和科技攻关，加快绿色建筑关键技术研发，完善绿色建筑领域技术产品推广目录；加强绿色建筑技术服务市场管理，确保行业健康发展。

（六）加强绿色建筑宣传培训。采用多种形式积极宣传绿色建筑法律法规、政策措施、典型案例、先进经验，加强舆论监督，营造全面发展绿色建筑的良好氛围。

编者注：《北京市发展绿色建筑推动生态城市建设实施方案》由北京市人民政府办公厅于2013年5月13日印发（京政办发［2013］25号)。《方案》还确定了未来科技城、丽泽金融商务区、长辛店生态城、昌平北京科技商务区（TBD)、雁栖湖生态发展示范区、密云生态商务区、海淀北部地区、永定河绿色生态发展带（丰台段)、永定滨水商务区、新首钢高端产业综合服务区、运河核心区、北京商务中心区（CBD)、北京台湖环渤海高端总部基地、中关村国家自主创新示范区（一区十六园）等作为北京市第一批绿色生态示范区。

附录 7　深圳市绿色建筑促进办法

Appendix 7　Green building promotion measures of Shenzhen

第一章　总　　则

第一条　为全面促进绿色建筑发展，推动城市建设转型升级，根据《深圳经济特区建筑节能条例》、《深圳市建筑废弃物减排与利用条例》、《深圳经济特区加快经济发展方式转变促进条例》等法规和国家有关政策，结合本市实际，制定本办法。

第二条　本办法适用于本市行政区域内绿色建筑的规划、建设、运营、改造、评价标识以及监督管理。

本办法所称绿色建筑，是指在建筑的全寿命周期内，最大限度节能、节地、节水、节材、保护环境和减少污染的建筑。

第三条　促进绿色建筑发展应当遵循以下原则：

（一）因地制宜、经济适用的原则；

（二）整体推进、分类指导的原则；

（三）政府引导、市场推动的原则。

第四条　市人民政府建立推行建筑节能和发展绿色建筑联席会议制度，统筹协调绿色建筑发展的重大问题，监督考核各相关部门的贯彻落实情况。

市建设行政主管部门（以下简称市主管部门），负责制订全市绿色建筑发展规划和年度实施计划，明确绿色建筑等级比例要求；组织编制绿色建筑技术规范；发布绿色建筑造价标准和相关价格信息；负责对全市绿色建筑实施全过程监督管理。

发展改革、规划国土、财政、科技创新、人居环境、城管、水务等部门，在各自职责范围内做好绿色建筑的相关管理工作。

第五条　各区人民政府（含新区管理机构，下同）按照市人民政府提出的绿色建筑发展任务和要求，制定本辖区年度实施计划，并组织实施。

区建设行政主管部门（以下简称区主管部门），根据建设项目管理权限，负责辖区范围内绿色建筑的监督管理工作。

第六条　本市行政区域内新建民用建筑，应当依照本办法规定进行规划、建设和运营，遵守国家和我市绿色建筑的技术标准和技术规范，至少达到绿色建筑评价标识国家一星级或者深圳市铜级的要求。

鼓励大型公共建筑和标志性建筑按照绿色建筑评价标识国家二星级以上或者深圳市金级以上标准进行规划、建设和运营。

鼓励其他建筑按照绿色建筑标准进行规划、建设和运营。

第七条 市人民政府将促进绿色建筑发展情况列为综合考核评价指标，纳入节能目标责任评价考核体系和绩效评估与管理指标体系，按年度对相关部门和各区人民政府进行考核与评估。

第二章 立项、规划和建设

第八条 财政性资金投资建设项目的可行性研究报告应当编制绿色建筑专篇，对拟采用的绿色建筑技术、投入和节能减排效果等进行分析，并报发展改革部门审核。

第九条 市规划国土部门应当将生态环保、公共交通、可再生能源利用、土地集约利用、再生水利用、废弃物回收利用、用电标准等绿色建筑相关指标要求纳入《深圳市城市规划标准与准则》，在总体规划、控制性详细规划、修建性详细规划和专项规划编制及建设项目规划管理中予以落实。

规划国土部门在办理土地出让或者划拨时，应当在出让用地的规划条件或者建设用地规划许可证中，根据用地功能和全市绿色建筑年度实施计划，明确该用地上建筑物的绿色建筑等级和相关指标要求。

第十条 市主管部门和市规划国土部门共同制定绿色建筑设计方案审查要点，作为规划国土部门进行建设工程方案设计核查、主管部门对建筑设计文件进行监督检查的依据。建设单位、设计单位、施工图审查机构应当遵守设计方案审查要点的要求。

第十一条 建设单位在进行建设项目设计招标或者委托时，应当明确绿色建筑等级以及绿色建筑相关指标要求。

建筑设计的各个阶段应当编制相应深度的绿色建筑专篇。

第十二条 规划国土部门在对方案设计进行核查时，应当对建设项目是否符合绿色建筑标准进行核查。方案设计不符合绿色建筑标准的，不予通过方案设计核查，不予办理建设工程规划许可证。

规划国土部门应当将方案设计以及核查意见抄送主管部门。

第十三条 施工图审查机构应当对施工图设计文件是否符合绿色建筑标准进行审查，未经审查或者经审查不符合要求的，不予出具施工图设计文件审查合格意见。

主管部门对施工图设计文件进行抽查时，发现施工图设计文件不符合绿色建筑标准的，不予颁发建设工程施工许可证。

第十四条　施工单位应当根据绿色建筑标准、施工图设计文件编制绿色施工方案，并组织实施。

监理单位应当根据绿色建筑标准、施工图设计文件，结合绿色施工方案，编制绿色建筑监理方案，对施工过程进行监督和评价。

第十五条　建设工程质量安全监督机构应当对工程建设各方责任主体执行绿色建筑标准、施工图设计文件和绿色施工方案的情况进行监督检查。

第十六条　主管部门进行建筑节能专项验收时，对未按照施工图设计文件和绿色施工方案进行建设的项目，不予通过建筑节能专项验收，不予办理竣工验收备案手续。

第三章　运营和改造

第十七条　市主管部门应当建立建筑能耗统计、能源审计、能耗公示和建筑碳排放核查制度，为建筑用能管理、节能改造和建筑碳排放权交易提供依据。

建筑物所有权人、使用人和物业服务企业应当为建筑能耗统计、能源审计和建筑碳排放量核查工作提供便利条件。

第十八条　大型公共建筑和机关事业单位办公建筑应当安装用电等能耗分项计量装置和建筑能耗实时监测设备，并将监测数据实时传输至深圳市建筑能耗数据中心。

大型公共建筑和机关事业单位办公建筑的所有权人和使用人应当加强用能管理，执行大型公共建筑空调温度控制标准。

第十九条　用能水平在市主管部门发布能耗限额标准以上的既有大型公共建筑和机关事业单位办公建筑，应当进行节能改造。鼓励优先采用合同能源管理方式进行节能改造。

鼓励对既有建筑物进行节能改造的同时进行绿色改造。

第二十条　新建民用建筑建成后应当实行绿色物业管理。

鼓励既有建筑实行绿色物业管理，通过科学管理和技术改造，降低运行能耗，最大限度节约资源和保护环境。

第二十一条　市主管部门应当会同有关部门以及各区人民政府制定并实施旧住宅区的绿色改造计划。

鼓励对旧城区进行综合整治的同时进行绿色改造。

第四章　技术措施

第二十二条　绿色建筑应当选用适宜于本市的绿色建筑技术和产品，包括利用自然通风、自然采光、外遮阳、太阳能、雨水渗透与收集、中水处理回用及规模化利用、透水地面、建筑工业化、建筑废弃物资源化利用、隔音、智能控制等技术，选用本土植物、普及高能效设备及节水型产品。

第二十三条 鼓励具备太阳能系统安装和使用条件的新建民用建筑，按照技术经济合理原则安装太阳能光伏系统。

鼓励公共区域采用光伏发电和风力发电。

鼓励在既有建筑的外立面和屋面安装太阳能光热系统或者光伏系统。

第二十四条 绿色建筑应当使用预拌混凝土、预拌砂浆和新型墙材，推广使用高强钢筋、高性能混凝土，鼓励开发利用本地建材资源。

建筑物的基础垫层、围墙、管井、管沟、挡土坡以及市政道路的路基垫层等指定工程部位，应当使用绿色再生建材。新建道路的非机动车道、地面停车场等应当铺设透水性绿色再生建材。

第二十五条 鼓励绿色建筑按照建筑工业化模式建设，推广适合工业化生产的预制装配式混凝土、钢结构等建筑体系，推广土建与装修工程一体化设计施工。

新建保障性住房应当一次性装修，鼓励新建住宅一次性装修或者菜单式装修。

第二十六条 绿色建筑应当选用节水型器具，采用雨污分流技术。

绿色建筑应当综合利用各种水资源，景观用水、绿化用水、道路冲洗应当采用雨水、中水、市政再生水等非传统水源。使用非传统水源应当采取用水安全保障措施。

第二十七条 鼓励在绿色建筑的外立面、结构层、屋面和地下空间进行多层次、多功能的绿化和美化，改善局部气候和生态服务功能。

鼓励建筑物设置架空层，拓展公共开放空间。

第二十八条 绿色建筑的居住和办公空间应当符合采光、通风、隔音降噪、隔热保温及污染防治的要求。

绿色建筑竣工后，建设单位应当委托有资质的检测机构按照相关标准对室内环境污染物浓度进行检测，并将检测结果在房屋买卖合同、房屋质量保证书和使用说明书中载明。

第二十九条 鼓励采用绿色建筑创新技术，鼓励采用信息化手段预测绿色建筑节能效益和节水效益。

鼓励绿色建筑设计采用建筑信息模型技术，数字化模拟施工全过程，建立全过程可追溯的信息记录。

第五章 技术规范和评价标识

第三十条 市主管部门应当组织编制并发布以下符合深圳地区特点的绿色建筑技术规范：

（一）勘察、设计、施工、监理、验收和物业管理等各个环节的技术规范；

（二）建筑废弃物资源化利用、建筑工业化、智慧建筑等各专项领域的技术规范；

（三）绿色建筑经济社会及环境效益测算评价规范。

第三十一条　市主管部门应当制定并发布绿色建筑工程定额和造价标准，发布绿色建材价格信息。

第三十二条　实行绿色建筑评价标识制度。国家三星级绿色建筑评价标识由申请单位依据相关规定向国家建设行政主管部门申请，其他等级绿色建筑评价标识由申请单位依据相关规定向市主管部门提出申请。

对于国家一星级或者深圳市铜级绿色建筑评价标识的申请，市主管部门应当简化评价流程，减轻申请单位负担。

通过评价的绿色建筑，由建设行政主管部门颁发相应等级的绿色建筑标识证书并向社会公布。

鼓励获得评价标识的绿色建筑将评价标识通过建筑物外挂或者其他方式向社会展示。

第三十三条　市主管部门组织编制绿色园区、绿色建材、绿色施工、绿色装修、绿色物业管理、建筑工业化和智慧建筑等专项评价标识的评价规范。

鼓励相关行业协会和社会组织依照专项评价规范，自主开展上述专项评价标识的评价活动。

第三十四条　绿色建筑应当进行全寿命周期碳排放量计算与评估。

市发展改革部门应当将建筑碳排放纳入全市碳排放权交易体系。

第六章　激　励　措　施

第三十五条　市财政部门每年从市建筑节能发展资金中安排相应资金用于支持绿色建筑的发展，对绿色建筑发展的支持措施依照本市建筑节能发展资金管理规定执行。

第三十六条　申请国家绿色建筑评价标识并获得三星级的绿色建筑，其按规定支出的评价标识费用从市建筑节能发展资金中予以全额资助。

其他由市主管部门组织的绿色建筑评价标识，不向申请单位收取费用。

第三十七条　通过评价标识的绿色建筑，依照国家和本市的相关规定，可以获得国家和本市的财政补贴。同时通过国家二星级以上、深圳市金级以上评价标识的绿色建筑，可以同时申请国家和本市的财政补贴。

第三十八条　市规划国土部门应当探索制订高星级绿色建筑在土地供应、容积率奖励方面的政策，报市人民政府批准后实施。

第三十九条　对绿色改造成效显著的旧住宅区予以适当补贴，补贴经费从市建筑节能发展资金中列支。

具体实施办法由市主管部门会同市财政部门制定。

第四十条 节能服务企业采用合同能源管理方式为本市建筑物提供节能改造的，可以按照相关规定向市发展改革部门、财政部门申请合同能源管理财政奖励资金支持。

第四十一条 市主管部门应当定期发布与绿色建筑相关的技术和产品目录。

政府采购管理部门应当将上述目录中的绿色技术和绿色产品纳入政府优先采购推荐目录。

第四十二条 市科技创新部门应当设立绿色建筑科技发展专项，促进绿色建筑共性、关键和重点技术的开发，支持绿色建筑技术平台建设，开展绿色建筑技术的集成示范。

已申请并列入绿色建筑科技发展专项的建设项目，不得在市建筑节能专项资金中重复申请。

第四十三条 设立深圳市绿色建筑和建设科技创新奖，支持本市绿色建筑发展和绿色建筑科技创新。

市主管部门每三年组织评选一次深圳市绿色建筑和建设科技创新奖，奖金从市建筑节能发展资金中列支。

第七章 法律责任

第四十四条 相关行政机关及其工作人员在绿色建筑促进工作中有下列情形之一的，依法追究行政责任；涉嫌犯罪的，依法移送司法机关处理：

（一）违法进行行政审批或者行政处罚的；

（二）不依法编制绿色建筑技术规范的；

（三）其他玩忽职守、滥用职权、徇私舞弊的。

第四十五条 违反本办法规定，建设工程未能达到绿色建筑相应标准和等级要求，属于建设单位责任的，由主管部门责令建设单位限期改正；逾期不改正的，处30万元罚款。

第四十六条 违反本办法规定，建设工程竣工后未对室内污染物浓度进行检测，或者未将检测结果在相关文书中载明的，由主管部门责令建设单位限期改正；逾期不改正的，处2万元罚款。

第四十七条 违反本办法规定，相关单位未履行绿色建筑促进责任的，由主管部门责令限期改正；逾期不改正的，依照下列规定予以处罚：

（一）设计单位未按照有关绿色建筑的法律法规、技术标准和技术规范要求进行设计的，处20万元罚款；

（二）施工图审查机构未对建设项目有关绿色建筑部分进行审查，或者经审查不符合绿色建筑技术标准和技术规范要求，仍出具施工图设计文件审查合格意见的，处10万元罚款；

（三）施工单位未按照绿色建筑标准、施工图设计文件和绿色施工方案要求施工的，处20万元罚款；

（四）监理单位未根据绿色建筑标准、施工图设计文件对施工过程进行监督和评价的，处5万元罚款。

第四十八条 违反本办法规定，建筑物所有权人、使用人和物业服务企业无正当理由拒绝为建筑能耗统计、能效审计和建筑碳排放核查工作提供条件，或者未执行大型公共建筑空调温度控制标准的，由主管部门责令限期改正；逾期不改正的，处3万元罚款。

第四十九条 依照本办法规定给予单位罚款处罚的，对单位直接负责的主管人员或者其他直接责任人员，处以单位罚款额10%的罚款。

第五十条 依照本办法规定受到处罚的单位和个人，主管部门应当将其处罚情况作为不良行为予以记录，并向社会公示。

第八章 附 则

第五十一条 本办法所称民用建筑，是指居住建筑、国家机关办公建筑和商业、服务业、教育、文化、体育、卫生、旅游等公共建筑。

本办法所称新建民用建筑，是指本办法施行后新办理建设工程规划许可证的民用建筑。

第五十二条 本办法所称“以上”，包含本级在内。

第五十三条 本办法自2013年8月20日起施行。

编者注：《深圳市绿色建筑促进办法》经深圳市人民政府五届八十八次常务会议审议通过后发布（深圳市人民政府第253号令）。《办法》要求该市行政区域内新建民用建筑至少达到绿色建筑评价标识国家一星级或者深圳市铜级的要求。

附录 8 中国绿色建筑大事记
Appendix 8 Milestones of China green building development

2013 年 1 月 1 日，国务院办公厅转发发展改革委、住房和城乡建设部《绿色建筑行动方案》（国办发［2013］1 号），要求各地区、各部门结合实际认真贯彻落实。

2013 年 2 月 20 日，住房和城乡建设部科技司关于印发《住房和城乡建设部建筑节能与科技司 2013 年工作要点》（建科综函［2013］12 号）的通知，工作要点包含“着力抓好建筑节能，大力推动绿色建筑发展”。

2013 年 2 月 24 日～3 月 4 日，受欧盟邀请，住房和城乡建设部科技司组团为期 10 天赴法国、西班牙进行建筑节能考察。

2013 年 3 月 5 日～7 日，中国城市科学研究会绿色建筑委员会绿色公共建筑学组代表受邀参加亚太经合组织-东盟绿色建筑规范研讨会。

2013 年 3 月 25 日，住房和城乡建设部办公厅通报 2012 年全国建筑节能检查结果。截至 2012 年底，全国共有 742 个项目获得了绿色建筑评价标识，建筑面积 7543 万 m^2，其中 2012 年当年有 389 个项目获得绿色建筑评价标识，建筑面积达到 4094 万 m^2。

2013 年 4 月 1 日～3 日，“第九届国际绿色建筑与建筑节能大会暨新技术与产品博览会”在北京国际会议中心隆重举行。

2013 年 4 月 1 日，中国城市科学研究会绿色建筑委员会第一届六次全体委员工作会议在北京国际会议中心召开。

2013 年 4 月 3 日，住房和城乡建设部制订并印发《“十二五”绿色建筑和绿色生态城区发展规划》（建科［2013］53 号）。

2013 年 4 月 5 日，中国城市科学研究会绿色建筑委员会绿色物业与运营管理学组组长会议在天津城市建设学院召开，讨论编制《绿色建筑物业管理标准》。

2013 年 4 月 10 日～11 日，“可持续建筑环境与绿色建筑国际论坛”在重庆大学举行，剑桥大学等十多所国际知名大学的学者到会。

2013 年 4 月 10 日，国家科技部、教育部和外专局批准的“低碳绿色建筑国际联合研究中心”在重庆大学举行启动揭牌仪式。

2013 年 4 月 16 日，中国城市科学研究会绿色建筑委员绿色轨道交通建筑学组在中建交通建设集团召开第二次工作会议，讨论“绿色轨道交通建筑评价标准”的编制。

2013年5月13日，住房和城乡建设部公布2008～2012年获得绿色建筑评价标识的742个项目信息。

2013年6月2日～9日，中国城市科学研究会绿色建筑委员会组团赴台湾进行绿色建筑交流考察。

2013年6月4日～10日，中国城市科学研究会绿色建筑委员会应加拿大绿色建筑委员会邀请，组团赴温哥华出席绿色建筑大会及进行绿色建筑考察。

2013年6月6日，国家标准《既有建筑改造绿色评价标准》编制组成立暨第一次工作会议在京召开，由中国建筑科学研究院、住房和城乡建设部科技发展促进中心会同有关单位共同参与编制工作。

2013年6月6日，住房和城乡建设部公布42个获得2013年度全国绿色建筑创新奖的获奖名单。

2013年6月17日～18日，国家发展改革委、住房和城乡建设部、深圳市政府联合主办的“国际低碳城论坛”在深圳龙岗举行。

2013年6月19日～20日，第四届热带及亚热带地区绿色建筑联盟大会暨海峡绿色建筑与建筑节能研讨会在榕顺利召开。

2013年6月25日，中国城市科学研究会绿色建筑委员会绿色房地产学组第二次工作交流会在沪召开，成员单位交流绿色建筑实践成果。

2013年6月29日，中国绿色校园与绿色建筑知识普及系列教材——“绿色校园与未来”编写研讨会在上海崇明岛举行。

2013年7月11日～12日，根据《2013年住房和城乡建设部机关培训计划》，住房和城乡建设部建筑节能和科技司在京举办绿色建筑评价标识工作培训班。

2013年7月16日～17日，由中国城市科学研究会、广东省住房和城乡建设厅和广东省珠海市人民政府共同主办的第八届城市发展与规划大会在珠海召开。

2013年8月5日，中国城市科学研究会绿色建筑委员会成立国际科技合作领导小组并在京召开了第一次工作会议。

2013年8月8日，住房和城乡建设部发布国家标准《绿色工业建筑评价标准》GB/T 50878—2013，该标准将于2014年3月1日起实施。

2013年8月11日，国务院印发《关于加快发展节能环保产业的意见》(国发〔2013〕30号)，《意见》中将开展绿色建筑行动作为政府引领社会资金投入节能环保工程建设的内容之一。

2013年8月15日～23日，由中国城科会生态城市专业委员会主办，深圳市绿色建筑协会、中国绿色建筑与节能（香港）委员会、深圳市建筑科学研究有限公司联合承办的“第三届全国绿色生态城市青年夏令营”在深圳和香港两地举行。

2013年9月5日，中国城市科学研究会绿色建筑委员会印发《关于申报地区性绿色建筑推广示范基地的通知》，启动建立绿色建筑基地工作。

2013年9月12日～13日，住房和城乡建设部建筑节能和科技司、教育部发展规划司联合在天津举办“通往节能学校之路——中德中小学校建筑节能研讨会”。

2013年9月23日，中国城市科学研究会绿色建委员会第二届严寒和寒冷地区绿色建筑联盟大会在沈阳建筑大学举行。

2013年9月24日，住房和城乡建设部办公厅、工业和信息化部办公厅联合印发《关于成立绿色建材推广和应用协调组的通知》（建办科［2013］30号）。

2013年9月25日，中国城市科学研究会绿色建筑委员会与圣戈班（中国）投资有限公司在北京签署合作备忘录。

2013年10月25日～27日，由中国绿色建筑与节能委员会、重庆大学主办的第三届“夏热冬冷地区绿色建筑联盟大会”、第六届“建筑与环境可持续发展国际会议”（SuDBE2013）、第二届“重庆大学可持续城市发展国际会议”、“国际绿色校园联盟”（IGCA）成立大会在重庆隆重召开。

2013年10月30日～31日，中国绿色建筑与节能委员会副主任单位中国建筑科学研究院在京举办“APEC零能耗建筑国际研讨会”。

2013年11月11日～23日，联合国气候大会在波兰华沙召开，中国代表表示将坚定不移地走绿色低碳的发展道路。在大会上的中国角“低碳中国行”备受关注。

2013年11月13日，《中国绿色建筑2014》编写第一次工作会议在北京召开，启动绿色建筑年度报告的编写。

2013年11月16日～21日，中国国际高新技术成果交易会在深圳举行，设“绿色建筑展区”，展区面积近3000m^2。

2013年11月18日，中国城市科学研究会绿色建筑委员会北美委员会筹备会暨学术研讨会在费城顺利召开。

2013年11月18日～23日，中国城市科学研究会绿色建筑委员会代表团参加美国2013绿色建筑国际会议。

2013年11月22日，中国城市科学研究会绿色建筑青年委员会2013年年会暨第五届青年论坛于哈尔滨工业大学博物馆礼堂召开，来自全国各地100余名青委会委员参会。

2013年12月3日，住房和城乡建设部办公厅印发《关于开展2013年度住房城乡建设领域节能减排监督检查的通知》。

2013年12月12日，由清华大学建筑学院、清控人居集团以及《生态城市与绿色建筑》（ECGB）杂志社联合主办的“建筑先锋，绿见未来——清华大学ECGB 亚洲建筑高峰论坛与展览”成功举办。

2013 年 12 月 16 日，住房和城乡建设部印发《关于保障性住房实施绿色建筑行动的通知》（建办［2013］185 号），《通知》要求自 2014 年起直辖市、计划单列市及省会城市市辖区范围内的保障性住房，应当率先实施绿色建筑行动，至少达到绿色建筑一星级标准。

2013 年 12 月 31 日，住房和城乡建设部发布《绿色保障性住房技术导则》（建办［2013］195 号，自 2014 年 1 月 1 日起施行。